图 C01 框架结构住宅楼－沈阳万科春河里 17 号楼 —— 中国最早的高预制率装配式建筑

图 C02 双莲藕梁 —— 精度要求高制作难度大的柱梁一体化构件

图 C03 混凝土浇筑前的隐蔽工程验收

图 C04 固定模台工艺的生产车间

图 C05 自动化流水线

图 C06 高层剪力墙结构装配式建筑——
上海浦江保障房

图 C07 剪力墙结构套筒灌浆作业

图 C08 剪力墙临时支撑

图 C09 叠合板楼板浇筑

图 C-09 PC构件图示一览表

类别	PC构件名称与图示

PC构件名称与图示

1 楼板

LB1 实心板　　LB2 空心板　　LB3 叠合板　　LB4 预应力空心板

LB5 预应力叠合肋板（出筋和不出筋）　　LB6 预应力双T板　　LB7 预应力倒槽形板

LB8 空间薄壁板　　LB9 非线性屋面板　　LB10 后张法预应力组合板

2 剪力墙板

J1 剪力墙外墙板　　J2 T形剪力墙板　　J3 L形剪力墙板

J4 U形剪力墙板　　J5 L形外叶板　　J6 双面叠合剪力墙板

J7 预制圆孔墙板　　J8 剪力墙内墙板　　J9 窗下轻体墙板

J10 各剪力墙板夹芯保温板
或夹芯保温装饰一体化板

3 外挂墙板

W1 整间外挂墙板（无窗、有窗、多窗）　　W2 横向外挂墙板

W3 竖向外挂墙板（单层、跨层）　　W4 非线性墙板　　W5 镂空墙板

本类所示构件均可以做成保温一体化和保温装饰一体化构件，见剪力墙板栏最右栏。

4 框架墙板

K1 暗柱暗梁墙板　　K2 暗梁墙板

本类所示构件均可以做成保温一体化和保温装饰一体化构件，见剪力墙板栏最右栏

图 C-09 PC构件图示一览表 （续）

类别	PC构件名称与图示				
5 梁	 L1 梁	 L2 T形梁	 L3 凸形梁	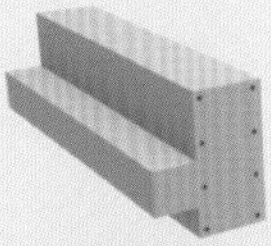 L4 带挑耳梁	本类所示构件均可以做成保温一体化和保温装饰一体化构件，见剪力墙板栏最右栏。
	 L5 叠合梁	 L6 带翼缘梁	 L7 连梁	 L8 U形梁	
	 L9 叠合莲藕梁	 L10 工字形屋面梁		 L11 连筋式叠合梁	
6 柱	 Z1 方柱	 Z2 L形扁柱	 Z3 T形扁柱	 Z4 带翼缘柱	本类所示构件均可以做成保温一体化和保温装饰一体化构件，见剪力墙板栏最右栏。
	 Z5 带柱帽柱	 Z6 带柱头柱	 Z7 跨层圆柱	 Z8 跨层方柱	 Z9 圆柱
7 复合构件	 F1 莲藕梁	 F2 双莲藕梁		 F3 十字形莲藕梁	
	 F4 十字形梁+柱	 F5 T形柱梁	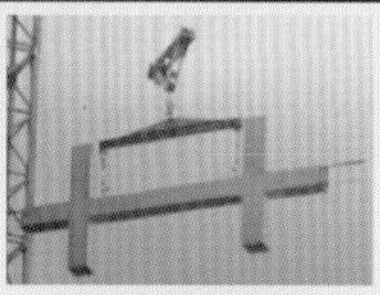 F6 草字头形梁柱一体构件		
8 其他构件	 Q1 楼梯板（单跑、双跑）		 Q2 叠合阳台板	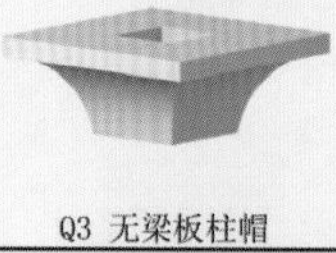 Q3 无梁板柱帽	 Q4 杯形柱基础
	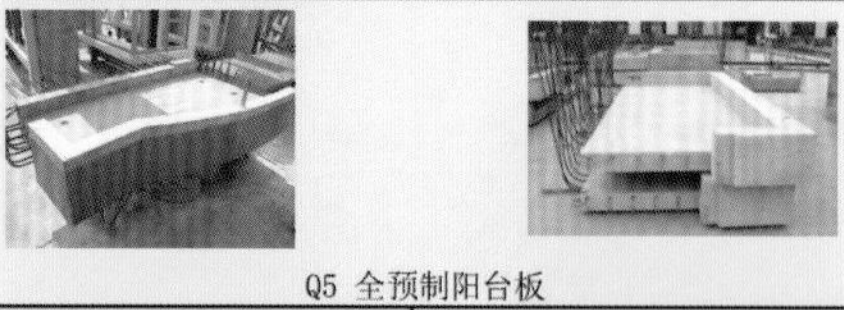 Q5 全预制阳台板		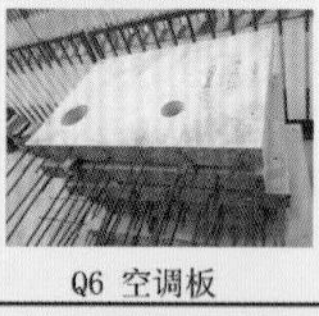 Q6 空调板	 Q7 带围栏阳台板	 Q8 整体飘窗
	 Q9 遮阳板	 Q10 室内曲面护栏板	 Q11 轻质内隔墙板	 Q12 挑檐板	 Q13 女儿墙板

高等院校建筑产业现代化系列教材

装配式混凝土建筑制作与施工

Manufacture and Construction for Precast Concrete Buildings

主编　郭学明

参编　李　营　杜常岭　叶贤博
　　　许德民　张玉波　张　健
　　　陆　辉　于彦凯

机械工业出版社
CHINA MACHINE PRESS

本书为普通高等教育土建学科和管理学科教材。本书由装配式混凝土建筑行业经验丰富且对世界各国先进技术有深入了解的专家团队编著，全面系统地介绍了装配式混凝土建筑基本概念、工厂建设、构件制作、施工安装以及制作施工过程中质量、安全和成本管理的知识与经验，书中400多幅照片和图例多出自装配式建筑技术先进国家和国内实际工程案例。

本书适合土木工程、工程管理、给水排水工程专业使用，也可供装配式建筑行业相关人员学习和参考。

图书在版编目（CIP）数据

装配式混凝土建筑制作与施工/郭学明主编 . —北京：机械工业出版社，2018.1（2025.1重印）

高等院校建筑产业现代化系列教材

ISBN 978-7-111-59050-7

Ⅰ.①装… Ⅱ.①郭… Ⅲ.①装配式混凝土结构-建筑工程-工程施工-高等学校-教材 Ⅳ.①TU37

中国版本图书馆 CIP 数据核字（2018）第 018806 号

机械工业出版社（北京市百万庄大街22号　邮政编码100037）
策划编辑：薛俊高　责任编辑：薛俊高
封面设计：马精明　责任校对：刘时光
责任印制：单爱军
保定市中画美凯印刷有限公司印刷
2025 年 1 月第 1 版第 10 次印刷
184mm×260mm·24 印张·2 插页·646 千字
标准书号：ISBN 978-7-111-59050-7
定价：55.00 元

电话服务　　　　　　　　　网络服务
客服电话：010-88361066　机　工　官　网：www.cmpbook.com
　　　　　010-88379833　机　工　官　博：weibo.com/cmp1952
　　　　　010-68326294　金　书　网：www.golden-book.com
封底无防伪标均为盗版　机工教育服务网：www.cmpedu.com

前言
FOREWORD

按照中央和国务院的要求，到 2026 年，我国装配式建筑占新建建筑的比例将达到 30%。

装配式建筑并不仅仅是建造工法的改变，也是建筑业基于标准化、集成化、工业化、信息化的全面变革，承载了建筑现代化和实现绿色建筑的重要使命，也是建筑业走向智能化的过渡步骤之一。

装配式建筑大潮的兴起要求每一个建筑业从业者都要进行知识更新，不仅要掌握装配式建筑的知识和技能，还应当形成面向未来的创新意识与能力。如此，建筑学科和管理学科相关专业的大学生更应当与时俱进，了解国内外装配式建筑现状与发展趋势，掌握必备的装配式建筑知识与技能，适应新形势，奠定走向未来的基础。

2017 年初，《装配式混凝土结构建筑的设计、制作与施工》（郭学明主编）一书由机械工业出版社出版，受到读者欢迎。不到 9 个月时间加印两次，并有多所高等院校老师联系出版社，要将此书作为教材。一些教师希望出版社能结合学科与专业设置将该书分成几册，以利于课程安排。

本套教材以《装配式混凝土结构建筑的设计、制作与施工》为基础编写，调整了部分内容，分成三册：《装配式建筑概论》《装配式混凝土建筑构造与设计》和《装配式混凝土建筑制作与施工》。

本书由装配式混凝土建筑行业经验丰富且对世界各国先进技术有深入了解的专家团队编著，包括《装配式混凝土结构建筑的设计、制作与施工》主编郭学明和参编者李营、许德民、张玉波、张健，新增加了杜常岭、叶贤博、于彦凯和陆辉。

本书注重知识的系统性和实用性，既介绍了装配式混凝土建筑制作与施工的系统知识和规范的基本要求，又介绍了国内外先进经验和实际做法，还提出了现存问题与解决办法。表达方式力求用简单的话把复杂的事说清楚。书中近 400 幅照片和图例有很多出自装配式建筑技术先进国家和国内实际工程案例。

本书共 25 章。介绍了装配式混凝土建筑的基本概念、材料与配件、制作工艺、工厂设计、构件制作、施工安装、质量管理、安全管理、成本控制、BIM 在制作与施工环节的应用等方面的知识与经验。

本书编著过程充分利用微信平台，建立了作者群和专题讨论群，随时进行信息交流和讨论，多数章节两位以上作者执笔、多位作者贡献了智慧。

郭学明为本书主编，除拟定各章提纲、提出要点、审改书稿外，编写了第 1 章，书中多数章节有其撰写的内容和提供的照片；李营是第 3 章、第 7 章、第 10 章、第 23 章的主要编写者，是第 5 章、第 9 章、第 12 章、第 15 章、第 16 章、第 17 章、第 18 章、第 19 章的主要编写者之一；杜常岭是第 16 章、第 17 章、第 18 章、第 19 章、第 24 章的主要编写者之一；叶贤博是第 4 章的主要编写者，第 5 章、第 9 章的主要编写者之一；张玉波是第 2 章、第 22 章的主要编写者，参与了第 11 章、第 14 章、第 21 章的编写；许德民是第 13 章、第 24 章的主要编写者，第 15 章的主要编写者之一，参与编写了第 20 章；张健是第 6 章、第 8 章的主要编写者，参与了第 3 章、第 11 章、第 12 章的编写；于彦凯编写了第 25 章；陆辉参与编写了第 14 章、第 20 章、第 21

章。张玉波兼任本书主编助理，负责全书校订工作。

感谢装配式建筑施工领域专家吴红兵、王松洲对本书的贡献。

感谢石家庄山泰装饰工程有限公司设计师梁晓艳为本书绘制了样图与图表；沈阳兆寰公司田仙花翻译了有关日语资料；中国建筑东北设计研究院有限公司的李振宇、岳恒为本书绘制了结构体系三维图。

感谢北京思达建茂科技发展有限公司、德国艾巴维/普瑞集团公司、山东天意机械股份有限公司、广东乐而居建筑科技有限公司、上海鼎中新材料有限公司、浙江庄辰机械有限公司、HALFEN（北京）建筑配件销售有限公司、上海蕉城建筑模具有限公司、辽宁精润现代建筑安装工程有限公司、重庆科逸卫浴有限公司为本书提供了图片、资料。

本书编著者希望献出一部知识性强、信息量大、实用性强并有思想性的教材。但限于我们的经验和水平有限，离目标还有较大差距，也存在差错和不足，在此恳请并感谢读者给予批评指正。

编著者

CONTENTS 目录

第1章 装配式混凝土建筑概述

1.1 装配式混凝土概述

1.1.1 什么是装配式建筑

在介绍什么是装配式混凝土建筑之前，我们先了解一下什么是装配式建筑。

按常规理解，装配式建筑是指由预制部件通过可靠连接方式建造的建筑。按照这个理解，装配式建筑有两个主要特征：第一个特征是构成建筑的主要构件特别是结构构件是预制的；第二个特征是预制构件的连接方式必须可靠。

按照国家标准《装配式混凝土建筑技术标准》（GB/T 51231—2016）的定义，装配式建筑是"结构系统、外围护系统、内装系统、设备与管线系统的主要部分采用预制部品部件集成的建筑"。这个定义强调装配式建筑是四个系统（而不仅仅是结构系统）的主要部分采用预制部品部件集成。

1.1.2 装配式建筑分类

1. 按结构材料分类

装配式建筑按结构材料分类，有装配式钢结构建筑、装配式木结构建筑、装配式混凝土建筑、装配式轻钢结构建筑和装配式复合材料建筑（钢结构、轻钢结构与混凝土结合的装配式建筑）等。以上几种装配式建筑都是现代建筑。古典装配式建筑按结构材料分类有装配式石材结构建筑和装配式木结构建筑。

2. 按建筑高度分类

装配式建筑按高度分类，有低层装配式建筑、多层装配式建筑、高层装配式建筑和超高层装配式建筑。

3. 按结构体系分类

装配式建筑按结构体系分类，有框架结构、框架-剪力墙结构、筒体结构、剪力墙结构、无梁板结构、空间薄壁结构、悬索结构、预制钢筋混凝土柱单层厂房结构等。

4. 按预制率分类

装配式建筑按预制率分为：小于5%为局部使用预制构件；5%～20%为低预制率；20%～50%为普通预制率；50%～70%为高预制率；70%以上为超高预制率。

1.1.3 什么是装配式混凝土建筑

按照国家标准《装配式混凝土建筑技术标准》（GB/T 51231—2016）的定义，装配式混凝土建筑是指"建筑的结构系统由混凝土部件（预制构件）构成的装配式建筑"。

1.1.4 装配整体式和全装配式的区别

装配式混凝土建筑根据预制构件连接方式的不同，分为装配整体式混凝土结构和全装配式混凝土结构。

1. 装配整体式混凝土结构

按照行业标准《装配式混凝土结构技术规程》（JGJ 1—2014）和国家标准《装配式混凝土

建筑技术标准》（GB/T 51231—2016）的定义，装配整体式混凝土结构是指"由预制混凝土构件通过可靠的方式进行连接并与现场后浇混凝土、水泥基灌浆料形成整体的装配式混凝土结构"。简言之，装配整体式混凝土结构的连接以"湿连接"为主要方式。

装配整体式混凝土结构具有较好的整体性和抗震性。目前，大多数多层和全部高层装配式混凝土建筑都是装配整体式，有抗震要求的低层装配式建筑也多是装配整体式结构。

2. 全装配混凝土结构

全装配混凝土结构是指预制构件靠干法连接（如螺栓连接、焊接等）形成整体的装配式结构。

预制钢筋混凝土柱单层厂房就属于全装配混凝土结构。国外一些低层建筑或非抗震地区的多层建筑常常采用全装配混凝土结构。

1.1.5 什么是 PC

PC 是英语 Precast Concrete 的缩写，是预制混凝土的意思。

国际装配式建筑领域把装配式混凝土建筑简称为 PC 建筑。把预制混凝土构件简称为 PC 构件，把制作混凝土构件的工厂简称为 PC 工厂。

1.2 装配式混凝土建筑与结构体系

进行装配式混凝土建筑的构件制作与施工，应当对装配式混凝土建筑结构体系有大致的了解。装配式混凝土建筑的结构体系见表 1.2-1。

表 1.2-1 装配式混凝土建筑的结构体系

序号	名　称	定　义	平面示意图	立体示意图	说　明
1	框架结构	由柱、梁为主要构件组成的承受竖向和水平作用的结构			适用于多层和小高层装配式建筑，是应用非常广泛的结构
2	框架-剪力墙结构	由柱、梁和剪力墙共同承受竖向和水平作用的结构			适用于高层装配式建筑，其中剪力墙部分一般为现浇。在国外应用较多
3	剪力墙结构	由剪力墙组成的承受竖向和水平作用的结构，剪力墙与楼盖一起组成空间体系			可用于多层和高层装配式建筑，在国内应用较多，国外高层建筑应用较少

（续）

序号	名 称	定 义	平面示意图	立体示意图	说 明
4	框支剪力墙结构	剪力墙因建筑要求不能落地，直接落在下层框架梁上，再由框架梁将荷载传至框架柱上的结构体系			可用于底部商业（大空间）上部住宅的建筑
5	墙板结构	由墙板和楼板组成承重体系的结构。有剪力墙结构和暗柱暗梁的框架板结构			适用于低层、多层住宅装配式建筑
6	筒体结构（密柱单筒）	由密柱框架形成的空间封闭式的筒体			适用于高层和超高层装配式建筑，在国外应用较多
7	筒体结构（密柱双筒）	内外筒均由密柱框筒组成的结构			适用于高层和超高层装配式建筑，在国外应用较多

（续）

序号	名 称	定 义	平面示意图	立体示意图	说 明
8	筒体结构（密柱＋剪力墙核心筒）	外筒为密柱框筒，内筒为剪力墙组成的结构			适用于高层和超高层装配式建筑，在国外应用较多
9	筒体结构（束筒结构）	由若干个筒体并列连接为整体的结构			适用于高层和超高层装配式建筑，在国外有应用
10	筒体结构（稀柱＋剪力墙核心筒）	外围为稀柱框筒，内筒为剪力墙组成的结构			适用于高层和超高层装配式建筑，在国外有应用
11	无梁板结构	是由柱、柱帽和楼板组成的承受竖向与水平作用的结构			适用于商场、停车场、图书馆等大空间装配式建筑

（续）

序号	名 称	定 义	平面示意图	立体示意图	说 明
12	单层厂房结构	是由钢筋混凝土柱、轨道梁、预应力混凝土屋架或钢结构屋架组成承受竖向和水平作用的结构			适用于工业厂房装配式建筑
13	空间薄壁结构	是由曲面薄壳组成的承受竖向与水平作用的结构	—		适用于大型装配式公共建筑
14	悬索结构	是由金属悬索和预制混凝土屋面板组成的屋盖体系	—		适用于大型公共装配式建筑、机场体育场等

1.3 预制构件

预制构件可分为八类，包括楼板、剪力墙板、外挂墙板、框架墙板、梁、柱、复合构件和其他构件等，合计55种，不限于此，详见表1.3-1。构件对应图例参见本书彩页C10。

表1.3-1 常用预制混凝土构件分类表

类别	编号	名 称	应 用 范 围									说 明
			混凝土装配整体式				混凝土全装配式					
			框架结构	剪力墙结构	框剪结构	筒体结构	框架结构	薄壳结构	悬索结构	单层厂房结构	无梁板结构	钢结构	
楼板	LB1	实心板	◎	◎	◎	◎	◎					◎	
	LB2	空心板	◎	◎	◎	◎	◎					◎	
	LB3	叠合板	◎	◎	◎	◎	◎					◎	半预制半现浇
	LB4	预应力空心板	◎	◎	◎	◎	◎	◎	◎		◎	◎	
	LB5	预应力叠合肋板	◎	◎	◎	◎	◎					◎	半预制半现浇
	LB6	预应力双T板		◎						◎			
	LB7	预应力倒槽形板								◎			
	LB8	空间薄壁板						◎					
	LB9	非线性屋面板						◎					
	LB10	后张法预应力组合板				◎						◎	

（续）

类别	编号	名 称	应 用 范 围										说 明
			混凝土装配整体式				混凝土全装配式					钢结构	
			框架结构	剪力墙结构	框剪结构	筒体结构	框架结构	薄壳结构	悬索结构	单层厂房结构	无梁板结构		
剪力墙板	J1	剪力墙外墙板		◎									
	J2	T形剪力墙板		◎									
	J3	L形剪力墙板		◎									
	J4	U形剪力墙板		◎									
	J5	L形外叶板		◎									PCF板
	J6	双面叠合剪力墙板		◎									
	J7	预制圆孔墙板		◎									
	J8	剪力墙内墙板	◎	◎									
	J9	窗下轻体墙板	◎	◎	◎	◎	◎						
	J10	各种剪力墙夹芯保温一体化板		◎									三明治墙板
外挂墙板	W1	整间外挂墙板	◎	◎	◎	◎	◎					◎	分有窗、无窗或多窗
	W2	横向外挂墙板	◎	◎	◎	◎	◎					◎	
	W3	竖向外挂墙板	◎	◎	◎	◎	◎					◎	有单层、跨层
	W4	非线性外挂墙板	◎	◎	◎	◎	◎					◎	
	W5	镂空外挂墙板	◎	◎	◎	◎	◎					◎	
框架墙板	K1	暗柱暗梁墙板	◎	◎	◎								所有板可以做成装饰保温一体化墙板
	K2	暗梁墙板		◎									
梁	L1	梁	◎		◎	◎	◎						
	L2	T形梁	◎				◎			◎			
	L3	凸梁	◎				◎			◎			
	L4	带挑耳梁	◎				◎			◎			
	L5	叠合梁	◎	◎	◎	◎							
	L6	带翼缘梁	◎				◎			◎			
	L7	连梁	◎	◎	◎	◎							
	L8	叠合莲藕梁	◎	◎	◎	◎							
	L9	U形梁	◎		◎	◎				◎			
	L10	工字形屋面梁								◎	◎		
	L11	连筋式叠合梁	◎		◎	◎							
柱	Z1	方柱	◎		◎	◎	◎						
	Z2	L形扁柱	◎	◎	◎	◎	◎						
	Z3	T形扁柱	◎	◎	◎	◎	◎						
	Z4	带翼缘柱	◎	◎	◎	◎	◎						

（续）

类别	编号	名称	应用范围											说明
			混凝土装配整体式				混凝土全装配式					钢结构	
			框架结构	剪力墙结构	框剪结构	筒体结构	框架结构	薄壳结构	悬索结构	单层厂房结构	无梁板结构		
柱	Z5	跨层方柱	◎		◎	◎				◎			
	Z6	跨层圆柱								◎			
	Z7	带柱帽柱	◎								◎		
	Z8	带柱头柱	◎					◎	◎				
	Z9	圆柱						◎	◎				
复合构件	F1	莲藕梁	◎		◎	◎							
	F2	双莲藕梁	◎		◎	◎							
	F3	十字形莲藕梁	◎		◎	◎							
	F4	十字形梁＋柱	◎		◎	◎							
	F5	T形柱梁	◎		◎	◎							
	F6	草字头形梁柱一体构件			◎	◎				◎			
其他构件	Q1	楼梯板	◎	◎	◎	◎	◎	◎	◎	◎	◎	◎	单跑、双跑
	Q2	叠合阳台板	◎	◎	◎	◎						◎	
	Q3	无梁板柱帽									◎		
	Q4	杯形基础						◎	◎	◎			
	Q5	全预制阳台板	◎	◎	◎	◎	◎					◎	
	Q6	空调板	◎	◎	◎	◎	◎						
	Q7	带围栏阳台板	◎	◎	◎	◎							
	Q8	整体飘窗		◎									
	Q9	遮阳板	◎	◎	◎	◎							
	Q10	室内曲面护栏板	◎	◎	◎	◎	◎	◎	◎	◎	◎	◎	
	Q11	轻质内隔墙板	◎	◎	◎	◎							
	Q12	挑檐板	◎	◎	◎	◎							
	Q13	女儿墙板	◎	◎	◎	◎							
	Q13-1	女儿墙压顶板	◎	◎	◎	◎							

1.4 装配式混凝土结构连接方式

1.4.1 连接方式概述

连接是装配式混凝土结构最关键的环节，也是最核心的技术。

装配式混凝土结构的连接方式分为两类：湿连接和干连接。

湿连接是混凝土或水泥基浆料与钢筋结合形成的连接，如套筒灌浆、浆锚搭接和后浇混凝土等，适用于装配整体式混凝土结构的连接；干连接主要借助于金属连接，如螺栓连接、焊接等，适用于全装配式混凝土结构的连接和装配整体式混凝土结构中的外挂墙板等非主体结构构件的连接。

湿连接的核心是钢筋连接，包括套筒灌浆、浆锚搭接、机械套筒连接、注胶套筒连接、绑扎连接、焊接、锚环钢筋连接、钢索钢筋连接、后张法预应力连接等。湿连接还包括预制构件与现浇接触界面的构造处理，如键槽和粗糙面；以及其他方式的辅助连接，如型钢螺栓连接。

干连接用得最多的方式是螺栓连接、焊接和搭接。

为了使读者对装配式混凝土结构连接方式有一个清晰的全面了解，这里给出了装配式混凝土结构连接方式一览，如图1.4-1所示。

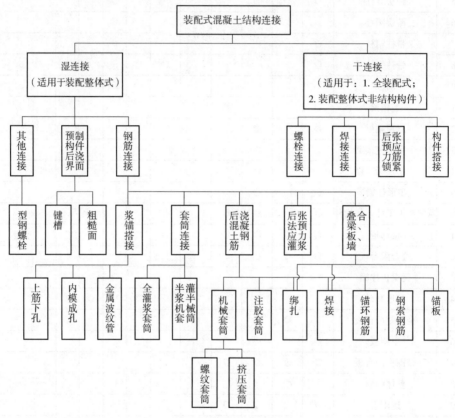

图 1.4-1 装配式混凝土结构连接方式一览

1.4.2 主要连接方式简介

1. 套筒灌浆连接

套筒灌浆连接是装配整体式结构最主要最成熟的连接方式，美国人1970年发明，至今已经有40多年的历史，得到广泛应用，目前在日本应用最多，用于很多超高层建筑，最高建筑208m。日本套筒灌浆连接的装配式混凝土建筑经历过多次地震考验。

套筒灌浆连接的工作原理是：将需要连接的带肋钢筋插入金属套筒内"对接"，在套筒内注入高强早强且有微膨胀特性的灌浆料，灌浆料在套筒筒壁与钢筋之间形成较大的正向应力，在带肋钢筋的粗糙表面产生较大的摩擦力，由此得以传递钢筋的轴向力。如图1.4-2、图1.4-3所示。

我们以现场柱子连接为例介绍套筒灌浆的工作原理。

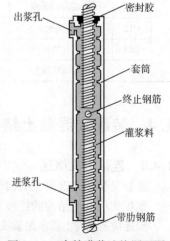

图 1.4-2 套筒灌浆连接原理图

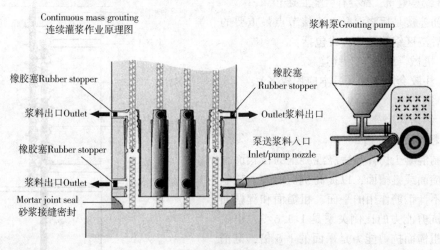

图 1.4-3　连续灌浆作业原理图

　　下面柱子（现浇和预制都可以）伸出钢筋（图 1.4-4），上面预制柱与下面柱伸出钢筋对应的位置埋置了套筒，预制柱子的钢筋插入到套筒上部一半位置，套筒下部一半空间预留给下面柱子的钢筋插入。预制柱子套筒对准下面柱子伸出钢筋安装，使下面柱子钢筋插入套筒，与预制柱子的钢筋形成对接（图 1.4-5）。然后通过套筒灌浆口注入灌浆料，使套筒内充满灌浆料。

图 1.4-4　下面柱子伸出钢筋

图 1.4-5　上面柱子对应下面柱子钢筋位置是套筒

2. 浆锚搭接

　　浆锚搭接的工作原理是：将需要连接的带肋钢筋插入预制构件的预留孔道里，预留孔道内壁是螺旋形的。钢筋插入孔道后，在孔道内注入高强早强且有微膨胀特性的灌浆料，锚固住插入钢筋。在孔道旁边，是预埋在构件中的受力钢筋，插入孔道的钢筋与之"搭接"，两根钢筋共同被螺旋筋或箍筋所约束（图 1.4-6）。

　　浆锚搭接螺旋孔成孔有两种方式，一是埋设金属波纹管成孔，一是用螺旋内模成孔。前者在实际应用中更为可靠一些。

3. 后浇混凝土

　　后浇混凝土是指预制构件安装后在预制构件连接区或叠合层现场浇筑的混凝土。在装配式建筑中，基础、首层、裙楼、顶层等部位的现浇混凝土，就称为现浇混凝土；连接和叠合部位的现浇混凝土称为"后浇混凝土"。

　　后浇混凝土是装配整体式混凝土结构非常重要的连接方式。到目前为止，世界上所有的装配整体式混凝土结构建筑，都会有后浇混凝土。

钢筋连接是后浇混凝土连接节点最重要的环节。后浇区钢筋连接方式包括：

1）机械（螺纹）套筒连接。

2）注胶套筒连接（日本应用较多）。

3）钢筋搭接。

4）钢筋焊接等。

4. 粗糙面与键槽

预制混凝土构件与后浇混凝土的接触面须做成粗糙面或键槽面，以提高抗剪能力。试验表明，不计钢筋作用的平面、粗糙面和键槽面混凝土抗剪能力的比例关系是 1:1.6:3，也就是说，粗糙面抗剪能力是平面的 1.6 倍，键槽面是平面的 3 倍。所以，预制构件与后浇混凝土接触面或做成粗糙面，或做成键槽面，或两者兼有。

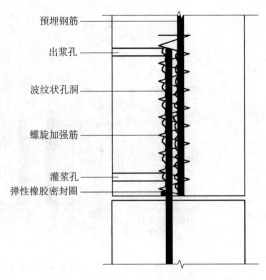

图 1.4-6　浆锚搭接原理图

粗糙面和键槽的实现办法：

（1）粗糙面　对于压光面（如叠合板叠合梁表面）在混凝土初凝前"拉毛"形成粗糙面，如图 1.4-7 所示。

对于模具面（如梁端、柱端表面），可在模具上涂刷缓凝剂，拆模后用水冲洗未凝固的水泥浆，露出骨料，形成粗糙面。

（2）键槽　键槽是靠模具凸凹成型的。图 1.4-8 所示是日本预制柱底部的键槽。

图 1.4-7　预应力叠合板压光面处理粗糙面

图 1.4-8　日本预制柱底部的键槽

1.4.3　连接方式适用范围

装配式结构连接方式及适用范围见表 1.4-1。这里需要强调的是，套筒灌浆连接方式是竖向构件最主要的连接方式。

表 1.4-1　装配式结构连接方式及适用范围

类　别	序号	连接方式	可连接的构件	适用范围	备　注
湿连接　灌浆	1	套筒灌浆	柱、墙	适用各种结构体系高层建筑	日本最新技术也用于梁

（续）

类　别	序号	连接方式	可连接的构件	适用范围	备　注
灌浆	2	浆锚搭接	柱、墙	房屋高度小于三层或12m 的框架结构，二、三级抗震的剪力墙结构（非加强区）	
	3	金属波纹管浆锚搭接	柱、墙		
后浇混凝土钢筋连接	4	螺纹套筒钢筋连接	梁、楼板	适用各种结构体系高层建筑	
	5	挤压套筒钢筋连接	梁、楼板	适用各种结构体系高层建筑	
	6	注胶套筒连接	梁、楼板	适用各种结构体系高层建筑	
	7	环形钢筋绑扎连接	墙板水平连接	适用各种结构体系高层建筑	
	8	直钢筋绑扎搭接	梁、楼板、阳台板、挑檐板、楼梯板固定端	适用各种结构体系高层建筑	
	9	直钢筋无绑扎搭接	双面叠合板剪力墙、圆孔剪力墙	适用剪力墙体结构体系高层建筑	
	10	钢筋焊接	梁、楼板、阳台板、挑檐板、楼梯板固定端	适用各种结构体系高层建筑	
后浇混凝土其他连接	11	套环连接	墙板水平连接	适用各种结构体系高层建筑	
	12	绳索套环连接	墙板水平连接	适用多层框架结构和低层板式结构	
	13	型钢	柱	适用框架结构体系高层建筑	
叠合构件后浇筑混凝土连接	14	钢筋折弯锚固	叠合梁、叠合板、叠合阳台等	适用各种结构体系高层建筑	
	15	钢筋锚板锚固	叠合梁	适用各种结构体系高层建筑	
预制混凝土与后浇混凝土连接界面	16	粗糙面	各种接触后浇筑混凝土的预制构件	适用各种结构体系高层建筑	
	17	键槽	柱、梁等	适用各种结构体系高层建筑	
干连接	18	螺栓连接	楼梯、墙板、梁、柱	楼梯适用各种结构体系高层建筑。主体结构构件适用框架结构或组装墙板结构低层建筑	
	19	构件焊接	楼梯、墙板、梁、柱	楼梯适用各种结构体系高层建筑。主体结构构件适用框架结构或组装墙板结构低层建筑	

（湿连接类别贯穿序号2-17，干连接类别贯穿序号18-19）

1.5 预制构件制作概述

预制构件制作是装配式混凝土建筑的关键环节。按建设工期要求生产出高品质的构件并尽可能降低成本，不仅需要工厂有基本的硬件配置，更需要可靠的技术和定量精细的管理。工厂管理者应当具有强烈的计划意识、定量意识、优质意识和注重细节的意识，具备技术和管理能力。

本书关于预制构件制作和部品制作的内容包括：装配式混凝土建筑材料（第 2 章）、预制构件制作工艺与工厂设计（第 3 章）、预制构件生产前准备（第 4 章）、预制构件模具设计与制作（第 5 章）、预制构件材料采购、验收与保管（第 6 章）、预制构件钢筋与预埋件加工（第 7 章）、预制构件混凝土配合比设计（第 8 章）、预制构件制作（第 9 章）、预制构件吊运、存放与运输（第 10 章）、预制构件质量检验与验收（第 11 章）、预制构件安全与文明生产（第 12 章）、预制构件制作成本（第 13 章）和集成部品制作（第 14 章）。

1.6 装配式混凝土建筑施工概述

装配式混凝土建筑的施工与现浇混凝土建筑有诸多不同，现场作业减少了模板、现浇混凝土工作量，增加了吊装、构件连接、临时支撑等作业环节，起重重量加大，对构件工厂的"依赖"增加，有灌浆作业等关键环节，需要更精细的计划管理、与制作厂家的协同等。

本书关于装配式建筑施工的内容包括：装配式混凝土建筑材料（第 2 章）、装配式混凝土建筑施工应具备的条件（第 15 章）、装配式混凝土工程施工准备（第 16 章）、工程施工材料采购、检验与保管（第 17 章）、预制构件进场（第 18 章）、装配式混凝土建筑施工（第 19 章）、设备与管线系统施工（第 20 章）、内装系统施工（第 21 章）、装配式混凝土工程质量控制与验收（第 22 章）、装配式建筑安全与文明施工（第 23 章）、装配式混凝土建筑工程预算与成本控制（第 24 章）。

1.7 设计、制作、施工协同概述

1.7.1 协同内容

装配式建筑制作工厂和施工单位应当与设计方协同，向设计者提供构件制作和施工环节对设计的要求和约束条件，以避免无法实现设计要求或遗漏制作、施工环节需要的内容等。具体包括：

1）制作、运输和施工环节对构件形状、尺寸和重量的限制。

2）制作、施工便利性要求，如脱模便利，安装作业空间要求等。

3）构件制作和施工环节需要的预埋件，包括脱模、翻转、安装、临时支撑、调节安装高度、后浇筑模板固定、安全护栏固定等预埋件，这些预埋件设置在什么位置合适，如何锚固，会不会与钢筋、套筒、箍筋太近影响混凝土浇筑，会不会因位置不当导致构件裂缝，如何防止预埋件应力集中产生裂缝等。

制作与施工环节之间还需要协调安装与构件交货计划等。

1.7.2 协同方式

1）应在甲方组织下进行协同。

2）应在方案设计阶段、施工图和构件图设计阶段进行协同。

3）应在图样会审与设计交底阶段进行协同。

4）出现无法实现设计要求的情况或认为设计有问题，如需要变更，制作与施工方不能擅自变更设计，必须由设计方进行变更。

1.7.3　BIM 应用

装配式建筑制作与施工环节应用 BIM 非常必要，本书在第 25 章讨论 BIM 在制作、施工环节的应用。

思考题

1. 装配式建筑是哪四个系统的主要部分采用预制部品部件集成的建筑？

2. 常用预制构件可分为八类，分别是什么？合计多少种？

3. 常见的装配式混凝土建筑的结构体系有 14 种，分别是什么？

4. 常用的湿连接有 17 种，分别是什么？

5. 钢筋接头套筒灌浆连接的原理是什么？

6. 常用的干连接有两种，分别是什么？

第2章 装配式混凝土建筑材料

2.1 概述

装配式混凝土建筑所用材料大多数与现浇混凝土建筑一样。本章讨论重点是装配式混凝土建筑的专用材料和装配式混凝土建筑应用常规材料时的特殊条件、要求与注意事项。

与装配式混凝土建筑密切相关的材料可以分成五类：

1. 连接材料

连接材料是装配式混凝土结构连接用的材料和部件，包括钢筋套筒、灌浆料、夹芯保温板拉结件等，是装配式混凝土结构最重要的专用材料。2.2节介绍连接材料。

2. 结构主材

结构主材是所有混凝土结构建筑的主要材料，包括混凝土的原材料、钢筋、钢板等，无论是不是装配式建筑都会用到。2.3节讨论装配式混凝土建筑应用结构主材的条件、要求与注意事项。

3. 辅助材料

辅助材料是指与装配式混凝土结构密切相关的材料和配件，如内埋式螺母、密封胶、反打在构件表面的石材、瓷砖等。2.4节介绍装配式混凝土建筑应用辅助材料的条件、要求与注意事项。

4. 模具材料

模具材料是制作装配式混凝土构件模具所用的材料，我们将在第5章预制构件模具设计与制作中介绍。

5. 施工材料

施工材料是装配式混凝土构件安装需要的辅助材料与配件，如临时支撑杆等，我们将在第17章工程施工材料采购、检验与保管中介绍。

表2.1-1给出了装配式混凝土建筑材料使用环节一览表。

表2.1-1　装配式混凝土建筑材料使用环节一览表

序号	使用环节	材料类别	材料、配件名称
1	工厂	连接材料	灌浆套筒、金属波纹管、拉结件、灌浆导管、试验用灌浆料
		结构主材	水泥、砂子、石子、外加剂、脱模剂、钢筋、钢板
		辅助材料	保温材料、预埋件、内埋式螺母、内埋式螺栓、吊钉、钢筋间隔件、石材、瓷砖、白水泥、颜料、彩砂、表面涂料（乳胶漆、氟碳漆、真石漆等）
2	工地	连接材料	机械套筒、注胶套筒、套筒灌浆料、浆锚搭接灌浆料、坐浆料、灌浆胶塞、灌浆堵缝材料、固定螺栓、安装节点金属连接件
		结构主材	商品混凝土、钢筋
		辅助材料	预埋件、调整标高螺栓或垫片、临时支撑部件、密封胶条、耐候建筑密封胶、发泡聚氨酯保温材料、修补料、防火塞缝材料等

2.2　连接材料

装配式混凝土结构连接材料包括钢筋连接用灌浆套筒、注胶套筒、机械套筒、套筒灌浆料、浆锚孔波纹管、浆锚搭接灌浆料、浆锚孔螺旋筋、灌浆导管、灌浆孔塞、灌浆堵缝材料、夹芯保温构件拉结件和钢筋锚固板。除机械套筒和钢筋锚固板在现浇混凝土结构建筑中也有应用外，其余材料都是装配式混凝土建筑的专用材料。

2.2.1　灌浆套筒

1. 原理

灌浆套筒是金属材质圆筒，用于钢筋连接。两根钢筋从套筒两端插入，套筒内注满水泥基灌浆料，通过灌浆料的传力作用实现钢筋对接。

两端均采用套筒灌浆料连接的套筒为全灌浆套筒。一端采用套筒灌浆连接方式，另一端采用机械连接方式（如螺旋方式）连接的套筒为半灌浆套筒。灌浆套筒是装配式混凝土建筑最主要的连接构件，用于纵向受力钢筋的连接。

灌浆套筒如图 2.2-1 所示，灌浆套筒作业原理如图 2.2-2 所示。

图 2.2-1　灌浆套筒

a）全灌浆套筒（照片由北京思达建茂公司提供）　b）半灌浆套筒（照片由深圳市现代营造公司提供）

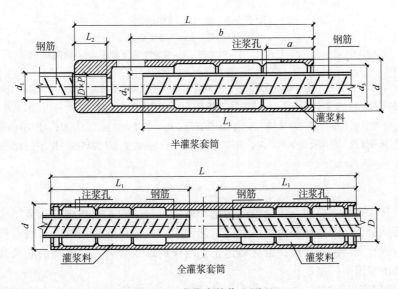

图 2.2-2　灌浆套筒作业原理

钢筋套筒的使用和性能应符合现行行业标准《钢筋套筒灌浆连接应用技术规程》（JGJ 355—2015）、《钢筋连接用灌浆套筒》（JG/T 398—2012）的规定。

行业标准《钢筋套筒灌浆连接应用技术规程》（JGJ 355—2015）的强制性条款 3.2.2 规定："钢筋套筒灌浆连接接头的抗拉强度不应小于连接钢筋抗拉强度标准值，且破坏时应断于接头外钢筋。"

2. 构造

灌浆套筒构造包括筒壁、剪力槽、灌浆口、排浆口、钢筋定位销。行业标准《钢筋连接用灌浆套筒》（JG/T 398—2012）给出了灌浆套筒的构造图，如图 2.2-3 所示。

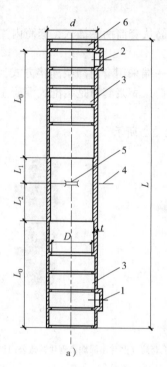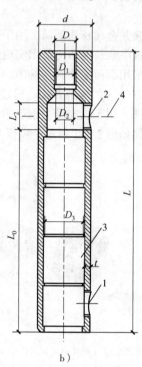

图 2.2-3　灌浆套筒构造图

a）全灌浆套筒　b）半灌浆套筒

说明：1—灌浆孔　2—排浆孔　3—剪力槽　4—强度验算用截面　5—钢筋限位挡块
6—安装密封垫的结构

尺寸：L—灌浆套筒总长　L_0—锚固长度　L_1—预制端预留钢筋安装调整长度　L_2—现场装配端预留钢筋
安装调整长度　t—灌浆套筒壁厚　d—灌浆套筒外径　D—内螺纹的公称直径　D_1—内螺纹的基本小径
D_2—半灌浆套筒螺纹端与灌浆端连接处的通孔直径　D_3—灌浆套筒锚固段环形凸起部分的内径

注：D_3 不包括灌浆孔、排浆孔外侧因导向、定位等其他目的而设置的比锚固段环形凸起内径偏小的尺寸。
D_3 可以为非等截面。

3. 材质

灌浆套筒材质有碳素结构钢、合金结构钢和球墨铸铁。碳素结构钢和合金结构钢套筒采用机械加工工艺制造；球墨铸铁套筒采用铸造工艺制造。我国目前应用的套筒既有机械加工制作的碳素结构钢或合金结构钢套筒，也有铸造工艺制作的球墨套筒。日本用的灌浆套筒材质为球墨铸铁，大都由我国工厂制造。

《钢筋连接用灌浆套筒》（JG/T 398—2012）给出了球墨铸铁和各类钢灌浆套筒的材料性能，见表 2.2-1 和表 2.2-2。

表 2.2-1 球墨铸铁灌浆套筒的材料性能

项 目	性能指标
抗拉强度 σ_b/MPa	≥550
断后伸长率 σ_s（%）	≥5
球化率（%）	≥85
硬度/HBW	180～250

表 2.2-2 各类钢灌浆套筒的材料性能

项 目	性能指标
屈服强度 σ_s/MPa	≥355
抗拉强度 σ_b/MPa	≥600
断后伸长率 δ_s（%）	≥16

4. 尺寸偏差

《钢筋连接用灌浆套筒》（JG/T 398—2012）给出灌浆套筒的尺寸偏差，见表 2.2-3。

表 2.2-3 灌浆套筒尺寸偏差表

序号	项 目	灌浆套筒尺寸偏差					
		铸造灌浆套筒			机械加工灌浆套筒		
1	钢筋直径/mm	12～20	22～32	36～40	12～20	22～32	36～40
2	外径允许偏差/mm	±0.8	±1.0	±1.5	±0.6	±0.8	±0.8
3	壁厚允许偏差/mm	±0.8	±1.0	±1.2	±0.5	±0.6	±0.8
4	长度允许偏差/mm	±(0.01×L)			±2.0		
5	锚固段环形凸起部分的内径允许偏差/mm	±1.5			±1.0		
6	锚固段环形凸起部分的内径最小尺寸与钢筋公称直径差值/mm	≥10			≥10		
7	直螺纹精度	—			GB/T 197 中 6H 级		

5. 灌浆套筒的钢筋锚固深度

《钢筋套筒灌浆连接应用技术规程》（JGJ 355—2015）规定，灌浆连接端用于钢筋锚固的深度不宜小于 8 倍钢筋直径的要求。如采用小于 8 倍的产品，可将产品型式检验报告作为应用依据。

6. 结构设计需要的灌浆套筒尺寸

在装配式混凝土构件结构设计时，需要知道对应各种直径的钢筋的灌浆套筒的外径，以确定受力钢筋在构件断面中的位置，计算 h_0 和配筋等；还需要知道套筒的总长度和钢筋的插入长度，以确定下部构件的伸出钢筋长度和上部构件受力钢筋的长度。

全灌浆套筒尺寸示意图如图 2.2-4 所示，其主要技术参数见表 2.2-4。

半灌浆套筒尺寸示意图如图 2.2-5 所示，其主要技术参数见表 2.2-5。

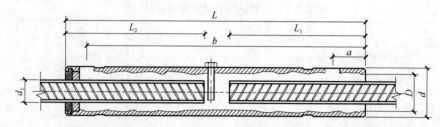

图 2.2-4　全灌浆套筒尺寸示意图（本图由北京思达建茂公司提供）

表 2.2-4　全灌浆套筒主要技术参数（本表由北京思达建茂公司提供）

套筒型号简写	套筒型号标识	连接钢筋直径 d_1	外径 d/mm	套筒长度 L/mm	灌浆端口孔径 D/mm	灌浆孔位置 a/mm	排浆孔位置 b/mm	现场施工钢筋插入深度 L_1/mm	工厂安装钢筋插入深度 L_2/mm
GT12L	JM GTJQ4 12L	12, 10	44	245	32	30	219	96 ~ 121	111 ~ 116
GT14L	JM GTJQ4 14L	14, 12	46	275	34	30	249	112 ~ 137	125 ~ 130
GT16L	JM GTJQ4 16L	16, 14	48	310	36	30	284	128 ~ 154	143 ~ 148
GT18L	JM GTJQ4 18L	18, 16	50	340	38	30	314	144 ~ 170	157 ~ 162
GT20L	JM GTJQ4 20L	20, 18	52	370	40	40	344	160 ~ 185	172 ~ 177
GT22L	JM GTJQ4 22L	22, 20	54	405	42	40	379	176 ~ 202	190 ~ 195
GT25L	JM GTJQ4 25L	25, 22	58	450	46	40	424	200 ~ 225	212 ~ 217
GT28L	JM GTJQ4 28L	28, 25	62	500	50	40	474	224 ~ 251	236 ~ 241
GT32L	JM GTJQ4 32L	32, 28	66	565	54	40	539	256 ~ 284	268 ~ 273
GT36L	JM GTJQ4 36L	36, 32	74	630	62	40	604	288 ~ 315	300 ~ 305
GT40L	JM GTJQ4 40L	40, 36	82	700	70	40	674	320 ~ 345	340 ~ 345

注：适用钢筋：屈服强度 ≥400MPa，抗拉强度 ≥540MPa 各类带肋钢筋。

套筒材质：45 号优质碳素结构钢。

套筒加工方式：机械加工制造。

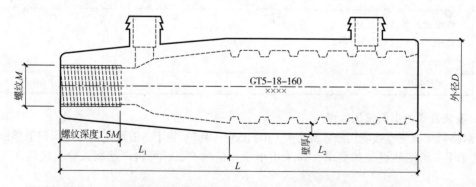

图 2.2-5　半灌浆套筒尺寸示意图（本图由深圳现代营造科技公司提供）

表 2.2-5　半灌浆套筒主要技术参数（本表由深圳现代营造科技公司提供）

规格型号	尺寸参数/mm						筒壁参数/mm		适用钢筋规格
	L	L_1	L_2	D	M	D_0	壁厚 t/mm	凸起 h/mm	400MPa
GT4-12-130	130	49	81	36	13	21	4	3	12

（续）

规格型号	尺寸参数/mm						筒壁参数/mm		适用钢筋规格
	L	L_1	L_2	D	M	D_0	壁厚 t/mm	凸起 h/mm	400MPa
GT4-14-140	140	59	81	38	14.7	22	4	3	14
GT4-16-150	150	54	96	40	16.7	25	4	3	16
GT4-18-160	160	64	96	42	19	29	4	3	18
GT4-20-190	190	64	126	44	21	31	4	3	20
GT4-22-195	195	69	126	48	23	34	5	3	22
GT4-25-238	238	69	169	53	26	38	6	3	25
GT4-28-250	271	71	200	58	29	43	7	3	28
螺纹长为1.5倍直径	灌浆孔凸出套筒10mm						内壁凸起环数多于6环		

注：所有灌浆套筒均采用QT550-5材质制造，延伸率分别为5%、3%。适用于400MPa级别的钢筋纵向连接。

2.2.2 机械套筒与注胶套筒

装配式混凝土结构连接节点后浇筑混凝土区域的纵向钢筋连接会用到金属套筒，如图2.2-6所示。

后浇区受力钢筋采用对接连接方式，连接套筒先套在一根钢筋上，与另一钢筋对接就位后，套筒移到两根钢筋中间，或螺旋方式或注胶方式将两根钢筋连接。

机械连接套筒和注胶套筒不是预埋在混凝土中，而是在浇筑混凝土前连接钢筋，与焊接、搭接的作用一样。国内多用机械套筒，日本用注胶套筒。机械套筒和注胶套筒的材质与灌浆套筒一样。

图2.2-6 后浇区受力钢筋连接

1. 机械连接套筒

机械连接套筒与钢筋连接方式包括螺纹连接和挤压连接，最常用的是螺纹连接。对接连接的两根受力钢筋的端部都制成有螺纹的端头，将机械套筒旋在两根钢筋上，如图2.2-7所示。

机械连接套筒在混凝土结构工程中应用较为普遍。机械连接套筒的性能和应用应符合现行行业标准《钢筋机械连接技术规程》（JGJ 107—2016）的规定。

图2.2-7 机械连接套筒示意图

挤压套筒连接是通过钢筋与套筒的机械咬合作用形成剪力进行轴向力传递的连接方式（如图2.2-8所示），用于钢筋机械连接的挤压套筒，其原材料及实测力学性能应符合现行行业标准《钢筋机械连接用套筒》（JG/T 163—2013）的有关规定（《装配式混凝土建筑技术标准》5.2.3条）。

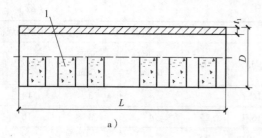 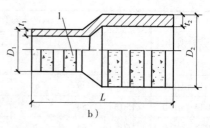

图 2.2-8　挤压套筒示意图

a）挤压标准型套筒　b）挤压异径型套筒

说明：1—挤压标识。

2. 注胶连接套筒

注胶套筒是日本应用较多的钢筋连接方式，用于连接后浇区受力钢筋，特别适合连接梁的纵向钢筋，如图 2.2-9 所示。

注胶套筒连接是先将套筒套到一根钢筋上，当另一根对接钢筋就位后，套筒移到其一半长度位置，即两根钢筋插入套筒的长度一样，然后从灌胶口注入胶，如图 2.2-10 所示。注胶连接套筒与灌浆套筒的区别有三点，一是注胶空间小，连接同样直径的钢筋，注胶套筒的外径比灌浆套筒的直径要小；二是只有一个灌胶口，胶料从套筒两端排出；三是用树脂类胶料取代水泥灌浆料。

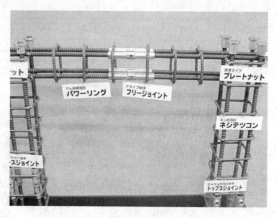

图 2.2-9　注胶套筒连接梁的受力钢筋

图 2.2-10　注胶套筒内部构造

2.2.3　套筒灌浆料

钢筋连接用套筒灌浆料以水泥为基本材料，并配以细骨料、外加剂及其他材料混合成干混料，按照规定比例加水搅拌后，具有流动性、早强、高强及硬化后微膨胀的特点。

套筒灌浆料的使用和性能应符合现行行业标准《钢筋套筒灌浆连接应用技术规程》（JGJ 355—2015）和《钢筋连接用套筒灌浆料》（JG/T 408—2013）的规定。两个行业标准给出了套筒灌浆料的技术性能，见表 2.2-6。

表 2.2-6　套筒灌浆料的技术性能参数表

项　　目		性 能 指 标
流动度/mm	初始	≥300
	30min	≥260
抗压强度/MPa	1d	≥35
	3d	≥60
	28d	≥85

（续）

项　　目		性能指标
竖向膨胀率（%）	3h	≥0.02
	24h与3h差值	0.02~0.5
氯离子含量（%）		≤0.03
泌水率（%）		0

套筒灌浆料应当与套筒配套选用；应按照产品设计说明所要求的用水量进行配置；按照产品说明进行搅拌；灌浆料使用温度不宜低于5℃。

2.2.4　浆锚孔波纹管

浆锚孔波纹管是浆锚搭接连接方式用的材料，预埋于装配式混凝土构件中，形成浆锚孔内壁，如图2.2-11所示。

钢筋浆锚搭接连接中，当采用预埋金属波纹管时，金属波纹管性能除应符合现行行业标准《预应力混凝土用金属波纹管》（JG 225—2007）的规定外，尚应符合下列规定：

1）宜采用软钢带制作，性能应符合现行国家标准《碳素结构钢冷轧钢带》（GB 716—1991）的规定；当采用镀锌钢带时，其双面镀锌层重量不宜小于60g/m²，性能应符合国家标准《连续热镀锌钢板及钢带》（GB/T 2518—2008）的规定。

2）金属波纹管的波纹高度不应小于2.5mm，壁厚不宜小于0.3mm。

图2.2-11　浆锚孔波纹管

2.2.5　浆锚搭接灌浆料

浆锚搭接用的灌浆料也是水泥基灌浆料，但抗压强度低于套筒灌浆料。因为浆锚孔壁的抗压强度低于套筒，灌浆料像套筒灌浆料那么高的强度没有必要。《装配式混凝土结构技术规程》（JGJ 1—2014）第4.2.3条给出了钢筋浆锚搭接连接接头用灌浆料的性能要求，见表2.2-7。

表2.2-7　钢筋浆锚搭接连接接头用灌浆料性能要求（《装配式混凝土结构技术规程》表4.2.3）

项　　目		性能指标	试验方法标准
泌水率（%）		0	《普通混凝土拌合物性能试验方法标准》GB/T 50080
流动度/mm	初始值	≥200	《水泥基灌浆材料应用技术规范》GB/T 50448
	30min保留值	≥150	
竖向膨胀率（%）	3h	≥0.02	《水泥基灌浆材料应用技术规范》GB/T 50448
	24h与3h的膨胀率之差	0.02~0.5	
抗压强度/MPa	1d	≥35	《水泥基灌浆材料应用技术规范》GB/T 50448
	3d	≥55	
	28d	≥80	
氯离子含量（%）		≤0.06	《混凝土外加剂匀质性试验方法》GB/T 8077

2.2.6　坐浆料

坐浆料用于多层预制剪力墙底部接缝处，以替代该处的灌浆料；也用于高层剪力墙结构预制墙板连接处的灌浆分区隔离带（也称为分仓隔离）。坐浆料应有良好的流动性、早强、无收缩微膨胀等性能。

常用坐浆料性能指标见表2.2-8。

表2.2-8　常用坐浆料性能指标

项　　目		性 能 指 标	试验方法标准
泌水率（%）		0	《普通混凝土拌合物性能试验方法标准》GB/T 50080
流动度/mm	初始值	≥290	《水泥基灌浆材料应用技术规范》GB/T 50448
	30min 保留值	≥260	
竖向膨胀率（%）	3h	≥0.1~3.5	《水泥基灌浆材料应用技术规范》GB/T 50448
	24h 与 3h 的膨胀率之差	0.02~0.5	
抗压强度/MPa	1d	≥20	《水泥基灌浆材料应用技术规范》GB/T 50448
	3d	≥40	
	28d	≥60	
最大氯离子含量（%）		≤0.1	《混凝土外加剂匀质性试验方法》GB/T 8077

2.2.7　浆锚孔约束螺旋筋

浆锚搭接方式在浆锚孔周围用螺旋钢筋约束，螺旋钢筋材质应符合本章2.3.5小节的要求。钢筋直径、螺旋圈直径和螺旋间距根据设计要求确定。

2.2.8　灌浆导管、孔塞、堵缝料

1. 灌浆导管

当灌浆套筒或浆锚孔距离混凝土边缘较远时，需要在装配式混凝土构件中埋置灌浆导管。灌浆导管一般采用PVC中型（M型）管，壁厚1.2mm，即电气用的套管，外径应为套筒或浆锚孔灌浆出浆口的内径，一般是16mm。

2. 灌浆孔塞

灌浆孔塞用于封堵灌浆套筒和浆锚孔的灌浆口与出浆孔，避免孔道被异物堵塞。灌浆孔塞可用橡胶塞或木塞。橡胶塞形状如图2.2-12所示。

3. 灌浆堵缝材料

灌浆堵缝材料用于灌浆构件的接缝（图2.2-13），有橡胶条、木条和封堵速凝砂浆等，日本有用充气橡胶条的。灌浆堵缝材料要求封堵密实，不漏浆，作业便利。

图2.2-12　灌浆孔塞

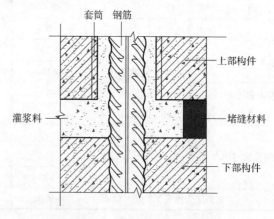

图2.2-13　灌浆堵缝材料示意图

封堵速凝砂浆是一种高强度水泥基砂浆，强度大于 50MPa，应具有可塑性好、成型后不塌落、凝结速度快和干缩变形小的性能。

2.2.9　夹芯保温构件拉结件

1. 拉结件简介

夹芯保温板即"三明治"板，是两层钢筋混凝土板中间夹着保温材料的装配式混凝土外墙构件。两层钢筋混凝土板（内叶板和外叶板）靠拉结件连接，如图 2.2-14 所示。

拉结件是涉及建筑安全和正常使用的连接件，须具备以下性能：

1）在内叶板和外叶板中锚固牢固，在荷载和作用力的作用下不能被拉出。

2）有足够的强度，在荷载和作用力的作用下不能被拉断剪断。

3）有足够的刚度，在荷载和作用力的作用下不能变形过大，导致外叶板位移。

4）热导率尽可能小，减少热桥。

5）具有耐久性。

6）具有防锈蚀性。

7）具有防火性能。

8）埋设方便。

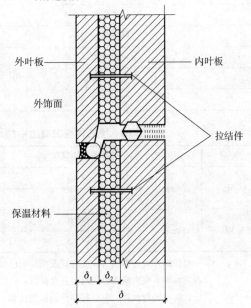

图 2.2-14　夹芯保温板构造示意图

拉结件有金属和非金属（主要为树脂拉结件，又称 FRP 拉结件）两类，如图 2.2-15 所示。

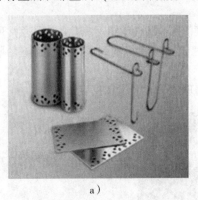

a）　　　　　　　　　　　　　　　b）

图 2.2-15　金属和非金属拉结件

a）金属拉结件　b）树脂拉结件

2. 非金属拉结件

非金属拉结件材质由高强玻璃纤维和树脂制成，热导率低，应用方便。在美国应用较多。美国 Thermomass 公司的产品较为著名，国内南京斯贝尔公司也有类似的产品。

Thermomass 拉结件分为 MS 和 MC 型两种。MS 型有效嵌入混凝土中 38mm；MC 型有效嵌入混凝土中 51mm。Thermomass 拉结件的物理力学性能见表 2.2-9，在混凝土中的承载力见表 2.2-10。

表 2.2-9　拉结件的物理力学性能（本表由 Thermomass 公司提供）

物　理　指　标	实　际　参　数
平均转动惯量	243mm^4
拉伸强度	800MPa
拉伸弹性模量	40000MPa
弯曲强度	844MPa
弯曲弹性模量	30000MPa
剪切强度	57.6MPa

表 2.2-10　拉结件在混凝土中的承载力（本表由 Thermomass 公司提供）

型号	锚固长度	混凝土换算强度	允许剪切力 V_t	允许锚固抗拉力 P_t
MS	38mm	C40	462N	2706N
		C30	323N	1894N
MC	51mm	C40	677N	3146N
		C30	502N	2567N

注：1. 单只拉结件允许剪切力和允许锚固抗拉力已经包括了安全系数4.0，内外叶墙的混凝土强度均不宜低于 C30，否则允许承载力应按照混凝土强度折减。

2. 设计时应进行验算，单只拉结件的剪切荷载 V_s 不允许超过 V_t，拉力荷载 P_s 不允许超过 P_t，当同时承受拉力和剪力时，要求 $(V_s/V_t) + (P_s/P_t) \leqslant 1$。

FRP 墙体拉结件（图 2.2-16）由 FRP 连接板（杆）和 ABS 定位套环组成。其中，FRP 连接板（杆）为连接件的主要受力部分，采用高性能玻璃纤维（GFRP）无捻粗纱和特种树脂经拉挤工艺成型，并经后期切割形成设计所需的形状；ABS 定位套环主要用于连接件施工定位，其长度一般与保温层厚度相同，采用热塑工艺成型。

FRP 材料最突出的优点在于它有很高的比强度（极限强度/相对密度），即通常所说的轻质高强。FRP 的比强度是钢材的 20 ~ 50 倍。另外，FRP 还有良好的耐腐蚀性、良好的隔热性能和优良的抗疲劳性能。

FRP 拉结件材料力学性能指标见表 2.2-11，物理力学性能指标见表 2.2-12。

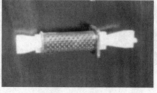

Ⅰ型FRP连接件　　　　　Ⅱ型FRP连接件　　　　　Ⅲ型FRP连接件

图 2.2-16　FRP 拉结件（本图由南京斯贝尔公司提供）

表 2.2-11　FRP 拉结件材料力学性能指标（本表由南京斯贝尔公司提供）

FRP 材性指标	实　际　参　数
拉伸强度≥700MPa	≥845MPa
拉伸模量≥42GPa	≥47.4GPa
剪切强度≥30MPa	≥41.8MPa

表 2. 2-12　FRP 拉结件物理力学性能指标（本表由南京斯贝尔公司提供）

连接件类型	拔出承载力/kN	剪切承载力/kN
Ⅰ型	≥8.96	≥9.06
Ⅱ型	≥12.24	≥5.28
Ⅲ型	≥9.52	≥2.30

3. 金属拉结件

欧洲三明治板较多使用金属拉结件，德国"哈芬"公司的产品，材质是不锈钢，包括不锈钢杆、不锈钢板和不锈钢圆筒。

哈芬的金属拉结件在力学性能、耐久性和确保安全性方面有优势，但热导率比较高，埋置麻烦，价格也比较贵。

4. 拉结件选用注意事项

技术成熟的拉结件厂家会向使用者提供拉结件抗拉强度、抗剪强度、弹性模量、热导率、耐久性、防火性等力学物理性能指标，并提供布置原则、锚固方法、力学和热工计算资料等。

由于拉结件成本较高，特别是进口拉结件。为了降低成本，一些装配式混凝土工厂自制或采购价格便宜的拉结件，有的工厂用钢筋做拉结件；还有的工厂用煨成扭"Z"字形塑料钢筋做拉结件。对此，提出以下注意事项：

1）鉴于拉结件在建筑安全和正常使用的重要性，宜向专业厂家选购拉结件。

2）拉结件在混凝土中的锚固方式应当有充分可靠的试验结果支持；外叶板厚度较薄，一般只有60mm 厚，最薄的板只有50mm，对锚固的不利影响要充分考虑。

3）连接件位于保温层温度变化区，也是水蒸气结露区，用钢筋做连接件时，表面涂刷防锈漆的防锈蚀方式耐久性不可靠；镀锌方式要保证50 年，也必须保证一定的镀层厚度。应根据当地的环境条件计算，且不应小于70μm。

4）塑料钢筋做的拉结件，应当进行耐碱性能试验和模拟气候条件的耐久性试验。塑料钢筋一般用普通玻纤制作，而不是耐碱玻纤。普通玻纤在混凝土中的耐久性得不到保证，所以，塑料钢筋目前只是作为临时项目使用的钢筋。对此，拉结件使用者应当注意。

2.2.10　钢筋锚固板

钢筋锚固板是设置于钢筋端部用于锚固钢筋的承压板，如图 2.2-17 所示。在装配式混凝土建筑中用于后浇区节点受力钢筋的锚固。

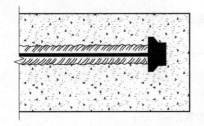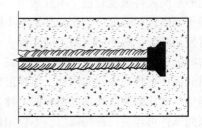

图 2.2-17　钢筋锚固板

钢筋锚固板的材质有球墨铸铁、钢板、锻钢和铸铁四种，具体材质牌号和力学性能应符合现行行业标准《钢筋锚固板应用技术规程》（JGJ 256—2011）的规定。

2.3　结构主材

装配式混凝土建筑的结构主材包括混凝土及其原材料、钢筋、钢板等。

2.3.1　装配式混凝土建筑关于混凝土的要求

装配式混凝土建筑往往采用比现浇建筑强度等级高一些的混凝土和钢筋。

我国行业标准《装配式混凝土结构技术规程》（JGJ 1—2014）要求"预制构件的混凝土强度等级不宜低于 C30；预应力混凝土预制构件的强度等级不宜低于 C40，且不应低于 C30；现浇混凝土的强度等级不应低于 C25"。装配式混凝土建筑混凝土强度等级的起点比现浇混凝土建筑高了一个等级。日本目前装配式混凝土建筑混凝土的强度等级最高已经用到 C100 以上。

混凝土强度等级高一些，对套筒在混凝土中的锚固有利；高强度等级混凝土与高强钢筋的应用可以减少钢筋数量，避免钢筋配置过密、套筒间距过小影响混凝土浇筑，这对柱梁结构体系建筑比较重要；高强度等级混凝土和钢筋对提高整个建筑的结构质量和耐久性有利。需要说明和强调的是：

1）预制构件结合部位和叠合梁板的后浇筑混凝土，强度等级应当与预制构件的强度等级一样。

2）不同强度等级结构件组合成一个构件时，如梁与柱结合的梁柱一体构件，柱与板结合的柱板一体构件，混凝土的强度等级应当按结构件设计的各自的强度等级制作。比如，一个梁柱结合的莲藕梁，梁的混凝土强度等级是 C30，柱的混凝土强度等级是 C50，就应当分别对梁、柱浇筑 C30 和 C50 混凝土。

3）混凝土的力学性能指标和耐久性要求应符合现行国家标准《混凝土结构设计规范》（GB 50010—2015）的规定。

4）装配式混凝土构件混凝土配合比不宜照搬当地商品混凝土配合比。因为商品混凝土配合比考虑配送运输时间，往往延缓了初凝时间，装配式混凝土构件在工厂制作，搅拌站就在车间旁，混凝土不需要缓凝。

装配式建筑还会用到清水混凝土、轻质混凝土、装饰混凝土等，详见本书第 8 章。

2.3.2　钢筋间隔件

钢筋间隔件即保护层垫块，用于控制钢筋保护层厚度或钢筋间距的物件。按材料分为水泥基类、塑料类和金属类。

装配式混凝土建筑无论预制构件还是现浇混凝土，都应当使用符合现行行业标准《混凝土结构用钢筋间隔件应用技术规程》（JGJ/T 219—2010）规定的钢筋间隔件，不得用石子、砖块、木块、碎混凝土块等作为间隔件。选用原则如下：

1）水泥砂浆间隔件强度较低，不宜选用。

2）混凝土间隔件的强度应当比构件混凝土强度等级提高一级，且不应低于 C30。

3）不得使用断裂、破碎的混凝土间隔件。

4）塑料间隔件不得采用聚氯乙烯类塑料或二级以下再生塑料制作。

5）塑料间隔件可作为表层间隔件，但环形塑料间隔件不宜用于梁、板底部。

6）不得使用老化断裂或缺损的塑料间隔件。

7）金属间隔件可作为内部间隔件，不应用作表层间隔件。

2.3.3　脱模剂

在混凝土模板内表面上涂刷脱模剂的目的在于减少混凝土与模板的粘结力而易于脱离，不致因混凝土初期强度过低而在脱模时受到损坏，保持混凝土表面光洁，同时可保护模板，防止其变形或锈蚀，便于清理和减少修理费用，为此，脱模剂须满足下列要求：

1）良好的脱模性能。

2）涂敷方便、成膜快、拆模后易清洗。

3）不影响混凝土表面装饰效果，混凝土表面不留浸渍印痕、泛黄变色。

4）不污染钢筋、对混凝土无害。

5）保护模板、延长模板使用寿命。

6）具有较好的稳定性。

7）具有较好的耐水性和耐候性。

脱模剂的种类通常有水性脱模剂和油性脱模剂两种。水溶性脱模剂操作安全，无油雾，对环境污染小，对人体健康损害小，且使用方便，逐步发展成油基脱模剂的代替品。使用后不影响产品的二次加工，如粘结、彩涂等加工工序。油性脱模剂成本高，易产生油雾，加工现场空气污浊程度高，对操作工人的健康产生危害，使用后影响构件的二次加工。

根据脱模剂的特点和实际要求，装配式混凝土工厂宜采用水性脱模剂，降低材料成本，提高构件质量，便于施工。

所选用的脱模剂应符合现行行业标准《混凝土制品用脱模剂》（JC/T 949—2005）的要求。

2.3.4 修补料

1. 普通构件修补

装配式混凝土构件生产、运输和安装过程中难免会出现磕碰、掉角、裂缝等，通常需要用修补料来进行修补。常用的修补料有普通水泥砂浆、环氧砂浆和丙乳砂浆等。

普通水泥砂浆的最大优点就是其材料的力学性能与基底混凝土一致，对施工环境要求不高，成本低等，但也存在普通水泥砂浆在与基层混凝土表面粘结、本身抗裂和密封等性能不足的缺点。

环氧砂浆是以环氧树脂为主剂，配以促进剂等一系列助剂，经混合固化后形成一种高强度、高粘结力的固结体，具有优异的抗渗、抗冻、耐盐、耐碱、耐弱酸防腐蚀性能及修补加固性能。

丙乳砂浆是丙烯酸酯共聚乳液水泥砂浆的简称，属于高分子聚合物乳液改性水泥砂浆。丙乳砂浆是一种新型混凝土建筑物的修补材料，具有优异的粘结、抗裂、防水、防氯离子渗透、耐磨、耐老化等性能，和树脂基修补材料相比具有成本低、耐老化、易操作、施工工艺简单及质量容易保证等优点，是修补材料中的上佳之选。

2. 清水混凝土或装饰混凝土表面修补

清水混凝土或装饰混凝土表面修补通常要求颜色一致，无痕迹等，其修补料通常需在普通修补料的基础加入无机颜料来调制出色彩一致的浆料，削弱修补疤痕。等修补浆料达到强度后轻轻打磨，与周边平滑顺上。

2.3.5 钢筋

钢筋在装配式混凝土结构构件中除了结构设计配筋外，还可能用于制作浆锚连接的螺旋加强筋、构件脱模或安装用的吊环、预埋件或内埋式螺母的锚固"胡子筋"等。

1）行业标准《装配式混凝土结构技术规程》（JGJ 1—2014）规定："普通钢筋采用套筒灌浆连接和浆锚搭接连接时，钢筋应采用热轧带肋钢筋。"

2）在装配式混凝土建筑结构设计时，考虑到连接套筒、浆锚螺旋筋、钢筋连接和预埋件相对现浇结构"拥挤"，宜选用大直径高强度钢筋，以减少钢筋根数，避免间距过小对混凝土浇筑的不利影响。

3）钢筋的力学性能指标应符合现行国家标准《混凝土结构设计规范》（GB 50010—2015）的规定。

4）钢筋焊接网应符合现行行业标准《钢筋焊接网混凝土结构技术规程》（JGJ 114—2014）的规定。

5）在预应力装配式混凝土构件中会用到预应力钢丝、钢绞线和预应力螺纹钢筋等，其中以预应力钢绞线最为常用。预应力钢绞线应符合《混凝土结构设计规范》（GB 50010—2015）中的相应的要求和指标。

6）当预制构件的吊环用钢筋制作时，按照行业标准《装配式混凝土结构技术规程》（JGJ 1—2014）的要求，"应采用未经冷加工的 HPB300 级钢筋制作"。

7）国家行业标准对钢筋强度等级没有要求，辽宁地方标准《装配式混凝土结构设计规程》（DB21/T 2572—2016）中规定钢筋宜用 HPB300、HRB335、HRB400、HRB500、HRBF335、HRBF400、HRBF500 级热轧钢筋。预应力筋宜采用预应力钢丝、钢绞线和预应力钢筋。

8）装配式混凝土构件不能使用冷拔钢筋。当用冷拉办法调直钢筋时，必须控制冷拉率。光圆钢筋冷拉率小于4%，带肋钢筋冷拉率小于1%。

2.3.6　型钢和钢板

装配式混凝土结构中用到的钢材包括埋置在构件中的外挂墙板安装连接件等。钢材的力学性能指标应符合现行国家标准《钢结构设计规范》（GB 50017—2003）的规定。钢板宜采用 Q235 钢和 Q345 钢。

2.3.7　焊条

钢材焊接所用焊条应与钢材材质和强度等级对应，并符合国家现行标准《混凝土结构设计规范》（GB 50010—2015）、《钢结构设计规范》（GB 50017—2003）、《钢结构焊接规范》（GB 50661—2011）和《钢筋焊接及验收规程》（JGJ 18—2012）等的规定。

2.3.8　钢丝绳

钢丝绳在装配式混凝土结构中主要用于竖缝柔性套箍连接和大型构件脱模吊装用的柔性吊环。

钢丝绳应符合现行国家标准《一般用途钢丝绳》（GB/T 20118—2006）的规定。

2.4　辅助材料

装配式混凝土建筑的辅助材料是指与预制构件有关的材料和配件，包括内埋式螺母、吊钉、内埋式螺栓、螺栓、密封胶、反打在构件表面的石材、瓷砖、表面漆料等。

2.4.1　内埋式金属螺母

内埋式金属螺母在装配式混凝土构件中应用较多，如吊顶悬挂、设备管线悬挂、安装临时支撑、吊装和翻转吊点、后浇区模具固定等。内埋式螺母预埋便利，避免了后锚固螺栓可能与受力钢筋"打架"或对保护层的破坏，也不会像内埋式螺栓那样探出混凝土表面容易刮碰。

内埋式螺母的材质为高强度的碳素结构钢或和合金结构钢，锚固类型有螺纹型、丁字型、燕尾型和穿孔插入钢筋型等。常用的内埋式螺母尺寸区间见表2.4-1。

表 2.4-1　常用的内埋式螺母尺寸区间

序号	品　名	图　样	长度区间/mm	外径区间
1	Y 型螺母		75 ~ 300	D6 ~ D51
2	O 型螺母		75 ~ 300	D6 ~ D51

（续）

序号	品　　名	图　　样	长度区间/mm	外 径 区 间
3	P 型螺母		30～100	—
4	PT 型螺母		45～95	—
5	PK 型螺母		35～80	—
6	PQ 型螺母		40～60	—
7	FCI 型螺母		43～120	—
8	P-SUS 型螺母		30～100	—

2.4.2　内埋式吊钉

　　内埋式吊钉是专用于吊装的预埋件，吊钩卡具连接非常方便，被称为快速起吊系统，如图 2.4-1 和图 2.4-2 所示。吊钉的主要参数见表 2.4-2。

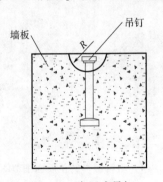

图 2.4-1　内埋式吊钉

图 2.4-2　内埋式吊钉与卡具

表 2.4-2　吊钉的主要参数

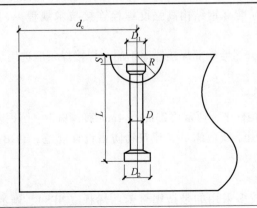

在起吊角度位于 0°～45°时，用于梁与墙板构件的吊钉承载能力举例

（续）

承载能力/t	D	D_1	D_2	R	吊钉顶面凹入混凝土梁深度 S/mm	吊钉到构件边最小距离 d_c/mm	构件最小厚度/mm	最小锚固长度/mm	混凝土抗压强度达到15MPa时，吊钉最大承受荷载/kN
1.3	10	19	25	30	10	250	100	120	13
2.5	14	26	35	37	11	350	120	170	25
4.0	18	36	45	47	15	675	160	210	40
5.0	20	36	50	47	15	765	180	240	50
7.5	24	47	60	59	15	946	240	300	75
10	28	47	70	59	15	1100	260	340	100
15	34	70	80	80	15	1250	280	400	150
20	39	70	98	80	15	1550	280	500	200
32	50	88	135	107	23	2150			

2.4.3　内埋式塑料螺母

内埋式塑料螺母较多用于叠合楼板底面，用于悬挂电线等重量不重的管线，如图2.4-3、图2.4-4所示。日本应用塑料螺母较多，我国目前尚未见应用。

图2.4-3　预埋在叠合楼板底面的塑料螺母　　　　图2.4-4　塑料螺母的正反面细节图

2.4.4　螺栓与内埋式螺栓

装配式混凝土建筑用到的螺栓包括楼梯和外挂墙板安装用的螺栓，宜选用高强度螺栓或不锈钢螺栓。高强度螺栓应符合现行行业标准《钢结构高强度螺栓连接技术规程》（JGJ 82—2011）的要求。

内埋式螺栓是预埋在混凝土中的螺栓，螺栓端部焊接锚固钢筋。焊接焊条应选用与螺栓和钢筋适配的焊条。

2.4.5　防雷引下线

防雷引下线埋置在外墙装配式混凝土构件中，通常用25mm×4mm镀锌扁钢、圆钢或镀锌钢绞线等。日本用10～15mm直径的铜线。引下线应满足《建筑物防雷设计规范》（GB 50057—2010）中的要求。

2.4.6　保温材料

夹芯外墙板夹芯层中的保温材料，较多采用的是挤塑聚苯乙烯板（XPS）、硬泡聚氨酯

（PUR）、酚醛、岩棉等轻质高效保温材料。保温材料应符合国家现行有关标准的规定。

2.4.7　建筑密封胶

装配式混凝土建筑外墙板和外墙构件接缝需用建筑密封胶，有如下要求：

1）建筑密封胶应与混凝土具有相容性。没有相容性的密封胶粘不住，容易与混凝土脱离。国外装配式混凝土结构密封胶特别强调这一点。

2）密封胶性能应满足《混凝土建筑接缝用密封胶》（JC/T 881—2001）的规定。

3）行业标准《装配式混凝土结构技术规程》（JGJ 1—2014）要求：硅酮、聚氨酯、聚硫密封胶应分别符合国家现行标准《硅酮建筑密封胶》（GB/T 14683—2003）、《聚氨酯建筑密封胶》（JC/T 482—2003）和《聚硫建筑密封胶》（JC/T 483—2006）的规定。

4）应当有较好的弹性，可压缩比率大。

5）具有较好的耐候性、环保性以及可涂装性。

6）接缝中的背衬可采用发泡氯丁橡胶或聚乙烯塑料棒。

目前市面上较好的建筑密封胶主要是 MS 胶。MS 胶也称硅烷改性聚醚密封胶，与市场上其他传统的建筑密封胶相比较，MS 胶具有健康环保、无污染、粘结性优异、耐候性好、涂饰适应性强、应力缓和等优点，详见表 2.4-3。

表 2.4-3　MS 建筑密封胶性能表 ［本表由钟化贸易（上海）有限公司提供］

项　　目		技术指标（25LM）	典　型　值
下垂度（N 型）/mm	垂直	≤3	0
	水平	≤3	0
弹性恢复率（%）		≥80	91
拉伸模量/MPa	23℃	≤0.4	0.23
	-20℃	≤0.6	0.26
定伸粘结性		无破坏	合格
浸水后定伸粘结性		无破坏	合格
热压、冷压后粘结性		无破坏	合格
质量损失（%）		≤10	3.5

2.4.8　密封橡胶条

装配式混凝土建筑所用密封橡胶条用于板缝节点，与建筑密封胶共同构成多重防水体系。密封橡胶条是环形空心橡胶条，应具有较好的弹性、可压缩性、耐候性和耐久性，如图 2.4-5 所示。

图 2.4-5　不同形状的密封橡胶条

2.4.9　石材反打材料

石材反打是将石材反铺到装配式混凝土构件模板上，用不锈钢挂钩将其与钢筋连接，然后浇筑混凝土，装饰石材与混凝土构件结合为一体。

1. 石材

用于反打工艺的石材要符合行业标准《金属与石材幕墙工程技术规范》（JGJ 133—2013）的要求。石材厚 25～30mm。

2. 不锈钢挂钩

反打石材背面安装不锈钢挂钩，直径不小于 4mm，如图 2.4-6 和图 2.4-7 所示。

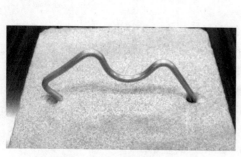

图 2.4-6　安装中的反打石材挂钩

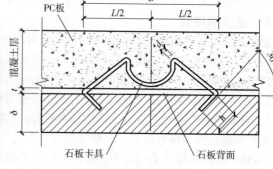

图 2.4-7　反打石材挂钩尺寸图

3. 隔离剂

反打石材工艺须在石材背面涂刷一层隔离剂,该隔离剂是低黏度的,具有耐温差、抗污染、附着力强、抗渗透、耐酸碱等特点。用在反打石材工艺的一个目的是防止泛碱,避免混凝土中的"碱"析出石材表面;一个目的是防水;还有一个目的是减弱石材与混凝土因温度变形不同而产生的应力。

2.4.10　反打装饰面砖

外墙瓷砖反打工艺如图 2.4-8 所示,日本装配式混凝土建筑应用非常多。反打瓷砖与其他外墙装饰面砖没有区别。日本的做法是在瓷砖订货时将瓷砖布置详图给瓷砖厂,瓷砖厂按照布置图供货,特殊构件定制。图 2.4-9 所示瓷砖反打的装配式混凝土板,瓷砖就是供货商按照设计要求配置的,转角瓷砖是定制的。

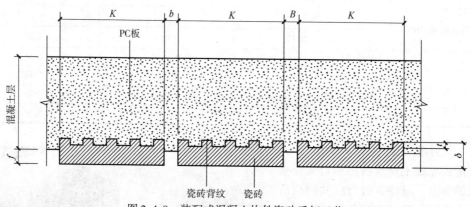

图 2.4-8　装配式混凝土构件瓷砖反打工艺

δ—瓷砖厚度　K—瓷砖宽度　b—瓷砖间隙　t—瓷砖背纹深度　f—瓷砖外露深度

2.4.11　GRC

非夹芯保温的装配式混凝土外墙板,其保温层的保护板可以采用 GRC 装饰板。GRC 为 Glass Fibre Reinforced Concrete 的缩写,即"玻璃纤维增强的混凝土"的意思,是由水泥、砂子、水、玻璃纤维、外加剂以及其他骨料与混和物组成的复合材料。GRC 装饰板一般厚度为 15mm,抗弯强度可达 18 N/mm²,是普通混凝土的 3 倍,具有壁薄体轻、造型随意、质感逼真的特点,GRC 板表面可以附着5 ~ 10mm 厚的彩色砂浆面层。

图 2.4-9　装配式混凝土构件瓷砖反打工艺实例

2.4.12　超高性能混凝土

非夹芯保温的装配式混凝土外墙板，其保温层的保护板可以采用超高性能混凝土墙板。超高性能混凝土简称 UHPC（Ultra-High Performance Concrete），也称为活性粉末混凝土（RPC, Reactive Powder Concrete），是最新的水泥基工程材料，主要材料有水泥、石英砂、硅灰和纤维（钢纤维或复合有机纤维）等。板厚 10～15mm，抗弯强度可达 20N/mm² 以上，是普通混凝土的 3 倍以上，具有壁薄体轻、造型随意、质感逼真、强度高、耐久性好的特点，表面可以附着 5～10mm 厚的彩色砂浆面层。

2.4.13　表面保护剂

建筑抹灰表面用的漆料都可以用于装配式混凝土构件，如乳胶漆、氟碳漆、真石漆等。装配式混凝土构件由于在工厂制作，表面可以做得非常精致。

表面不做乳胶漆、真石漆、氟碳漆处理的装饰性装配式混凝土墙板或构件，如清水混凝土质感、彩色混凝土质感、剔凿质感等，应涂刷透明的表面保护剂，以防止污染或泛碱，增加耐久性。

表面污染包括空气灰尘污染、雨水污染、酸雨作用、微生物污染等。表面保护剂对这些污染有防护作用，有助于抗冻融性、抗渗性的提高，抑制盐的析出。

按照工作原理分有两类表面保护剂：涂膜和浸渍。

涂膜就是在 GRC 表面形成一层透明的保护膜。浸渍则是将保护剂渗入 GRC 表面层，使之密致。这两种办法也可以同时采用。

表面保护剂多为树脂类，包括丙烯酸硅酮树脂、聚氨酯树脂、氟树脂等。

表面防护剂需要保证防护效果，不影响色彩与色泽，耐久性好。

 思考题

1. 连接材料包括哪几种？
2. 结构主材包括哪几种？
3. 辅助材料包括哪几种？
4. 混凝土的原材料主要有哪些？
5. 手绘一张全灌浆套筒构造图，了解其原理。

第3章 预制构件制作工艺与工厂设计

3.1 概述

预制构件一般情况下是在工厂制作（图3.1-1）。如果建筑工地距离工厂太远，或通往工地的道路无法通行运送构件大型车辆，也可在工地制作。图3.1-2就是日本一个建筑工地的临时预制构件工厂的照片。

图3.1-1　预制构件工厂　　　　　　　　图3.1-2　建筑工地临时预制构件工厂

预制构件制作有不同的工艺，采用何种工艺与构件类型和复杂程度有关，与构件品种有关，也与投资者的偏好有关。

工厂建设应根据市场需求、主要产品类型、生产规模和投资能力等因素首先确定采用什么生产工艺，再根据选定的生产工艺进行工厂布置。

本章介绍预制构件制作工艺和工厂布置原则，包括工艺与流程（3.2），工厂设计（3.3），设备配置（3.4），工厂劳动组织（3.5），工厂管理系统（3.6），试验室配置（3.7）。

3.2 工艺与流程

3.2.1 制作工艺分类

常用预制构件的制作工艺有两种：固定式和流动式（图3.2-1）。

固定式包括固定模台工艺、立模工艺和预应力工艺等。

流动式包括流水线工艺和自动流水线工艺。

预制构件一般情况下是在工厂内制作的（图3.2-2），可以选择以上任何一种工艺。但如果建筑工地距离工厂太远，或通往工地的道路无法通行运送构件的大型车辆，也可在选择在工地现场生产（图3.1-2）。边远地区无法建厂又要搞装配式混凝土建筑，也可以选择移动方式进行生产，即在项目周边建设简易的生产工厂，等该项目结束后再将该简易工厂的设备设施转移到另外一个项目，这种可移动的工厂也被称为游牧式工厂（图3.2-3）。工地临时工厂和移动式工厂只能选择固定模台工艺。

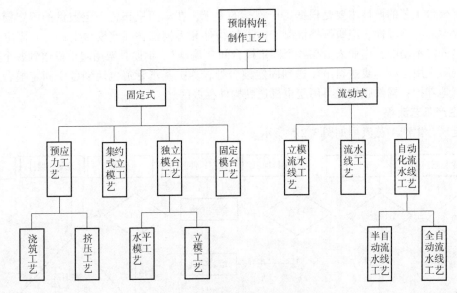

图 3.2-1　常用预制构件制作工艺

图 3.2-2　全自动化工艺生产工厂

图 3.2-3　移动式（游牧式）工厂

3.2.2　固定模台工艺与生产流程

1. 工艺

固定式的生产工艺共有四种形式，分别是固定模台工艺、预应力工艺、集约式立模工艺、独立立模工艺，其中固定模台工艺是固定方式生产最主要的工艺，也是预制构件制作应用最广的工艺。

固定模台在国际上应用很普遍，在日本、美国、大洋洲以及东南亚地区应用比较多，在欧洲生产异形构件以及工艺流程比较复杂的构件，也采用固定模台工艺。

固定模台是一块平整度较高的钢结构平台，也可以是高平整度高强度的水泥基材料平台。以固定模台作为预制构件的底模，在模台上固定构件侧模，组合成完整的模具。固定模台也被称为底模、平台、台模（图3.2-4）。

图 3.2-4　固定模台

固定模台工艺的设计主要是根据生产规模的要求，在车间里布置一定数量的固定模台，组模、放置钢筋与预埋件、浇筑振捣混凝土、养护构件和拆模都在固定模台上进行。固定模台工艺模具是固定不动的，作业人员在各个固定模台间"流动"。钢筋骨架用起重机送到各个固定模台处；混凝土用送料车或送料吊斗送到固定模台处，养护蒸汽管道也通到各个固定模台下，预制构件就地养护；构件脱模后再用起重机送到构件存放区。

2. 生产工艺流程

固定模台生产工艺流程如图 3.2-5 所示。

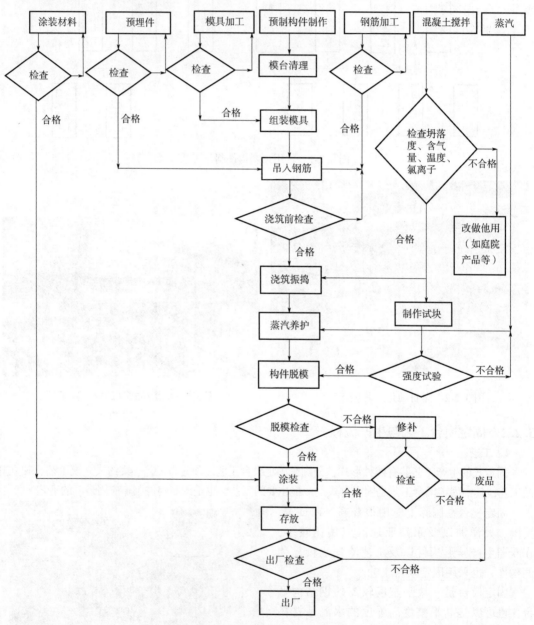

图 3.2-5　固定模台生产工艺流程

3. 制作构件范围

固定模台工艺适用于各种构件，包括标准化构件、非标准化构件和异形构件。具体构件包括柱、梁、叠合梁、后张法预应力梁、叠合楼板、剪力墙板、三明治墙板、外挂墙板、楼梯、阳台板、飘窗、空调板、曲面造型构件等。

4. 优点

1）适用范围广。

2）可生产复杂构件。

3）生产安排机动灵活，限制较少。

4）投资少、见效快。

5）租用厂房就可以启动，也可用于工地临时工厂。

5. 缺点

1）与流水线相比同样产能占地面积大 10% ~ 15%。

2）可实现自动化的环节少。

3）生产同样构件，振捣、养护、脱模环节比流水线工艺用工多。

4）养护耗能高。

3.2.3 独立立模工艺与生产流程

1. 工艺

立着浇筑的柱子或侧立浇筑的楼梯板属于独立立模，如图 3.2-6 所示。

独立立模由侧板和独立的底板组成，组模、放置钢筋与预埋件、浇筑振捣混凝土、养护构件和拆模与固定模台一致，只是产品是立式浇筑成型。

图 3.2-6 独立立模——楼梯模具

2. 生产工艺流程

独立立模工艺流程大致与固定模台相似，如图 3.2-7 所示。

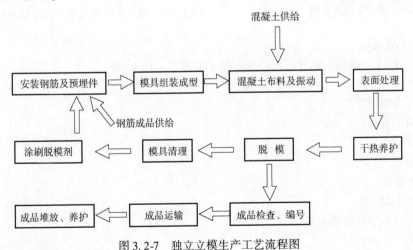

图 3.2-7 独立立模生产工艺流程图

3. 制作构件范围

独立式立模可用于柱、剪力墙板、楼梯板、T 形板和 L 形板的制作。

4. 优点

1）产品没有抹压立面。

2）适合生产 T 形板和 L 形板等三维构件，对剪力墙结构体系减少工地后浇混凝土有利。

3）构件不用翻转。

4）与固定模台比占地面积小。

5. 缺点

1）无法实现自动化。

2）组模、钢筋入模、浇筑比固定模台工艺麻烦。

3）生产同样构件，振捣、养护、脱模环节比流水线工艺用工多。

4）养护耗能高。

3.2.4　集约式立模工艺与生产流程

1. 工艺

集约式立模（图 3.2-8、图 3.2-9）是多个构件组合在一起制作的工艺，可用来生产规格标准、形状规则的板式构件，如不出筋的剪力墙内墙板、轻质混凝土空心墙板楼梯等。

集约式立模由底模和可移动模板组成。通过液压开合模具，在移动模板内壁之间形成用来制造预制构件的空间。可根据构件的尺寸调整模具的空间大小。

图 3.2-8　固定集约式立模（内墙板）　　　图 3.2-9　楼梯集约式立模（北京枫树林科技提供）

2. 生产工艺流程

集约式立模工艺流程大致与固定模台相似，如图 3.2-10 所示。

3. 优点

1）工厂占地面积小。

2）产品没有抹压立面。

3）模具成本低。

4）节约人工。

5）节省能源。

6）构件不用翻转。

7）生产轻质隔墙板效率高。

4. 缺点

适用范围太窄。

3.2.5　预应力工艺与生产流程

用于装配式建筑的预应力构件主要是预应力楼板，包括带肋的预应力板、预应力空心板、预应力双 T 板等。

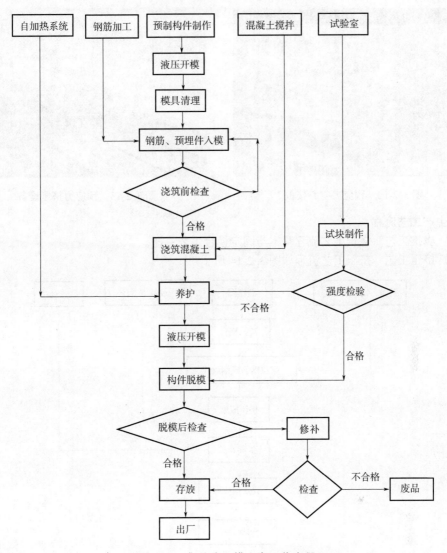

图 3.2-10　集约式立模生产工艺流程

1. 工艺

预应力构件生产工艺有浇筑工艺和挤压工艺两种。

（1）浇筑工艺　浇筑工艺是在固定的钢筋张拉台上制作构件（图 3.2-11）。钢筋张拉台是一个长条平台，两端是钢筋张拉设备和固定端，钢筋张拉后在长条台上浇筑混凝土，养护达到要求强度后，拆卸边模和肋模，然后卸载钢筋拉力，切割预应力楼板。除钢筋张拉和楼板切割外，其他工艺环节与固定模台工艺接近。

图 3.2-11　浇筑工艺生产预应力叠合楼板

（2）挤压工艺　挤压预应力生产工艺主要生产空心楼板（图 3.2-12），钢筋张拉后设备在轨道上移动，振动挤压出干硬性混凝土，即刻成型。挤压设备如图 3.2-13 所示。

图 3.2-12　预应力空心楼板

图 3.2-13　预应力挤压设备

2. 生产工艺流程

（1）浇筑工艺　浇筑工艺流程基本与固定模台工艺一样。

（2）挤压工艺　挤压工艺流程如图 3.2-14 所示。

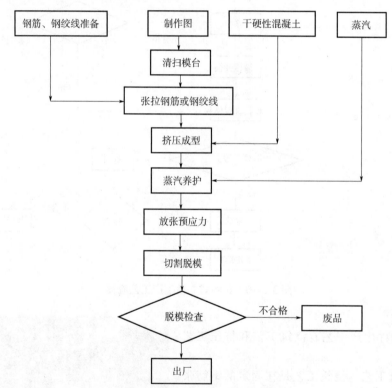

图 3.2-14　预应力挤压工艺流程

3. 优点

浇筑工艺简单，挤压工艺自动化程度高。

4. 缺点

适用范围窄、产品单一。

3.2.6　流水线工艺与生产流程

流动式生产工艺有两种，流水线工艺和自动化流水线工艺。两者的根本区别在于自动化程度的高低，自动化程度低的是流水线工艺，自动化程度高的是自动化流水线工艺。

1. 工艺

流水线是将标准订制的钢平台（规格一般为 4m×9m）放置在滚轴或轨道上，使其移动。

首先在组模区组模；然后移动到放置钢筋和预埋件的作业区段，进行钢筋和预埋件入模作业；然后再移动到浇筑振捣平台上进行混凝土浇筑；完成浇筑后模台下的平台振动，对混凝土进行振捣；之后，模台移动到养护窑进行养护；养护结束出窑后移到脱模区脱模，构件或被吊起，或在翻转台翻转后吊起，然后运送到构件存放区。

流水线工艺主要设备有固定脚轮或轨道、模台、模台转运小车、模台清扫机、画线机、布料机、拉毛机、码垛机、养护窑、翻转机等，每一台设备都需要专人操作，独立运行。流水线工艺在画线、喷涂脱模剂、浇筑混凝土、振捣环节部分实现了自动化，可以集中养护，在制作大批量同类型板式构件时，可以提高生产效率、节约能源、降低工人劳动强度。

2. 生产工艺流程

流水线工艺流程：模台通过滚轮或轨道移动到每个工位，由该工位工人完成作业，然后转移至下一个工位，直到被码垛机送进养护窑。流水线的基本工位有：模台清扫、画线、喷涂脱模剂、组装模具、钢筋入模、浇筑混凝土（同时振捣）、拉毛或抹平、养护、翻转脱模等。

流水线生产工艺流程如图 3.2-15 所示。

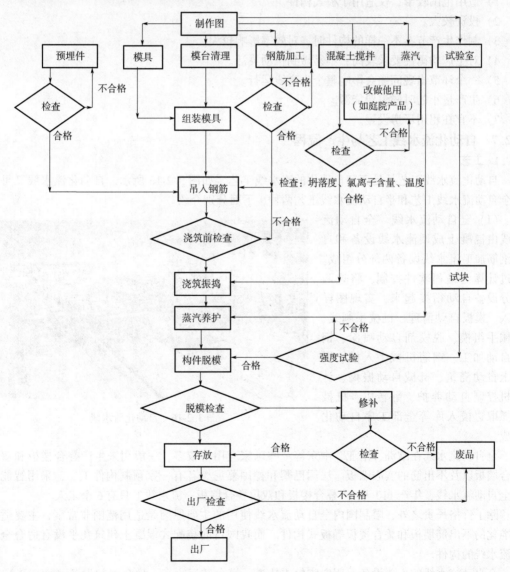

图 3.2-15　流水线生产工艺流程

3. 制作构件范围

流水线工艺适合生产标准化板类构件，包括叠合楼板、剪力墙外墙板、剪力墙内墙板、夹芯保温板（三明治墙板）、外挂墙板、双面叠合剪力墙板、内隔墙板等。对于装饰一体化的板类构件（带装饰层的墙板、瓷砖反打、石材反打等墙板）也能生产，但效率较低。

4. 优点

1) 比固定模台工艺节约用地。
2) 在放线、清理模台、喷脱模剂、振捣、翻转环节实现了自动化。
3) 钢筋、模具和混凝土定点运输，运输线路直接，没有交叉。
4) 实现了自动化的环节节约劳动力。
5) 集中养护在生产量饱满时节约能源。
6) 制作过程质量管控点固定，方便管理。

5. 缺点

1) 适用范围较窄，仅适用于板式构件。
2) 投资较大。
3) 制作生产节奏不一样的构件时，对效率影响较大。
4) 对生产均衡性要求较高；不易做到机动灵活。
5) 一个环节出现问题会影响整个生产线运行。
6) 生产量小的时候浪费能源。
7) 不宜在租用厂房设置。

3.2.7　自动化流水线工艺与生产流程

1. 工艺

自动化流水线工艺就是高度自动化的流水线工艺，如图 3.2-16 所示。自动化流水线又可分为全自动流水线工艺和半自动流水线工艺两种，下面分别介绍。

（1）全自动流水线　全自动流水线由混凝土成型流水线设备和自动钢筋加工流水线设备两部分组成。通过计算机编程软件控制，将这两部分设备自动衔接起来，实现图样输入、模板自动清理、机械手画线、机械手组模、脱模剂自动喷涂、钢筋自动加工、钢筋机械手入模、混凝土自动浇筑、机械自动振捣、计算机控制自动养护、翻转机、机械手抓取边模入库等全部工序自动化完成。

图 3.2-16　自动化流水线

全自动流水线在欧洲、南亚、中东等一些国家应用得较多，一般用来生产叠合楼板和双面叠合墙板以及不出筋的实心墙板。法国巴黎和德国慕尼黑各有一家预制构件工厂，采用智能化的全自动流水线，年产 110 万 m^2 叠合楼板和双层叠合墙板，流水线上只有 6 个工人。

除了价格昂贵之外，限制国内全自动流水线使用的主要原因是适用范围非常窄，主要适合标准化的不出筋墙板和叠合楼板等板式构件。而我国目前装配式混凝土建筑几乎没有适合全自动流水线的构件。

全自动流水线的主要设备有固定脚轮或轨道、模台转运小车、模台清扫设备（图 3.2-17）、机械手组模（含机械手放线）（图 3.2-18）、边模库机械手（图 3.2-19）、脱模剂喷涂机（图 3.2-20）、钢筋网自动焊接机（图 3.2-21）、钢筋网抓取设备（图 3.2-22）、桁架筋抓取设备（图 3.2-23）、自动布料机（图 3.2-24）、柔性振捣设备（图 3.2-25）、码垛机（图 3.2-26）、养护窑（图 3.2-27）、翻转机（图 3.2-28）、倾斜机（图 3.2-29）等。

图 3.2-17　模台清扫设备

图 3.2-18　机械手组模

图 3.2-19　边模库机械手

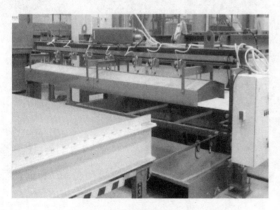

图 3.2-20　脱模剂喷涂机

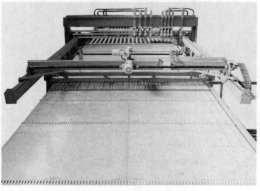

图 3.2-21　钢筋网自动焊接机

图 3.2-22　钢筋网抓取设备

图 3.2-23　桁架筋抓取设备

图 3.2-24　自动布料机

图 3.2-25　柔性振捣设备

图 3.2-26　码垛机

图 3.2-27　养护窑

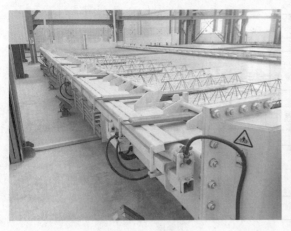
图 3.2-28 翻转机

图 3.2-29 倾斜机

（2）半自动流水线 与全自动流水线相比，半自动流水线仅包括了混凝土成型设备，不包括全自动钢筋加工设备。半自动化流水线将图样输入、模板清理、画线、组模、脱模剂喷涂、混凝土浇筑、振捣等工序实现了自动化，但是钢筋加工、入模仍然需要人工作业。

半自动流水线也是只适合标准化的板类构件，如非预应力的不出筋叠合楼板、双面叠合墙板、内隔墙板等。夹芯保温墙板也可以生产，但是不能实现自动化和智能化，组模、放置保温材料、安放拉结件等工序需要人工操作。

半自动流水线的主要设备有固定脚轮或轨道、模台转运小车、模台清扫设备、组模机械手（含机械手放线）、边模库机械手、脱模剂喷涂机、自动布料机、柔性振捣设备、码垛机、养护窑、翻转机、倾斜机等。

2. 生产工艺流程

全自动流水线从图样输入、模板清理、画线、组模、脱模剂喷涂、钢筋加工、钢筋入模、混凝土浇筑、振捣、养护等全过程都由机械手自动完成，真正意义上实现全部自动化，生产工艺流程如图 3.2-30 所示。

3. 优点

1）自动化、智能化程度高。

2）产品质量好，不易出错。

3）生产效率非常高。

4）大量节省劳动力。

4. 缺点

1）适用范围太窄。

2）要求大的市场规模。

3）造价太高。

4）投资回收周期长或者较难。

3.2.8 各种工艺比较

建设一个预制造工厂，首先要确定生产工艺。而要选择生产工艺，就应当对各种生产工艺的适用范围以及经济性进行深入清晰的了解。每一种生产工艺适宜的范围不同，有各自的优缺点，投入的成本也不一样。我们把各种生产工艺对产品的适用范围、优点、缺点以及产能与投资的大致关系做成了一个表格，供读者参考（见表 3.2-1）。

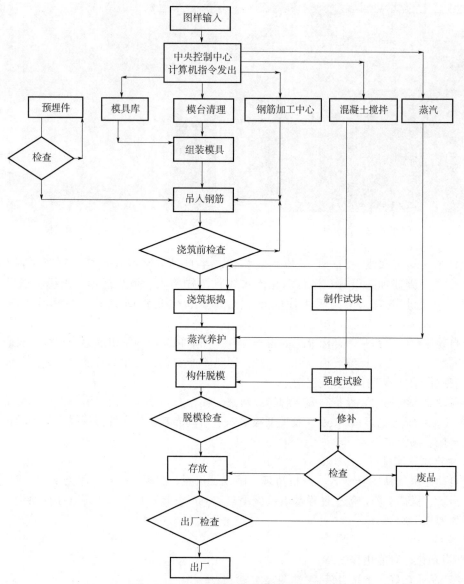

图 3.2-30　全自动流水线生产工艺流程

表 3.2-1　各种工艺适宜性及经济性比较

序号	项目	比较单位	固定式				流动式	
			固定模台	立模		预应力	全自动流水线	流水线
				集约式	独立式			
1	可生产构件		梁、叠合梁、莲藕梁、柱梁一体、柱、楼板、叠合楼板、内墙板、外墙板、T形板、L形板、曲面板、楼梯板、阳台板、飘窗、夹芯保温墙板、后张法预应力梁、各种异形构件	轻质内隔墙板和其他形状和配筋规则的不出筋规格化墙板	柱、剪力墙板、楼梯板、T形板、L形板	预应力叠合楼板、预应力空心楼板、预应力双T板、预应力实心楼板、预应力梁	不出筋的楼板、叠合楼板、内墙板和双面叠合剪力墙板	楼板、叠合楼板、剪力墙内墙板、剪力墙外墙板、夹芯保温墙板、阳台板、空调板等板式构件

（续）

序号	项目	比较单位	固定式				流动式	
			固定模台	立模		预应力	全自动流水线	流水线
				集约式	独立式			
2	设备投资	10 万 m³ 生产规模	800~1200 万	300~500 万	100~150 万	300~500 万	8000~10000 万	3000~5000 万
3	厂房面积	10 万 m³ 生产规模	1.5~2 万 m²	0.6~1 万 m²	0.6~1.5 万 m²	1.5~2 万 m²	1.3~1.6 万 m²	1.3~1.6 万 m²
4	场地面积	10 万 m³ 生产规模	3~4 万 m²	1.5~2 万 m²	2~2.5 万 m²	1.5~2 万 m²	3~4 万 m²	3~4 万 m²
5	其他设施	10 万 m³ 生产规模	0.3~0.5 万 m²	0.3~0.5 万 m²	0.5 万 m²	0.3~0.5 万 m²	0.3~0.5 万 m²	0.3~0.5 万 m²
6	工厂人员	10 万 m³ 生产规模	180~210 人	90~110 人	100~120 人	90~110 人	90~120 人	120~150 人
7	运行用电	1m³ 运行用电量	8~10kWh	8~10kWh	8~10kWh	8~10kWh	10~12kWh	10~12kWh
8	养护耗能	1m³ 养护蒸汽量	60~80kg	60~80kg	60~80kg	60~80kg	60~70kg	60~70kg
9	优点		1）适用范围广。2）可生产复杂构件。3）生产安排机动灵活，限制较少。4）投资少、见效快。5）租用厂房可以启动。可用于工地临时工厂	1）工厂占地面积小。2）产品没有抹压立面。3）模具成本低。4）节约人工。5）节省能源。6）构件不用翻转	1）产品没有抹压立面。2）适合生产T形板和L形板等三维构件。对剪力墙结构体系减少工地后浇混凝土有利。3）构件不用翻转。4）与固定模台比占地面积小	预应力板制作的不可替代的工艺	1）自动化、智能化程度高。2）产品质量好，不易出错。3）生产效率非常高。4）大量节省劳动力	1）比固定模台工艺节约用地。2）在放线、清理模台、喷脱模剂、振捣、翻转环节实现了自动化。3）钢筋、模具和混凝土定点运输，运输线路直接，没有交叉。4）以上实现自动化的环节节约劳动力。5）集中养护在生产量饱满时节约能源。6）制作过程质量管控点固定，方便管理

（续）

序号	项目	比较单位	固 定 式				流 动 式	
			固定模台	立 模		预应力	全自动流水线	流水线
				集约式	独立式			
10	缺点		1）与流水线相比同样产能占地面积大10%～15%。2）可实现自动化的环节少。3）生产同样构件，振捣、养护、脱模环节比流水线工艺用工多。4）养护耗能高	适用范围太窄，目前只适用于轻质内隔墙板等形状规则、规格统一、配筋较疏的板式构件	1）可实现自动化的环节少。2）生产同样构件，振捣、养护、脱模环节比流水线工艺用工多。3）养护耗能高	适用范围窄、产品单一	1）适用范围太窄。2）要求大的市场规模。3）造价太高。4）投资回收周期长或者较难	1）适用范围较窄，仅适于板式构件。2）投资较大。3）制作生产节奏不一样的构件时，对效率影响较大。4）对生产均衡性要求较高。不易做到机动灵活。5）一个环出现问题会影响整个生产线运行。6）生产量小的时候浪费能源。7）不宜在租用厂房设置
11	评价		适用于:1）产品定位范围广的工厂。特别是梁柱等非板式构件其他工艺不适宜。2）市场规模小的地区。3）受投资规模限制的小型工厂或启动期。4）没有条件马上征地的工厂	是制作内隔墙板的较好方式	可作为固定模台或流水线工艺的重要补充，生产三维构件	适合大跨度建筑较多地区	适合市场规模很大的地区、规格化不出筋板式构件。按目前我国规范和结构体系，如果出筋自动化没有解决，不大适宜	适合市场规模较大地区的板式构件工厂

3.2.9　如何选择适宜的工艺

1. 选择原则

1）根据目标市场需求确定生产什么种类的产品。

2）根据市场规模，确定产能，再根据产能确定生产工艺。

3）根据投资金额选择生产工艺。

4）考虑土地和厂房的限制。

购买土地新建工厂，可以考虑自动化程度高一些；如果是租来的厂房，上生产线有一定的风险。

5）市场时机。想早点进入市场，可选择投资少、启动灵活、见效快的方案。可采用灵活方式，规划按照自动化考虑，前期先用固定模台工艺，固定模台按照生产线上可以使用的规格型号去采购，根据市场情况逐步升级。

2. 流水线误区

许多人都想当然地以为制作预制构件必须有流水线，上流水线意味着技术"高大上"，意味着自动化和智能化，甚至有的用户把有没有流水线作为选择预制构件供货厂家的前提条件。这是一个很大的误区。

就目前世界各国情况看，品种单一的板式构件、不出筋且表面装饰不复杂，使用流水线才可以最大限度地实现自动化，获得较高效率。但这样的流水线投资非常大。只有在市场需求较大、较稳定且劳动力比较贵的情况下，才有经济上的可行性。

国内目前生产墙板的流水线其实就是流动的模台，并没有实现自动化，与固定模台相比没有技术和质量优势，生产线也很难做到匀速流动；并不节省劳动力。流水线投资较大，适用范围却很窄。

不同工艺对制作常用预制构件的适用范围参考图 3.2-31。

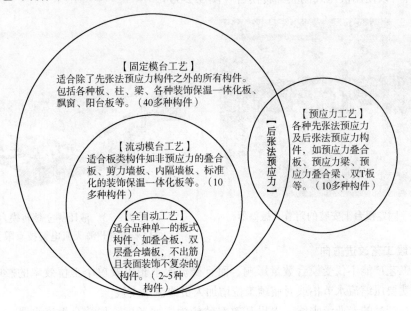

图 3.2-31 制作工艺对常用预制构件的适用范围

3. 几种模式

预制构件工厂的建设首先应根据市场定位确定预制构件的制作工艺。投资者可选用单一的工艺方式，也可以选用多工艺组合的方式。

(1) 固定模台工艺 固定模台工艺可以生产各种构件，灵活性强，可以承接各种工程，生产各种构件。

(2) 固定模台工艺 + 立模工艺 在固定模台工艺的基础上，附加一部分立模区，生产板式构件。

(3) 单流水线工艺 适用性强的单流水线，专业生产标准化的板式构件，例如叠合楼板。

(4) 单流水线工艺 + 部分固定模台工艺 流水线生产板式构件，设置部分固定台模生产复杂构件。

(5) 多流水线工艺 布置两条甚至更多流水线，各自生产不同的产品，都达到较高的效率。

(6) 预应力工艺 在有预应力楼板需求时设置，当市场量较大时，可以建立专业工厂，不生产别的构件。也可以作为采用其他装配式混凝土结构构件工艺工厂的附加生产线。

3.2.10　各种工艺改进思路

1. 固定模台自动化

固定模台与流水线是目前大多数构件厂的工艺选择，两者都属于手工作业，不是说固定模台只能是手工作业，也不是说流水线现在就是自动化。

固定台模也可以实现部分自动化

1）布料机可以通过空中运输系统，计算机辅助计量，精准地送料布料。

2）在标准化模台两边设置轨道，在轨道上设置自动画线机械手以及自动清扫模具、自动刷脱模剂。

3）在固定模台上安装附着式振捣器（图3.2-32），实现板式构件自动化振捣。

4）蒸汽养护通过计算机设定事实上已经实现了自动化养护。

5）翻转可以使用液压式侧立翻转模台（图3.2-33）。

图3.2-32　固定模台上安装的附着式振捣器

图3.2-33　液压侧立翻转模台

（图片来源德州海天机电科技有限公司）

2. 流水线工艺改进方向

流水线工艺产能不仅受模台数量影响，而且受流水节拍以及单个工位效率的影响，如果产能要求大，就要压缩流水节拍或对瓶颈工位增加人员或流水支线。

生产单一产品的专业流水线，以提高效率效能为主要考虑，如叠合板流水线，不同工程不同规格的叠合板，边模、钢筋网、桁架筋等都有共性，流水线可以考虑提高自动化程度，实现高效率。

3.3　工厂设计

3.3.1　工厂设计概述

一个工厂运作的好坏与建厂阶段的决策有很大关系，建厂阶段应对生产规模、工厂基本设置、厂区布置、车间设计等做出科学合理的安排，以下分别讨论。

3.3.2　生产规模

预制构件工厂生产规模以混凝土立方米计，生产板式构件的工厂也可以用平方米计。

工厂的市场半径以150km为宜，再远了运费成本太高。市场半径内建筑规模、装配式混凝土结构建筑的比例和其他预制构件厂家的情况是确定工厂生产规模的主要依据。

确定工厂规模不是一个技术问题，主要涉及经营理念。

确定预制构件工厂的规模应避免贪大求新，不宜一开始就搞世界领先的"高大上"，更要避免独霸市场的思维，宜采取步步为营稳步发展的方针。

3.3.3　工厂基本设置

无论采用哪种工艺方式,预制构件工厂的基本设置大体上一样,包括混凝土搅拌站、钢筋加工车间、构件制作车间、构件存放场地、材料仓库、试验室、模具维修车间、办公室、食堂、蒸汽源、产品展示区等。

预制构件工厂基本设置见表3.3-1。

表 3.3-1　预制构件工厂基本设置

类别	项　　目	单位	生产规模/(m³/年)			
			5 万		10 万	
			固定模台	流水线	固定模台	流水线
人员	管理技术人员	人	20~25	15~20	30~40	20~30
	生产工人	人	100~125	25~40	160~180	70~90
	人员合计	人	120~150	40~60	190~220	90~120
建筑	预制构件制作车间	m²	6000~8000	4000~6000	12000~16000	10000~12000
	钢筋加工车间	m²	2000~3000	2000~3000	3000~4000	3000~4000
	仓库	m²	100~200	100~200	200~300	200~300
	试验室	m²	200~300	200~300	200~300	200~300
	工人休息室	m²	50~100	50~100	100~200	100~200
	办公室	m²	1000~2000	1000~2000	1000~2000	1000~2000
	食堂	m²	300~400	200~300	400~500	400~500
	模具修理车间	m²	500~700	500~700	800~1000	800~1000
	建筑合计	m²	10150~14700	6050~10600	17700~24300	15700~20300
场地、道路	构件存放场地	m²	10000~15000	10000~15000	20000~25000	20000~25000
	材料库场	m²	2000~3000	2000~3000	3000~4000	3000~4000
	产品展示区	m²	500~800	500~800	500~800	500~800
	停车场	m²	500~800	500~800	800~1000	800~1000
	道路	m²	5000~6000	5000~6000	6000~8000	6000~8000
	绿地	m²	3400~4600	3400~4600	4500~5500	4500~5500
	场地合计	m²	21400~29200	21400~29200	30300~44300	30300~44300
设备、能源	混凝土搅拌站	m³	1~1.5	1~1.5	2~3	2~3
	钢筋加工设备	t/h	1~2	1~2	2~4	2~4
	电容量	kVA	400~500	600~800	800~1000	1000~1200
	水	t/h	4~5	4~5	5~6	5~6
	蒸汽	t/h	2~4	2~4	4~6	4~6
	场地龙门式起重机 (20t)	台	2~4 (16t、20t)	2~4 (16t、20t)	4~6 (16t、20t)	4~6 (16t、20t)
	车间门式起重机 (5t、10t、16t)	台	8~12	4~8	10~16	4~8
	叉车 3t、8t	辆	1~2	1~2	2~3	2~3

3.3.4 厂区布置

1. 分区原则

应当把生产区域和办公区域分开，如果有生活区更应当分离。试验室与混凝土搅拌站应划分在一个区域内；对于没有集中供汽的工厂，锅炉房应当单独布置。

工厂平面布置如图 3.3-1、图 3.3-2 所示。

2. 生产区域划分

生产区域应按照生产流程划分，合理流畅的工艺布置会减少厂区内材料物品和产品的搬运，减少各工序区间的互相干扰。

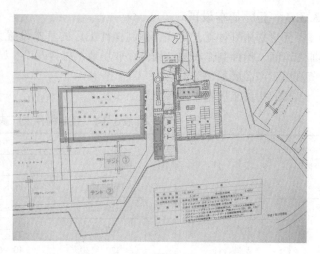

图 3.3-1 日本某工厂平面布置图

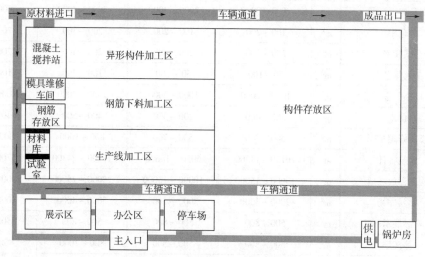

图 3.3-2 国内某工厂平面布置图

3. 匹配原则

工厂各个区域的面积应当匹配、平衡，各个环节都满足生产能力的要求，避免出现瓶颈。

4. 道路组织

厂区内道路布置要满足原材料进厂、半成品厂内运输和产品出厂的要求；厂区道路要区分人行道与机动车道；机动车道宽度和弯道要满足长挂车（一般为 17m）行驶和转弯半径的要求；车流线要区分原材料进厂路线和产品出厂路线。工厂规划阶段要对厂区道路布置进行作业流程推演，请有经验的预制构件工厂厂长和技术人员参与布置。

车间内道路布置要考虑钢筋、模具、混凝土、构件、人员的流动线路和要求，实行人、物分流，避免空间交叉互相干扰，确保作业安全。

5. 地下管网布置

构件工厂由于工艺需要有很多管网例如蒸汽、供暖、供水、供电、工业气体以及综合布线等，应当在工厂规划阶段一并考虑进去，有条件的工厂可以建设小型地下管廊满足管网的铺设。

3.3.5 车间设计

1. 概述

车间设计关系到生产效率和物流顺畅，直接影响项目的经济性。

预制构件工厂车间设计包括混凝土搅拌站设计、钢筋加工车间设计、固定模台工艺车间设计、集约式立模工艺车间设计、流水线工艺车间设计、预应力工艺车间设计，下面分别讨论。

2. 混凝土搅拌站设计

搅拌站位置最好布置在距生产线布料点近的地方，减少路途运输时间，一般布置在车间端部或侧面，通过轨道运料系统将成品混凝土运到布料区，对于固定模台工艺，搅拌站系统还应考虑满足罐车运输混凝土的条件，根据厂区形状面积不同，搅拌站布置方式也不一样。常见的几种方式如图 3.3-3 所示。

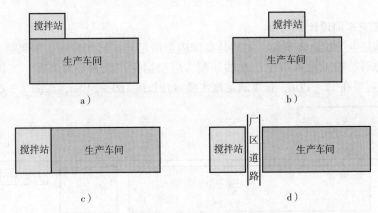

图 3.3-3　常用搅拌站位置布置图

3. 钢筋加工车间设计

1）钢筋加工车间一般设置在构件生产车间端头，或者与构件生产车间平行设置。

2）如果预制构件生产车间有两条生产线，钢筋加工车间建议设置在两条生产线中间。

3）钢筋加工车间应有 5～10t 的桁式起重机，方便卸货。

4）钢筋加工车间高度建议与预制构件生产车间高度一样。

4. 固定模台工艺车间设计

固定模台工艺厂房跨度 20～27m 为宜；厂房高度 10～15m 为宜。生产车间工艺布置如图 3.3-4 所示。

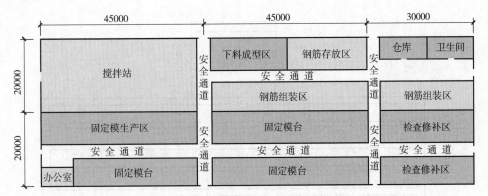

图 3.3-4　固定模台生产车间工艺布置

5. 集约式立模工艺车间设计

集约式立模工艺车间要求与固定模台流程基本一致，只是模具和组模环节不同，如图 3.3-5 所示。

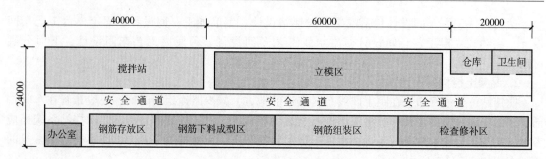

图 3.3-5　立模工艺车间布置

6. 流水线工艺车间设计

车间要求满足生产线运转布局，尤其是高度应当满足养护窑的高度。如果是全自动化生产线的布置要考虑钢筋加工设备与生产线的匹配。应根据生产线来设计车间，车间一般跨度在 24～28m，高度应当在 12～17m，长度满足流水线运转长度 180～240m，如图 3.3-6 所示。

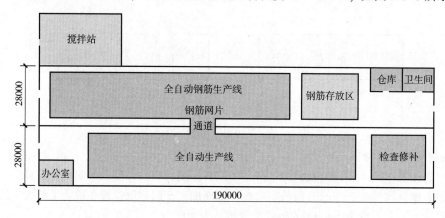

图 3.3-6　全自动流水线生产工艺车间布置

7. 预应力工艺车间设计

预应力车间长一些为好，最好在 200m 左右。高度满足布料机高度即可，一般高度在 8～10m，宽度考虑生产产品宽度的倍数，一般 18～24m，如图 3.3-7 所示。

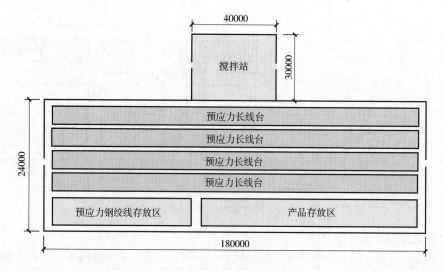

图 3.3-7　预应力工艺车间布置

其中挤压设备可以不要厂房，在室外平整的场地上架设轨道就可以生产了。

在气候温暖地区，预应力生产线可以布置在室外。笔者在日本看到预应力楼板生产线有一半是在室外的。养护时用保温被覆盖，下雨时有活动式遮雨棚。

3.3.6　构件存放场地设计

构件存放场地不仅是构件存储场地，也是构件质检、修补、粗糙面处理、表面装饰处理的场所。室外场地面积一般为制作车间的1.5~2倍。地面尽可能硬化，至少要铺碎石，排水要通畅。室外场地需配置16t或者20t龙门式起重机，或有汽车式起重机作业空间。场地内有构件运输车辆的专用道路。

构件存放场地宜与生产车间相邻，方便运输，减少运输距离。

构件存放场地的基本要求：

1）存放场地应在门式起重机或汽车式起重机可以覆盖的范围内。

2）存放场地布置应方便大型车辆装车和出入。

3）存放场地应平整、坚实，宜采用硬化地面或草皮砖地面。

4）存放场地应有良好的排水措施。

5）存放构件时要留出通道，不宜密集存放。

6）存放场地应设置分区，根据工地安装顺序分类存放构件。

3.3.7　水、电、蒸汽设计

1. 用水

工厂用水分生产用和生活用两种，宜分别计量，方便核算生产成本。

生产中搅拌站和锅炉房用水量最大，场地用水主要是冲洗地面。年产10万 m³ 预制构件生产用水量大约为2万 t。

2. 用电

工厂用电根据设备负荷合理规划设置配电系统，配电室宜靠近生产车间。年产10万 m³ 预制构件生产用电量为80~100万 kw·h。

3. 蒸汽量与产能、气温的关系

预制构件生产用蒸汽主要是蒸汽养护构件。北方预制构件工厂如果冬季生产，车间供暖也需要蒸汽。

如果有市政集中供汽，工厂需要设置自己的换热站。没有集中供汽，须自建锅炉生产蒸汽，一般采用清洁能源（柴油、天然气、生物秸秆等）作为燃料。

预制构件工厂的蒸汽用量与产能、环境温度、养护方式（集中还是分散养护）、养护覆盖保温效果等因素有关，南北方差距比较大，一般情况下每立方米构件用蒸汽50~80kg/m³。

预制构件工厂搅拌站废水可以采用中水回用刷洗车间地面等、雨水收集可用来养护构件。

太阳能利用是一个方向，已经有预制构件工厂利用太阳能养护小型预制构件。

蒸汽也可以采用太阳能热水加热，减少能源的耗用。

3.4　设备配置

3.4.1　概述

预制构件工厂生产设备应根据生产工艺和产品类型选用，主要包括混凝土搅拌站设备、钢筋加工设备、固定模台工艺设备、集约式立模工艺设备、预应力工艺设备、流水线工艺设备、自动化流水线工艺设备等，下面分别讨论。

3.4.2　混凝土搅拌站设备

1. 搅拌站类型

无论采用什么工艺，预制构件工厂的混凝土搅拌站都差别不大。

预制构件工厂搅拌站有两种类型，预制构件工厂专用搅拌站和商品混凝土搅拌站兼着给工厂供应混凝土。国内外许多预制构件工厂既卖混凝土又卖混凝土构件。此种情况需注意商品混凝土与构件混凝土的不同，最好是单独设置搅拌机系统。

2. 搅拌设备选型

工厂用的混凝土搅拌站考虑到质量要求高，建议采用盘式行星搅拌主机，盘式行星搅拌主机在综合上来看优于同规格的双卧轴搅拌主机。

搅拌站宜按工厂设计生产能力1.3倍配置，因为搅拌系统不宜一直处于满负荷工作状态。

搅拌站设备采用盘式行星搅拌主机容量在 $1.0 \sim 3.0 \mathrm{m}^3$，还需配备合适的水泥储存仓、骨料储存仓以及添加剂储存仓。

如果工厂同时搅拌不同的混凝土，如高强的混凝土或者装饰混凝土，最好设置两套搅拌系统，一个大的，一个小的。

3. 自动化程度

搅拌站应当选用自动化程度较高的设备，以减少人工，保证质量。在欧洲一些自动化较高的工厂，搅拌站系统是和构件生产线控制系统连在一起的，只要生产系统给出指令，搅拌系统就自动开始生产混凝土，然后通过自动运料系统将混凝土运到指定的布料位置。

4. 环保设计

搅拌站应当设置废水处理系统，用于处理清洗搅拌机以及运料斗和布料机所产生的废水，通过沉淀的方式来实现废水再回收利用。

建立废料回收系统，用于处理残余的混凝土，通过砂石分离机把石子、中砂分离出来再回收利用，如图3.4-1所示。

5. 运送系统及出料设施

混凝土从搅拌站到布料机之间可以采用轨道式自动鱼雷罐运输，如图3.4-2所示。也可以采用混凝土罐车运输，还可以采用叉车配合料斗接料运输。

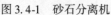

图3.4-1　砂石分离机

图3.4-2　自动鱼雷罐运输

如果采用叉车运料斗运输混凝土，需要注意搅拌机出料口的高度，应满足运料斗接料高度。当出料口太高时可以采用加一节漏料斗，如图3.4-3所示。

也可以采用地轨式运料，如图3.4-4所示。在地上铺设轨道，采用电动车在轨道上运行的方式。

图 3.4-3 附加漏料斗的出料口　　　　图 3.4-4 地轨式运料

3.4.3 钢筋加工设备

钢筋加工可分为钢筋调直、切断、弯曲成型、组装骨架环节，有全自动、半自动和人工加工三种工艺。

1. 全自动钢筋加工

目前可实现全自动加工的钢筋制成品比较少，有钢筋网片和桁架筋，用于叠合楼板、双面剪力墙叠合板等。通常与全自动化生产线配套使用。钢筋加工设备和混凝土流水线通过计算机程序无缝对接在一起，只需要将构件图样输入流水线计算机控制系统，钢筋加工设备会自动识别钢筋信息，完成钢筋调直、剪切、焊接、运输、入模等各道工序，全过程不需要人工，最大的好处是避免错误，保证质量，提高效率，降低损耗。图 3.4-5 ~ 图 3.4-7 所示为钢筋全自动流水线。

图 3.4-5 钢筋自动调直、剪切、焊接设备　　　图 3.4-6 钢筋网片抓取机械手

2. 半自动钢筋加工工艺

半自动钢筋加工是将各个单体钢筋通过自动设备加工出来，然后再通过人工组装成钢筋骨架。

半自动钢筋加工能制作各种单体钢筋，是目前最常见的钢筋加工工艺。国内一些流水线就是配备这种钢筋加工工艺。常用钢筋加工设备有棒材切断机、自动箍筋加工机、自动桁架筋加工机、大直径箍筋加工机等，如图 3.4-8 ~ 图 3.4-13 所示。

图 3.4-7　钢筋网片入模机械手

图 3.4-8　棒材切断机

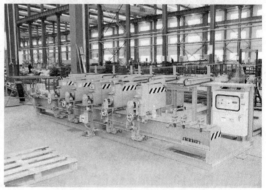

图 3.4-9　大直径箍筋加工机

图 3.4-10　全自动箍筋加工机

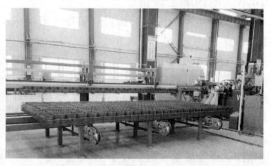

图 3.4-11　自动桁架筋加工机

图 3.4-12　组装钢筋骨架

图 3.4-13　半自动钢筋折弯机

3. 人工加工工艺

人工钢筋制作是指从下料、成型、制作、焊接或绑扎全过程不借助自动化的设备，全部由人工完成。适合所有的产品制作。缺点是人工钢筋制作效率低、劳动强度高、质量不稳定。

3.4.4 固定模台工艺设备

1. 设备配置

固定模台工艺设备配置见表 3.4-1。该表依据日本和国内预制构件工厂的实际配置情况给出，仅供参考。

表 3.4-1 固定模台工艺设备配置

类 别	序 号	设备名称	说 明
搬运	1	小型辅助起重机	辅助吊装钢筋笼或模板
	2	运料系统	运输混凝土
	3	运料罐车或叉车	运输混凝土
	4	产品运输车	从车间把构件运到堆场
钢筋加工	5	钢筋校直机	钢筋调直
	6	棒材切断机	钢筋下料
	7	钢筋网焊机	钢筋网片的制作
	8	箍筋加工机	钢筋成型
	9	桁架筋加工机	桁架筋的加工
模具	10	固定模台	作为生产构件用的底模
浇筑	11	布料斗	混凝土浇筑用
	12	手持式振动棒	混凝土振捣用
	13	附着式振动器	大体积构件或叠合板用
养护	14	蒸汽锅炉	养护用蒸汽
	15	蒸汽养护自动控制系统	自动控制养护温度及过程
其他工具	16	空气压缩机	提供压缩空气
	17	电焊机	修改模具用
	18	气焊设备	修改模具用
	19	磁力钻	修改模具用

2. 模台尺寸

固定模台一般为钢制模台，也可用钢筋混凝土或超高性能混凝土模台。

常用模台尺寸：预制墙板模台 $4m \times 9m$；预制叠合楼板、外挂墙板一般 $4m \times 12m$、预制柱梁构件 $3m \times 12m$。

3. 生产规模与模台数量的关系

每块模台最大有效使用面积约 70%，一些异形构件还达不到这个比例，只能到 40% 左右，因此固定模台占地面积较大。产量越高，模台数量越多，厂房面积越大。

4. 模台数量与产能关系

模台数量与产能的关系，见式 (3.4-1)。

$$M_S = C_m H_n \tag{3.4-1}$$

式中 M_S——标准固定模台数量（规格为 $4m \times 9m$）；

C_m——系数，板式构件取 C_m 为 6~8；梁柱式构件取 C_m 为 4~6；

H_n——产能（混凝土 万 m^3/年）。

算例1：年产1万 m^3 板式构件需多少模台？

$$M_S = C_m H_n = 8 \times 1 = 8 \ （个）$$

算例2：年产1万 m^3 梁柱构件需多少模台？

$$M_S = C_m H_n = 6 \times 1 = 6 \ （个）$$

3.4.5 集约式立模工艺设备

集约式立模工艺设备配置、车间要求和劳动力配置等与固定模台流程基本一致，只是模具和组模环节不同。

集约式立模模具的组成部分有：

（1）带有导轨的底座　底座是由坚实的钢架组成的结构，和地基连接在一起。模板固定安装在底座上。

（2）中间的固定模板　固定模板由横向和纵向的支架制成，和底座固定安装在一起。在模板内部安装有内壁。

（3）可移动模板　可移动模板的结构和固定模板基本相同。模板在液压装置的帮助下，通过拉杆在底座的导轨上移动。

（4）可以加热的模板内壁　内壁是作为养护室来使用的。内壁两侧的护板有8mm厚，焊接在钢架上。内壁可以通过一个连接在底座上的滚动装置来移动。底部安装有一层绝缘材料。内壁可以通过蒸汽加热。安装内壁侧翼上的进气口与蒸汽管道连接，输入蒸汽。

（5）支撑结构　支撑结构由两侧的侧翼杠组成。它们通过液压系统来起到支撑作用。

（6）液压装置　液压装置由移动油缸和支撑油缸组成。

（7）模板底部和隔层的挡板　预制构件的厚度尺寸是通过模板底部和隔层板挡板完成的。模具挡板可以在内壁之间转动，通常在 100～200mm 进行选择。

3.4.6 预应力工艺设备

预应力工艺的设备配置主要是预应力钢筋张拉设备和条形平台，其他环节的设备配置与固定模台工艺一样。预制楼板预应力生产线条形平台宽为 0.6～2m，长度在 60～100m。可并排布置。预应力楼板生产线张拉设备宜用 20～300t。门式起重机10t。

3.4.7 流水线工艺设备

流水线工艺设备配置见表3.4-2。其中有些设备是可选项目，包括模台清扫、模台画线、清扫机、拉毛机、赶平机等，可由人工代替这些设备功能。

表 3.4-2　流水线工艺设备配置

类　　别	序　号	设 备 名 称	说　　明
搬运	1	小型辅助起重机	辅助吊装钢筋笼或模板
	2	运料系统	运输混凝土
	3	产品搬运运输车	从车间把构件运到堆场
钢筋加工	4	棒材切断机	钢筋下料
	5	箍筋加工机	钢筋成型
	6	桁架筋加工机	桁架筋的加工
生产线	7	中央控制系统	控制设备运转
	8	清理装置	清理模台上的残余混凝土，可选项目
	9	画线装置	画线，可选项目

（续）

类　别	序　号	设备名称	说　明
	10	喷涂机	喷涂脱模剂，可选项目
	11	布料机	混凝土布料
	12	振捣系统	360°振捣
	13	叠合板拉毛机	拉毛，可选项目
	14	抹平机	内隔墙板抹平，可选项目
生产线	15	码垛机	码垛
	16	养护窑	养护
	17	翻转设备	生产双层墙板
	18	倾斜装置	翻转墙板脱模用
	19	底模运转系统	运送模台
模具	20	模台	在生产线流动的模台
	21	磁性边模	产品边模
养护	22	蒸汽锅炉	提供养护用蒸汽
	23	蒸汽养护自动控制系统	自动控制养护温度及过程
其他工具	24	空气压缩机	提供压缩空气

3.4.8　自动化流水线工艺设备

自动化的生产线设备配置见表 3.4-3。

表 3.4-3　自动化生产线设备配置

类　别	序　号	设备名称	说　明
	1	小型辅助起重机	辅助吊装钢筋笼或模板
搬运	2	运料系统	运输混凝土
	3	产品搬运运输车	从车间把构件运到堆场
	4	棒材切断机	钢筋下料
钢筋加工	5	箍筋加工机	钢筋成型
	6	桁架筋加工机	桁架筋的加工
	7	中央控制系统	控制设备运转
	8	自动清理装置	清理模台上的残余混凝土
	9	自动画线装置	机械手自动画线
	10	自动组模系统	机械手自动组模
	11	钢筋网片加工中心	钢筋网片自动加工
生产线	12	钢筋网片运输系统	网片自动运送到模具内
	13	桁架筋放置系统	桁架筋自动放置在模具内
	14	自动布料机	混凝土自动布料
	15	全自动振捣系统	360°振捣
	16	叠合板拉毛机	拉毛
	17	自动抹平机	内隔墙板抹平

（续）

类　别	序　号	设备名称	说　明
搬运	18	码垛机	码垛
	19	养护窑	养护
	20	翻转设备	生产双层墙板
	21	倾斜装置	翻转墙板脱模用
	22	底模运转系统	运送模台
模具	23	模台	在生产线流动的模台
	24	磁性边模	产品边模
养护	25	蒸汽锅炉	提供养护用蒸汽
	26	蒸汽养护自动控制系统	自动控制养护温度及过程
其他工具	27	空气压缩机	提供压缩空气

3.5　工厂劳动组织

3.5.1　劳动组织架构

工厂劳动组织架构需根据生产工艺和管理模式确定，图 3.5-1 给出一个参考组织架构。

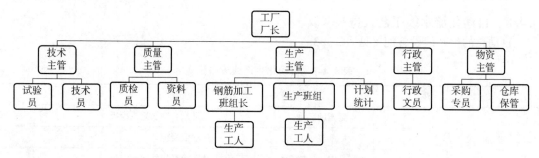

图 3.5-1　预制构件工厂劳动组织架构图

3.5.2　人员配置

1. 固定模台工艺

人员配置与预制构件工厂的设备条件、技术能力和管理水平有很大关系，不同的生产规模固定模台人员配置见表 3.5-1。本表只是给读者一个定量的参考数据。

表 3.5-1　固定模台人员配置

工　序		序　号	工　种	人　员	
				5 万 m³	10 万 m³
生产	钢筋加工	1	下料	2	4
		2	成型	4	6
		3	组装	14	18
	模具组装	4	清理	2	4
		5	组装	14	20
		6	改装	6	8

（续）

工　序		序　号	工　种	人　员	
				5 万 m³	10 万 m³
	混凝土浇筑	7	浇筑	30	50
	养护	8	锅炉工	4	6
		9	养护工	2	6
	表面处理	10	修补	8	10
			小计	86	132
生产	辅助	11	电焊工	2	3
		12	电工	2	2
		13	设备维修	2	3
		14	起重工	8	10
		15	安全专员	1	2
		16	叉车工	2	2
		17	搬运	4	8
		18	设备操作	8	8
		19	试验人员	6	6
		20	包装	2	4
		21	力工	2	4
			小计	39	50
管理		22	生产管理	2	2
		23	计划统计	1	2
		24	技术部	3	3
		25	质量部	8	12
		26	物资采购	2	3
		27	财务部	3	3
		28	行政人事	2	3
			小计	21	28
合计				146	210

2. 流水线工艺

流水线工艺劳动力配置见表 3.5-2，表里给出了一个大致的参考数。生产的产品不同，各工位的工人是不一样的，实际配置应根据生产产品的具体情况进行调整。

表 3.5-2　流水线工艺劳动力配置

项　目	工　序	序　号	工　种	流　水　线	
				5 万 m³	10 万 m³
生产线	图样输入	1	操作员	1	2
	中央控制系统	2	操作员	1	2
	模台清理	3	操作员	1	2

（续）

项　目	工　序	序　号	工　种	流　水　线	
				5 万 m³	10 万 m³
生产线	画线机	4	操作员	1	2
	组装模具	5	技术工	4	8
	喷涂脱模剂	6	操作员	1	2
	钢筋加工	7	操作员	9	12
	安放预埋	8	操作员	2	4
	布料振捣	9	操作员	1	2
	码垛养护	10	操作员	1	2
	脱模	11	操作员	2	4
	放置钢筋预埋件	12	力工	6	12
	浇筑、抹光	13	技术工	4	8
	小计			34	62
	辅助人员	14	电焊工	1	1
		15	电工	1	1
		16	设备维护	3	4
		17	起重工	3	6
		18	安全专员	1	1
		19	叉车工	1	2
		20	搬运	2	4
		21	搅拌站设备操作	2	4
		22	试验人员	2	3
		23	包装	2	4
		24	力工	4	8
	小计			22	38
生产管理		25	生产管理	2	2
		26	计划统计	1	1
		27	技术部	3	3
		28	质量部	4	6
		29	物资采购	2	2
		30	财务部	3	3
		31	行政人事	2	2
	小计			17	19
合计				73	119

3. 自动化流水线工艺

自动化流水线工艺人员配置见表 3.5-3，表里给出了一个大致的参考数。

表 3.5-3　自动化流水线工艺人员配置

项　目	工　序	序　号	工　种	全　自　动	
				5 万 m³	10 万 m³
生产线	图样输入	1	操作员	1	2
	中央控制系统	2	操作员	1	2
	模台清理	3	自动	0	0
	机械手放线	4	自动	0	0
	机械手组模	5	自动	0	0
	自动喷涂脱模剂	6	自动	0	0
	钢筋加工	7	操作员	3	6
	安放预埋	8	操作员	2	4
	布料振捣	9	操作员	1	2
	码垛养护	10	自动	0	0
	脱模	11	操作员	2	4
	小计			10	20
	辅助人员	12	电焊工	1	1
		13	电工	1	1
		14	设备维护	3	4
		15	起重工	3	6
		16	安全专员	1	1
		17	叉车工	1	2
		18	搬运	2	4
		19	搅拌站设备操作	2	4
		20	试验人员	2	3
		21	包装	2	4
		22	力工	4	8
	小计			22	38
生产管理		23	生产管理	2	2
		24	计划统计	1	1
		25	技术部	3	3
		26	质量部	4	6
		27	物资采购	2	2
		28	财务部	3	3
		29	行政人事	2	2
	小计			17	19
合计				49	77

3.6　工厂管理系统

3.6.1　工厂管理系统架构

预制构件工厂的主要管理工作包括生产管理、技术管理、质量管理、成本管理、安全管理、设备管理、人事管理等，如图 3.6-1 所示。

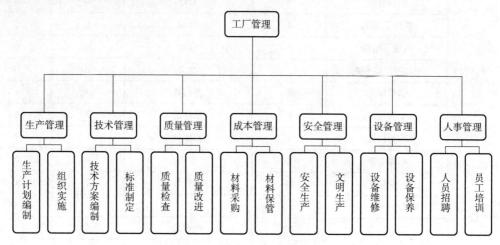

图 3.6-1　工厂管理系统架构

3.6.2　生产管理

生产管理的主要目的是按照合同约定的交货期交付产品，主要工作内容包括：

1. 编制生产计划

1）根据合同约定的目标和施工现场安装顺序与进度要求编制详细的构件生产计划。

2）根据构件生产计划编制模具制作计划。

3）根据构件生产计划编制材料计划、配件计划、劳保用品和工具计划。

4）根据构件生产计划编制劳动力计划。

5）根据构件生产计划编制设备使用计划。

6）根据构件生产计划进行场地分配等。

2. 组织计划实施

组织各部门各个环节执行生产计划。

3. 对实际生产进度进行检查、统计、分析

1）建立统计体系和复核体系，准确掌握实际生产进度。

2）对生产进程进行预判，预先发现影响计划实现的障碍。

4. 调整、调度和补救

及时解决影响进度的障碍，没有完成计划部分应做以下工作：

1）调整计划。

2）调动资源，如加班、增加人员、增加模具等。

3）采取补救措施，例如生产线节拍慢，可以增加固定模台，增加临时木模或水泥模等。

3.6.3　技术管理

1. 预制构件工厂技术管理内容

预制构件工厂技术管理的主要目的是按照设计图样和行业标准、国家标准的要求，生产出安全可靠品质优良的构件，其主要工作内容包括：

1）根据产品特征确定生产工艺，按照生产工艺编制各环节操作规程。

2）建立技术与质量管理体系。

3）制定技术与质量管理流程，进行常态化管理。

4）全面深入细致研究领会设计图样和行业标准、国家标准关于制作的要求，制定落实措施。

5）设计各作业环节和各类构件制作技术方案，见第4章4.8节。

2. 技术管理流程与常态化管理

完善的技术管理流程和技术操作规程是技术管理的前提条件和企业技术管理水平的体现。技术管理流程中应建立并保持与技术管理有关文件的形成和控制工作程序，该程序应包括技术文件的编制（获取）、审核、批准、发放、变更和保存等。

文件可承载在各种载体上，与技术管理有关的文件包括：

1）法律法规和规范性文件、企业标准。

2）技术标准及要求。

3）企业制定的产品生产工艺流程、操作规程、注意事项等体系文件。

4）与预制构件产品有关的设计文件和资料。

5）与预制构件产品有关的技术指导书和质量管理控制文件。

6）操作规程以及其他技术文件相关的培训记录。

7）其他相关文件。

8）建立技术管理组织构架和管理流程等，确保整个组织上下左右衔接管理畅通。

9）建立相应的技术管理职责，明确各层面的岗位责任制，做到职责和权利明确。

3. 制定技术档案形式与归档程序

装配式建筑部品中的很多工程检验项目从工地转移至工厂，所以在工地形成的一些技术档案的部分也要移到工厂，包括构件隐蔽工程验收记录、构件工序检查资料等。

（1）技术档案内容 预制构件的资料应与产品生产同步形成、收集和整理，详见本书第11章11.6节。

（2）技术档案形式 技术档案包括纸质文档和电子文档两种形式。

1）纸质文档要求：构件隐蔽工程验收资料和工序检查资料应由相关工序负责人验收签字，采用电子签名的应有电子签名内部流程审批文件和签名复核流程，相关流程审批资料需提前存档。

2）电子文档要求：预制构件的所有生产环节均在工厂内完成，使用电子照片、视频的方式记录构件隐蔽工程关键环节，如钢筋入模后不同角度的照片、吊装用埋件的照片等，能清晰而直观地呈现构件成型前作业状态，隐蔽作业环节质量可追溯，这对企业的自身保护非常有利，如图3.6-2所示。

图3.6-2 浇筑前隐蔽工程检查

（3）技术档案归档程序

1）生产企业应建立完善的技术资料管理体系，编制技术资料应归档的内容、形式和流程，确定档案保管场所、设备，并指派相关技术资料管理负责人。

2）技术资料的收集由预制构件生产企业各部门分别收集和保管。

3）技术资料档案宜根据类型进行汇编、标识和存档。应做到分类清晰，标识明确，查找方便，便于阅读，妥善保存。

4）技术资料的使用应经过相关管理负责人的同意。

5）技术资料的保管期限应符合资料管理的规定，超过保管期限的技术资料方可销毁处理。

（4）资料及交付　详见本书第11章11.6节。

3.6.4　质量管理

1. 质量管理组织

预制构件生产必须配置足够的质量管理人员，建立质量管理组织，宜按照生产环节分工，专业性强。图3.6-3给出了质量管理组织框架，供参考。

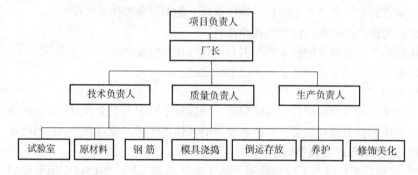

图3.6-3　质量管理组织框架

2. 制定质量标准

1）以国家、行业或地方标准为依据制定每个种类产品的详细标准。

2）细化制定过程控制标准和工序衔接的半成品标准。

3）将设计或建设单位提出的规范规定之外的要求编制到产品标准中。例如质感标准、颜色标准等。

3. 编制操作规程

操作规程的编制应符合产品的制作工艺，具有针对性、操作性和可推广性。

4. 技术交底与质量培训

技术要求、操作规程等由技术部牵头质量部参与对生产一线工人进行规程培训，并经过考试。

5. 质量控制环节

质量控制应对每个生产程序、生产过程进行监控，并认真执行检验方法和检验标准。重要环节，如原材料、模具、浇筑前、预埋件、首件等，必须严格控制。

6. 质量管理人员责任细化

按照生产程序安排质量管理人员，进行过程质检，要求上道工序对下道工序负责的原则，不合格品不得流转到下一个工序。

按照原材料进厂、钢筋加工、模具组装、钢筋吊入、混凝土浇筑、产品养护、产品脱模、产品修补、产品存放、产品出厂等相关环节，合理配置质量管理人员。

7. 质量标准、操作规程上墙公示

质量标准、操作规程经培训考试后张贴在生产车间醒目处，方便操作工人及时查看，或做成微信文件发至工人手机。

8. 质检区和质检设施、工具设计

车间内应当设立质检区，质检区要求光线明亮，配备相关的质检设施如各种存放架，模拟现场的试验装置等，脱模后的产品应转运到质检区。

质检人员配备齐全检验工具，如卷尺、直尺、拐尺、卡尺、千分尺、塞尺、白板及其他特殊量具等，每个质检员应当配备数码相机，用于需要记录的隐蔽节点拍照。

9. 不合格品标识、隔离、处理方案

不合格品应进行明显的标识，并进行隔离。经过修补仍不合格的产品必须报废，对不合格品分析原因，采取应对措施防止再次发生。

10. 合格证设计

合格证内容应包含产品名称、编号、型号、规格、设计强度、生产日期、生产人员、合格状态、质检员等相关信息，合格证可以是纸质书写的，也可以将信息形成二维码或条形码，也可以预埋芯片来记录产品信息。

11. 合格产品标识

经过检验合格的产品出货前应进行标识，张贴合格证。

产品标识内容应包含产品名称、编号（应当与施工图编号一致）、型号、规格、设计强度、生产日期、生产人员、合格状态、质检员等，相关详细标识方式可以用记号笔手写，但必须清晰正确，也可以预埋芯片或者 RFID 无线射频识别标签。

图样设计应美观大方。

标识位置应统一，标识在容易识别的地方，又不影响表面美观。

3.6.5　安全与文明生产管理

安全与文明生产管理详见本书第12章。

3.6.6　工厂管理流程清单

1. 技术

1）产品技术标准制定。

2）产品制作操作规程编制和审批。

3）原材料标准制定。

4）模具标准制定。

5）技术交底。

6）图样审核。

7）编制生产技术方案。

8）生产技术培训。

2. 质量

1）原材料进厂检验。

2）模具进厂检查。

3）首件检查。

4）生产过程检查。

5）隐蔽节点检查。

6）成品出厂检查。

7）产品质量事故分析。

8）制定预防改进措施。

9）制定质量手册、程序文件、规章制度等质量体系文件。

10）质量记录与统计分析。

3. 生产

1）原材料采购。

2）生产方案编制、生产计划安排。

3）劳动力组织。

4）模具、设备、工器具组织。

5）生产过程统计分析问题原因。

6）提出整改措施。

7）及时调整生产计划。

8）安全文明生产。

3.6.7　工厂操作规程清单

1. 操作规程

预制构件制作环节须编制的操作规程如下：

1）原材料进厂检验操作规程。

2）模具、预埋件、灌浆套筒、铝窗、面砖、石材等材料进厂检验操作规程。

3）钢筋加工操作规程。

4）反打面砖、石材套件制作的操作规程。

5）模台清理和模具组装工序操作规程。

6）脱模剂喷涂操作规程。

7）混凝土搅拌操作规程。

8）钢筋骨架入模操作规程。

9）浇筑前质量检验操作规程。

10）混凝土浇捣操作规程。

11）蒸汽养护操作规程。

12）构件脱模起吊操作规程。

13）构件装卸、驳运操作规程。

14）构件清理及修补操作规程。

15）混凝土成品存放、搬运操作规程。

16）混凝土计量设备操作规程。

17）原材料日常检验操作规程。

18）混凝土性能检验操作规程。

19）品质检查操作规程。

20）瓷砖套件制作检查操作规程。

21）石材涂刷界面剂和植入石材连接件的操作规程。

22）瓷砖、石材模具内铺设操作规程。

23）企业内各种工具、设备（包括特种设备）的操作规程等。

2. 操作规程的培训

各作业人员上岗前应先接受"上岗前培训"和"作业前培训"，培训完成并考核通过后方能正式进入生产作业环节。

1）上岗前培训，对各岗位人员进行岗位标准培训。

2）作业前培训，对各工种人员进行操作规程培训，培训工作应秉持循序渐进原则。

3）培训工作应有书面的技术培训资料。

4）将操作流程和常见问题用视频的方式进行培训。

将熟练工规范的操作流程演示和常见问题发生的过程录制成小格式视频，利用微信等手段发放给受培训人员，方便受培训人员随时查看，通过直观的视频感受加深受培训人员对岗位标准和操作规程的理解与认知。

5）培训后要有书面的培训记录，经受培训人签字后及时归档。

6）对于不识图样的工人，还要进行常用的图样标识方法等简单的培训。

3.6.8 工厂岗位标准清单

预制构件厂须编制的岗位标准如下：

1）各岗位质量员的岗位标准。

2）各岗位技术员的岗位标准。

3）组模工的岗位标准。

4）混凝土搅拌工的岗位标准。

5）钢筋工的岗位标准。

6）混凝土浇捣工的岗位标准。

7）蒸养工人的岗位标准。

8）起重工的岗位标准。

9）装卸、驳运工种的岗位标准。

10）外场辅助工的岗位标准。

11）修补工的岗位标准。

12）试验室各类试验员的岗位标准。

13）面砖套件和石材制作工种的岗位标准。

14）铺设面砖套件和石材工种的岗位标准。

15）企业其他管理和职能部门的岗位标准等，此项不一一列举。

3.7 试验室配置

预制构件工厂须设立试验室，具有预制构件原材料检验、制作过程检验和产品检验的基本能力，配备专业试验人员和基本试验设备。

生产企业的检测、试验、张拉、计量等设备及仪器仪表均应检定合格，并在有效期内使用。企业不具备试验能力的检验项目，应委托具有相应资质的第三方工程质量检测机构进行试验。如果工厂暂时不具备条件设立试验室，可以选择与工厂附近有试验资质的试验机构合作。

1. 试验能力

预制构件工厂试验室基本试验项目见表3.7-1。

表 3.7-1 预制构件工厂试验室基本试验项目

序 号	试 验 项 目
1	水泥胶砂强度
2	水泥标准稠度用水数量
3	水泥凝结时间
4	水泥安定性
5	水泥细度（选择性指标）
6	砂的颗粒级配

（续）

序　号	试 验 项 目
7	砂的含泥量
8	碎石或卵石的颗粒级配
9	碎石或卵石中针片状和片状颗粒含量
10	碎石或卵石的压碎指标
11	碎石或卵石的含泥量
12	混凝土坍落度
13	混凝土拌合物密度
14	混凝土抗压强度
15	混凝土拌合物凝结时间
16	混凝土配合比设计试验
17	钢筋室温拉伸性能
18	钢筋弯曲试验
19	冻融试验
20	掺合料的烧失量、活性指标等
21	钢筋套筒灌浆连接接头抗拉强度

2. 试验室人员配备

国家预拌混凝土专业承包资质中对企业主要人员有如下规定：

1）技术负责人具有 5 年以上从事工程施工技术管理工作经历，且具有工程序列高级职称或一级注册建造师执业资格。试验室负责人具有 2 年以上混凝土试验室工作经历，且具有工程序列中级以上职称或注册建造师执业资格。

2）工程序列中级以上职称人员不少于 4 人。混凝土试验员不少于 4 人。

各地方政府关于试验室配置人员有不同的要求，比如辽宁要求试验员有资格证书的不少于 6 人，上海乙级资质要求不少于 4 人。各工厂应符合当地的要求。

试验室人员配备见表 3.7-2。

表 3.7-2　试验室人员配备

序　号	岗　位	人　数
1	主任	1
2	试验员	4
3	资料员	1

生产规模小的工厂，配置这么多试验人员也是一种负担，可以安排试验员参与技术研发、质量检验等工作，使其工作量饱满。

3. 试验室设备配置

预制构件工厂试验室基本设备配置见表 3.7-3。

试验室常用设备如图 3.7-1 ~ 图 3.7-8 所示。

表 3.7-3　预制构件工厂试验室基本设备配置

设 备 编 号	设 备 名 称	设 备 型 号
1	水泥全自动压力试验机	DYE—300
2	混凝土压力试验机	DYE—2000
3	水泥胶砂搅拌机	JJ—5
4	水泥净浆搅拌机	NJ—160B
5	水泥胶砂试体成型振实台	ZS—15
6	水泥试体恒温恒湿养护箱	YH—40B
7	混凝土拌合物维勃稠度仪	HCY—A
8	混凝土标准养护室恒温恒湿程控仪	BYS—40
9	水泥恒温水养箱控制仪	YH—20
10	钢筋标点仪	GJBDY—400
11	水泥细度负压筛析仪	FSY—150
12	万能试验机	WE600B
13	电子天平	TD—10002
14	电子称	ACS—A
15	雷氏测定仪	LD—50
16	混凝土振实台	1000mm×1000mm
17	混凝土强制型搅拌机	HJW—60
18	保护层厚度测定仪	SRJX—4—13
19	自动调压混凝土抗渗仪	HP—4.0
20	雷式沸煮箱	FZ—31
21	振击式标准振筛机	ZBSX—92A
22	净浆标准稠度及凝结时间测定仪	
23	冷冻箱	
24	砂石标准筛	
25	水泥抗压夹具	40mm×40mm
26	电热恒温干燥箱	101—2
27	混凝土贯入阻力仪	HG—80
28	水泥抗折试验机	KZY—500
29	针片状规准仪	国标
30	坍落度筒	
31	新标准石子压碎指标测定仪	
32	钢板尺	
33	游标卡尺	
34	温湿计	
35	智能型带肋钢丝测力仪	ZL—5b

图 3.7-1　水泥全自动压力试验机

图 3.7-2　混凝土压力试验机

图 3.7-3　水泥胶砂搅拌机

图 3.7-4　水泥净浆搅拌机

图 3.7-5　水泥胶砂试体成型振实台

图 3.7-6　万能试验机

图 3.7-7　水泥试体恒温恒湿养护箱

图 3.7-8　试验用混凝土强制型搅拌机

 思考题

实地调研/考察本地一家预制构件厂：

(1) 画出该厂的工艺布局图。

(2) 识别该厂有哪些主要设备？

(3) 该厂采取的是什么样的生产工艺？

(4) 画出该厂的工艺流程图。

(5) 如果你是该厂厂长，如何优化现有生产工艺？为什么？

第4章 预制构件生产前准备

4.1 概述

预制构件生产前必须进行全面周到详细的准备。尤其是流水线和自动流水线生产方式，宽容度比较低，更需要准备得充分仔细。

在项目设计进行过程中，构件制作企业就应当与设计方协同，避免构件制作过程需要的吊点、预埋件、存放支撑点等在设计中遗漏，关于制作环节与设计的协同已经在第1章1.7节中讨论了。

生产前准备包括制定计划和技术方案。具体包括设计交底与图样会审（4.2节），构件制作生产计划（4.3节），模具计划（4.4节），材料、配件与工具计划（4.5节），设备计划（4.6节），构件场地分配计划（4.7节），技术方案设计（4.8节），劳动力计划（4.9节），项目质量管理计划（4.10节），安全管理与文明生产计划（4.11节），套筒灌浆试验及其他试验验证（4.12节）。

4.2 技术交底与图样会审

4.2.1 技术交底

1. 技术交底的含义

技术交底有两个层面：

1）设计单位向工厂技术团队进行技术交底，提出设计要求与制作环节的重点。

2）工厂技术主管在项目开工前向有关管理人员和作业人员介绍工程概况和特点、设计意图、采用的制作工艺、操作方法和技术保证措施等情况。

2. 工厂内技术交底的主要内容

1）原、辅材料采购与验收要求技术交底。

2）配合比要求技术交底。

3）套筒灌浆接头加工技术交底。

4）模具组装与脱模技术方案。

5）钢筋骨架制作与入模技术交底。

6）套筒或浆锚孔内模或金属波纹管固定方法技术交底。

7）预埋件或预留孔内模固定方法技术交底。

8）机电设备管线、防雷引下线埋置、定位、固定技术交底。

9）混凝土浇筑技术交底。

10）夹芯保温外墙板的浇筑方式（一次成型法或二次成型法）、拉结件锚固方式等技术交底。

11）构件蒸养技术交底。

12）各种构件吊具使用技术交底。

13）非流水线生产的构件脱模、翻转、装卸技术交底。

14）各种构件场地存放、运输隔垫技术交底。

15）形成粗糙面方法技术交底。

16）构件修补方法技术交底。

17）装饰一体化构件制作技术交底。

18）新构件、大型构件或特殊构件制作工艺技术交底。

19）敞口构件、L形构件运输临时加固措施技术交底。

20）半成品、成品保护措施技术交底。

21）构件编码标识设计与植入技术交底等。

3. 技术交底的要点

1）技术交底中要明确技术负责人、质量管理人员、车间和工段管理人员、作业人员的责任。

2）当预制构件部品采用新技术、新工艺、新材料、新设备时，应进行详细的技术交底。

3）技术交底应该分层次展开，直至交底到具体的作业人员。

4）技术交底必须在作业前进行，应该有书面的技术交底资料，最好有示范、样板等演示资料，可通过微信、视频等网络方法发布技术交底资料，方便员工随时查看。

5）做好技术交底的记录，作为履行职责的凭据。技术交底记录的表格应有统一标准格式，交底人员应认真填写表格并在表格上签字，接受交底的人员也应在交底记录上签字。

4.2.2　图样会审

预制构件制作图是工厂制作预制构件的依据。所有拆分后的主体结构构件和非结构构件都需要进行制作图设计。预制构件制作图设计须汇集建筑、结构、装饰、水电暖、设备等各个专业和制作、存放、运输、安装各个环节对预制构件的全部要求，在制作图上无遗漏地表示出来。

工厂收到预制构件制作图之后应组织技术部、质量部、生产部、物资采购部等相关部门和人员认真消化和会审预制构件制作图，主要审核内容包括以下几方面：

1）构件制作允许误差值。

2）构件所在位置标识图（图4.2-1）。

3）构件各面命名图（图4.2-2），以方便看图，避免出错。

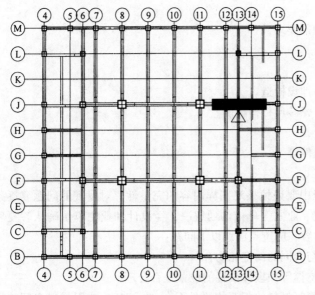

图 4.2-1　构件位置标识图

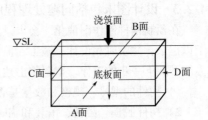

图 4.2-2　构件各面视图方向标示图

4）构件模具图：

①构件外形、尺寸、允许误差。

②构件混凝土体积、重量与混凝土强度等级。

③使用、制作、施工所有阶段需要的预埋螺母、螺栓、吊点等预埋件位置、详图；预埋件编号和预埋件表。

④预留孔眼位置、构造详图与衬管要求。

⑤粗糙面部位与要求。

⑥键槽部位与详图。

⑦墙板轻质材料填充构造等。

5）配筋图：

①套筒或浆锚孔位置、详图、箍筋加密详图。

②钢筋、套筒、浆锚螺旋约束钢筋、波纹管浆锚孔箍筋的保护层要求。

③套筒（或浆锚孔）出筋位置、长度和允许误差。

④预埋件、预留孔及其加固钢筋。

⑤钢筋加密区的高度。

⑥套筒部位箍筋加工详图，依据套筒半径给出箍筋内侧半径。

⑦后浇区机械套筒与伸出钢筋详图。

⑧构件中需要锚固的钢筋的锚固详图。

⑨各型号钢筋统计。

6）夹芯保温墙板内外叶墙体的拉结件：

①拉结件布置。

②拉结件埋设详图。

③拉结件材质及性能要求。

7）常规构件的存放方法以及特殊构件的存放搁置点和码放层数的要求。

8）非结构专业的内容。与预制构件有关的建筑、水电暖设备等专业的要求必须一并在预制构件中给出，包括（不限于）：

①门窗安装构造。

②夹芯保温外墙板保温层构造与细部要求。

③防水构造。

④防火构造要求。

⑤防雷引下线材质、防锈蚀要求与埋设构造。

⑥装饰一体化构造要求，如石材、瓷砖反打构造图。

⑦外装幕墙构造。

⑧机电设备预埋管线、箱槽、预埋件等。

4.2.3　设计图未包括问题处理程序

在预制构件制作图消化、会审过程中要谨慎核对图样内容的完整性，对发现的问题要逐条予以记录，并及时和设计、施工、监理、业主等单位沟通解决，经设计和业主单位确认答复后方能开展下一步的工作。审图除上述内容，应重点注意以下问题：

1）构件的型号、规格和数量是否与合同的约定相吻合？

2）构件脱模、翻转、吊装和临时支撑等预埋件设置的位置是否合理？

3）预埋件、主筋、灌浆套筒、箍筋等材料的相互位置是否会"干涉"？或因材料之间的间隙过小而影响到混凝土的浇筑？

　　4）构件会不会因预埋件、主筋、灌浆套筒、箍筋等材料位置不当而导致表面开裂？

　　5）构件的外形设计上有没有造成构件脱模困难或无法脱模的地方？

　　6）所有相关的图样之间有没有矛盾，有没有不清楚、不明确或者错误的地方？

4.3　构件制作生产计划

　　完善的生产计划是保证项目履约的关键，在生产开始前一定要编制详细的生产计划。生产计划主要包含以下内容。

4.3.1　生产计划依据

　　1）设计图样汇总的构件清单。

　　2）合同约定交货期。

　　3）合同的附件，构件施工现场的施工计划，落实到日的计划。

4.3.2　生产计划要求

　　1）保证按时交付。

　　2）要有确保产品质量的生产时间，还要有富余量（防止突发事件的出现）。

　　3）要尽可能降低生产成本。

　　4）尽可能做到生产均衡。

　　5）生产计划要详细，一定要落实到每一天、每个产品。

　　6）生产计划要定量。

　　7）生产计划要找出制约计划的关键因素，重点标识清楚。

4.3.3　影响生产计划的因素

　　1）设备与设施的生产能力。

　　2）劳动力资源。

　　3）生产场地。

　　4）工厂隐蔽节点及时验收。

　　5）原材料供货时间。

　　6）模具、工具、设备的影响。

　　7）生产技术能力。

4.3.4　如何编制生产计划

　　生产计划分为总计划和分项计划。

　　（1）总计划　总计划应当包含年度计划、月计划、周计划，主要包括以下项目：

　　1）制作设计时间。

　　2）模具加工周期。

　　3）原材料进厂时间。

　　4）试生产（人员培训、首件检验）。

　　5）正式生产。

　　6）出货时间。

　　7）每一层构件生产时间。

　　表 4.3-1 给出一项工程预制构件生产总计划参考表。

表 4.3-1　××工程预制构件进度总计划表

项目	制作与供货进度														
	4月			5月			6月			7月			8月		
	上旬	中旬	下旬	上旬	中旬	下旬	上旬	中旬	下旬	上旬	中旬	下旬	上旬	中旬	下旬
第20层构件														生产	发货
第19层构件														生产	发货
第18层构件													生产	发货	
第17层构件													生产	发货	
第16层构件												生产	发货		
第15层构件												生产	发货		
第14层构件											生产	发货			
第13层构件											生产	发货			
第12层构件										生产	发货				
第11层构件										生产	发货				
第10层构件									生产	发货					
第9层构件									生产	发货					
第8层构件								生产	发货						
第7层构件								生产	发货						
第6层构件							生产	发货							
第5层构件							生产	发货							
第4层构件						生产	发货								
第3层构件						生产	发货								
第2层构件					生产	发货									
第1层构件					生产	发货									
技术准备	■	■													
模具制作	■	■	■	■											
原材料准备		■	■	■	■	■									
机具设施准备		■	■												
套筒强度试验			■	■											
首件检验				■											

（2）分项计划　分项计划要根据总计划落实到天、落实到件、落实到模具、落实到人员。分项计划主要包含以下项目：

1）编制模具计划，组织模具设计与制作，对模具制作图及模具进行验收。

2）编制材料计划，选用和组织材料进厂并检验。

3）编制劳动力计划，根据生产均衡或流水线合理流速安排各个环节的劳动力。

4）编制设备、工具计划。

5）编制能源使用计划。

6）编制安全设施、护具计划。

下面具体讨论。

4.4　模具计划

预制构件模具应根据生产工艺、产品类型等定制模具，因此在确定模具数量、模具完成时间、模具加工方式等方面尤为重要。

4.4.1　确定模具数量

1）根据构件生产周期，固定模台数量（生产线一般构件生产周期是 1 天）。

2）构件生产数量。

3）构件交货工期。

4.4.2　模具完成时间

1）模具制作时间，模具在生产厂家制作周期正常的情况下要 7～10 天；如果模具厂订单量大加工周期则在 20～30 天。

2）模具运输时间根据距离确定。

3）模具到厂组装、调试时间 1～2 天。

4）首件检验时间 1 天。

4.4.3　模具加工方式

1）固定模台及流水线上的模台应当由专业模具厂家加工。

2）流水线上的边模可以选择模具厂家或者工厂附近的钢结构厂家加工。

3）柱、梁等复杂构件宜选择有加工能力和有加工经验的模具厂家加工。

4）改造以前的模具。

5）特殊材质的模具例如水泥模具、EPS 苯板填充模具，工厂可以自己加工。

6）异形构件模具、有雕刻要求且尺寸精度高的模具，可以通过 5 轴雕刻机完成。

4.5　材料、配件与工具计划

4.5.1　材料清单

1. 预制构件连接用材料

预制构件连接用材料包括：

1）灌浆套筒。

2）浆锚孔波纹管。

3）浆锚孔约束螺旋筋。

4）灌浆导管。

5）夹芯保温外墙板拉结件。

6）石材反打工艺拉结件等。

2. 预制构件主材

预制构件主材包括钢筋、水泥、砂、石、外加剂、外掺料等。

3. 预制构件辅助材料

辅材包括保温材料、填充材料、脱模剂、缓凝剂、修补材料、表面保护剂、装饰混凝土材料等。

4. 预制构件模具材料

模具材料将在本篇第 5 章 5.3 节中介绍。

4.5.2　配件清单

1）钢筋间隔件（混凝土保护层垫块）。

2）预埋件。预埋件包括内埋式金属螺母、内埋式吊钉、内埋式塑料螺母、螺栓与内埋式螺栓、吊点用钢丝绳、栏杆埋件、幕墙埋件、脚手架或塔式起重机附墙埋件等。

3）机电预埋材料（如套管、接线盒、管线等）。

4）防雷引下线。

5）门窗框及其锚固件。

6）其他设计要求配件等。

4.5.3　工具清单

常用的工具列举在表 4.5-1 中。

表 4.5-1　常用工具一览表

序号	制作环节	常用生产工具	检查工具
1	模具组装、拆卸	激光垂准仪、磁力钻、手电钻、台钻、角磨机、砂轮切割机、电动或气动扳手、攻丝工具、尖尾棘轮扳手、铜锤、橡胶锤、便携式工业吹风机、画线（弹线）工具、清扫工具、吊夹具（如钢板夹钳、起吊用工具）以及角磨机配套的切割片、磨片、钢丝刷轮等	钢卷尺、钢角尺、2m 靠尺、塞尺、线锤、激光垂准仪、测量用线（自制翘曲拉线测量工具）等
2	钢筋制作与入模	钢筋切断机、成型机、调直机、钢筋剥肋滚丝机、电焊机、钢筋绑扎用扎丝钩、钢筋液压钳、台钳、管钳、力矩扳手等	钢卷尺、力矩扳手、螺纹环规等
3	混凝土浇筑	混凝土料斗、插入式振动棒、附着式振动器、铁锹、刮尺、木抹子、铁抹子、窄抹刀、建筑泥桶、拉毛自制工具等	钢卷尺、橡胶锤、2m 靠尺等
4	构件养护	苫布（固定模台工艺）或包裹薄膜、喷淋工具、表面养护剂等	专用测温仪、温度计等
5	构件脱模与表面检查	吊点专用工装，钢丝绳、卸扣、铁扁担（分配梁）、多点吊架等	钢卷尺、钢角尺、2m 靠尺、游标塞尺、测量用线（自制翘曲拉线测量工具）等
6	表面处理与修补	抹刀、錾子、冲击钻、角磨机、切割机、便携式工业吹风机、钢丝刷等	钢卷尺、钢角尺、2m 靠尺、游标塞尺、测量用线（自制翘曲拉线测量工具）等
7	构件标识	构件标识镂空牌、自喷漆、油性笔等	目测

4.5.4　如何编制材料、配件、工具计划

预制构件的生产有些材料、配件是外地或外委加工的，如果材料不能及时到货就会影响生产。所以材料、配件、工具计划必须详细，不能有遗漏。计划中要充分考虑加工周期、运输时间、到货时间，以确保不因为材料没到而影响整个工期，编制计划主要考虑以下要点：

1）应依据图样、技术要求、生产总计划编制。

2）要全面覆盖不能遗漏，要求罗列出详细的清单，细致到一个螺母都要列入清单内。

3）计划要根据实际应用时间节点提前 1~2 天到厂。

4）外地材料要考虑运输时间及突发事件的发生，要有富余量。

5）外委加工的材料一定要核实清楚发货、运输、到货时间。

6）要考虑库存量。

7）试验验收时间。

4.6　设备计划

预制构件生产常用设备有流水线设备、起重设备、钢筋加工设备、混凝土搅拌站设备和非常规使用的辅助设备，编制设备使用计划时要充分考虑设备的加工能力和设备故障对工期的影响，要有应急预案。

4.6.1　流水线设备

1）生产能力与设备能力是否匹配。

2）要考虑设备检修、故障等因素，根据以往的情况进行评估。

3）日常维护保养时间也要计算进去。

4）设备操作人员也要考虑，防止请假等突发事件没有人操作设备。

4.6.2　起重设备

1）定量计算出每天需要转运的材料及构件，合理安排起重机使用时间。

2）起重机不够用时，可以补充叉车、小型起重机等方式。

3）场地龙门式起重机不够用，临时租用汽车式起重机。

4）日常维护保养时间也要计算进去

5）设备操作人员也要考虑，防止请假等突发事件没有人操作设备。

4.6.3　钢筋加工设备

1）生产能力与设备加工能力的匹配。

2）外委加工钢筋的方式，例如钢筋桁架、钢筋网片、箍筋。

3）考虑故障发生所带来的影响。

4）日常维护保养时间也要计算进去。

4.6.4　混凝土搅拌站设备

1）生产能力与设备加工能力的匹配。

2）搅拌主机出现故障带来的影响。

3）日常维护保养。

4）采购商品混凝土应急。

4.6.5　非常规的设备

1）特殊构件翻转需要用到的设备。

2）特大型构件运输设备。

3）订单量大时蒸汽设备不够用时，启用临时小型蒸汽锅炉。

4.6.6　保证生产线及其设备完好运行

工厂流水线设备以及其他设备的完好运行，是保证生产的重要环节。因此在日常对设备的管理中要分析出设备经常出现的故障的原因，及时采取整改措施和预案，同时做好设备维护和保养工作。

1. 常出现的故障

设备经常出现的故障和问题主要体现在以下三个方面：

1）机械部分故障。

2）软件程序部分故障。

3）电气部分故障。

表 4.6-1 给出设备常出现的故障以及解决方案供参考。

表 4.6-1　常见故障及解决方案

序号	设　　备	常见故障	故障原因	解决方案
1	流水线	模台不能运转	驱动轮损坏	更换驱动轮
2			电动机损坏	更换电动机
3			信号传送不到	检查信号传送线路
4			电器部分损坏	更换电器
5		码垛机不工作	驱动电动机损坏	更换电动机
6			信号传送不到	检查信号传送线路
7			程序损坏	联系厂家修复程序
8			电器部分损坏	更换电器
9	钢筋加工设备	钢筋调不直	调直系统部件磨损间隙大	更换或者调整间隙
10		桁架焊接不到位	焊接触点磨损	更换或调整间隙
11		弯箍机不工作	电动机损坏	更换电动机
12			电器部分损坏	维修或更换
13			机械部件老化	维修或更换
14	起重设备	不工作	驱动电动机损坏	更换电动机
15			电器部分损坏	维修或更换
16			信号传送不到	检查遥控器电池、更换遥控控制器
17			钢丝绳缠绕一起	将钢丝绳分开或更换
18	搅拌站	搅拌主机不工作	电动机损坏	更换电动机
19			电器部分损坏	维修或更换
20			机械部件老化	维修或更换
21		计量不准确	计量秤损坏	校正、维修、更换
22		上料系统不工作	驱动电动机故障	维修或更换

2. 日常维护和保养

为保证生产线及其设备完好运行，企业应建立健全生产设备的全生命周期的系统管理工作，包括设备选型、采购、安装、调试、使用、维护、检修直至报废的全过程。

1）建立设备基础档案管理。

2）建立设备维护保养制度。

3）建立设备点检制度。

4）建立设备使用操作培训制度等。

4.7　构件场地分配计划

预制构件工厂在生产旺季场地是比较紧张的。有很多作业环节是在存放场地进行的，例如出厂前的检查、修补、粘贴或书写标识等。许多工厂生产的预制构件品种比较多，存放方式不一样，因此需要生产管理者预先设计、计划、分配场地。

构件存放原则是：

1）通用性构件按照产品类型去存放。

2）不是通用类型构件要按照项目存放。

3）同一个项目中预制构件的存放可分为两类，一是同一类别的构件存放在一起，二是按照发货顺序或者不同楼层构件存放在一起，方便统计且不容易出错；场地面积小可以按照产品类别存放。

4.8 技术方案设计

4.8.1 技术方案设计概述

预制构件生产前应制定构件制作技术方案。技术方案主要是按照设计图样和行业标准、国家标准的要求，以生产出安全可靠、品质优良的构件为主要目的进行编制，具体包括制作工艺详图设计（4.8.2节）、套筒、预埋件与预埋物固定（4.8.3节）、脱模、翻转设计（4.8.4节）、吊具设计与检验（4.8.5节）、厂内运输与装卸方案（4.8.6节）、粗糙面形成工艺设计（4.8.7节）、存放方案设计（4.8.8节）、半成品与成品保护（4.8.9节）、敞口构件临时加固措施（4.8.10节）、标识与植入芯片设计（4.8.11节）、冬季制作构件措施（4.8.12节）。

4.8.2 制作工艺详图设计

预制构件制作图是整个设计的一部分，应当由设计单位出图。如果构件部分的图样缺失或者不完整的话，应当要求设计单位补图，工厂不能做构件拆分图的设计，只能进行工艺详图设计：

1）涉及具体制作过程的详图可以由工厂绘制，如内模、预埋件和灌浆套筒固定详图等。

2）当构件饰面采用瓷砖反打或者石材反打工艺时，如果设计未绘制反打饰面的排板图，可以由工厂来绘制，但工厂绘制的排板图须由设计单位认可。

3）当设计单位未绘制夹芯保温墙板内外叶墙体之间的拉结件布置图时，可由供应拉结件的专业单位提供资料给设计单位绘制出图或由供应拉结件的专业单位验算后出具排板图，此排板图须由设计单位认可。

4.8.3 套筒、预埋件与预埋物固定

固定灌浆套筒、波纹管、浆锚孔内模、预埋件、预留孔内模、机电预埋管线与线盒需注意以下事项：

1）预制构件上所有的预埋附件，安装位置都要做到准确，并必须满足方向性、密封性、绝缘性和牢固性等要求。

2）紧贴模板表面的预埋附件，一般采用在模板上的相应位置上开孔后用螺栓精准牢固定位。不在模板表面的，一般采用工装架形式定位固定，如图4.8-1~图4.8-4所示。

图 4.8-1 浆锚孔内模

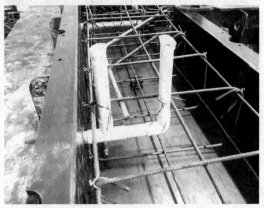

图 4.8-2 水平缝灌浆管示意

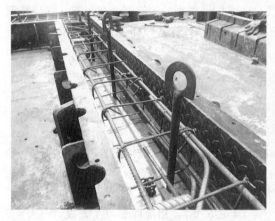

图 4.8-3 预留模板拉结通孔内模   图 4.8-4 预埋线管操作手孔内模

3）对灌浆套筒和波纹管等孔形埋件，还要借助专用的孔形定位套销。采用孔形埋件先和孔形定位套销定位，孔形定位套销再和模板固定的方法，如图 4.8-5 ~ 图 4.8-7 和图 2.2-11 所示。

图 4.8-5 柱子模板与套筒固定

图 4.8-6 墙板模板与套筒固定

4）对机电预埋管线一般采用定位架固定，以防混凝土成型时偏位，如图 4.8-8、图 4.8-9 所示。

图 4.8-7　浆锚孔波纹管

图 4.8-8　预埋止水套管定位

5）有些预埋附件可采用磁性装置固定，如图 4.8-10 所示。

6）当预埋件为混凝土浇捣面平埋的钢板埋件，其短边的长度大于 200mm 时，应在中部加开排气孔；预埋件有外露螺纹时，其外露螺纹部分应先用黄油满涂，再用韧性纸或薄膜包裹保护，构件安装时剥除。

7）构件上的预埋件和预留孔洞宜通过模具进行定位，并安装牢固，其安装偏差应符合表 4.8-1 的规定。

图 4.8-9　预埋 86 线盒定位

图 4.8-10　预埋件磁性装置固定

表 4.8-1　模具上预埋件、预留孔洞安装允许偏差

项次	检 查 项 目		允许偏差/mm	检 验 方 法
1	预埋钢板、建筑幕墙用槽式预埋组件	中心线位置	3	用尺量纵横两个方向的中心线位置，取其中较大值
		平面高差	±2	钢直尺和塞尺检查
2	预埋管、电线盒、电线管水平和垂直方向的中心线位置偏移、预留孔、浆锚搭接预留孔（或波纹管）		2	用尺量纵横两个方向的中心线位置，取其中较大值

（续）

项次	检查项目		允许偏差/mm	检验方法
3	插筋	中心线位置	3	用尺量测纵横两个方向的中心线位置，取其中较大值
		外露长度	+10, 0	用尺量测
4	吊环	中心线位置	3	用尺量测纵横两个方向的中心线位置，取其中较大值
		外露长度	0, −5	用尺量测
5	预埋螺栓	中心线位置	2	用尺量测纵横两个方向的中心线位置，取其中较大值
		外露长度	+5, 0	用尺量测
6	预埋螺母	中心线位置	2	用尺量测纵横两个方向的中心线位置，取其中较大值
		平面高差	±1	钢直尺和塞尺检查
7	预留洞	中心线位置	3	用尺量测纵横两个方向的中心线位置，取其中较大值
		尺寸	+3, 0	用尺量测纵横两个方向的尺寸，取其中较大值
8	灌浆套筒及连接钢筋	灌浆套筒中心线位置	1	用尺量测纵横两个方向的中心线位置，取其中较大值
		连接钢筋中心线位置	1	用尺量测纵横两个方向的中心线位置，取其中较大值
		连接钢筋外露长度	+5, 0	用尺量测

注：本表出自《装配式混凝土建筑技术标准》（GB/T 51231—2016）表 9.3.4。

4.8.4　脱模、翻转设计

脱模起吊是预制混凝土构件制作的一个关键环节。脱模时，构件从模具中起吊分离出来，除了构件自重外，尚需克服模具的吸附力。

构件脱模、起吊和翻转的吊点必须由结构设计师设计计算确定，并给出详细的吊点位置图。吊点位置设计总的原则是受力合理、重心平衡、与钢筋和其他预埋件互不干扰，制作与安装便利。工厂的技术人员应当对吊点设计知其所以然。

常用脱模方式主要有两种：翻转或直接起吊，其中翻转脱模的吸附力通常较小，而直接起吊脱模则存在较大的吸附力。

在确定构件截面的前提下，需通过脱模验算对脱模吊点进行设计，否则可能会使构件产生起吊开裂、分层等现象。起吊脱模验算时，一般将构件自重加上脱模吸附力作为等效静力荷载进行计算。

（1）预制构件除脱模环节外，在翻转、吊运和安装工作状态下的吊点设置

1）翻转吊点。

①"平躺着"制作的墙板、楼梯板和空调板等构件，脱模后或需要翻转 90°立起来，或需要翻转 180°将表面朝上。流水线上有自动翻转台时，不需要设置翻转吊点；在固定模台或流水线没有翻转平台时，需设置翻转吊点，并验算翻转工作状态的承载力。

②柱子大都是"平躺着"制作的，存放、运输状态也是平躺着的，吊装时则需要翻转 90°立起来，须验算翻转工作状态的承载力。

③无自动翻转台时，构件翻转作业方式有两种：捆绑软带式（图 4.8-11）和预埋吊点式。捆绑软带式在设计中须确定软带捆绑位置，据此进行承载力验算。预埋吊点式需要设计吊点位置与构造，进行承载力验算。

图 4.8-11　捆绑软带式翻转

④板式构件的翻转吊点一般为预埋螺母，设置在构件边侧（图 4.8-12）。只翻转 90°立起来的构件，可以与安装吊点兼用；需要翻转 180°的构件，需要在两个边侧设置吊点（图 4.8-13）。

⑤构件翻转有翻转台翻转和吊钩翻转两种形式，生产线设置自动翻转台时，翻转作业由机械完成。吊钩翻转包括单吊钩翻转和双吊钩翻转两种形式。

A. 单吊钩翻转是在构件的一端挂钩，将"躺着"的构件拉起，要注意触地的一端应铺设软隔垫，避免构件边角损坏。

图 4.8-12　设置在板边的预埋螺母

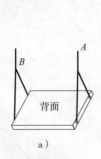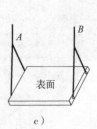

图 4.8-13　180°翻转示意图

a）构件背面朝上，两个侧边有翻转吊点，A 吊钩吊起，B 吊钩随从　b）构件立起，A 吊钩承载
c）B 吊钩承载，A 吊钩随从，构件表面朝上

B. 双吊钩翻转是采用两台起重设备翻转，或者在一台起重机上采用主副两吊钩来翻转。翻

转过程中要安排起重指挥，两个吊钩升降应协同，注意绳索与构件之间用软质材料隔垫，防止棱角损坏。

2）吊运吊点。吊运工作状态是指构件在车间、堆场和运输过程中由起重机吊起移动的状态。一般而言，并不需要单独设置吊运吊点，可以与脱模吊点或翻转吊点或安装吊点共用，但构件吊运状态的荷载（动力系数）与脱模、翻转和安装工作状态不一样，所以需要进行分析。

①楼板、梁、阳台板的吊运节点与安装节点共用；叠合楼板的吊点处如果图样有加强筋设计，制作时要把加强筋加上，并在吊点位置喷漆标识；如果吊点处没有加强筋设计，叠合楼板的生产阶段也应该把吊点位置喷漆标识出来。

②柱子的吊运节点与脱模节点共用。

③墙板、楼梯板的吊运节点或与脱模节点共用，或与翻转节点共用，或与安装节点共用。

在进行脱模、翻转和安装节点的荷载分析时，应判断这些节点是否兼作吊运节点。

3）安装吊点。安装吊点是构件安装时用的吊点，构件的空间状态与使用时一致。

①带桁架筋叠合楼板的安装吊点借用桁架筋的架立筋（图4.8-14），多点布置。脱模吊点和吊运吊点也同样。

图4.8-14　带桁架筋叠合板以桁架筋的架立筋为吊点

②无桁架筋的叠合板、预应力叠合板、阳台板、空调板、梁、叠合梁等构件的安装吊点为专门埋置的吊点，与脱模吊点和吊运吊点共用。楼板、阳台板为预埋螺母；小型板式构件如空调板、遮阳板也可以埋设尼龙绳；梁、叠合梁可以埋设预埋螺母，较重的构件埋设钢筋吊环、钢索吊环（图4.8-15）等。

图4.8-15　叠合梁（左图）和墙板（右图）钢索吊环

③柱子、墙板、楼梯板的安装节点为专门设置的安装节点。柱子、楼梯板一般为预埋螺母；墙板有预埋螺母（图4.8-16）、预埋吊钉（本书第2章图2.4-2）和钢索吊环等。

图 4.8-16　H 形墙板预埋螺母吊点

把以上对各类吊点的讨论汇总到表 4.8-2 中。

表 4.8-2　预制构件吊点一览表

构件类型	构件细分	工作状态				吊点方式
		脱模	翻转	吊运	安装	
柱	模台制作的柱子	△	○	△	○	内埋螺母
	立模制作的柱子	○	无翻转	○	○	内埋螺母
	柱梁一体化构件	△	○	○	○	内埋螺母
梁	梁	○	无翻转	○	○	内埋螺母、钢索吊环、钢筋吊环
	叠合梁	○	无翻转	○	○	内埋螺母、钢索吊环、钢筋吊环
楼板	有桁架筋叠合楼板	○	无翻转	○	○	桁架筋
	无桁架筋叠合楼板	○	无翻转	○	○	预埋钢筋吊环、内埋螺母
	有架立筋预应力叠合楼板	○	无翻转	○	○	架立筋
	无架立筋预应力叠合楼板	○	无翻转	○	○	钢筋吊环、内埋螺母
	预应力空心板	○	无翻转	○	○	内埋螺母
墙板	有翻转台翻转的墙板	○	○	○	○	内埋螺母、吊钉
	无翻转台翻转的墙板	△	○	○	○	内埋螺母、吊钉
楼梯板	模台生产	△	◇	△	○	内埋螺母、钢筋吊环
	立模生产	△	◇	△	○	内埋螺母、钢筋吊环
阳台板、空调板等	叠合阳台板、空调板	○	无翻转	○	○	内埋螺母、软带捆绑（小型构件）
	全预制阳台板、空调板	△	◇	○	○	内埋螺母、软带捆绑（小型构件）
飘窗	整体式飘窗	○	◇	○	○	内埋螺母

注：○为安装节点；△为脱模节点；◇为翻转节点；其他栏中标注表明共用。

（2）不同的产品吊点的设置

1）柱子吊点。

①安装吊点和翻转吊点。柱子安装吊点和翻转吊点共用，设在柱子顶部。断面大的柱子一般设置 4 个吊点（图 4.8-17），也可设置 3 个吊点。断面小的柱子可设置 2 个或者 1 个吊点。沈阳南科大厦边长 1300mm 的柱子设置了 3 个吊点；边长 700mm 的柱子设置了 2 个吊点。

柱子安装过程计算简图为受拉构件；柱子从平放到立起来的翻转过程中，计算简图相当于两端支撑的简支梁（图4.8-18）。

②脱模和吊运吊点。除了要求四面光洁的清水混凝土柱子是立模制作外，绝大多数柱子都是在模台上"躺着"制作，存放、运输也是平放，柱子脱模和吊运共用吊点，设置在柱子侧面，采用内埋式螺母，便于封堵，痕迹小。

柱子脱模吊点的数量和间距根据柱子断面尺寸和长度通过计算确定。由于脱模时混凝土强度较低，吊点可以适当多设置，不仅对防止混凝土裂缝有利，也会减弱吊点处的应力集中。

两个或两组吊点时（图4.8-19a、b），柱子脱模和吊运按带悬臂的简支梁计算；多个吊点时（图4.8-19c），可按带悬臂的多跨连系梁计算。

2）梁吊点。梁不用翻转，安装吊点、脱模吊点与吊运吊点为共用吊点（图4.8-20）。梁吊点数量和间距根据梁断面尺寸和长度，通过计算确定。与柱子脱模时的情况一样，梁的吊点也宜适当多设置。

边缘吊点距梁端距离应根据梁的高度和负弯矩筋配置情况经过验算确定，且不宜大于梁长的1/4。

图4.8-17 预制柱子安装吊点

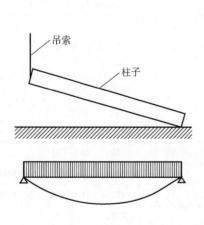

图4.8-18 柱子安装、翻转计算简图

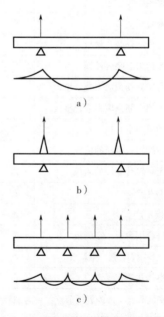

图4.8-19 柱脱模和吊运吊点位置及计算简图
a）2吊点 b）2组吊点 c）4吊点

梁只有两个（或两组）吊点时，按照带悬臂的简支梁计算；多个吊点时，按带悬臂的多跨连系梁计算。位置与计算简图与柱脱模吊点相同，如图4.8-19所示。

梁的平面形状或断面形状为非规则形状（图4.8-21），吊点位置应通过重心平衡计算确定。

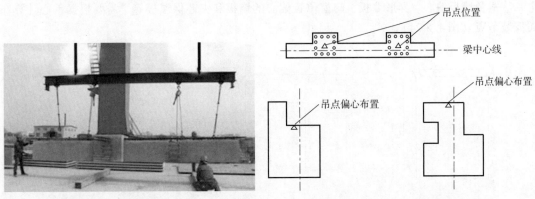

图 4.8-20　梁的吊点布置　　　　　　图 4.8-21　异形梁吊点偏心布置

3）楼板与叠合阳台板、空调板吊点。楼板不用翻转，安装吊点、脱模吊点与吊运吊点为共用吊点。楼板吊点数量和间距根据板的厚度、长度和宽度通过计算确定。

国家预制叠合板标准图集规定，跨度在 3.9m 以下、宽 2.4m 以下的板，设置 4 个吊点；跨度为 4.2 ~ 6.0m、宽 2.4m 以下的板，设置 6 个吊点。

图 4.8-14 为日本的叠合板，是 10 个吊点。

边缘吊点距板的端部不宜过大。长度小于 3.9m 的板，悬臂段不大于 600mm；长度为 4.2 ~ 6m 的板，悬臂段不大于 900mm。

4 个吊点的楼板可按简支板计算；6 个以上吊点的楼板计算可按无梁板，用等代梁经验系数法转换为连续梁计算。

有桁架筋的叠合楼板和有架立筋的预应力叠合楼板，用桁架筋作为吊点。国家标准图集在吊点两侧横担 2 根长 280mm 的 HRB335 级钢筋；垂直于桁架筋。

日本叠合板吊点一般采用多点吊装，吊点处不用另外设置加强筋。

4）墙板吊点。

①有翻转台翻转的墙板。有翻转台翻转的墙板，脱模、翻转、吊运、安装吊点共用，可在墙板上边设立吊点，也可以在墙板侧边设立吊点。一般设置 2 个，也可以设置两组，以减小吊点部位的应力集中（图 4.8-22）。

②无翻转台翻转的墙板（非立模）和整体飘窗。无翻转平台的墙板，脱模、翻转和安装节点都需要设置。

脱模节点在板的背面，设置 4 个（图 4.8-23）；安装节点与吊运节点共用，与有翻转台的墙板的安装节点一样；翻转节点则需要在墙板底边设置，对应安装节点的位置。

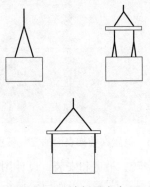

图 4.8-22　墙板吊点布置

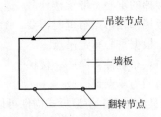

图 4.8-23　墙板脱模节点位置

③避免墙板偏心。异形墙板、门窗位置偏心的墙板和夹芯保温板等，需要根据重心计算布置安装节点（图4.8-24）。

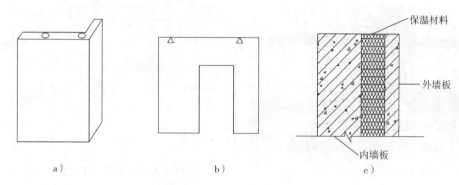

图4.8-24　不规则墙板吊点布置

a）L形板　b）门窗偏心板　c）夹芯保温板

④计算简图。墙板在竖直吊运和安装环节因截面很大，不需要验算。

需要翻转和水平吊运的墙板按4点简支板计算。

5）楼梯板、全预制阳台板、空调板吊点。楼梯吊点是预制构件中最复杂多变的。脱模、翻转、吊运和安装节点共用较少。

①平模制作的楼梯板、全预制阳台板、空调板。平模制作的楼梯一般是反打，阶梯面朝下，脱模吊点在楼梯板的背面。

楼梯在修补、存放过程一般是楼梯面朝上，需要180°翻转，翻转吊点设在楼梯板侧边，可兼作吊运吊点。

安装吊点有两种情况：

A. 如果楼梯两侧有吊钩作业空间，安装吊点可以设置在楼梯两个侧边。

B. 如果楼梯两侧没有吊钩作业空间，安装吊点须设置在表面（图4.8-25）。

C. 全预制阳台板、空调板安装吊点设置在表面。

②立模制作的楼梯板。立模制作的楼梯脱模吊点在楼梯板侧边，可兼作翻转吊点和吊运吊点。

安装吊点同平模制作的楼梯一样，依据楼梯两侧是否有吊钩作业空间确定。

③楼梯吊点可采用预埋螺母，也可采用吊环。国家标准图中楼梯侧边的吊点设计为预埋钢筋吊环。

④非板式楼梯的重心。带梁楼梯和带平台板的折板楼梯在吊点布置时需要进行重心计算，根据重心布置吊点。

⑤楼梯板吊点布置计算简图。楼梯水平吊装计算简图为4点支撑板。

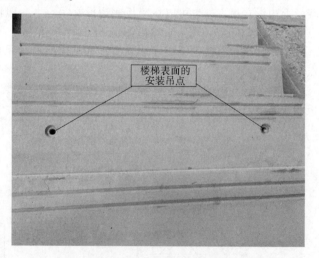

图4.8-25　设置在楼梯表面的安装吊点

6）软带吊具的吊点。小型板式构件可以用软带捆绑翻转、吊运和安装，设计图样须给出软带捆绑的位置和说明。曾经有过预制墙板工程因工地捆绑吊运位置不当而导致墙板断裂的例子（图4.8-26）。

4.8.5　吊具设计与检验

（1）吊架、吊索和其他吊具设计

1）吊具有绳索挂钩、"一"字形吊装架和平面框架吊装架三种类型，应针对不同构件，使用相应的吊具。

2）吊索与吊具设计应遵循重心平衡的原则，保证构件脱模、翻转和吊运作业中不偏心。

3）吊索长度的实际设置应保证吊索与水平夹角不小于45°，以60°为宜；且保证各根吊索长度与角度一致，不出现偏心受力情况。

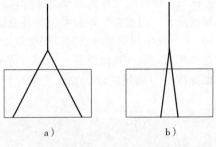

图 4.8-26　软带捆绑位置靠里导致墙板断裂示意
a）正确　b）错误

4）当采用具有一定刚度的分配梁多吊点，如采用钢丝绳滑轮组多吊点，则每个吊点的受力相同。

5）工厂常用吊索和吊具应当标识可起重重量，避免超负荷起吊。吊索与吊具应定期进行完好性检查。存放应采取防锈措施。

吊具结构计算参见第 16 章表 16.8-1 吊索吊具结构计算一览表。

（2）检验

1）吊点设计与脱模力复核验算是必须的，应根据复核验算结果调整吊点数量和起吊装置，并最终达到安全可靠的目标。在进行吊点结构验算时，不同工作状态混凝土强度等级的取值不一样：

①脱模和翻转吊点验算：取脱模时混凝土达到的强度或按 C15 混凝土强度计算。

②吊运和安装吊点验算：取设计混凝土强度等级的70%计算。

2）对于有些预制构件来讲，可能不是强度问题，而是刚度问题与构件变不变形的问题，那么可以采用实际构件进行试吊装，通过试验来检验方法是否可行。

4.8.6　厂内运输与装卸方案

预制构件脱模后，需运到质检修补区进行质检、修补或表面处理，再运到存放区。预制构件厂内运输方式是由工艺设计确定。

1）车间桥式起重机范围内的短距离运输，可用桥式起重机直接运输。

2）车间桥式起重机与室外龙门式起重机可以衔接时，用桥式起重机与门式起重机运输。

3）厂内运输目的地在车间门式起重机范围外或运输距离较长，或车间桥式起重机与室外门式起重机作业范围不对接，可用短途摆渡车运输。短途摆渡车可以是轨道拖车，也可以是拖挂汽车。

总之，厂内运输和装卸工艺要根据实际情况，合理选择和组合运输、装卸的方式，做到流程合理（尽量减少二次搬运），方便预制构件运输和装卸，力求简单，保证作业上安全、技术上可行、经济上合理，详见第 10 章 10.2 节。

4.8.7　粗糙面形成工艺设计

预制构件与后浇混凝土的结合面或叠合面应按设计要求制成粗糙面。可按以下两种情况分别处理：

（1）已经成型的混凝土构件　对混凝土已经成型的构件通常采用人工凿毛或机械凿毛的方法。

（2）成型过程中的混凝土构件　对混凝土成型过程中的构件可采用表面拉毛处理和化学水洗露石形成粗糙面的方法。

1）采用拉毛处理方法时应在混凝土达到初凝状态前完成，粗糙面的凹凸度差值不宜小于

4mm。拉毛操作时间应根据混凝土配合比、气温以及空气湿度等因素综合把控，过早拉毛会导致粗糙度降低，过晚会导致拉毛困难甚至影响混凝土表面强度，如图 4.8-27 所示。

2）采用化学缓凝剂方法时应根据设计要求选择适宜缓凝深度的缓凝剂，使用时应将缓凝剂均匀涂刷模板表面或新浇混凝土表面，待构件养护结束后用高压水冲洗混凝土表面，最后确认粗糙面深度是否满足要求。如无法满足设计要求，可通过调整缓凝剂品种解决，如图 4.8-28 所示。

图 4.8-27　人工拉毛面　　　　　　　　图 4.8-28　化学水洗面

4.8.8　存放方案设计

根据设计要求的支承点位置和存放层数制定存放方案，编制构件存放的平面布置图，存放区应按构件型号、类别进行分区，集中存放。成品应按合格、待修和不合格区分类存放，并标识。

1）构件应按产品品质、规格型号、检验状态、吊装顺序分类存放，先吊装的构件应存放在外侧或上层，要避免二次搬运，预埋吊件应朝上，并将有标识的一面朝向通道一侧。

2）构件的存放高度，应考虑存放处地面的承压力和构件的总重量以及构件的刚度及稳定性的要求。一般柱子不应超过2层，梁不超过3层，楼板不超过6层。

3）构件存放要保持平稳，底部应放置垫木或垫块。垫木或垫块厚度应高于吊环高度，构件之间的支点要在同一条垂直线上，且厚度要

图 4.8-29　预制外墙的存放方式

相等。存放构件的垫木或垫块，应能承受上部构件的重量（图 4.8-29）。垫木和垫块的具体要求有：

①预制柱、梁等细长构件宜平放且用两条垫木支撑，垫木规格在 100mm × 100mm ~ 300mm × 300mm，根据构件重量选用（图 4.8-30）。

②木板一般用于叠合楼板，板厚为20mm，板的宽度150~200mm（图4.8-31）。木板方向应垂直于桁架筋。

③混凝土垫块用于墙板等板式构件，为100mm或150mm立方体。

④隔垫软垫有橡胶、硅胶或塑料等材质，用在垫方与垫块上面，为边长100mm或150mm的正方形。与装饰面层接触的软垫应使用白色，以防止污染。

图4.8-30　莲藕梁的存放方式

图4.8-31　叠合楼板码放

4）对侧向刚度差、重心较高、支承面较窄的构件，如预制内外墙板、挂板宜采用插放或靠放，插放即采用存放架立式存放（图4.8-32，图4.8-33），存放架应有足够的刚度，并应支垫稳固，薄弱构件、构件薄弱部位和门窗洞口应采取防止变形开裂的临时加固措施。如采用靠放架立放的构件，必须对称靠放和吊运，其倾斜角度应保持大于80°，构件上部宜用木块隔开。靠放架宜用金属材料制作，使用前要认真检查和验收，靠放架的高度应为构件的三分之二以上。

图4.8-32　墙板立式存放防止倾倒的支架

图4.8-33　支撑高度可调式构件插放架

5）预制楼板、阳台板、楼梯构件宜平放，吊环向上，标志向外，堆垛高度应根据构件与垫木的承载能力及堆垛的稳定性确定，不宜超过6层；各层垫木的位置应在一条垂直线上。对于特殊和不规则形状构件的存放，应制定存放方案并严格执行。

6）支承垫木宜置于吊点下方，一般垫木间距：$0.2L-0.6L-0.2L$，L为构件长。支承垫木上下应在同一垂直线上。特殊情况要特殊处理，当梁板过长时，应增加支撑垫木，降低变形可能。

7）有些构件采用多点支垫时，一定要避免边缘支垫低于中间支垫，造成过长的悬臂，形成较大的负弯矩产生裂缝。

8）连接止水条、高低口、墙体转角等薄弱部位，应采用定型保护垫块或专用套件做加强保护，图4.8-34为工厂内预先粘贴好止水条的构件。

9）其他要求：

①梁柱一体三维构件存放应当设置防止倾倒的专用支架。

②楼梯可采用叠层存放。

③带飘窗的墙体应设有支架立式存放。

④阳台板、L形构件、挑檐板、曲面板等特殊构件宜采用单独平放的方式存放（图4.8-35、图4.8-36），有些异形构件也具备叠放的条件，如何存放要视具体情况而定。

图4.8-34　工厂内预先粘贴的止水条　　　　　图4.8-35　异形构件的存放

⑤预应力构件存放应根据构件起拱值的大小和存放时间采取相应措施。

⑥构件标识要写在容易看到的位置，如通道侧，位置低的构件在构件上表面标识。

⑦装饰化一体构件要采取防止污染的措施。

⑧伸出钢筋超出构件的长度或宽度时，在钢筋上做好醒目的标识，以免人员受伤（图4.8-37）。

图4.8-36　L形构件的存放方式　　　　　图4.8-37　伸出钢筋的危险标识

⑨冬季制作构件，不宜将脱模后的构件直接运至室外，宜在车间内阴干几天后再运至室外。

如果设计单位未出具支承点位置图样和存放层数参数，应联系设计单位出具。设计单位不能出具的，由工厂编制存放方案，交由设计单位审核、认可。

构件存放要求和实例详见第 10 章 10.3 节。

4.8.9　半成品与成品保护

1）制定半成品和成品构件的保护措施，有以下关键环节：

①预制件应按类型分别摆放，成品之间应有足够的空间，防止产品相互碰撞造成损坏。

②预制外墙板面砖、石材、涂刷表面可采用贴膜或用其他专业材料保护。

③预制构件暴露在空气中的预埋铁件应镀锌或涂刷防锈漆，防止产生锈蚀。预埋螺栓孔应采用海绵棒进行填塞。

④构件支撑的位置和方法，应根据其受力情况确定，但不得超过构件承载力或引起构件损伤；预制构件与刚性搁置点之间应设置柔性垫片，且垫片表面应有防止污染构件的措施。

⑤预制构件存放处 2m 内不应进行电焊、气焊作业，以免污染产品。

⑥混凝土构件厂内起吊、运输时，混凝土强度必须符合设计要求；当设计无专门要求时，非预应力构件不应低于 15MPa，预应力构件不应低于混凝土设计强度等级值的 75% 且不应小于 30MPa。

⑦外墙门框、窗框和带外装饰材料的表面宜采用塑料贴膜或者其他防护措施；预制墙板门窗洞口线角宜用槽形木框保护。

⑧预制楼梯踏步口宜铺设木条或其他覆盖形式保护。

⑨清水混凝土预制构件成品应建立严格有效的保护制度，明确保护内容和职责，制定专项防护措施方案，全过程进行防尘、防油、防污染、防破损。

⑩直接作为外装饰效果的清水混凝土构件，边角宜采用倒角或圆弧角，棱角部分应做好保护，可采用角形塑料条进行保护。

⑪预制构件在驳运、存放、出厂运输过程中起吊和摆放时，须轻起慢放，避免损坏成品。

2）预制构件成品保护应符合下列规定：

①预制构件成品外露保温板应采取防止开裂措施，外露钢筋应采取防弯折措施，外露预埋件和连接件等外露金属件应按不同环境类别进行防护或防锈。

②宜采取保证吊装前预埋螺栓孔清洁的措施。

③钢筋连接套筒、预埋孔洞应采取防止堵塞的临时封堵措施。

④露骨料粗糙面冲洗完成后应对灌浆套筒的灌浆孔和出浆孔进行透光检查，并清理灌浆套筒内杂物。

⑤冬期生产和存放的预制构件的非贯穿孔洞应采取措施防止雨雪进入发生冻胀损坏。

3）预制构件在运输过程中应做好安全和成品保护，并应符合下列规定：

①应根据预制构件种类采取可靠的固定措施。

②对于超高、超宽、形状特殊的大型预制构件的运输和存放应制定专门的质量安全保证措施。

③运输时宜采取如下防护措施：

A. 设置柔性垫片避免预制构件边角部位或链索接触处混凝土损伤。

B. 用塑料薄膜包裹垫块避免预制构件外观污染。

C. 墙板门窗框、装饰表面和棱角采用塑料贴膜、塑料 U 形保护框或其他措施防护。

D. 竖向薄壁构件设置临时防护支架。

E. 装箱运输时，箱内四周采用木材或柔性垫片填实，支撑牢固。

④应根据构件特点采用不同的运输方式，托架、靠放架、插放架应进行专门设计，进行强度、稳定性和刚度验算：

A. 外墙板宜采用立式运输，外饰面层应朝外，梁、板、楼梯、阳台宜采用水平运输。

B. 采用靠放架立式运输时，构件与地面倾斜角度宜大于 80°，构件应对称靠放，每侧不大于 2 层，构件层间上部采用木垫块隔离。

C. 采用插放架直立运输时，应采取防止构件倾倒措施，构件之间应设置隔离垫块。

D. 水平运输时，预制梁、柱构件叠放不宜超过 3 层，板类构件叠放不宜超过 6 层。

⑤构件运输时应绑扎牢固，防止移动或倾倒，搬运托架、车厢板和预制混凝土构件间应放入柔性材料，构件边角或者链索接触部位的混凝土应采用柔性垫衬材料保护；运输细长、异形等易倾覆构件时，行车应平稳，并应采取临时固定措施。

笔者在日本注意到，日本很多装饰一体化非常漂亮的构件（如清水混凝土、面砖反打、石材反打构件）保护很弱或者不做保护，构件从工厂运输到现场吊装作业等一系列环节均未出现问题；而笔者在我国实际经历的工程，构件保护得非常严实，结果却出现了很多问题。

保护得太严实使人对构件失去了一个具体的概念，也使人过于相信和依赖保护，无意中发生更多的损坏，这种过度保护的方式既浪费人力、物力又使人增加了依赖性。因此，保护事实上是一个需要认真考虑的环节，不是保护的措施越加码越好，而是在关键环节做很适宜的保护，避免过度保护适得其反。

4.8.10　敞口构件临时加固措施

一些敞口构件、L 形构件和其他异形构件在脱模、吊装、运输过程中易被拉裂，需设置临时加固措施。

图 4.8-38 是一个 V 形墙板临时拉结杆的例子，用两根角钢将构件两翼拉结，以避免构件内转角部位在运输过程中拉裂。安装就位后再将拉结角钢卸除。

图 4.8-38　V 形预制墙板临时拉结图

需要设置临时拉结杆的构件包括断面面积较小且翼缘长度较长的 L 形折板、开洞较大的墙板、V 形构件、半圆形构件、槽形构件等，如图 4.8-39 所示。

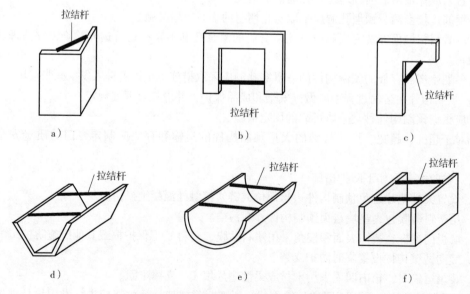

图 4.8-39　需要临时拉结的预制构件

a）L 形折板　b）开口大的墙板　c）平面 L 形板　d）V 形板　e）半圆柱　f）槽形板

临时拉结杆可以用角钢、槽钢，也可以用钢筋。

采用专用的运输车辆是保证构件运输成品质量和安全性的一个重要措施，如图4.8-40所示。

图 4.8-40　预制墙板专用运输车

4.8.11　标识与植入芯片设计

目前，采用书写和印刷的方式在构件表面表明规格、型号是常规的构件标识方法。采用这种常规方式，在构件运输到工地后，现场工人可直接、简捷地识别和定位构件位置，便于现场施工，所以，书写和印刷构件信息的方式是必不可少的。为了更进一步地详细记录构件信息还可以采用构件编码标识系统。

构件编码标识系统是一种无线射频 RFID（Radio Frequency Identification 的缩写，简称 RFID 芯片）识别通信技术，可通过无线电信号识别特定目标并读写相关数据，而无须识别系统与特定目标之间建立机械或光学接触，可制成芯片预埋在预制构件中，详细记录构件设计、生产、施工过程中的全部信息。市场上常见的芯片一般使用寿命在 5~10 年。

（1）芯片信息的录入　采用 RFID 芯片，可通过编码转换软件记录每一块构件的设计参数和生产过程信息，并将这些信息储存到芯片内。基于构件制作和施工，芯片录入的基本信息需包含（不限于）：

1）工程名称与用户单位。

2）构件规格、型号（包括楼号、楼层、构件名称、体积和重量等）。

3）混凝土强度等级。

4）生产单位。

5）生产日期。

6）检验员与检验合格状态。

7）生产班组等。

（2）芯片的埋设　芯片录入各项信息后，将芯片浅埋在构件成型表面，埋设位置宜建立统一规则，便于后期识别读取，如图4.8-41、图4.8-42所示。埋设方法如下：

图 4.8-41　芯片埋设示意

图 4.8-42　手持 PDA 扫描芯片示意

1）竖向构件收水抹面时，将芯片埋置在构件浇筑面中心距楼面 60~80cm 高处，带窗构件则埋置在距窗洞下边 20~40cm 中心处，并做好标记。脱模前将打印好的信息表粘贴于标记处，便于查找芯片埋设位置。

2）水平构件一般放置在构件底部中心处，将芯片粘贴固定在平台上，与混凝土整体浇筑。

3）芯片埋深以贴近混凝土表面为宜，埋深不宜超过 2cm，具体以芯片供应厂家提供数据实测为准。

（3）实现信息共享、质量追溯和监控　预制构件生产企业信息化生产系统宜与管理部门网络平台对接，可在管理平台上实现信息查询与质量追溯。

将来在预埋 RFID 芯片的基础上，增加振动传感器或位移传感器等装置，当构件发生变形、错位、甚至可能发生断裂时，可以第一时间提取出现问题的构件所在区域、楼层、位置等信息，并及时采取补救措施，实时进行质量监控。

但提取信息不能过分依赖芯片，工程整个过程信息的跟踪完全是通过建立工程档案（含电子档案）来实现的，每个构件的质量跟踪信息通过建立隐蔽工程档案来记录，现场所能融入的信息在工程档案中都有。

（4）芯片的采购　芯片采购宜建立统一的原料、生产、存储、物流编码规则，便于后期管理和维护。

综上所述，芯片能详细记录构件从设计开始到施工结束的全部信息，然而其信息的承载同样能通过其他渠道来实现，去现场提取信息的必要性和可能性都不大，而且芯片在埋设精度、使用寿命等方面仍存在较大的局限性，几年后的芯片难免出现"失忆""失联"等问题，无法实现"与建筑同寿命"。因此，不能对芯片过于依赖。

4.8.12　冬季制作构件措施

1）要做好原材料的保护措施，防止雨雪冰冻。

2）混凝土拌合物采用热水拌制，水温控制在 40~70℃。

3）也可以采用骨料加热的方式，骨料要使用干燥的气体加热。

4）构件制作场所要做好保温工作，室温宜在 10℃ 以上，最低不能低于 5℃，门窗等通透的部位要做好冷风的阻隔。

5）构件浇筑后应在 20min 内完成覆盖，在收水抹面时，可采用折叠式临时暖棚保温，防止热量散失。

6）冬季蒸养工艺的降温过程，宜控制降温坡度尽可能平缓一些，每小时降温幅度不应大于 10℃，使构件表面温度平缓地过渡到室温，尽可能地减少温差引起的裂缝。

7）冬季制作，构件脱模后不宜马上放置到寒冷的室外，宜尽可能在车间内多放置几天，待构件适当阴干后，再运至室外。

8）室外堆场存放的预制构件有条件的应尽可能覆盖一下，防止雨雪后温度下降构件被冻裂。至少要把孔、洞、眼等用东西塞填上，防止冻胀把混凝土胀裂。

4.9　劳动力计划

预制构件虽然是工厂化生产，但它是依据项目订单生产，而且每个项目订单的品种、规格、型号都不一样。它又不能为了均衡生产提前生产一些产品作为库存，到时间再发货。目前的市场环境，预制构件工厂不能均衡生产是常态现象，生产旺季劳动力不够用，生产淡季劳动力又过剩，预制构件工厂劳动力组织是一件比较难的事情。

劳动力计划应当从需求侧和供给侧两个方面考虑，尽量做到平衡生产和降低成本。

4.9.1　需求侧

首先根据生产总计划列出需求侧计划，哪些环节需要劳动力？需要多少劳动力？什么时间需要？

然后从供给侧方面分析如何解决。

4.9.2　供给侧

主要是围绕需求侧，如何解决劳动力。

1）自身挖潜，通过加班、加点的形式。

2）通过劳务外包的方法，工厂管理要有这种资源，作为生产旺季的应急预案。

3）通过招聘新人或者临时工，由技术骨干员工手把手培训；让新员工从事技术含量低的工作。

表 4.9-1 给出了劳动力计划配置的参考表。

表 4.9-1　劳动力计划配置表

序号	作业环节	计划用工量	用工时间段	现有劳动力能否满足			备注
				能	否	解决方案	
1	模具组装	10 人	7 月 10 日 ~10 月 10 日	√			
2	钢筋骨架组装	15 人	7 月 10 日 ~10 月 10 日		○	加班加点	
3	混凝土浇筑	15 人	7 月 10 日 ~10 月 10 日		○	劳务外包	提前联系
4	构件脱模	6 人	7 月 10 日 ~10 月 10 日		○	临时工	加强培训
5	构件修补	6 人	7 月 10 日 ~10 月 10 日		○	劳务外包	提前联系
6	装车发货	4 人	7 月 10 日 ~10 月 11 日		○	临时工	加强培训

4.9.3　生产平衡

生产的平衡能避免窝工、避免设备及能源浪费，是降低成本的一个重要方面。这就需要工序整合与优化，进行资源的合理配置。工序整合与优化要找到关键路线或关键因素，以这个为核心来优化工序安排，优化劳动组织，实现生产平衡，具体方法包括：

1）固定模台工艺中，当满负荷生产时，起重机作业可能是个瓶颈。合理调度模具作业顺序，定量计算出每个作业的顺序和时间，进行有效的现场调度，充分发挥起重机的作用。一些小型构件可以采用叉车或者汽车式起重机吊运。

2）流水线生产时，分流出生产工艺复杂的构件，转到固定模台或独立模具生产，使生产线均衡地生产节拍大致一样的产品。

3）当某一个环节起决定因素，控制生产节奏的时候，其他环节配置的人员要均衡。例如生产线上一天浇筑环节只能浇筑 $100m^3$ 混凝土，这个时候其他环节要按照这个产量来配置人员。

4）培养一些技术多面手，当其他环节需要时可以随时调度，例如钢筋工也会组装模具，浇筑工人也会绑扎钢筋，也会修补构件。

4.9.4　加班加点控制与预算

采用和实行工厂内部劳动定额标准的方法是控制加班加点的一个有效途径。

劳动定额应根据企业特点、生产技术条件和生产产品的类型制定，做到简明、准确、全面。常用制定定额方法有以下三种：

（1）经验估算法　由经验丰富的管理人员和技术人员，通过对图样、工艺、规程和产品实物的分析，并考虑工具、设备、模具等生产条件估算劳动定额。

（2）统计分析法　根据过去生产同类型产品的实际工时消耗记录，并考虑到目前生产条件以及其他相关因素制定。

（3）技术测定法　根据对生产技术条件和组织条件的分析研究，通过技术测定和分析计算出来合适的定额。

常见固定模台工艺构件生产用工情况参见表4.9-2，工作时间按8h考虑。

表 4.9-2　固定模台工艺构件生产用工情况

序号	产品名称	规格型号/mm	钢筋组装	组模、浇筑、振捣	备　　注
1	预制柱	700×700×4180	1个工	1个工	
2	预制大梁	300×700×11000	1个工	1.5个工	
3	叠合楼板	60×2400×4200	0.2个工	0.3个工	
4	剪力墙板	4500×2800×300	1个工	1.5个工	三明治
5	预制楼梯	2800×1200×200	0.5个工	0.7个工	

4.10　项目质量管理计划

4.10.1　质量控制重点清单与管理措施

1. 项目质量控制重点清单

1）依据设计和规范的要求进行材料、模具采购，并建立切实有效的进厂验收制度和日常检验制度。

2）材料与配件采购与质量控制。

3）钢筋套筒灌浆连接接头的抗拉强度试验、检验批。

4）编制模具验收标准和进厂验收制度，建立组装后首件验收制度与日常检查制度。

5）检查模具清理状态，检查脱模剂或缓凝剂的涂刷状态。

6）检查装饰面层的加工和铺设状态。

7）钢筋下料和半成品检验，钢筋骨架入模检查，重点检查项目有：钢筋骨架绑扎情况、浆锚套筒连接钢筋外露长度和中心位置、保护层状态等。

8）套筒、预埋件在模具内的安装状态。

9）门窗框的安装状态检查。

10）避雷引下线的安装状态检查。

11）夹芯外墙板制作是否按操作规程执行，保温拉结件的安装状态等。

12）浇筑前检查事项。

13）浇筑时的混凝土振捣状态目测检查。

14）浇筑过程中和浇筑后钢筋、预埋件的复查工作；抹面过程中，混凝土的表面平整度要逐件检查。

15）严格按照操作规程控制混凝土静停、升温、恒温、降温的养护过程。

16）构件脱模后的外观与尺寸检查，灌浆套筒、波纹管和浆锚搭接成孔检查。

17）严格按照存放方案进行构件存放。

18）按照技术方案进行整修，整修后复查。

19）构件出厂前的质量检验与资料的及时归档、交付等。

2. 管理措施

（1）预制构件生产宜建立首件验收制度　首件验收是指结构较复杂的预制构件或新型构件首次生产或间隔较长时间重新生产时，生产单位需会同建设单位、设计单位、施工单位、监理单位共同进行首件验收，重点检查模具、构件、预埋件、混凝土浇筑成型中存在的问题，确认该批预制构件生产工艺是否合理，质量能否得到保障，共同验收合格之后方可批量生产。

（2）检验频次

1）检验时对新制或改制后的模具应按件检验，对重复使用的定型模具、钢筋半成品、成品应分批随机抽样检验，对混凝土性能应按批检验。

2）模具、钢筋、混凝土、预制构件制作、预应力施工等质量，均应在生产班组自检、互检和交接检的基础上，由专职检验员进行检验。

（3）预制构件质量评定　预制构件生产的质量检验应按模具、钢筋、混凝土、预应力、预制构件等进行。预制构件的质量评定应根据钢筋、混凝土、预应力、预制构件的试验、检验资料等项目进行，主控项目应全部合格，一般项目应经检验合格，且不应有严重缺陷。当上述各检验项目的质量合格时，方可评定为合格产品。

4.10.2　新工艺新产品质量方案制定

《装配式混凝土建筑技术标准》（GB 51231—2016）中规定：

预制构件和部品生产中采用新技术、新工艺、新材料、新设备时，生产单位应制定专门的生产方案，必要时进行样品试验，经检验合格后方可实施。

1）设计文件中规定使用新技术、新工艺、新材料时，生产单位应依据设计要求进行生产，由设计给出试验验证方法或与设计沟通后确定验证方法。

2）生产单位欲使用新技术、新工艺、新材料时，可能会影响到产品的质量，必要时应试制样品，并经建设、设计、施工和监理单位核准后方可实施。

4.10.3　质量检验环节与责任确定

对预制构件制作的各个环节进行依据和准备、入口把关、过程控制、结果检验这四个环节的控制。

下面给出预制构件制作各环节全过程质量控制要点（表 4.10-1）供读者参考。

4.10.3　质量操作规程培训计划

工厂可参照本章第 4.10.1 节内容开展质量培训，培训工作的重点有对在作业过程中与质量有影响的职工进行的培训，新规程、规范培训，继续教育培训等。

1. 培训工作、计划的重点

（1）相关职工培训

1）工厂根据不同的工种对新员工进行专门培训；对老员工进行补充培训，每年不少于1 次。

2）对设计要求的内容及时进行培训。

3）采用新技术、新工艺、新材料、新设备、新产品时要做专门培训。

（2）新规程、规范培训　当有新变更的规程、规范时，应及时进行宣贯。

（3）继续教育培训　对专业技术人员进行知识更新培训，每年不少于 2 次。

2. 如何进行培训

各作业人员上岗前应接受"质量操作规程培训"，培训完成并考核通过后方能正式进入生产作业环节。

1）质量操作规程培训，对各工种人员进行质量操作规程培训，培训工作应秉持循序渐进原则。

2）培训工作应有书面的技术培训资料。

3）将操作流程和常见问题用视频的方式进行培训。

表 4.10-1 预制构件制作各环节全过程质量控制要点

序号	环节	依据和准备		入口把关		过程控制		结果检查	
		事项	责任岗位	事项	责任岗位	事项	责任岗位	事项	责任岗位
1	材料与配件采购、入厂	(1)依据设计和规范要求制定 (2)制定验收程序 (3)制定保管标准	技术负责人	进厂验收、检验	质检员、保管员	检查是否按要求保管	保管员、质检员	材料使用中是否有问题	质检员
2	套筒灌浆试验	(1)依据规范和标准 (2)准备试验器材 (3)制定操作规程	技术负责人、试验员	(1)进厂验收(包括外观、质量、标识和尺寸偏差、质保资料) (2)接头工艺检验 (3)灌浆料试件	保管员、技术负责人、质量负责人、试验员	检查是否按工艺检验要求进行试验、养护	保管员、技术负责人、质量负责人、试验员	套筒工艺检验结果满足规范的要求；投入生产后，按规范要求的批次和检查数量进行连接接头拉强度试验	技术负责人、质量负责人、驻厂监理
3	模具制作	(1)编制《模具设计要求》给模具厂或本厂模具车间 (2)设计模具生产制造图 (3)审查、复核模具设计	模具制造厂家技术负责人、构件厂技术负责人	(1)模具进厂验收 (2)该模具首个构件检查验收	质量负责人、质检员	每次组模后检查，合格后才能浇筑混凝土	技术负责人、质量负责人、质检员	每次构件脱模后检查构件外观和尺寸，出现质量问题如果与模具有关，必须经过修理合格后才能继续使用	质检员、技术负责人、生产负责人
4	模具清理、组装	(1)依据标准、规范、图样 (2)编制操作规程 (3)培训工人 (4)准备工具 (5)制定检验标准	技术负责人、生产负责人、操作者、质检员	检模清理是否到位，组装是否正确，螺栓是否组紧	生产负责人、操作者、质检员	组模后检查，浇筑混凝土过程检查	生产负责人、质量负责人	每次构件脱模后检查构件外观、位置、尺寸、预埋件位置等，发现质量问题及时进行调整	操作者、质检员
5	脱模剂或缓凝剂	(1)依据标准、规范、图样 (2)做试验、编制操作规程 (3)培训工人	技术负责人、试验员、质量负责人	试用脱模剂或缓凝剂做试验样板	技术负责人、试验员、生产负责人、质量负责人	(1)脱模剂按要求刷涂均匀 (2)缓凝剂按要求位置和剂量涂刷均匀	质量负责人、操作者	每次构件脱模后检查构件外观或检查冲洗后粗糙面情况，发现质量问题及时调整	操作者、质检员

（续）

序号	环节	依据和准备 事项	责任岗位	入口把关 事项	责任岗位	过程控制 事项	责任岗位	结果检查 事项	责任岗位
6	装饰面层铺设或制作	(1)依据图样、标准、规范 (2)安全钩图样 (3)编制操作规程 (4)培训工人	技术负责人、生产负责人、质量负责人	(1)半成品加工、检查 (2)装饰面层试铺设	技术负责人、生产负责人、质量负责人	(1)半成品加工过程质量控制 (2)隔离剂涂抹情况 (3)安全钩安放情况 (4)装饰面层铺设后检查位置、尺寸、缝隙	生产负责人、操作人员、质量负责人	每次构件脱模后检查饰面外观和饰面质量状态，发现问题及时进行调整；是否有破损、污染	操作者、质检员
7	钢筋制作与入模	(1)依据图样 (2)编制操作规程 (3)准备工器具 (4)培训工人 (5)制定检验标准	技术负责人、生产负责人、质量负责人	钢筋下料和成型半成品检查	操作者、质检员	钢筋骨架绑扎检查；钢筋骨架人模检查；连接钢筋、加强钢筋和保护层检查	操作者、质检员	复查伸出钢筋的外露长度和中心位置	技术负责人、生产负责人、质量负责人、监理
8	套筒试验	(1)依据规范和标准 (2)准备试验器材 (3)制定检验规程	技术负责人、试验员、质量负责人	具备型式检验报告，工艺检测合格	技术负责人、试验员、质量负责人	检查是否按规范要求的检查数量、批次、顺次进行套筒试验；当更换钢筋生产企业或同企业生产的钢筋外形尺寸出现较大差异时，应再次进行工艺检验	试验员、质量负责人	套筒是否符合抗拉强度要求，合格后方能投入使用	技术负责人、生产负责人、质量负责人、驻厂监理
9	套筒、预埋件等固定	(1)依据图样 (2)编制操作规程 (3)培训工人 (4)制定检验标准	技术负责人、操作者、质量负责人	进场验收与检验；首次试安装	技术负责人、操作者、质量负责人	是否按图样要求安装套筒和预埋件；半灌浆套筒与钢筋连接检验	技术负责人、质量负责人	脱模后进行外观和尺寸检查；套筒进行透光检查；对导致整顿发生的环节与问题进行整顿	质检员、操作者、驻厂监理

（续）

序号	环节	依据和准备		入口把关		过程控制		结果检查	
		事项	责任岗位	事项	责任岗位	事项	责任岗位	事项	责任岗位
10	门窗固定	(1)依据图样 (2)编制操作规程 (3)培训工人 (4)制定检验标准	技术负责人	(1)外观与尺寸检查 (2)检查规格型号 (3)对照样块	保管员、质检员	(1)是否正确预埋门窗框、包括规格、型号、开启方向、埋入深度、锚固件等 (2)定位和保护措施是否到位	质检员、技术负责人、生产负责人	脱模后进行外观复查，检查门窗框安装是否符合允许偏差要求，成品保护是否到位	质检员、技术负责人、生产负责人
11	混凝土浇筑	(1)混凝土配合比试验 (2)混凝土浇筑操作规程及技术交底 (3)混凝土计量系统校验 (4)混凝土配合比通知单下达	试验室、技术负责人、质检员	(1)隐蔽工程验收 (2)模具组对合格验收 (3)混凝土搅拌浇筑指令下达	质检员	(1)混凝土搅拌质量 (2)提取制作混凝土强度试块 (3)混凝土运输、浇筑时间控制 (4)混凝土入模与振捣质量控制 (5)混凝土表面处理质量控制	操作者、质检员、试验员	脱模后进行表面缺陷和尺寸检查。有问题进行一次处理，并制作一次制作的预防措施贯彻执行	制作车间负责人、技术负责人、操作者
12	夹芯保温板制作	(1)依据图样 (2)编制操作规程 (3)培训工人 (4)制定检验标准	技术负责人	(1)保温材料和拉结件进厂验收 (2)样板制作	技术负责人和作业工段负责人、质检员	是否按照图样、操作规程要求设置保温和铺设保温板	质检员、作业工段负责人	脱模后进行表面缺陷检查。有问题进行处理、并制定一次制作的预防措施贯彻执行	制作车间负责人、技术负责人
13	混凝土养护	(1)工艺要求 (2)制定养护曲线 (3)编制操作规程培训工人	技术负责人	前道作业工序已完成并完成预养护；温度记录	作业工段负责人、质检员	是否按照操作规程要求进行养护；试块试压	作业工段负责人	拆模前进行观检查，并有问题处理，制定下一次养护的预防措施贯彻执行	制作车间负责人、技术负责人

（续）

序号	环节	依据和准备 事项	责任岗位	入口把关 事项	责任岗位	过程控制 事项	责任岗位	结果检查 事项	责任岗位
14	脱模	(1)技术部脱模通知 (2)准备吊运工具和支承器材 (3)制定操作规程 (4)培训工人	技术负责人、作业工段负责人	同条件试块强度、吊点周边混凝土表观检查	试验员、技术负责人、质检员	是否按照图样和操作规程要求进行脱模;脱模初检	操作者、质检员	脱模后进行表面缺陷检查。有问题进行处理,并制定一次混凝作的预防措施贯彻执行	制作车间负责人、技术负责人、质检员
15	厂内运输、存放	(1)依据图样 (2)制定存放方案 (3)准备吊运工具和支承器材 (4)制定操作规程 (5)培训工人	技术负责人、作业工段负责人、生产负责人	运输车辆、道路情况	操作者、生产车间负责人	是否按操作规程进行构件的运输和存放	质检员、作业、技术负责人	对运输和存放后的构件进行复检,合格产品标识	质量负责人、作业工段负责人
16	修补	(1)依据规范和标准 (2)准备修补材料 (3)制定操作规程	技术负责人、作业工段负责人	一般缺陷或重缺陷,允许修复的;严重缺陷应报原设计单位认可	技术负责人、资料员	是否按技术方案处理;重新检查验收	质检员、作业、技术负责人	修补后表观质量检查;制定一次混制的预防措施贯彻执行	制作车间负责人、技术负责人、质检员
17	出厂检验、档案与文件	制定出厂检验标准、出厂检验规程;制定档案文件的归档流程固化归档流程	技术负责人、资料员	明确保管场所,技术资料专人管理	技术负责人	各部门分别保管技术资料	各部门	满足质量要求的构件准予出厂;将各部门收集的技术资料归档	各部门
18	装车、出厂、运输	依据图样、规范,制定运输方案;大型构件的运输和码放应有质量安全保证措施;编制操作规程	技术负责人、运输单位负责人	核实构件编号;目测构件外观状态;检查验收合格标识	技术负责人、作业工段负责人	是否按运输方案和操作规程执行;二次驳运损坏的部位要及时处理;标识是否清整	质检员、作业工段负责人	运输至现场,办理构件移交手续	作业工段负责人

将熟练工规范的操作流程演示和常见问题发生的过程录制成小格式视频，利用微信等手段发放给受培训人员，方便受培训人员随时查看，通过直观的视频感受，加深受培训人员对质量操作规程的理解与认知。

4）培训后要有书面的培训记录，经受培训人签字后及时归档。

5）对于识图能力较弱的工人，还要进行常用的图样标识方法等简单的培训。

4.11　安全管理与文明生产计划

安全管理与文明生产计划详见第 12 章。

4.12　套筒灌浆试验及其他试验验证

4.12.1　套筒灌浆抗拉试验

（1）套筒灌浆连接接头抗拉强度试验　套筒灌浆接头是装配式结构中纵向受力钢筋的有效且可靠的钢筋机械连接方式，主要用于柱和剪力墙等竖向构件中，在美国、日本等国家及我国台湾地区已有成熟的应用经验，而我国内地的应用则刚刚起步，因此为了保证套筒灌浆连接接头的有效性，必须进行套筒灌浆连接接头抗拉强度的试验。

预制构件生产企业使用的套筒应具备有效的套筒接头型式检验报告，且应告知施工单位所使用的钢筋套筒品牌和型号，便于施工单位选择与之匹配的灌浆料。

（2）试验方法　灌浆套筒进厂时，应抽取灌浆套筒并采用与之匹配的灌浆料制作对中连接接头试件，并进行抗拉强度检验，检验结果应符合现行行业标准《钢筋套筒灌浆连接应用技术规程》（JGJ 355—2015）的有关规定。

检查数量：同一批号、同一类型、同一规格的灌浆套筒，不超过 1000 个为一批，每批随机抽取 3 个灌浆套筒制作对中连接接头试件。其中灌浆料应符合《钢筋连接用套筒灌浆料》（JG/T 408—2013）的有关规定。

埋入灌浆套筒的预制构件生产前，应对不同钢筋生产企业的进厂钢筋进行接头工艺检验，当更换钢筋生产企业，或同生产企业生产的钢筋外形尺寸与已完成工艺检验的钢筋有较大差异时，应再次进行工艺检验。接头工艺检验应符合下列规定：

工艺检验应按模拟施工条件制作接头试件，并应按接头提供单位的施工操作要求进行（图 4.12-1）。

1）每种规格钢筋应制作 3 个对中套筒灌浆连接接头，并应检查灌浆质量。

2）采用灌浆料拌合物制作的 40mm × 40mm × 160mm 试件不应少于 1 组。

3）接头试件及灌浆料试件应在标准养护条件下养护 28d。

4）每个接头试件的抗拉强度、屈服强度应符合《钢筋套筒灌浆连接应用技术规程》（JGJ 355—2015）第 3.2.2 条、第 3.2.3 条的规定，3 个接头试件残余变形的平均值应符合《钢筋套筒灌浆连接应用技术规程》

图 4.12-1　灌浆套筒抗拉强度试验示意

（JGJ 355—2015）表 3.2.6 的规定；灌浆料抗压强度应符合《钢筋套筒灌浆连接应用技术规程》（JGJ 355—2015）第 3.1.3 条规定的 28d 强度的要求。

4.12.2　拉结件试验验证

拉结件是保证装配整体式夹芯保温剪力墙和夹芯保温外挂墙板内、外叶墙可靠连接的重要部件，国家规范要求拉结件应进行试验验证，具体试验方法和要求应当由设计单位给出。

4.12.3　浆锚搭接成孔方式试验验证

纵向钢筋采用浆锚搭接连接时，对预留孔成孔工艺、孔道的形状和长度、构造要求、灌浆料和被连接钢筋，应进行力学性能以及适用性的试验验证。

具体试验要求和方法应当由设计提出。

4.12.4　其他试验验证

新技术、新工艺、新材料、新设备、新产品投入使用前，都应先进行试验验证。具体验证方式由设计给出或工厂与设计方研究后确定。

 思考题

1. 图样会审的主要内容是什么？发现图样上有明显的问题该怎么处理？
2. 制定 PC 构件的生产计划应该从哪几个方面入手？
3. 技术方案设计为什么要有针对性？怎样做好技术方案的设计？

第5章 预制构件模具设计与制作

5.1 概述

模具对装配式混凝土结构构件质量、生产周期和成本影响很大，是预制构件生产中非常重要的环节。

本章讨论模具分类与适用范围（5.2 节），模具材料（5.3 节），模具设计（5.4 节），模具制作（5.5 节），模具质量与验收（5.6 节），模具标识、运输与存放（5.7 节），模具维修与修改（5.8 节）。

5.2 模具分类与适用范围

5.2.1 按生产工艺分类

模具按生产工艺分类有：

1）生产线流转模台（图 5.2-1、图 5.2-2）与板边模（图 5.2-3、图 5.2-4）。

图 5.2-1　生产线流转模台　　　　　　图 5.2-2　流转模台

图 5.2-3　生产线叠合板边模　　　　　　图 5.2-4　叠合板边模

2）固定模台（图 5.2-5）与构件模具（图 5.2-6）。

3）独立模具（图 5.2-7、图 5.2-8、图 5.2-9）。

4）预应力台模与边模（图 5.2-10）。

图 5.2-5　固定模台　　　　　　　　图 5.2-6　固定模台上的构件模具

图 5.2-7　楼梯钢制立模模具　　　　　图 5.2-8　楼梯混凝土独立模具

图 5.2-9　V 形墙板独立模具　　　　　图 5.2-10　预应力台座、模具

5.2.2　按材质分类

模具按材质分类有钢材、铝材、混凝土、超高性能混凝土、GRC、玻璃钢、塑料、硅胶、橡胶、木材、聚苯乙烯、石膏模具和以上材质组合的模具，见表 5.2-1。

表 5.2-1　不同材质模具适用范围表

模具材质	流水线工艺		固定模台工艺					立模工艺		预应力工艺		表面质感	优、劣分析
	流转模台	板边模	固定模台	板边模	柱模	梁模	异形构件	板面	边模	模台	边模		
钢材	△	△	△	△	△	△	△	△	△	△	△		不变形、周转次数多、精度高；成本高、加工周期长、重量重
磁性边模		△											灵活、方便组模脱模、适应自动化；造价高、磁性易衰减
铝材		△		△	△	△	△	△	△		△		重量轻、表面精度高；加工周期长，易损坏
混凝土			△	△	△	△	△		△				价格便宜、制作方便；不适合复杂构件、重量重
超高性能混凝土					△	△	△		△				价格便宜、制作方便；适合复杂构件、重量轻
GRC			△	△			△		△				价格便宜、制作方便；适合复杂构件、重量轻
塑料								○					光洁度高、周转次数高；不易拼接、加工性差
玻璃钢			△					○				○	可实现比钢模复杂的造型、脱模容易、价格便宜；周转次数低、承载力不够
硅胶												○	可以实现丰富的质感及造型、易脱模；价格昂贵、周转次数低、易损坏
木材	○		○	○	○	○	○			○		○	加工快捷、精度高；不能实现复杂造型和质感、周转次数低
聚苯乙烯												○	加工方便、脱模容易；周转次数低、易损坏
石膏												○	一次性使用

注：△—正常周转次数；○—较少或一次性周转次数。

5.2.3　按构件类别分类

模具按构件分类有柱、梁、柱梁组合、柱板组合、梁板组合、楼板、剪力墙外墙板、剪力墙内墙板、内隔墙板、外挂墙板、转角墙板、楼梯、阳台、飘窗、空调台、挑檐板等。

5.2.4　按构件是否出筋分类

模具按构件是否出筋分类有不出筋模具，即封闭模具；出筋模具，即半封闭模具。

出筋模具包括一面出筋、两面出筋、三面出筋、四面出筋和五面出筋模具。

5.2.5　按构件是否有装饰面层分类

模具按构件是否有装饰面层分类有无装饰面层模具、有装饰面层模具。有装饰面层模具包括反打石材、反打墙砖和水泥基装饰面层一体化模具。

5.2.6　按构件是否有保温层分类

模具按构件是否有保温层分类有无保温层模具、有保温层模具。

5.2.7　按模具周转次数分类

按模具周转次数分类有长期模具（永久性，如模台等）、正常周转次数模具（50~200 次）、较少周转次数模具（2~50 次）、一次性模具。

5.2.8　模具类型与预制构件类型的适用关系

模具类型与预制构件类型的适用关系见表 5.2-2。

表 5.2-2　模具类型和预制构件类型的适用关系

模具类型 \ 适用预制构件类型	流水线工艺		固定模台工艺					立模工艺		预应力工艺		优、劣分析	示意图号
	板类构件	墙板类构件	板类构件	墙板类构件	柱、梁及柱梁组合构件	阳台、楼梯、空调板、挑檐板等	异形构件	墙板类构件	柱、楼梯等构件	板类构件	梁类构件		
模台 / 钢制模台	△	△	△	△	△	△	△	△	△	△	△	不变形、周转次数多、精度高；成本高、加工周期长、重量重	图 5.2-2
模台 / 混凝土模台			△	△	○							价格便宜、制作方便；不适合复杂构件、重量重	
模台 / GRC 模台、超高性能混凝土模台			△	△	○	○	○					价格便宜、制作方便；适合复杂构件、重量轻	
条式边模 / 钢制条式边模	△	△	△	△	△	△	△	△	△	△	△	不变形、周转次数多、精度高；成本高、加工周期长、重量重	图 5.2-6
条式边模 / 磁性条式边模		△	△	△								灵活、方便组模脱模、适应自动化；造价高、磁性易衰减	图 5.2-3、图 5.2-4
条式边模 / 铝制条式边模			△	△				△	△			重量轻、表面精度高；加工周期长，易损坏	图 5.3-8
条式边模 / GRC 条式边模			△	△	○	○	○	○				价格便宜、制作方便；不适合复杂构件、重量重	
条式边模 / 木制条式边模			○	○	○	○	○	○	○			加工快捷、精度高；不能实现复杂造型和质感、周转次数低	图 5.4-27

（续）

模具类型	流水线工艺		固定模台工艺					立模工艺		预应力工艺		优、劣分析	示意图号
	板类构件	墙板类构件	板类构件	墙板类构件	柱、梁及柱梁组合构件	阳台、楼梯空调板、挑檐板等	异形构件	墙板类构件	柱、楼梯等构件	板类构件	梁类构件		
片式边模　钢制片式边模		△	△	△	△		△	△	△		△	不变形、周转次数多、精度高；成本高、加工周期长、重量重	图5.4-3
片式边模　混凝土片式边模				○	○	○		○	○			价格便宜、制作方便；不适合复杂构件、重量重	图5.3-9
片式边模　组合片式边模（GRC和超高性能混凝土等组合）				○	○	○	○				○	价格便宜、制作方便；适合复杂构件、重量轻	图5.2-8
片式边模　木材片式边模			△	○	○	○	○	○				加工快捷、精度高；不能实现复杂造型和质感、周转次数低	图5.3-12 图5.4-27
块式边模　钢制块式边模				△	△	△	△		○		△	不变形、周转次数多、精度高；成本高、加工周期长、重量重	图5.4-21
块式边模　木材块式边模					○				○			加工快捷、精度高；不能实现复杂造型和质感、周转次数低	
立式边模　钢制立式边模				△	△	△		△	△			不变形、周转次数多、精度高；成本高、加工周期长、重量重	图5.4-1
立式边模　铝制立式边模					△			△	△			重量轻、表面精度高；加工周期长，易损坏	
衬模　塑料、硅胶、橡胶类衬模		○		○	○	○	○	○	○			可以实现丰富的质感及造型、易脱模；价格昂贵、周转次数低、易损坏	图5.3-10

（续）

适用预制构件类型 / 模具类型		流水线工艺		固定模台工艺					立模工艺		预应力工艺		优、劣分析	示意图号
		板类构件	墙板类构件	板类构件	墙板类构件	柱、梁及柱梁组合构件	阳台、楼梯空调板、挑檐板等	异形构件	墙板类构件	柱、楼梯等构件	板类构件	梁类构件		
非规则形状衬模	聚丙乙烯衬模		○		○	○	○	○	○	○			加工方便、脱模容易；周转次数低、易损坏	
	玻璃钢衬模		○		○	○	○	○	○	○			可实现比钢模复杂的造型、脱模容易价格便宜；周转次数低，承载力不够	

注：△—正常周转次数；○—较少或一次性周转次数。

5.3 模具材料

5.3.1 钢材

钢材是预制构件模具用得最多的材料。包括钢板、型钢、定位销、堵孔塞、磁性边模等。

1. 钢板与型钢

模具最常用的是 6～10mm 厚的钢板，由于模具对变形及表面光洁度要求较高，与混凝土接触面的钢板不宜用卷板，应当用开平板。

2. 定位销

定位销主要作用是模具组装时用来快速将模具定位，定位完成后用螺栓将模具各分部组成一块，强度等级高于模板的钢材，一般采用 8.8 级，如图 5.3-1 所示。

3. 堵孔塞

堵孔塞是用来修补模台或模板上因工艺或模具组装而打的孔洞，用堵孔塞封堵后可以还原模板的表面。常用材料有两种：一种是钢制堵孔塞（图 5.3-2）；一种是塑料堵孔塞（图 5.3-3），塑料堵孔塞用不同的颜色来区分不同的直径大小，方便操作工人取用。

4. 磁性边模

自动流水线应用，磁性边模（图 5.3-4、图 5.3-5）由 3mm 的钢板制作完成，包含两个磁铁系统，每个磁铁系统内镶嵌磁块（图 5.3-6），充有 4～12kN 的磁力，分为叠合楼板用边模和墙板用边模。

图 5.3-1 定位销

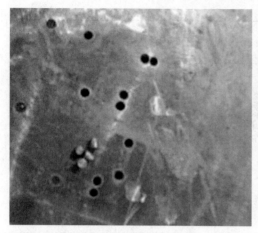

图 5.3-2　钢制堵孔塞

图 5.3-3　塑料堵孔塞

图 5.3-4　叠合楼板磁性边模

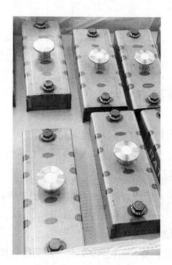

图 5.3-5　磁性边模

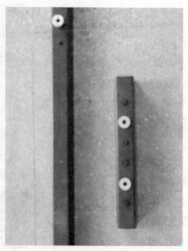

图 5.3-6　磁块

5. 磁力盒固定的边模

采用磁力盒固定的边模，模具组装就位后开启磁力开关，通过磁力作用边模与底模紧密连接，如图 5.3-7 所示。

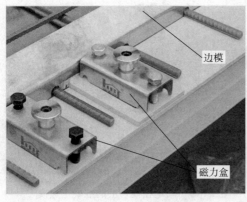

图 5.3-7 磁力盒固定边模

磁力盒固定方式的边模，在模具设计和制作时需注意：

1）验算混凝土侧向压力后，选择合适的磁力盒规格和间距布置。

2）磁力盒与边模造型相配套。

5.3.2 连接材料

1）钢模具各部分连接材料主要是螺栓连接，在模具加强板上打孔绞丝，通过螺栓直接连接，常用连接螺栓有 M8～M20 等，长度一般 25mm、30mm、35mm、40mm 等，根据设计需要选用。强度等级建议采用 8.8 级高强度螺栓。

2）木模具可采用螺栓、自攻螺钉或钢钉连接，在木板端部附加木方以连接固定木板。

3）玻璃钢模具和铝材模具采用对拉螺栓连接，在需要连接的部位钻孔，然后用螺栓连接。

4）边模与模台的连接方式有两种，一种是磁性边模通过内置磁块连接；一种是在模台上打孔绞丝，通过螺栓连接。

5）模具连接节点间距应合理控制，一般在 300～450mm，间距太远模具连接有缝容易跑浆，间距太密一个是成本高，二是组卸不方便。

6）有些独立模具通过活页和卡口来连接，提高脱模与组装效率。

5.3.3 铝材

铝材多用于板的边模、立模等（图 5.3-8）。

对于一些不出筋的墙板或者叠合楼板可以选择用铝合金模板，重量轻、组模方便，减少起重机使用频率。使用铝合金模具需要专业生产铝合金模板的厂家根据产品图样定做模具。

铝合金材质采用 6061-T6 铝合金型材，型材化学成分、力学性能应符合国家标准《变形铝及铝合金化学成分》（GB/T 3190—2008）、《一般工业用铝及铝合金挤压型材》（GB/T 6892—2015）的规定。

图 5.3-8 铝制边模

铝型材表面采用阳极氧化处理，并符合《铝合金建筑型材》（GB/T 5237—2004）的要求。

5.3.4 水泥基材料

水泥基材料包括钢筋混凝土、超高性能混凝土、GRC 等，具有制作周期短、造价低的特点。可以大幅度降低模具成本。特别适合周转次数不多或造型复杂的构件。

1. 钢筋混凝土

混凝土强度等级 C25 或 C30，厚度 100～150mm。

混凝土模具须做成自身具有稳定性的形体，图 5.3-9 是固定在模台上的混凝土边模。

图 5.3-9　固定在模台上的混凝土边模

2. 超高性能混凝土

模具用超高性能混凝土由水泥、硅灰、石英砂、外加剂和钢纤维复合而成，抗压强度大于 C60，抗弯强度不小于 18MPa，厚度 10～20mm，可做成薄壁形模具。超高性能混凝土可与角钢合用制作模具。

3. GRC

GRC 是玻璃纤维增强的混凝土，抗压强度大于 C40，抗弯强度不小于 18MPa，厚度 10～20mm，可做成薄壁形模具。GRC 可与角钢合用制作模具。

5.3.5 硅胶、橡胶

硅胶、橡胶模具多用在底模上，生产外表面有造型或者有图案的产品。硅胶、橡胶模具应当由专业厂家根据图样定做，选用无收缩、耐高温模具专用硅橡胶（图 5.3-10、图 5.3-11）。

图 5.3-10　聚氨酯造型外墙整体软模（橡胶类）

5.3.6 玻璃钢、塑料

玻璃钢模具常用于造型、质感复杂的构件模具；塑料模具多用在端部尺寸小且不出筋的部位或者是窗洞口部位。

常用树脂有环氧树脂、不饱和 196 号树脂、191 号树脂等，玻璃钢模具中应当添加玻璃纤维来增强模具的抗拉强度。

5.3.7 木材

木材使用于周转次数少，不进行蒸汽养护的模具，或者是窗洞口部位。一般使用 2～3 次就要更换木材，常用木材有实木板、胶合板、细木工板、竹胶板等。木板模具应做防水处理，刷清漆、树脂等（图 5.3-12）。

图 5.3-11　镂空造型复合橡胶模具

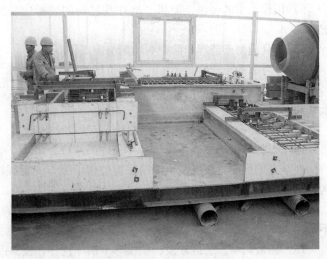

图 5.3-12　木模复合模具

5.3.8　一次性模具材料

聚苯乙烯、石膏适用于复杂质感，可以计算机数控机床加工质感，表面做处理。聚苯乙烯一般作为一次性模具使用，要满足质感和造型的要求，同时也要有一定的强度，要求密度在 $30kg/m^3$ 以上，并符合《绝热模塑聚苯乙烯泡沫塑料》（GB 10801.2—2002）的要求。石膏要求模用高强度石膏粉，符合《陶瓷模用石膏粉》（QB/T 1639—2014）的要求。

5.4　模具设计

钢模台、钢模具、铝模具等金属模具一般由专业工厂设计制作，构件制作厂家应当向模具厂家提供构件图样和详细的设计要求。水泥基模具、玻璃钢模具、木模具、硅胶模具、橡胶模具和一次性模具或由专业厂家设计制作或由构件厂自行制作，也有构件厂自己制作或修改钢模具。

5.4.1　模具设计要求与内容

1. 模具设计的依据

1）模具设计应依据国家和行业标准关于模具设计的有关规定，包括《装配式混凝土结构技术规程》（JGJ 1—2014）第 11.2.2 节、《装配式混凝土建筑技术标准》（GB/T 51231—2016）第 9.3.2 节的规定，这些规定已经列入本节"2. 模具设计的要求"中。

2）合同文件规定的技术、质量要求。

3）设计单位设计的构件设计图样。

4）制作企业的工艺设计要求和企业标准。

5）生产工艺与构件、模具的适用关系。

2. 模具设计的要求

模具设计要考虑确保构件质量、作业的便利性、经济性，合理选用模具材料，以标准化设计、组合式拼装、通用化使用为目标，尽可能减轻模具重量，方便人工组装、清扫。

1）模具应具有足够的强度、刚度和整体稳固性。

2）模具应装拆方便，并应满足预制构件质量、生产工艺和周转次数等要求。

3）结构造型复杂、外观有特殊要求的模具应制作样板，经检验合格后方可批量制作。

4）模具各部件之间应连接牢固，接缝应紧密，附带的埋件或工装应定位准确，安装牢固。

5）用作底模的台座、胎模、地坪及铺设的底板应平整光洁，不得有下沉、裂缝、起砂和起鼓。

6）模具应便于清理和涂刷脱模剂与表面缓凝剂。

7）有可靠的预埋件和预留孔洞定位措施。

8）模具与平模台间的螺栓、定位销、磁盒等固定方式应可靠，防止混凝土振捣时造成模具偏移和漏浆。

9）预应力构件的模具应根据设计要求预设反拱。

10）形状与尺寸准确，模具尺寸允许误差符合要求。

11）考虑到模具在混凝土浇筑振捣过程中会有一定程度的胀模现象，因此模具尺寸一般比构件尺寸小 1～2mm。

12）设计出模具各片的连接方式，边模与固定平台的连接方式等。连接可靠，整体性好、不漏浆。

13）构造简单，装拆方便，脱模时不损坏构件，模具内转角处应平滑。

14）立模和较高的模具有可靠的稳定性。

15）便于安置钢筋、预埋件，便于混凝土入模。

16）出筋定位准确，不漏浆。

17）给出模具定位线。以中心线定位，而不是以边线（界面）定位。制作模具时按照定位线放线，特别是固定套筒、孔眼、预埋件的辅助设施，需要以中心线定位控制误差。

18）构件表面有质感要求时，模具的质感符合设计要求，清晰逼真。

19）模具表面不吸水。

20）较重模具应设置吊点，便于组装。

21）模具分缝需考虑接缝的痕迹对构件表面的艺术效果影响最小。

22）便于运输和吊运。

23）对生产线、流水线和自动化生产线上的边模及其附加固定装置的高度应小于生产线允许的高度。

3. 模具设计的内容

1）根据构件类型和设计要求，确定模具类型与材质。

2）确定模具分缝位置和连接方式。

3）进行脱模便利性设计。

4）计算模具强度与刚度，确定模具厚度和肋的设置。

5）对立式模具验算模具稳定性。

6）预埋件、套筒、金属波纹管、孔洞内模等定位构造设计，保证振捣混凝土时不移位。

7）大埋件（如承重埋件）的专项固定设计。

8）对出筋模具的出筋方式和避免漏浆进行设计。

9）装饰一体化模具要考虑装饰层下侧铺设保护隔垫材料的厚度尺寸。

10）钢结构模具焊缝有定量要求，既要避免焊缝不足导致强度不够，又要避免焊缝过多导致变形。

11）有质感表面的模具选择表面质感模具材料，与衬托模具如何结合等。

12）钢结构模具边模加肋板宜采用与面板同样材质 8～10mm 厚的钢板，宽度在 80～100mm，设置间距应当小于 400mm，与面板通过焊接连接在一起。

图 5.4-1 是带有活页连接的柱子立模。

外面　　　　　　　　　　　　　　　打开

里面看细部　　　　　　　　　　　外面看细部

图 5.4-1　柱子立模活页连接

5.4.2　固定模台工艺模具设计

1. 固定模台工艺模具的组成

固定模台工艺的模具包括固定模台、各种构件的边模和内模。固定模台作为构件的底模，边模为构件侧边和端部模具，内模为构件内的肋或飘窗的模具。

2. 固定模台工艺模具的设计与制作

（1）固定模台　固定模台由工字钢与钢板焊接而成（图 5.4-2），边模通过螺栓与固定模台连接，内模通过模具架与固定平台连接。

固定模台平整度为 2m ± 2mm 的误差。

图 5.4-2　钢固定模台

固定模台常用规格为：4m×9m；3.5m×12m；3m×12m。

（2）固定模台边模　固定模台的边模有柱、梁构件边模和板式构件边模。柱、梁构件边模高度较高，板式构件边模高度较低。

1）柱、梁边模。柱子、梁模具由边模和固定模台组合而成（图5.4-3、图5.4-4），模台为底面模具，边模为构件侧边和端部模具。

柱梁边模一般用钢板制作，也有用钢板与型钢制作；没有出筋的边模也可用混凝土或超高性能混凝土制作。当边模高度较高时，宜用三角支架支撑边模。

图5.4-3　梁的边模

图5.4-4　带三角支架的梁的边模

2）板式构件边模。板式构件边模可由钢板、型钢、铝合金型材、混凝土等制作（图5.4-5）。最常用的边模为钢结构边模（图5.4-6）。

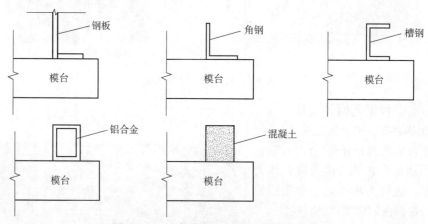

图5.4-5　固定模台上各种材质的板边模

（3）边模与固定模台的连接　边模与固定模台的连接固定方式为：

1）在固定模台的钢板上钻孔（公称直径Φ10.3），采用M12的丝锥进行攻丝（螺距1.75）。钻孔攻丝作业结束后，将M12螺栓穿过边模的下肋板（模具制作时下肋板预留公称直径Φ16的螺栓孔）并紧固到固定模台上。

2）校准和调整边模至图样位置，再在距紧固螺栓边约100mm位置钻公称直径Φ10.3的销钉孔，并敲入定位销钉。

3）通过螺栓紧固、销钉定位的方式将边模准确的组装到固定模台上，如图 5.4-7、图 5.4-8 所示。

图 5.4-6　固定模台上板式构件的边模

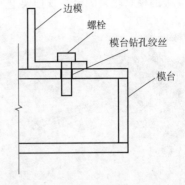

图 5.4-7　边模固定方式

4）边模下肋板螺栓孔与销钉孔的位置关系如图 5.4-9 所示。

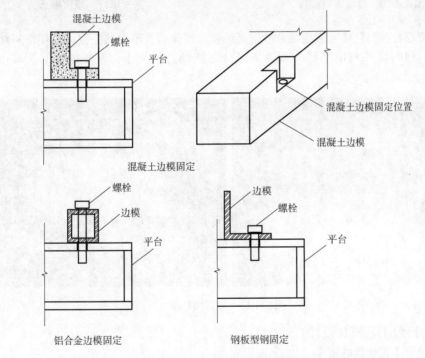

图 5.4-8　各种边模固定

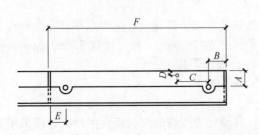

类　别	项目	尺寸/mm
螺栓孔到边距离	A	50
螺栓孔到边距离	B	50
螺栓孔与销钉孔中心距	C	100
销钉孔到边距离	D	15
竖肋板到螺栓孔中心距	E	30
竖肋板间距	F	500

图 5.4-9　边模下肋板螺栓孔与销钉孔的位置关系

（4）构件内模　构件内模是指形成构件内部构造（如肋、整体飘窗板）的模具。构件内模在构件内不与模台连接，而是通过悬挂架固定，如图 5.4-10 所示。图 5.4-11 为整体飘窗模具，探出窗板的模具就是固定在悬挂架上的。

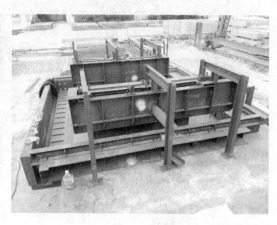

图 5.4-10　墙板内模模具　　　　　　　　　　　图 5.4-11　飘窗模具

（5）固定模台孔眼封堵　固定模台经反复钻孔、攻丝后，不用的孔眼可以用塑料堵孔塞进行封堵还原，塑料堵孔塞用不同的颜色来区分不同的直径大小，方便操作工人取用，如图 5.4-12 所示。

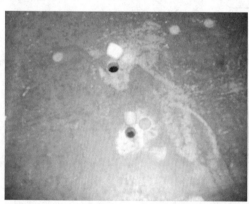

图 5.4-12　塑料堵孔塞

5.4.3　流动模台工艺模具设计

1. 流动模台工艺模具的组成

流动模台工艺生产板式构件，其模具主要是流动模台和板的边模。

2. 流动模台的设计与制作

流动模台由 U 形钢、H 形钢或其他型钢和钢板焊接组成，焊缝设计应考虑模具在生产线上的振动。欧洲的模台表面经过研磨抛光处理表面光洁度 $R_z''25\mu m$，表面平整度 3m±1.5mm，模台涂油质类涂料防止生锈。流转模台见本章图 5.2-1、图 5.2-2。

常用流转模台规格：4m×9m；3.8m×12m；3.5m×12m。

3. 流动模台工艺边模及其固定方式

流动模台工艺除了模台外，主要模具为边模，自动化程度高的流动模台生产线边模采用磁性边模或磁力盒固定的边模；自动化程度低的流动模台生产线采用螺栓固定边模。

（1）磁性边模　磁性边模适用于平面形状简单的矩形或矩形组合且不出筋的板式构件，如

图 5.4-13 所示。

流动模台生产线上的磁性边模由 3mm 钢板制作，包含两个磁铁系统，每个磁铁系统内镶嵌磁块，充有 4 ~ 12kN 的磁力，通过磁块直接与模台吸合连接。

以叠合楼板为例，常用边模高度 $H = 60$mm、70mm 两种，常用边模长度有：500mm、750mm、1000mm、2000mm、3000mm、3300mm，见本章图 5.2 – 3、图 5.2-4。

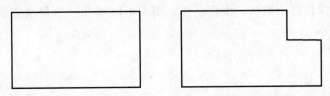

图 5.4-13　矩形（左图）或矩形组合（右图）且不出筋的板式构件

（2）磁力盒固定的边模　磁力盒固定的边模详见本章第 5.3.1 节第 5 小节。

（3）螺栓固定边模　在生产较为复杂的异形构件时，可将边模与流转模台用螺栓固定在一起，这与固定模台边模固定方法一样，详见本章第 5.4.2 节。

5.4.4　自动化生产线模具设计

自动化生产线使用的模具包含了基于数据进行操作的流动模台和条形的磁性边模，详见本章 5.4.3 节。

磁性边模非常适合全自动化作业，由自动控制的机械手组模，但对于边侧出筋较多且没有规律性的楼板与剪力墙板，磁性边模应用目前还有难度。一个解决思路是把磁性边模做成上下两层，接缝处各留出半圆孔为钢筋伸出。但对于出双层筋或 U 形筋的剪力墙，目前还没有解决思路。

5.4.5　独立模具设计

1. 独立模具

独立模具是既不用固定模台也不用在流水线上进行构件制作，其特点是模具自身包括了 5 个面，一般由底边模、片式边模和封边模组成，具有安全可靠、易操作、易脱模的特性。

2. 独立模具的适用范围

1）具有特殊要求的构件，如要求立面具有一样光洁度的墙或者柱。

2）造型复杂，不易在固定模台上组装的模具。

3. 常用的独立模具及其固定方式

独立模具设计和制作的要求同固定模台工艺使用的模具，详见本章第 5.4.1 节、第 5.4.2 节。

1）立式柱模具由四面墙立模和底面模组成，因柱模具较高，要求模具组模便利安全，具有可靠的稳定性和施工操作空间（见本章图 5.4-1）。

2）楼梯应用立模较多（见本章图 5.2-7），自带底板模。楼梯立模一般为钢结构，也可以做成混凝土模具（见本章图 5.2-8）。

3）梁的 U 形模具。带有稍度的梁可以将侧板与底板做成一体，形成 U 形。

4）带底板模的柱子模具。

5）造型复杂构件的模具，如半圆柱、V 形墙板等。本章图 5.2-9 为 V 形墙板模具。

6）剪力墙独立立模。

7）T 形或 L 形立体墙立模。

8）对于楼梯、柱、楼梯等窄高形的独立模具，要考虑模具的稳定性，进行倾覆力矩的验算。

5.4.6　集约式立模工艺

在第 3 章中已经简单介绍了集约式立模生产工艺。在生产定型的规格化墙板时，模具是工艺系统的一个部分，不需要另外设计模具。

用集约式立模工艺制作两侧出筋的剪力墙板正在探索中，最主要的技术问题是出筋板侧的封边模具，须根据不同出筋情况进行调整。

出筋板侧封边模具可用钢板、型钢制作，图 5.4-14 给出一个解决方案的示意图供读者参考。

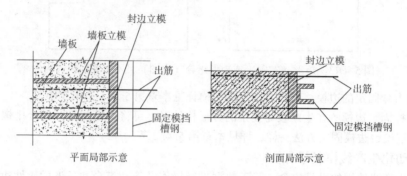

平面局部示意　　　　　　　　　剖面局部示意

图 5.4-14　集约式立模出筋墙板边模示意

1. 立模工艺的模具组成

立模有独立立模和组合立模。一个立着浇筑的柱子或一个侧立的楼梯板的模具属于独立立模，成组浇筑的墙板模具属于组合立模（见第 3 章图 3.2-9、图 3.2-10）。

2. 立模工艺边模及其固定方式

组合立模的模板可以在轨道上平行移动，在安装钢筋、套筒、预埋件时，模板离开一定距离，需留出足够的作业空间，钢筋安装等工序结束后，模板移动到墙板宽度所要求的位置，然后再封堵侧模。

组合立模由专业厂家连同生产线一并设计和制造。

5.4.7　预应力工艺模具

预应力楼板在长线台座上制作，钢制台座为底模，钢制边模通过螺栓与台座固定。板肋模具即内模也是钢制，用龙门架固定（见本章图 5.2-10）。

预应力楼板为定型产品，模具在工艺设计和生产线制作时就已经定型，构件制作过程不再需要进行模具设计。

图 5.4-15 所示是预应力圆孔板边模。

5.4.8　模具构造设计

常见模具有七种基本构造类型，包括以下类型：预埋件、铝窗、套筒、波纹管、孔眼等

图 5.4-15　预应力圆孔板边模

定位构造、出筋模具构造、构件外轮廓的倒角和圆角构造、伸出钢筋的架立定位构造、脱模便利性构造、脱模的吊环与吊孔构造、模具拼缝处理构造。

主要使用定位钢板、定位孔、造型钢板（硅胶、橡胶等材质）和模具分割等部件，通过螺栓、销钉固定、定位或焊接、胶粘等连接方式来完成这些基本构造。

1. 预埋件、铝窗、套筒、孔眼等定位构造

（1）套筒定位 对灌浆套筒和波纹管等孔形埋件，要借助专用的孔形埋件定位套销。灌浆套筒和波纹管等孔形埋件先和定位套销固定定位，定位套销再和模板螺栓固定，见第4章图4.8-5、图4.8-6、图4.8-7。

（2）预埋件在模板上固定 预埋件紧贴模板表面的预埋附件，一般采用在模板上的相应位置上开孔后用螺栓精确牢固定位的方式（图5.4-16、图5.4-17），也有采用专用胶粘贴的方式（图5.4-19）。不在模板表面的，一般采用工装架形式在相应的位置上定位固定，如图5.4-18所示。

图5.4-16 紧贴模板面的预埋件定位1

图5.4-17 紧贴模板面的预埋件定位2

图5.4-18 不在模板面的埋件定位

胶粘接　　　　　　　　　穿过螺栓固定

图5.4-19 预埋件在模板上固定

（3）预埋件、预留孔位置允许误差 模具预埋件、预留孔位置允许误差见第4章表4.8-1。

（4）铝窗定位构造

1）窗框在模具上的固定与连接，如图5.4-20所示。

2）窗框在模具上固定要点：

①铝窗型材厚度与模具留设高度相匹配，窗下边模高度一般比室外净尺寸小1~1.5mm。

②窗框预埋应设置防止损坏、变形、污染和漏浆措施。

③窗边一圈硅胶槽和滴水线可采用钢板铣边或模板上粘贴海绵条的方式实现，如图5.4-20所示。

3）门、窗框安装允许偏差和检验方法应符合《装配式混凝土建筑技术标准》（GB/T

51231—2016）中9.3.5条文规定，见表5.4-1。

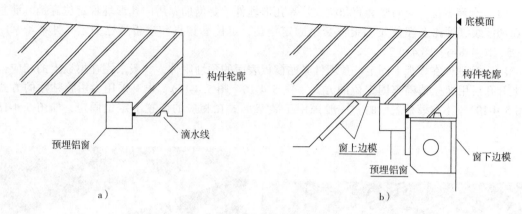

图 5.4-20　铝窗在模板上固定

a）铝窗局部示意　b）铝窗定位模具构造示意

表 5.4-1　门窗框安装允许偏差和检验方法

项　　目		允许偏差/mm	检 验 方 法
锚固脚片	中心线位置	5	钢尺检查
	外露长度	+5, 0	钢尺检查
门窗框位置		2	钢尺检查
门窗框高、宽		±2	钢尺检查
门窗框对角线		±2	钢尺检查
门窗框的平整度		2	钢尺检查

注：本表出自《装配式混凝土建筑技术标准》（GB/T 51231—2016）表9.3.5。

2. 出筋模具堵孔

出筋处模具需要封堵以避免漏浆。一种方法是将出筋部位附加一块钢板堵孔（图 5.4-21），一种方法是塞入如图 5.4-22 所示橡胶圈。

图 5.4-21　模具出筋附加钢板

图 5.4-22　封堵出筋孔的橡胶圈

（1）附加钢板堵孔　附加钢板上预留出筋孔孔径的设置：当钢筋公称直径≤16mm 时，预留出筋孔孔径一般宜比钢筋公称直径大3mm；当钢筋公称直径 >16mm 时，预留出筋孔孔径一般宜比钢筋公称直径大 4mm。例如，Φ14 钢筋的出筋孔孔径宜留设到 Φ17；而 Φ25 钢筋的出筋孔孔径宜留设到 Φ29。

（2）橡胶圈堵孔　橡胶圈上预留出筋孔孔径的设置：当钢筋公称直径 ≤16mm 时，预留出筋孔孔径一般宜比钢筋公称直径大 2mm；当钢筋公称直径 >16mm 时，预留出筋孔孔径一般宜比钢筋公称直径大 3mm。例如，Φ14 钢筋的出筋孔孔径宜留设到 Φ16；而 Φ25 钢筋的出筋孔孔径宜留设到 Φ28。

3. 构件外轮廓的倒角、圆角构造

构件转角的倒角或圆角，可以用附加木制、钢制、硅胶三角条和弧形条实现，通过焊接、胶粘等方式来连接，如图 5.4-23 所示。

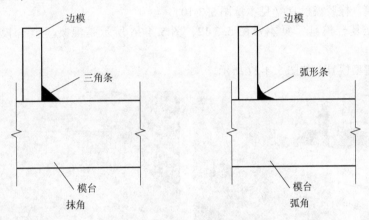

图 5.4-23　抹角和弧角模具

4. 伸出钢筋的架立

当梁柱构件伸出钢筋较长时，应设置架立设施，以避免伸出钢筋下垂影响其构件内钢筋的位置，如图 5.4-24 所示。

5. 脱模便利性构造

对有线条或造型的模具应考虑脱模便利性，顺利脱模的最小坡度为 1:8。镂空构件模具坡度更大一些，以 1:6 为宜。脱模锥度不小于 5°。

6. 模具吊环或吊孔

较重模具应设置吊环或吊孔，应根据模具重心计算布置，如图 5.4-25 所示。

图 5.4-24　伸出钢筋的架立

图 5.4-25　模具吊环

7. 模具拼缝处理

1）拼接处应用刮腻子等方式消除拼接痕迹，并打磨平整。

2）表面光洁，防止生锈。有生锈的地方应当用抛光机抛光。

3）其他材质模具如果是吸水材料，如木材应做防水处理。

8. 常见模具的构造与连接

（1）钢模　钢模的基本构造和连接方式，见本章图5.4-3、图5.4-4。

（2）混凝土模　混凝土边模与边模之间多采用螺杆对拉方式紧固，销钉进行定位；边模与模台之间通过F形夹紧固，也可以用螺栓来固定在模台上（见本章图5.3-9）。

本章图5.2-8是一个混凝土楼梯模。

（3）硅胶模、橡胶模模具（见本章图5.3-10）

（4）混凝土复合模具　见本章图5.3-12，图5.4-26所示是混凝土复合模具生产的异形构件。

（5）木模造型模具　如图5.4-27所示。

图5.4-26　混凝土复合模具生产的异形构件　　　　图5.4-27　木模造型模具

5.4.9　复杂模具设计

复杂预制构件的模具一般是指造型复杂或质感复杂的模具。

1）表面造型复杂或非线性曲面构件的模具可通过拼接方式组合而成，或通过钢结构与玻璃钢模具结合的方式，如图5.4-28所示。

图5.4-28　各种造型的复杂模具

图 5.4-28　各种造型的复杂模具（续）

2）镂空、各种质感的模具可以通过钢模具与聚苯乙烯模具、石膏模具、木材模具以及硅橡胶等模具的组合来完成（见本章图 5.3-11）。

3）模具设计时应特别注意：

①复杂模具的重心与稳定性。

②构件脱模的便利性。

③利用三维设计软件将模具各拼接部分细部尺寸设计出来。

5.5　模具制作

5.5.1　模具制作基本条件

无论是模具专业厂家制作模具还是预制构件厂家自行制作模具，应当具备以下基本条件：

1）有经验的模具设计人员，特别是结构工程师。

2）金属模具应当有以下主要加工设备：

①激光裁板机。

②线切割机。

③剪板机。

④磨边机。

⑤冲床。

⑥台钻。

⑦摇臂钻。

⑧车床。

⑨焊机。

⑩组装平台。

3）有经验的技术工人队伍。

4）可靠的质量管理体系。

5.5.2　模具制作的依据

模具制作须依据：

1）构件图样与构件允许误差。

2）模具设计要求书。

3）根据安装计划排定的构件生产计划对模具数量与交货期的要求。

5.5.3 模具制作流程与要求

　　模具开始制作前，预制构件工厂应仔细核对预制构件图样，结合图样要求、质量要求、工厂自身情况和现场工期要求，编制模具制作方案、过程质量控制方案和验收方案保证模具质量；对外委加工的模具方式，还应专门设置外委加工时的过程控制方案，以确保模具制作流程有序衔接和控制模具质量。

　　模具制作流程有以下几个关键点：

　　1）预制构件图图样审查。

　　2）模具制作图设计完成后应当由构件厂签字确认。

　　3）对模具材质进行检查，如用什么钢板，水泥基材质强度等。

　　4）加工过程质量控制。

　　图 5.5-1 所示是模具制作通用流程图；图 5.5-2 所示是模具外委加工时的过程控制图。

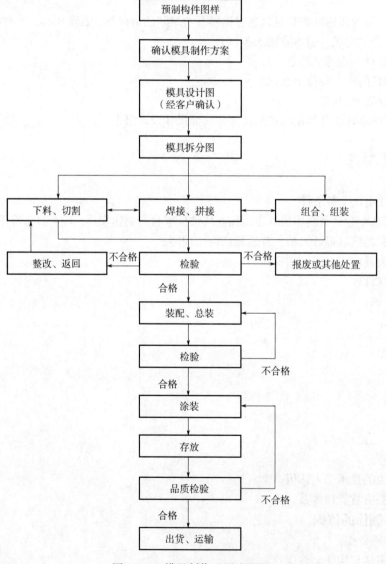

图 5.5-1　模具制作通用流程图

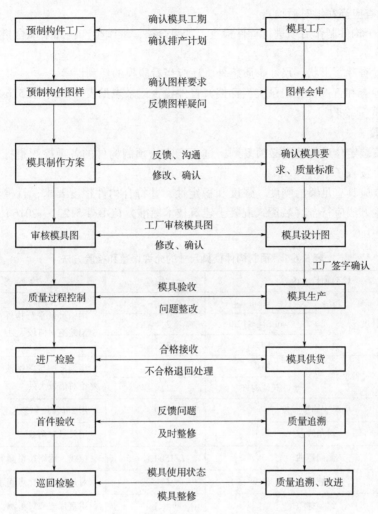

图 5.5-2　模具外委加工时的过程控制图

5.6　模具质量与验收

5.6.1　模具质量控制要点

不合格的模具生产出的产品每个都是不合格的，模具质量是产品质量的前提。
须注意以下各点：

1）模具制作后必须经过严格的质量检查并确认合格后才能投入生产。

2）新模具的首个构件必须进行严格的检查，确认首件合格后才可以正式投入生产。

3）模具质量检查的内容包括形状、质感、尺寸误差、平面平整度、边缘、转角、预埋件定位、孔眼定位、出筋定位等。还需要检验模具的刚度、组模后牢固程度、连接处密实情况等。

4）模具尺寸的允许误差宜为构件允许误差的一半。

5）模具各个面之间的角度符合设计要求。如端部必须与板面垂直等。

6）模具质量和首件检查都应当填表存档。

7）模具检查必须有准确的测量尺寸和角度的工具，应当在光线明亮的环境下检查。

8）模具检查应当在组对后检查。

9）模具首个构件制作后须进行首件检查。如果合格，继续生产；如果不合格，修改调整模具后再投入生产。

10）首件检查除了形状、尺寸、质感外，还应当看脱模的便利性等。

11）模具检查和首件检查记录应当存档，首件检查记录表见表 5.6-2、表 5.6-3。

5.6.2　模具质量验收

1. 模具验收

模具到厂安装定位后的精度必须复测，试生产实物预制构件的各项检测指标均在标准的允许公差内，方可投入正常生产。

侧模和底模应具有足够的刚度、强度和稳定性，并符合构件精度要求，且模具尺寸误差的检验标准和检验方法应符合《装配式混凝土建筑技术标准》（GB/T 51231—2016）中 9.3.3 中的规定，见表 5.6-1。

表 5.6-1　预制构件模具尺寸的允许误差和检验方法

项次	检验项目、内容		允许偏差/mm	检验方法
1	长度	≤6m	1，−2	用钢尺量平行构件高度方向，取其中偏差绝对值较大处
		>6m 且≤12m	2，−4	
		>12m	3，−5	
2	宽度、高（厚）度	墙板	1，−2	用钢尺测量两端或中部，取其中偏差绝对值较大处
3		其他构件	2，−4	
4	底模表面平整度		2	用 2m 靠尺和塞尺量
5	对角线差		3	用尺量对角线
6	侧向弯曲		$L/1500$ 且≤5	拉线，用钢尺量测侧向弯曲最大处
7	翘曲		$L/1500$	对角线测量交点间距离值的两倍
8	组装缝隙		1	用塞片或塞尺量测，取最大值
9	端模与侧模高低差		1	用钢尺量

注：L 为模具与混凝土接触面中最长边的尺寸。

2. 预埋套筒等验收

1）预埋件、连接用钢材和预留孔洞模具的数量、规格、位置、安装方式等应符合设计规定，固定措施应可靠。

2）预埋件应固定在模板或支架上，预留孔洞应采用孔洞模加以固定。

3）预埋件、预留孔和预留洞的允许偏差应符合第 4 章表 4.8-1 的规定。

3. 首件验收

（1）新模具的组装检验　在新模具投入使用前以及另外一个项目再次重复使用或模具整修、变更后，工厂应当组织相关人员对模具进行组装验收，填写"模具组装验收表"并拍照存档，见表 5.6-2。

（2）新模具或模具整修、变更后首个预制构件的检验　在新模具或模具整修、变更后投入生产浇筑，工厂应当组织相关人员对构件进行首件检验，填写"首件检验记录表"并拍照存档（表 5.6-3）。

表 5.6-2　模具组装验收表

工程名称：								
产品名称			产品规格				图样编号	
							图样编号	
模具编号			操作者				检查日期	
检查项目	检验部位	设计尺寸	允许误差	实际检测	判断结果		检查人	备注
主要尺寸	a				合格	不合格		
	b				合格	不合格		
	c				合格	不合格		
	d				合格	不合格		
	e				合格	不合格		
	f				合格	不合格		
	g				合格	不合格		
	h				合格	不合格		
	对角				合格	不合格		
	扭曲变形				合格	不合格		
	碴口				合格	不合格		

附图

定模平整度				结论：		
埋件位置				结论：		
套管情况				结论：		
固定情况				结论：		
签字	操作者	班组长	质检员	使用者	生产主管	检查结果
						合格　　不合格

表 5.6-3　首件检验记录表

工程名称：								
产品名称			产品规格				图样编号	
							生产批号	
模具编号			操作者				检查日期	
检查项目	检验部位	设计尺寸	允许误差	实际检测	判断结果		检查人	备注
主要尺寸	a				合格	不合格		
	b				合格	不合格		
	c				合格	不合格		
	d				合格	不合格		
	e				合格	不合格		
	f				合格	不合格		
	g				合格	不合格		
	h				合格	不合格		
	对角				合格	不合格		
	扭曲变形				合格	不合格		
	其他				合格	不合格		

（续）

附图					
表面瑕疵及边角棱情况			结论：		
埋件位置			结论：		
钢筋套筒设置情况			结论：		
保温层铺设情况			结论：		
检查结果					
签字	制作者	生产主管	质量主管	施工方	甲方

5.7　模具标识、运输与存放

5.7.1　模具标识

所有模具都应当有标识，以方便制作构件时查找，避免出错。模具标识应当写在不同侧面的显眼位置上，如图 5.7-1 所示。模具标识内容包括：

1）项目名称。

2）构件名称与编号。

3）构件规格。

4）制作日期与制作厂家编号等。

5）模具生产厂家检验合格标识。

图 5.7-1　模具标识示意

5.7.2　模具包装与运输

模具宜采用包装、捆扎成套运输，随车附带模具图样、质保资料和部件统计表，以防止零部件的遗失、掉落，也方便模具进场验收。

组装模具，可以将各部分加工出来的部件，运到构件工厂选择在工厂进行组装。如果是独立模具如楼梯、飘窗等应当在模具加工厂组装好。

（1）模具远距离运输注意要点

1）建立模具运输方案，防止模具变形，避免安全隐患。

2）运输车辆宜采用有栏板的车辆。

3）模具分类有序码放，宜设置专用吊架。

4）运输车板上模具须设置合理的支点，并捆扎牢固、防止滑移。

5）立模或立面上较高的侧模应设采取防倾覆措施。

6）钢模、混凝土边模、GRC 等模具类型面层均需设置软垫，防止表面损伤。

7）独立模具宜单独存放。

（2）什么情况下需要包装　有特殊饰面要求的模具，如清水混凝土构件模具应包装上路；采用玻璃钢、木模、硅胶模、石膏模等材质的模具，一旦受到污染将影响构件质量观感的模具应包装运输。

5.7.3　模具存放与保管

模具成本占预制构件总成本比重较大，应当很好地存放。

1）模具应组装后存放，配件等应一同储存，并应当连接在一起，避免散落。

2）模具应设立保管卡，记录内容包括名称、规格、型号、项目、已经使用次数等，还应当有所在模具库的分区与编号。卡的内容应当输入计算机模具信息库，便于查找。

3）模具储存要有防止变形的措施。细长模具要防止塌腰变形。模具原则上不能码垛堆放，以防止压坏。堆放储存也不便于查找。

4）模具不宜在室外储存，如果模具库不够用，可以搭设棚厦，要防止日晒雨淋。

5）可重复使用的模具部件需妥善保管。

5.8　模具维修与修改

保持模台的完好是保证构件表观质量的基本条件，一旦模台腐蚀受损后，将直接影响构件的表观质量。

5.8.1　保持模台完好

根据构件的类型及生产工艺，选择流转模台或固定模台。

流动模台宜生产标准类型的构件，采用磁力边模固定，对工人操作进行交底，防止野蛮施工。不宜使用需螺栓、销钉紧固定位的模具。

固定模台须合理编排模具布局，宜将尺寸相近的新旧模具组装在平台的同一范围内，以尽可能地减少钻孔量。

生产过程中需注意：

1）投入使用时，模台与混凝土接触面上需均匀涂刷隔离剂。

2）防止物件跌落，损伤模台表面。

3）生产中及时清理散落在模台上的混凝土浆体。

4）蒸养过后，对于边模和模台结合处易生锈和漏浆部位及时清理，并涂刷清洁机油保养。

5）对于轻微的表面损伤可采用抛光处理，略为严重的凹凸处可采用砂轮磨光机进行处理。大面积的腐蚀和表面平整度达不到要求的可将模台送至专业厂家维修。

固定边模处孔洞可采用钢制、塑料堵孔塞进行封堵，还可以采用塞焊的方式封堵，封堵后进行抛光处理。

5.8.2　模具维修与改用

（1）日常模具的维修、改用

1）首先要建立健全日常模具的维护和保养制度。

2）模具的维修和改用应当由技术部设计并组织实施。

3）有专人负责模具的维修和改用。

4）厂房应有模具维修车间或模具维修场所。

5）维修和改用的模具应确保达到设计要求。

6）维修和改用好的模具应填写"模具组装验收表"并拍照存档。

7）维修和改用后模具首件应当做首件检查记录，并填写检查记录表，拍照存档。

（2）标准化可重复使用的模具　标准化的模具配置，可重复利用的模具部件有：

1）边模的斜支撑部件。

2）窗模的角部部件。

3）浆锚搭接孔模具，灌浆套筒、机电预埋管件、套管的定位组件。

4）标准化高度的埋件定位架等。

（3）模具定期检修

1）模具应定期进行检修，检修合格方能再次投入使用。

2）模具经维修后仍不能满足使用功能和质量要求时应予以报废，并填写模具报废记录表。

检查频次：固定模台或流动模台每 6 个月应进行一次检修，钢或铝合金型材模具每 3 个月或每周转生产 60 次应进行一次检修，装饰造型衬模每 1 个月或每周转 20 次应进行一次检修。

 思考题

1. 模具设计应从哪些方面入手？如何做好 PC 模具的设计？

2. 模具质量验收的主要内容是什么？对不合格模具该怎么处理？

3. 为什么要对模具进行定期的维护保养？怎样对模具进行维修保养？

第6章 预制构件材料采购、验收与保管

6.1 概述

本章介绍混凝土预制构件工厂的材料采购、验收与保管。主要介绍装配式混凝土建筑的专用材料，内容包括采购依据与流程（6.2），材料验收（6.3），材料保管（6.4）。

6.2 采购依据与流程

（1）采购依据 由工厂技术部门根据图样要求、规范规定、用户要求，把所需要采购材料或配件的详细品名、规格、型号、质量标准等，以书面的形式提交给采购部门。

（2）选择供应厂家

1）以质量作为第一要素。

2）对套筒拉结件等连接材料与配件，要选用品牌好口碑好的可靠厂家，便于对样品试验验证。

3）厂家有履约能力。

（3）采购质量

1）供求双方要签订采购合同和质量保证协议。

2）采购合同管理要严谨，产品要求要准确清晰，明确质量标准。

3）供应厂家要按生产批次检验产品，并提供产品的各项指标性能及产品合格证。

4）如有特殊材料订购，公司可派技术人员到供应厂家跟踪指导。

5）材料进厂应由技术部、生产部、试验室共同来检验材料是否合格。

（4）人员培训 应对采购员、验收人员、保管人员进行采购质量标准和验收标准的技术交底和培训，留存培训记录。

6.3 材料验收

6.3.1 核对

对照采购单，核对品名、厂家、规格、型号、生产日期等。

6.3.2 数量验收

套筒、拉结件、内埋式螺母、吊钉等按个验收，水泥、钢筋、脱模剂等按重量验收，砂子、石子按立方米验收。

6.3.3 灌浆套筒验收、检验

根据国家标准《装配式混凝土建筑技术标准》（GB/T 51231—2016）中9.2.17条文内容，灌浆套筒进厂检验应符合以下规定：

1）灌浆套筒进厂检验应符合现行行业标准《钢筋套筒灌浆连接应用技术规程》（JGJ 355—

2015）的规定，主要有以下要点：

①灌浆套筒进厂时，应抽取灌浆套筒检验外观质量、标识和尺寸偏差，检验结果应符合现行行业标准《钢筋连接用灌浆套筒》（JG/T 398—2012）中规定：

A. 尺寸偏差。灌浆套筒尺寸偏差应符合表2.2-3中规定。

B. 外观：

a）铸造灌浆套筒内外表面不应有影响使用性能的夹渣、冷隔、砂眼、缩孔、裂纹等质量缺陷。

b）机械加工灌浆套筒表面不应有裂纹或影响接头性能的其他缺陷，端面和外表面的边棱处应无尖棱、毛刺。

c）灌浆套筒外表面标识清晰。

d）灌浆套筒表面不应有锈皮。

②灌浆套筒灌浆端最小内径与连接钢筋公称直径的差值不宜小于表6.3-1规定的数值，用于钢筋锚固的深度不宜小于插入钢筋公称直径的8倍。

③检查数量：同一批号、同一类型、同一规格的灌浆套筒，不超过1000个为一批，每批随机抽取10个灌浆套筒。

④检验方法：观察，尺量检查。

表6.3-1　灌浆套筒灌浆段最小内径尺寸要求

钢筋直径/mm	套筒灌浆段最小内径与连接钢筋公称直径差最小值/mm
12～25	10
28～40	15

2）灌浆套筒进厂时，应抽取灌浆套筒并采用与之匹配的灌浆料制作对中连接接头试件，并进行抗拉强度检验，钢筋套筒灌浆连接接头的抗拉强度不应小于连接钢筋抗拉强度标准值，且破坏时应断于接头外钢筋。

检查数量：同一批号、同一类型、同一规格的灌浆套筒，不超过1000个为一批，每批随机抽取3个灌浆套筒制作对中连接接头试件。

检验方法：检查质量证明文件和抽样检验报告。

3）套筒进厂要有有效的型式检验报告。

6.3.4　浆锚孔用波纹管验收、检验

根据国家标准《装配式混凝土建筑技术标准》（GB/T 51231—2016）中9.2.18条文内容，金属波纹管进厂检验应符合以下规定：

1）应全数检查外观质量，其外观应清洁，内外表面应无锈蚀、油污、附着物、孔洞，不应有不规则褶皱，咬口应无开裂、脱扣。

2）进行径向刚度和抗渗漏性能检验，检查数量应按进厂的批次和产品的抽样检验方案确定。

3）检验结果应符合现行行业标准《预应力混凝土用金属波纹管》（JG 225—2007）的规定：

①镀锌金属波纹管的钢带厚度不宜小于0.3mm，波纹高度不应小于2.5mm。

②金属波纹管的内径尺寸偏差±0.5mm。

③金属波纹管的内径尺寸、长度及其偏差由供需双方确定。

④当采用镀锌钢带时，其双面镀锌层重量不宜小于$60g/m^2$。

4）材料进厂时生产厂家要提供生产资质、产品材质报告与产品合格证，厂家要提供使用说明书。

6.3.5　夹芯保温构件拉结件验收、检验

拉结件是保证装配整体式夹芯保温剪力墙和夹芯保温外挂墙板内、外叶墙可靠连接的重要部件，应保证其在混凝土中锚固的可靠性，因此对拉结件的验收、检验极为重要。

根据国家标准《装配式混凝土建筑技术标准》（GB/T 51231—2016）中 9.2.16 条文内容，拉结件进厂检验应符合以下规定：

1）同一厂家、同一类别、同一规格产品，不超过 10000 件为一批。

2）按批抽取试样进行外观尺寸、材料性能、力学性能检验，检验结果应符合设计要求。

3）金属拉结件要检查镀锌是否完好。

6.3.6　脱模剂验收、检验

根据国家标准《装配式混凝土建筑技术标准》（GB/T 51231—2016）中 9.2.13 条文内容，脱模剂进厂检验应符合以下规定：

1）脱模剂应无毒、无刺激性气味，不应影响混凝土性能和预制构件表面装饰效果。

2）脱模剂应按照使用品种，选用前及正常使用后每年进行一次匀质性和施工性能试验。

3）检验结果应符合现行行业标准《混凝土制品用脱模剂》（JC/T 949—2005）的主要规定：

①脱模剂的匀质性指标应符合表 6.3-2 的要求。

表 6.3-2　脱模剂匀质性指标

检验项目		指　　　　标
匀质性	密度	液体产品应在生产厂控制值的 ±0.02g/mL
	黏度	液体产品应在生产厂控制值的 ±2s 以内
	pH 值	产品应在生产厂控制值的 ±1 以内
	固体含量	（1）液体产品应在生产厂控制值的相对量的 6% 以内 （2）固体产品应在生产厂控制值的相对量的 10% 以内
	稳定性	产品稀释至使用浓度的稀释液无分层离析，能保持均匀状态

②脱模剂的施工性能指标应符合表 6.3-3 的要求。

表 6.3-3　脱模剂的施工性能指标

检查项目		指　　　　标
施工性能	干燥成膜时间	10 ~ 50min
	脱模性能	顺利脱模，保持棱角完整无损，表面光滑；混凝土粘附量不大于 $5g/m^2$
	耐水性能	按试验规定水中浸泡后不出现溶解、粘手现象
	对钢模具锈蚀作用	对钢模具无锈蚀危害
	极限使用温度	顺利脱模，保持棱角完整无损，表面光滑；混凝土粘附量不大于 $5g/m^2$

注：脱模剂在室内使用时，耐水性能可不检。

4）验收时要对照采购单，核对品名、厂家、规格、型号、生产日期、说明书等。

6.3.7　石材、挂钩、隔离剂的验收、检验

1）验收依据要根据图样设计要求。

2）石材要符合现行国家标准的要求，常用石材厚度 25 ~ 30mm。

3）石材除了考虑安全性的要求外，还要考虑装饰效果。

4）石材采购尽可能减少色差。

5）安全挂钩材质、形状、直径要符合图样设计要求；应采用不锈钢材质，直径不小于

4mm，详见本书第2章。

　　6）反打石材工艺须在石材背面涂刷一层隔离剂，该隔离剂验收应依据采购合同约定的项目和方式进行。

6.3.8　瓷砖验收、检验

　　1）根据图样设计要求，依据国家现行相关标准。

　　2）各类瓷砖的外观尺寸、表面质量、物理性能、化学性能要符合相关国家标准规定。让厂家提供型式检验报告，必要时进行复检。

　　3）外包装箱上要求有详细的标识，包含制造厂家、生产产地、质量标志、砖的型号、规格、尺寸、生产日期等。

　　4）要对照样块检查。

6.3.9　防雷引下线的验收、检验

　　防雷引下线埋置在外墙PC构件中，通常用25mm×4mm镀锌扁钢、圆钢或镀锌钢绞线等。防雷引下线应满足《建筑物防雷设计规范》（GB 50057—2010）中的要求。

　　防雷引下线的验收检验要符合以下要求：

　　1）材质要符合设计要求。

　　2）规格、型号、外观、尺寸符合设计要求。

　　3）材料进厂要求材质检验报告。

　　4）外层有防锈镀锌要求的，要确保镀锌层符合现行国家标准规定。

6.3.10　水电管线和埋设物的验收、检验

　　当预制构件中需要埋设水电管线时，对进厂水电管线材料的验收、检验和保管应符合以下要求：

　　1）材料应符合国家现行相关标准规定。

　　2）进厂材料要有合格证、检验报告等质量证明文件。

　　3）对材料要进行外观质量、材质、尺寸、壁厚等指标的验收。

　　4）有特殊工艺要求的要符合工艺设计要求。

　　5）要符合图样设计要求。

6.3.11　预制墙板一体化用的窗户的验收、检验

　　1）根据图样设计要求进行窗户的采购。

　　2）加工完成的窗户材质、外观质量、尺寸偏差、力学性能、物理性能等应符合现行相关标准规定。

　　3）材料进厂时要有合格证、使用说明书、型式检验报告等相关质量证明文件。

　　4）厂家材料进场时保管员与质检员需对窗户的材质、数量、尺寸进行逐套检查。

6.4　材料保管

6.4.1　水泥保管

　　1）散装水泥应存放在水泥仓内，仓外要挂有标识，标明进库日期、品种、强度等级、生产厂家、存放数量等。

　　2）袋装水泥要存放在库房里，应垫起离地约30cm，堆放高度一般不超过10袋，临时露天暂存水泥也应用防雨篷布盖严，底板要垫高，并采取防潮措施。

　　3）保管日期不能超过90天，存放超过90天的水泥要经重新测定强度合格后，方可按测定值调整配合比后使用。

4）散装水泥仓储存水泥要有标识，防止水泥来料往水泥仓卸货卸错。

6.4.2　钢材保管

1）钢材要存放在防雨、干燥环境中。

2）要有专用的钢材储存架。

3）钢材要按品种、规格分别堆放。

4）钢筋存放要挂有标牌，标明进厂日期、型号、规格、生产厂家、数量。

6.4.3　钢筋套筒保管

1）生产厂家提供的进货数量由仓库保管员进行清点核实数量，计量单位为个。

2）套筒要存放在仓库中，由仓库保管员统一保管，必免丢失。

3）注意防潮、防水。

6.4.4　浆锚孔用波纹管保管

1）金属波纹管要存放在干燥、防潮的仓库中。

2）室外存放金属波纹管要堆放在枕木上，应用苫布覆盖。

3）堆放高度不宜超过3m。

6.4.5　混凝土掺合料保管

1）袋装材料要存放在厂房内，注意防潮防水。

2）要有明确的标识牌，标明进厂时间、品种、型号、厂家、存放数量等，要对材料进行苫盖。

6.4.6　混凝土外加剂保管

1）进厂时仓库保管员要对材料的生产厂家、品种、生产日期进行核对，核对无误后进行检斤称重，计量单位为t。

2）仓库保管员要对材料进行取样，并交由试验室人员。

3）外加剂存放要按型号、产地分别存放在完好的罐槽内，并保证雨水等不会混进罐中。

4）大多数液体外加剂有防冻要求，冬季必须在5℃以上环境存放。

5）外加剂存放要挂有标识牌，标明名称、型号、产地、数量、进厂日期。

6.4.7　骨料保管

1）骨料存放要按品种、规格分别堆放，每堆要挂有标识牌，标明规格、产地、存放数量。

2）骨料存储应具有防混料和防雨等措施。

3）骨料存储应当有骨料仓或者专用的厂棚，不宜露天存放，防止对环境造成污染。

6.4.8　夹芯保温构件拉结件保管

1）按类别、规格型号分别存放。

2）存放要有标识。

3）存放在干燥通风的仓库。

6.4.9　夹芯保温构件所用保温材料保管

1）保温材料要存放在防火区域中，存放处配置灭火器。

2）存放时应注意防水和防潮。

3）按类别、规格、型号分开存放。

6.4.10　预埋件保管

1）要存放在防水、通风、干燥的环境中。

2）按类别、规格、型号分开存放。

3）存放要有标识。

6.4.11　脱模剂保管

1）存放在专用仓库或固定的场所，妥善保管，方便识别、检查、取用等。

2）储存过程中防止暴晒、雨淋、冰冻。

3）在规定的使用期限内使用。超过使用期应做试验检查，合格后方能使用。

6.4.12　钢筋间隔件（保护层垫块）保管

1）存放在专用仓库或固定的场所。

2）按类别、规格、型号分开存放。

3）存放要有标识。

6.4.13　石材、挂钩、隔离剂的保管

1）石材、挂钩、隔离剂要存放在室内，石材板材直立码放时，应光面相对，倾斜度不应大于15°，底面与层面用无污染的弹性材料支撑。

2）挂钩、隔离剂储存要通风干燥，防潮、防水、防火。

3）材料根据规格型号分类存放，并做好标识。

4）堆放高度不宜过高，防止破损。

6.4.14　瓷砖保管

1）要存放在通风干燥的仓库内，注意防潮。

2）瓷砖可以码垛存放，但不宜超过3层。

3）按照规格型号分类存放，做好标识。

6.4.15　防雷引下线

材料要存放在防水、干燥环境中。

6.4.16　水电管线和埋设物

1）水电管线储存保管要通风干燥，防火、防暴晒。

2）水电管线要有标识，按规格、型号、尺寸分类存放。

6.4.17　预制墙板一体化用的窗户

1）窗户应放置在清洁、平整的地方，且应避免日晒雨淋。不要直接接触地面，下部应放置垫木，且均应立放，与地面夹角不应小于70°，要有防倾倒措施。

2）放置窗户不得与腐蚀物质接触。

3）每一套窗户都要有单独的包装和防护，并且有标识。

 思考题

1. 脱模剂匀质性指标都包括哪几方面？

2. 脱模剂的施工性能指标包括哪几方面？

3. 水泥的保管日期不能超过多少天？

4. 常用石材的厚度范围是多少？

第7章 预制构件钢筋与预埋件加工

7.1 概述

本章介绍预制构件钢筋加工（7.2 节），钢筋骨架加工（7.3 节），钢筋与灌浆套筒连接（7.4 节）和预埋件加工（7.5 节）。

本章所说钢筋加工是指单根钢筋加工；钢筋骨架加工是指将单根钢筋组合成整体的骨架。自动化钢筋设备加工的桁架筋和钢筋网片，钢筋加工与钢筋骨架加工环节是连续的，在 7.3 节一并介绍。

钢筋骨架和预埋件入模以及隐蔽工程验收将在本书第 9 章第 9.6、9.7、9.8、9.9 节介绍。

7.2 钢筋加工

7.2.1 钢筋加工方式

钢筋加工有全自动加工、半自动加工和手工加工三种方式。

1. 全自动加工方式

全自动加工方式自动将钢筋调直、剪切、成型、焊接形成网片或桁架筋。

2. 半自动加工方式

半自动化加工钢筋是指钢筋的调直、剪切、成型环节实现了自动化，但组装成钢筋骨架仍需要人工完成。目前半自动化加工方式是钢筋加工中应用最多的，适合大部分预制构件所用的单根钢筋的加工。

3. 手工加工方式

手工加工方式像大多数现浇工地加工钢筋一样，钢筋调直、剪切、成型等环节，通过独立的加工设备分别完成，然后由人工通过绑扎或焊接的方式组合成钢筋骨架。手工加工方式适合所有预制构件的钢筋加工。存在效率低、精度不高等缺点。

7.2.2 钢筋加工基本要求

1）符合现行国家标准及规范和行业标准的要求。

2）按图样要求加工。

3）钢筋焊接网的要求。

①焊接网交叉点开焊数量不应超过整张焊接网交叉点总数的 1%。且任一根钢筋上开焊点数不得超过该钢筋上交叉点总数的 50%。焊接网表面最外边钢筋上的交叉点不应开焊。

②焊接网表面不得有影响使用的缺陷，有空缺的地方必须采用相应的钢筋补上。

③焊接网几何尺寸的允许偏差应符合要求，且在一张焊接网中纵横向钢筋的根数要符合设计要求。

4）钢筋加工前应将表面清理干净。表面有颗粒状、片状老锈或有损伤的钢筋不得使用。

5）钢筋加工宜在常温状态下进行，加工过程中不应对钢筋进行加热。钢筋应一次折弯到位。

6) 钢筋宜采用机械设备进行调直，也可采用冷拉法调直。机械调直设备不应有延伸功能。当采用冷法调直 HPB300 光圆钢筋的冷拉率不宜大于 4%；HRB335、HRB400、HRB500、HRBF335、HRBF400、HRBF500 及 RRB400 带肋钢筋的冷拉率不大于 1%。钢筋调直过程中不应损伤带肋钢筋的横肋。调直后的钢筋应平直，不应有局部弯折。

7) 钢筋弯折的弯弧内直径要求：

①光圆钢筋，不应小于钢筋直径的 2.5 倍。

②335MPa 级、400MPa 级带肋钢筋，不应小于钢筋直径的 4 倍。

③500MPa 级，当直径 28mm 以下时不应小于钢筋直径的 6 倍，当直径 28mm 以上时不应小于钢筋直径的 7 倍。

④箍筋弯折处尚不应小于纵向受力钢筋直径。

⑤纵向受力钢筋的弯折后平直段长度应符合设计要求。

⑥箍筋、拉筋的末端应按照设计要求做弯钩。

⑦钢筋弯折可采用专用设备一次弯折到位。对于弯折过度的钢筋，不得回弯。

8) 外委钢筋加工，要有质检员对加工质量进行检查。

9) 钢筋桁架尺寸允许偏差应符合国家标准《装配式混凝土建筑技术标准》（GB/T 51231—2016）中 9.4.3—2 的规定，见表 7.2-1。

表 7.2-1 钢筋桁架尺寸允许偏差

项　　次	检 验 项 目	允许偏差/mm
1	长度	总长度的 ±0.3% 且 ≤ ±10
2	宽度	+1，−3
3	高度	±5
4	扭曲	≤5

10) 钢筋网片及钢筋骨架尺寸允许偏差应符合国家标准《装配式混凝土建筑技术标准》（GB/T 51231—2016）中 9.4.3—1 的规定，见表 7.2-2。

表 7.2-2 焊接钢筋成品尺寸允许偏差

项　　目		允许偏差/mm	检 验 方 法
钢筋网片	长、宽	±5	钢尺检查
	网眼尺寸	±10	钢尺量连续三档，取最大值
	对角线	≤5	钢尺检查
	端头不齐	≤5	钢尺检查
钢筋骨架	长	0，−5	钢尺检查
	宽	±5	钢尺检查
	高（厚）	±5	钢尺检查
	主筋间距	±10	钢尺量两端、中间各一点，取最大值
	主筋排距	±5	钢尺量两端、中间各一点，取最大值
	箍筋间距	±10	钢尺量连续三档，取最大值
	弯起点位置	15	钢尺检查
	端头不齐	5	钢尺检查
	保护层　柱、梁	±5	钢尺检查
	保护层　板、墙	±3	钢尺检查

11）采用半灌浆套筒连接钢筋时，钢筋螺纹加工操作人员要经过专业培训合格后上岗。

12）当外委加工的时候要提供图样及要求，应避免出错。

13）钢筋应平直，弯起点位置和方向符合设计要求；弯钩的角度、弯心直径和平直长度应符合设计或标准的要求。

14）钢筋的接头位置和搭接长度应符合设计或标准要求。

15）钢筋的绑扎应牢固并符合设计或标准要求。

16）预埋件的数量和位置应符合设计要求。

17）保护层厚度的控制要符合设计和生产要求。

7.2.3　自动化钢筋加工

自动化加工钢筋须注意以下问题：

1）复核图样，检查钢筋图有没有错误。

2）检查钢材的规格、型号、生产厂家是否符合设计和甲方要求。

3）须进行试加工，发现不合格品应找出原因，直至加工出合格品才可以批量加工。

4）钢筋网片有门窗洞口时，洞口的加强筋要人工绑扎。

5）自动化加工过程中操作人员要随时抽查自检，防止机械有偏差。

6）钢筋连接处的焊接节点应平顺。

7）加工好的钢筋要做好标识。

7.2.4　人工钢筋加工

1. 要求

人工加工钢筋须注意以下问题：

1）钢筋加工前应进行技术交底，制定钢筋加工方案。

2）钢筋的品种与规格应符合设计图的规定。

3）完整地绘制各种形状和规格的钢筋简图；将所有钢筋进行翻样。

4）各种钢筋与设计编号一致。

5）钢筋焊接前应除锈，钢筋端头要平整，不得有起弯。

6）受力钢筋焊接接头不宜位于构件的最大弯矩处，如水平构件的跨中和支座、竖直构件的底部等。

7）受力钢筋焊接接头不宜设置在梁端、柱端等箍筋加密区范围内。

8）受力钢筋焊接接头距钢筋折弯处不应小于钢筋直径的 10 倍。

9）制作钢筋加工模型，并按照设计文件将模型标识编号。

10）钢筋翻样后要及时填写"钢筋配料单"。"钢筋配料单"主要包括钢筋简图、钢筋品种、规格、下料长度、数量。

11）正确计算钢筋下料长度和钢筋数量（根数）。计算钢筋下料长度时应充分注意：

①钢筋保护层厚度。

②钢筋加工时的变形和弯心直径、弯钩长度。

③当钢筋长度不够，需要焊接和搭接时，应增加搭接长度。

④钢筋剪切时的锯口尺寸。

12）钢筋下料应合理组配，避免钢筋头过长，切割剩下的钢筋应尽量充分利用，如用于制作庭院构件等。

13）钢筋加工首件要做首件检验，并将首件作为参照样品。

14）每天钢筋折弯机加工的第一个产品要检验尺寸。

15）人工组装钢筋骨架时要制作钢筋骨架的定型支架，图 7.2-1 所示为手工钢筋加工折弯机。

2. 异形钢筋加工

异形钢筋多指三维形状钢筋，即立体的，如图 7.2-2 所示。制作时需要注意以下要求：

1）依据设计文件制作立体模板。

2）第一件下料尺寸尽可能比图样长点。

3）第一件加工完成后对照图样检查。

4）依据第一件样品下料。

图 7.2-1　手工钢筋加工折弯机

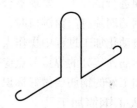

图 7.2-2　异形钢筋—安全钩

7.2.5　钢筋加工检验

钢筋在拉直、剪切、成型后应经过检验才能组装钢筋骨架，在加工检验中应注意以下要点：

1）检查钢筋的直径。

2）检查成型钢筋的形状。

3）检查成型钢筋的尺寸和局部尺寸。

4）检查主筋机械连接接头。

5）检查箍筋弯折角度。

6）检查钢筋加工的螺纹长度。

7）检查折弯后的平直段长度。

8）按要求做好检验记录。

7.3　钢筋骨架加工

7.3.1　自动化加工钢筋骨架

可自动化加工的钢筋骨架主要有叠合楼板用钢筋骨架、双面叠合剪力墙用钢筋网片（图 7.3-1）与桁架筋（图 7.3-2）、夹芯墙板的外叶层钢筋网片、预制外挂墙板钢筋网片。

7.3.2　人工加工钢筋骨架

1. 基本要求

（1）国家标准规定　钢筋半成品、钢筋网片、钢筋骨架经检查合格方可入模，钢筋骨架应符合《装配式混凝土建筑技术标准》（GB/T 51231—2016）9.4.3 条规定：

1）钢筋表面不得有油污，不应严重锈蚀。

2）钢筋网片和钢筋骨架宜采用防止变形的专用吊架进行吊运。

　　图 7.3-1　加工好的钢筋网片　　　　　　　图 7.3-2　加工好的桁架筋

　　3）混凝土保护层厚度应满足设计要求。保护层垫块应与钢筋骨架或网片绑扎牢固，按梅花状布置，间距满足钢筋限位及控制变形要求，钢筋绑扎丝甩扣应弯向构件内侧。

　　4）钢筋成品的尺寸允许偏差应符合表 7.3-1 的要求。

表 7.3-1　钢筋成品的允许偏差和检验方法

项　目		允许偏差/mm	检验方法
钢筋网片	长、宽	±5	钢尺检查
	网眼尺寸	±10	钢尺量连续三档，取最大值
	对角线	5	钢尺检查
	端头不齐	5	钢尺检查
钢筋骨架	长	0，−5	钢尺检查
	宽	±5	钢尺检查
	高（厚）	±5	钢尺检查
	主筋间距	±10	钢尺量两端、中间各一点，取最大值
	主筋排距	±5	钢尺量两端、中间各一点，取最大值
	箍筋间距	±10	钢尺量连续三档，取最大值
	弯起点位置	15	钢尺检查
	端头不齐	5	钢尺检查
	保护层　柱、梁	±5	钢尺检查
	保护层　板、墙	±3	钢尺检查

　　（2）其他要求　除以上国家规定外，钢筋骨架的制作还要注意以下要点：

　　1）骨架制作应采用专用的支架或模板。

　　2）加工好的骨架考虑吊装和运输要做临时加强措施，例如绑扎两道斜筋，增加骨架的稳定。

　　制作完成的钢筋骨架如图 7.3-3 所示。

　　2. 钢筋焊接要求

　　预制构件钢筋焊接有自动化焊接和人工焊接两种方式。

　　（1）自动化焊接

1）要检验首件，合格后才能批量生产。

2）钢筋桁架筋焊接要符合图样设计要求。

（2）人工焊接

1）按照设计和规范要求的焊缝高度、焊接长度焊接。

2）钢筋焊接施工前，焊工应进行现场条件下的焊接工艺试验，经试验合格后方可进行焊接。焊接过程中钢筋牌号、直径发生变更，应再次进行工艺试验。

3）细晶粒热轧钢筋及直径大于28mm的普通热轧钢筋，其焊接参数应经试验确定，余热处理钢筋不宜焊接连接。

图 7.3-3　制作完成的钢筋骨架

4）钢筋焊接中，焊工应及时自检。当发现焊接缺陷及异常现象时，应查找原因，并采取措施及时消除。

3. 钢筋绑扎搭接要求

1）同一截面受力钢筋的接头百分率、钢筋的搭接长度及锚固长度等应符合设计要求或国家现行有关标准的规定。

2）搭接长度的末端距钢筋弯折处不得小于钢筋直径的10倍。

3）钢筋的绑扎搭接接头应在接头中心和两端用钢丝扎牢。

4）墙、柱、梁钢筋骨架中各竖向面钢筋网交叉点应全数绑扎。

5）钢筋绑扎丝甩扣应弯向构件内侧。

4. 钢筋连接其他要求

1）钢筋焊接和机械连接均应进行工艺检验，试验结果合格后方可进行预制构件生产。

2）钢筋焊接接头和机械连接接头应全数检查外观质量。

3）应按现行行业标准《钢筋机械连接技术规程》（JGJ 107—2016）、《钢筋焊接及验收规程》（JGJ 18—2012）的有关规定抽取钢筋机械连接接头、焊接接头试件做力学性能检验。

5. 局部加强筋敷设

墙板门窗洞口、转角处、肋的部位、墙板边缘以及脱模、吊装预埋件处设计上往往有加强筋，如图 7.3-4 ~ 图 7.3-9 所示。

加强筋敷设要求如下：

1）当人工加工钢筋时，加强筋一起绑扎。

2）钢筋网片机械自动化加工后由人工敷设加强筋，应避免遗忘。

3）加强筋的绑扎要符合设计图样和国家标准规范要求。

4）叠合楼板吊点加强筋，应当在敷设部位的桁架筋上做好标识。

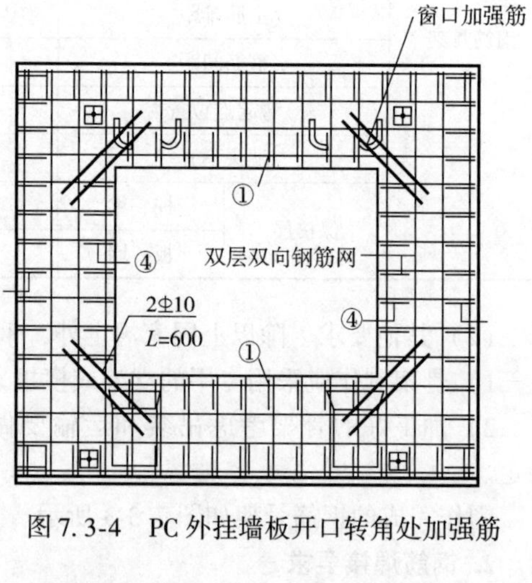

7.3.3　钢筋骨架运输

加工好的钢筋骨架从钢筋加工处运到模具内有两种方式，一是通过运输车（图 7.3-10）或起重机运（图 7.3-11）；二是全自动化生产线由专用的机械手运输（图 7.3-12）。

图 7.3-4　PC 外挂墙板开口转角处加强筋

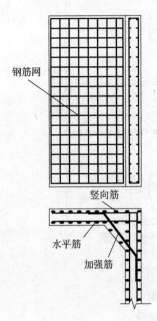

图 7.3-5　L 形墙板转角构造与加强筋

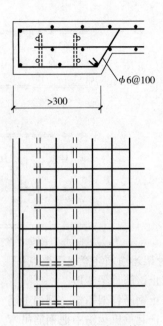

图 7.3-6　肋板加强筋

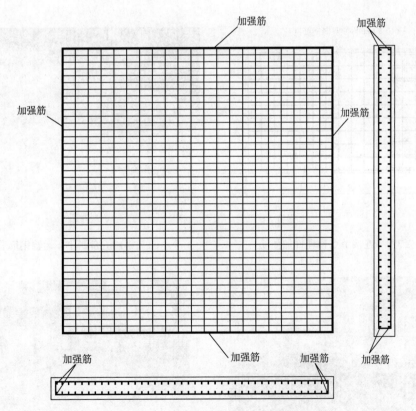

图 7.3-7　PC 外挂墙板边缘加强筋

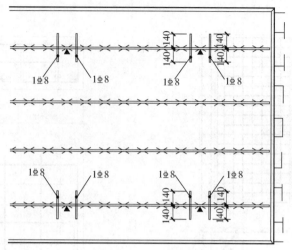

图7.3-8　叠合楼板吊点部位的加强筋

钢筋骨架运输须注意以下要点：

1）防止钢筋骨架变形。

2）防止钢筋骨架错位，例如主筋、箍筋间距或排距变了。

3）防止起重机运输中把钢筋吊弯、抽出、散落等现象。

4）防止钢筋附属配件脱落，例如保护层垫块脱落、避雷扁钢脱落。

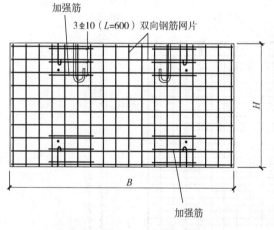

图7.3-9　连接节点预埋件加强筋

图7.3-10　自制小车运输钢筋骨架

图7.3-11　起重机运输钢筋骨架

图7.3-12　机械手运输钢筋

7.4　钢筋与灌浆套筒连接

7.4.1　钢筋与全灌浆套筒连接

1. 连接示意图

全灌浆连接是两端钢筋均通过灌浆料与套筒进行的连接，简称全灌浆套筒。一般用于预制框架梁主筋的连接，如图 2.2-1a 所示。

2. 连接要求

1）套筒型号、规格、外径、内径尺寸要符合图样设计要求。

2）套筒密封圈要完整，不能有破损。

3）钢筋端头要求平齐，不得有毛刺。

4）钢筋要插入到套筒挡片（钢筋终止条）处。

5）套筒注浆孔及出浆孔要用泡沫棒填充，防止混凝土浆料进入。

6）钢筋一旦窜出来套筒，不能用大锤往里砸，防止把套筒限位片砸掉。

7）防止钢筋插入不到位，可以在钢筋上喷漆做标记。

8）灌浆套筒及连接钢筋中心线误差 1mm；连接钢筋外露长度 +5mm。

7.4.2　钢筋与半灌浆套筒连接

1. 连接示意图

半灌浆连接通常是上端钢筋采用直螺纹、下端钢筋通过灌浆料与灌浆套筒进行连接，简称半灌浆套筒。一般用于预制剪力墙、框架柱主筋连接，如图 7.4-1 所示。

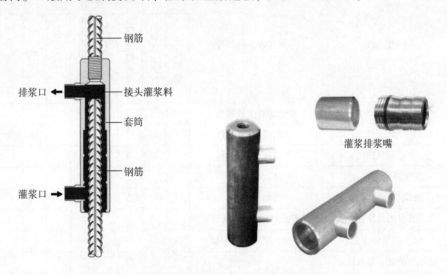

图 7.4-1　半灌浆套筒示意图（北京思达建茂 JM 系列）

2. 连接要求

1）加工钢筋接头操作人员应经专业培训合格后上岗。钢筋接头的加工应经工艺检验合格后方可进行。

2）采用半灌浆套筒连接钢筋时，钢筋螺纹（图 7.4-2）加工应符合以下要求：

①钢筋螺纹加工应选择与灌浆套筒螺纹参数配套的设备。

②钢筋无论是加工带螺纹的一端，还是待灌浆锚固连接的一端，都要保证端部平直。建议用无齿锯下料，钢筋须整根钢筋。

· 156 ·　　　　　　装配式混凝土建筑制作与施工

③螺纹牙形要饱满，牙顶宽度大于0.3P的不完整螺纹累计长度不得超过两个螺纹周长。

④尺寸用螺纹环规检查，通端钢筋丝头应能顺利旋入，止端丝头旋入量不能超过3P（P为钢筋螺纹螺距）。

⑤螺纹接头和半灌浆套筒连接接头应使用专用扭力扳手拧紧至规定扭力值。

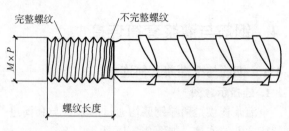

图 7.4-2　钢筋螺纹示意图

7.5　预埋件加工

7.5.1　需工厂制作的预埋件种类

装配式混凝土建筑预埋件包括使用阶段用的预埋件和制作、安装阶段用的预埋件。使用阶段用的预埋件包括构件安装预埋件（如外挂墙板和楼梯板安装预埋件）、装饰装修和机电安装需要的预埋件等，使用阶段用的预埋件有耐久性要求，应与建筑物同寿命。

制作、安装阶段用的预埋件包括脱模、翻转、吊装、支撑等预埋件，没有耐久性要求。表7.5-1给出了装配式建筑中预埋件一览，这些预埋件有条件的工厂都可以自己按照图样设计进行加工。

表 7.5-1　常用预制构件预埋件一览表

阶段	预埋件用途	可能需埋置的构件	可选用预埋件类型								备注
			预埋钢板	内埋式金属螺母	内埋式塑料螺母	钢筋吊环	埋入式钢丝绳吊环	吊钉	木砖	专用	
使用阶段（与建筑物同寿命）	构件连接固定	外挂墙板、楼梯板	◎	◎							
	门窗安装	外墙板、内墙板		◎					◎	◎	
	金属阳台护栏	外墙板、柱、梁		◎	◎						
	窗帘杆或窗帘盒	外墙板、梁		◎	◎						
	外墙水落管固定	外墙板、柱		◎	◎						
	装修用预埋件	楼板、梁、柱、墙板		◎	◎						
	较重的设备固定	楼板、梁、柱、墙板	◎	◎							
	较轻的设备、灯具固定			◎	◎						
	通风管线固定	楼板、梁、柱、墙板		◎	◎						
	管线固定	楼板、梁、柱、墙板		◎	◎						
	电源、电信线固定	楼板、梁、柱、墙板		◎							
制作、运输、施工（过程用，没有耐久性要求）	脱模	预应力楼板、梁、柱、墙板	◎	◎	◎						
	翻转	墙板	◎								
	吊运	预应力楼板、梁、柱、墙板				◎	◎				
	安装微调	柱		◎	◎					◎	
	临时侧支撑	柱、墙板		◎							

（续）

阶段	预埋件用途	可能需埋置的构件	可选用预埋件类型								备注
			预埋钢板	内埋式金属螺母	内埋式塑料螺母	钢筋吊环	埋入式钢丝绳吊环	吊钉	木砖	专用	
制作、运输、施工（过程用，没有耐久性要求）	后浇筑混凝土模板固定	墙板、柱、梁		◎							无装饰的构件
	脚手架或塔式起重机固定	墙板、柱、梁	◎	◎							无装饰的构件
	施工安全护栏固定	墙板、柱、梁		◎							无装饰的构件

7.5.2　预埋件加工要求

1. 预埋件加工要点

1）预埋件应按照图样要求加工。

2）预埋件所用钢材物理及力学性能应符合设计要求。

3）所用焊条性能应符合设计要求。

4）预埋件本厂加工应当由技术部对加工者进行技术交底，由质量部对生产过程进行质量控制和验收检查。

5）外委加工的预埋件要在合同中约定材质要求、质量要求、技术要求及质量标准，抽验检查。

2. 防腐防锈处理

1）对于裸露在外的预埋件应按照设计要求进行防锈处理。

2）预埋件防锈处理应在预埋件所有焊接工艺完工后进行。不能先镀锌后焊接。

3）防腐防锈要有设计要求，内容包含防锈镀锌工艺、材料、厚度等。

4）预埋件在运输过程要注意保护，防止对镀锌层的破坏。

7.5.3　预埋件验收

1. 预埋件检验

1）预埋件的制作应按照图样设计要求进行全数检验。

2）无论外委加工的预埋件，还是自己加工的都应当由质检员进行检验，合格后使用。

3）外加工的及外采购的需要厂家提供材质单及合格证，必要时要进行材质检验。

4）预埋件检验要填写检验记录。

2. 外观检查

1）焊接而成的预埋件要对焊缝进行检查。

2）有防腐要求的预埋件要对镀锌层进行检查。

3. 允许偏差

预埋件加工允许偏差应符合《装配式混凝土建筑技术标准》（GB/T 51231—2016）中 9.4.4 条款规定，见表 7.5-2。

表 7.5-2 预埋件加工允许偏差

项　次	项　　目		允许偏差/mm	检 验 方 法
1	预埋件锚板的边长		0，－5	用钢尺量测
2	预埋件锚板平整度		1	用钢尺和塞尺量测
3	锚筋	长度	10，－5	用钢尺量测
		间距偏差	±10	用钢尺量测

思考题

　　请根据一张预制构件制作图：

（1）统计图样中钢筋的规格型号、尺寸、数量和总重量。

（2）统计出图样中所列出的预埋件种类和数量。

（3）根据统计出来的钢筋种类选择合适的钢筋加工工艺。

（4）制作一个钢筋加工质量检验记录表。

第8章　预制构件混凝土配合比设计

8.1　概述

预制构件的混凝土不需要长距离运输，预制构件的制作工艺本身有自己的特点，会与工地用的商品混凝土有所不同。

本章主要介绍混凝土预制构件工厂的混凝土配合比设计，包括普通混凝土配合比设计（8.2），高强度混凝土配合比设计（8.3），清水混凝土配合比设计（8.4），轻骨料混凝土配合比设计（8.5），装饰混凝土配合比设计（8.6）。

8.2　普通混凝土配合比设计

8.2.1　混凝土强度配合比设计

混凝土配合比设计是根据设计要求的强度等级确定各组成材料数量之间的比例关系，即确定水泥、水、砂、石、外加剂、混合料之间的比例关系，使实际配置强度满足设计要求。

预制构件工厂实际生产时用的混凝土配置强度应高于设计强度，因为要考虑配置和制作环节的不稳定因素。混凝土配置强度根据《普通混凝土配合比设计规程》（JGJ 55—2011）应符合下列规定：

1）当混凝土的设计强度等级小于C60时，配制强度应按下式计算：
$$f_{cu,o} \geq f_{cu,k} + 1.645\sigma \qquad (8.2-1)（《普通混凝土配合比设计规程》式 4.0.1-1)$$
式中　$f_{cu,o}$——混凝土配制强度（MPa）；

　　　$f_{cu,k}$——混凝土立方体抗压强度标准值，这里取设计混凝土强度等级值（MPa）；

　　　σ——混凝土强度标准差（MPa）。

2）当设计强度等级大于或等于C60时，配制强度应按下式计算：
$$f_{cu,o} \geq 1.15 f_{cu,k} \qquad (8.2-2)（《普通混凝土配合比设计规程》式 4.0.1-2)$$

3）混凝土强度标准差 σ 应按照下列规定确定：

①当具有近 1~3 个月的同一品种、同一强度等级混凝土的强度资料时，其混凝土强度标准差 σ 应按下式计算：
$$\sigma = \sqrt{\frac{\sum_{i=1}^{n} f_{cu,i}^2 - n m_{fcu}^2}{n-1}} \qquad (8.2-3)（《普通混凝土配合比设计规程》式 4.0.2)$$
式中　σ——混凝土强度标准差；

　　　$f_{cu,i}$——第 i 组的试件强度（MPa）；

　　　m_{fcu}——n 组试件的强度平均值（MPa）；

　　　n——试件组数，n 值应大于或者等于 30。

对于强度等级不大于C30的混凝土：当 σ 计算值不小于 3.0MPa 时，应按式（8.2-3）计算结果取值；当 σ 计算值小于 3.0MPa 时，σ 应取 3.0MPa。

对于强度等级大于 C30 且小于 C60 的混凝土：当 σ 计算值不小于 4.0MPa 时，应按式 (8.2-3) 计算结果取值；当 σ 计算值小于 4.0MPa 时，σ 应取 4.0MPa。

②当没有近期的同一品种、同一强度等级混凝土强度资料时，其强度标准差 σ 可按表 8.2-1 取值。

表 8.2-1　强度标准差 σ 取值表

混凝土强度等级	≤C20	C25 ~ C45	C50 ~ C55
σ/MPa	4.0	5.0	6.0

8.2.2　混凝土工艺性能设计

混凝土配合比设计不仅要保证强度、抗冻性或抗渗性等力学、物理性能指标，还应当考虑混凝土浇筑的工艺性。

预制混凝土构件的工艺性能主要与流动性（稠度）有关，可用坍落度测定。

混凝土流动性与混凝土浇筑场所、浇筑工艺、构件类型所要求的混凝土特性有关。比如，工地现场用的商品混凝土需要泵送，流动性需要大一些；自密实混凝土流动性更大一些；而在工厂制作混凝土构件，流动性就不需要太大。采用挤压式工艺制作预应力空心板，用干硬性混凝土，流动性很小。配筋较密、预埋件较多的构件，如梁柱构件，需要的流动性大一些；"躺着"浇筑的板式构件，需要的流动性就小一些。

流动性过大对混凝土力学与物理性能有不利影响，还容易出现离析现象；流动性过小，容易出现浇筑不密实的现象。

预制构件工厂应当根据具体的工艺情况、设计要求和构件情况设计流动性，给出稠度（坍落度）控制值。

日本装配式混凝土建筑预制构件混凝土的坍落度一般按以下标准控制：

板式构件：10cm ± 2cm

梁柱构件：14cm ± 2cm

国内装配式建筑预制构件混凝土的坍落度一般控制在 6 ~ 12cm。

混凝土的流动性不能靠加大水灰比实现，应当使用高效减水剂。

8.3　高强度混凝土配合比设计

装配式混凝土高层和超高层建筑往往会用到高强度混凝土。

目前国内一般把强度等级等于或高于 C60 的混凝土称为高强度混凝土，多采用不低于 42.5 级的水泥和优质骨料掺配，并以较低的水灰比配置。

混凝土强度等级高一些，对套筒在混凝土中的锚固有利；高强度等级混凝土与高强度钢筋的应用可以减少钢筋数量，避免钢筋配置过密、套筒间距过小影响混凝土浇筑，这对梁柱结构体系建筑比较重要；高强度等级混凝土和钢筋对提高整个建筑的结构质量和耐久性有利。

因此高强度混凝土在设计配合比时应符合现行行业标准《普通混凝土配合比设计规程》（JGJ 55—2011）中条文 7.3.1 的规定：

1）应选用质量稳定、宜用 52.5 级的水泥或不低于 42.5 级的硅酸盐水泥或普通硅酸盐水泥。

2）粗骨料应选用连续级配，最大粒径不宜大于 25mm，含泥量不应大于 0.5%，泥块含量不应大于 0.2%，针片状颗粒含量不宜大于 5%，且不应大于 8%。

3）细骨料的细度模数宜采用 2.6 ~ 3.0 的 Ⅱ 区中砂，含泥量应不大于 2.0%，泥块含量应不大于 0.5%。

　　4）宜采用减水率不小于 25% 的高效减水剂或缓凝高效减水剂。

　　5）应掺用活性较好的矿物掺合料，如粉煤灰、矿粉、硅灰等。且宜复合使用矿物掺合料。

8.4　清水混凝土配合比设计

　　清水混凝土其实就是原貌混凝土，表面不做任何饰面，忠实地反映模具的质感，模具光滑，它就光滑；模具是木质的，它就出现木纹质感；模具是粗糙的，它就是粗糙的。清水混凝土与结构混凝土的配制原则上没有区别，需要考虑颜色的美学要求和均匀性。清水混凝土的颜色取决于水泥和细骨料。清水混凝土宜用普通硅酸盐水泥，清洗过的砂子，每个工程采用什么颜色应由设计确定，工厂试配出样块，达到设计要求后应由设计师在样块上签字，作为构件的验收依据。

8.5　轻骨料混凝土配合比设计

　　轻骨料混凝土可以减轻构件重量和结构自重荷载。重量是预制构件拆分的制约因素。例如，开间较大或层高较高的墙板，常常由于重量太重，超出了工厂或工地起重能力而无法做成整间板，而采用轻骨料混凝土就可以做成整间板，轻骨料混凝土为装配式建筑提供了便利性。

　　日本已经将轻骨料混凝土用于制作预制幕墙板，强度等级 C30 的轻骨料混凝土重力密度为 17kN/m^3，比普通混凝土减轻重量 25%～30%。

　　轻骨料混凝土的"轻"主要靠用轻质骨料替代砂石实现。用于装配式建筑的轻骨料混凝土的轻质骨料必须是憎水型的。目前国内已经有用憎水型的陶粒配制的轻骨料混凝土，强度等级 C30 的轻骨料混凝土重力密度为 17kN/m^3，可用于装配式建筑。

　　轻骨料混凝土有隔热性能好的特点，用于外墙板或夹芯保温板的外叶墙，可以减薄保温层厚度。当保温层厚度较薄时，也可以用轻骨料混凝土取代 EPS 保温层。

　　轻骨料混凝土设计要点：

　　1）轻骨料混凝土由于骨料比较轻，所以坍落度和普通混凝土坍落度有所不同。

　　2）如果轻骨料混凝土流动性大，在浇筑振捣过程中导致骨料上浮，产生离析状态。

　　3）做配合比设计时，流动性要针对不同的轻骨料反复试验得出。

8.6　装饰混凝土配合比设计

　　装饰混凝土是指具有装饰功能的水泥基材料，包括清水混凝土、彩色混凝土、彩色砂浆，装饰混凝土用于装配式建筑表皮，包括直接裸露的柱梁构件、剪力墙外墙板、预制幕墙外挂墙板、夹芯保温构件的外叶板等。

　　彩色混凝土和彩色砂浆一般用于预制构件表面装饰层，色彩靠颜料、彩色骨料和水泥实现，深颜色用普通水泥，浅颜色用白水泥，且白水泥的白度要稳定。彩色骨料包括彩色石子、花岗石彩砂、石英砂、白云石砂等。

　　装饰混凝土配合比设计的要点包括：

　　1）既要实现艺术要求色彩质感，又要保证强度。

　　2）装饰混凝土的强度与基层混凝土的强度不要差一个强度等级以上。

　　3）颜料掺量一般情况下不能超过 6%。

4）水胶比不能过大。

思考题

1. 通过互联网或者其他方式找到一个混凝土配合比的配方，研究其比例关系。

2. 查找资料，学习并理解混凝土配合比的力学、物理性能指标——强度、抗冻性或抗渗性的含义。

3. 查找资料，学习并理解混凝土配合比的工艺性指标——坍落度的含义。

第9章 预制构件制作

9.1 概述

预制构件制作是指从组模到钢筋入模、混凝土浇筑、养护、脱模、表面处理的过程。

本章介绍构件制作工序与要点（9.2节），制作准备（9.3节），模具清理、组装（9.4节），涂刷脱模剂、缓凝剂（9.5节），表面装饰层敷设（9.6节），钢筋入模（9.7节），门窗框或门窗预埋件安装（9.8节），套筒、预埋件、留孔内模固定（9.9节），构件制作隐蔽工程验收（9.10节），混凝土搅拌与运送（9.11节），混凝土浇筑（9.12节），夹芯保温板制作（9.13节），构件养护（9.14节），构件脱模、翻转（9.15节），表面检查（9.16节），表面处理与修补（9.17节），表面涂料作业（9.18节），产品保护（9.19节），预应力构件制作（9.20节）。

9.2 构件制作工序与要点

9.2.1 构件制作工序

构件制作的主要工序为：模具就位组装→钢筋骨架就位→灌浆套筒、浆锚孔内模、波纹管安装就位→窗框、预埋件就位→隐蔽验收→混凝土浇筑→蒸汽养护→脱模起吊存放→脱模初检→修补→出厂检验→出厂运输（如图9.2-1所示）。

9.2.2 固定模台工艺制作特点与要点

1. 固定模台制作作业的主要特点

固定模台制作作业具有适用范围广、通用性强的主要特点，可制作各种标准化构件、非标准化构件和异形构件。具体有柱、梁、叠合梁、后张法预应力梁、叠合楼板、剪力墙板、外挂墙板、楼梯、阳台板、飘窗、空调板和曲面造型构件等五十多种构件。固定模台作业的主要特点是：

1）模台和模具是固定不动的，作业人员和钢筋、混凝土等材料在各个模台间"流动"，灌浆套筒安装、预埋件附件安装、门窗框安装、构件浇筑、蒸养、脱模等工序就地作业。

2）混凝土浇筑多采用振捣棒插捣作业，浇筑面由人工抹平，对工人技能要求较高。

3）每个模台要配有蒸汽管道和独立覆盖，构件可按需逐件蒸养（成本高），蒸养作业较为分散和繁琐。

4）无自动翻转台，通过起重机进行构件的脱模和翻转（需要翻转的构件）。

5）对空间运输的组织要求较为严格，如钢筋骨架、混凝土等物料需运至不同位置，整个生产流程较为依赖搬运作业。

6）对各个作业环节的生产节奏和工序衔接要求不是太严格。

7）需留出作业通道和安全通道。

2. 固定模台制作作业要点

1）采取可靠的支承和连接措施防止模台下沉、变形和位移，具体方法有：

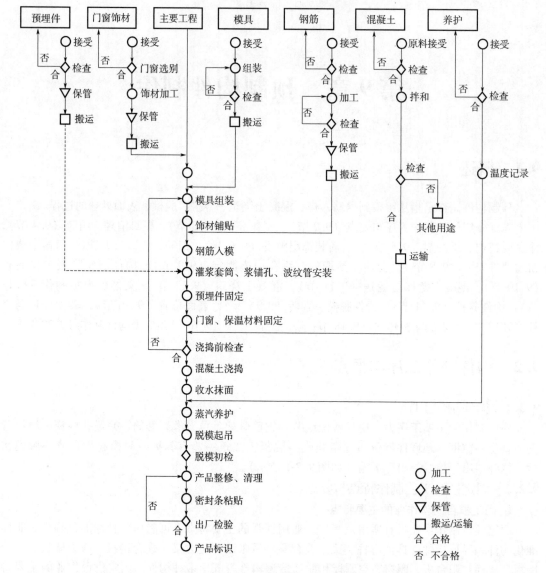

图 9.2-1　构件制作通用工艺流程图

①可采用千斤顶校正方法防止模台下沉和变形：将固定模台局部顶升和降低，沿台座边垫入合适厚度的垫片，以逐一校正模台水平度，垫片支承点间距不宜大于 1m。

②防止模台位移的方法：通过长螺栓将模台与台座或地面加以固定和连接，可防止模台位移，需定期复检和调整。

2）模台的检查与维护：模台要定期检查、维护和修整，用作底模的模台应平整光洁，不得有下沉、裂缝、起砂和起鼓。

3）作业顺序：模具组装的顺序和钢筋骨架、门窗框、灌浆套筒、预埋件等物料入模顺序要契合。

4）空间运输的组织：模具搬运安装、钢筋骨架入模、输送混凝土料斗的工序组织要细分而严密。

5）振捣作业：固定模台上生产的板式构件可采用附着式振动器振捣，预制墙、柱、梁等构件要采用人工振捣，振捣上要进行更严格的控制。

6）混凝土浇筑后抹平作业：对伸出钢筋、埋件吊架、门窗洞口等模具边口的混凝土要采用靠尺或刮尺进行找平，并进行压光，要有确保平整度的措施。

7）养护作业：养护点较为分散，每个模台上要有专门的控温措施和设置，养护覆盖要紧密，避免能源浪费。

8）脱模作业：板式构件对起重设备和辅助设备的依赖性高，要预先做好周密的安排。

9）起重荷载验算：构件制作前需验算起重机的荷载能力，以防止起重设备超限，验算时除构件自重，还应加上构件与模台接触面之间的吸附力，一般取 1.5kN/m^2。

10）翻转作业：设置专门的场地用于构件翻转，采取可靠的措施确保构件在翻转过程中安全且不损坏。

11）车间布局：合理编排车间布局，各模台间需留有足够的安全距离，车间内设有专用的运输通道和安全通道，并随时保持畅通。

9.2.3　流水线工艺制作特点与要点

1. 流动模台制作作业的主要特点

流动模台制作作业相较固定模台工艺适用范围较窄、通用性较低，可制作非预应力的叠合板、剪力墙板、内隔墙板、标准化的装饰保温一体化板等十多种构件。流动模台的主要特点是：

1）模台和模具流动，作业人员和供料在固定位置，集中养护构件。

2）有些环节实现了相对的自动化、机械化作业，例如采用振动台定点自动振捣，模台可自动清理，可自动喷涂脱模剂和进行放线作业。

3）定点浇筑，可精确控制入模的混凝土用量。

4）有脱模倾斜台（不需要人工翻转）。

5）特别要求各个工序间的平衡，一个工序脱节就会对整个生产工序造成影响，对作业工序的平衡性、均衡性要求特别严，如钢筋入模的速度和混凝土入模的速度要匹配，一个环节卡壳将导致整个生产线受阻。

6）对人为作业的环节要求严格。

2. 流动模台的作业要点

1）保持设备完好。检查设备的状态，保持设备在完好的状态，如清扫模具的设备状态不良将影响模具的清洁状态；自动喷洒脱模剂的设备状态不良，喷薄、喷厚将直接影响构件脱模和表观质量。

2）关注状态不良的设备，设备未做到位的环节要有人工辅助的检查和补救措施。

3）对节奏要详细安排，要求每一个作业的环节在同一时段内完成，各工序要紧密衔接配合。

4）流动性要因地制宜，需及时分析、判断和调整，如产品在变化，同一个生产线上生产不同构件时，每种构件的生产节奏是不一样的。

5）集中养护，是以最后一个构件入养护窑的时间为起始点开始养护，养护窑内与室内的温差较大，特别是在冬天的时候，养护窑内相对一直保持较高的温度，降温过程更要特别注意逐步降到适宜的温度，避免发生质量问题。

6）对各个环节容易出现卡壳、受阻的因素一定要有预案。

9.2.4　全自动生产线工艺制作特点与要点

尽管全自动生产线有效率非常高、质量保证好和大量节约劳动力的优势，但在全世界范围内，能实现全自动生产作业的构件非常少，只有叠合楼板（不出筋的）、双面叠合剪力墙板或不出筋且表面装饰不复杂的板式构件。

1. 全自动生产线制作作业的主要特点

1）完全自动控制，要检查系统完好性、各个环节的匹配性，作业工序要跟上。

2）对作业人员依赖性较少，对生产设备和自动控制系统依赖性较高。

3）对生产规模和产量要求高，要达到开启规模。

4）生产线流程顺畅。

5）全自动钢筋加工设备。

2. 全自动生产线制作作业的要点

1）自动化配套的设备要齐全。

2）要有一个专用的统领全局的设备控制系统，能将图样中的技术参数分配给每一台独立的设备。

3）构件制作图必须是生产线控制系统能识别的格式。

4）保持设备和自动控制系统完好性，确保物料供应系统完好性。

5）设备要做好调试并保持完好，长期不用的设备要试运行后才能投入生产。

6）新构件要先试生产，无问题后再大量投产。

7）各环节作业均衡，以使流水线以匀速运行。

8）对各作业环节配置相应的检查人员，及时对钢筋加工和混凝土成型状态检查和复核。

9）有局部加强筋时要人工辅助敷设（见第 7 章 7.3.2 节）。

9.2.5　立模工艺制作特点与要点

立模制作作业主要有两种方式，一种是独立的立模方式，如立模生产的柱、楼梯、T 字形的墙板等，这种生产作业方式与固定模台作业方式相近；另一种是在生产线上的集约式立模方式，主要生产内隔墙，其生产作业方式与流动模台方式相近。下面根据这两种不同的作业方式分开论述：

1. 独立立模

（1）独立立模制作作业的主要特点

1）模具是固定不动的，作业人员和钢筋、混凝土等材料在各个立模间"流动"。

2）模具要确保自身的稳定性、安全性，竖高构件要有防止倾覆的措施。

3）对钢筋骨架的成型质量要求较高。

4）混凝土保护层控制较难。

5）灌浆套筒安装、预埋件等附件安装、门窗框安装、构件浇筑、蒸养、脱模等工序就地作业。

6）混凝土浇筑多采用振捣棒插捣作业，插捣深度较深，浇筑面抹面收口较少，对工人技能要求较高。

7）每个立模要配有蒸汽管道和独立覆盖，构件可按需逐件蒸养（成本高），蒸养作业较为分散和繁琐。

8）构件成型状态与其工作状态一致，不需翻转，通过起重机进行构件的脱模。

9）对空间运输的组织要求较为严格，如钢筋骨架、混凝土等物料需运至不同位置，整个生产流程较为依赖搬运作业。

10）对各个作业环节的生产节奏和工序衔接要求不是太严格。

11）需留出作业通道和安全通道等。

（2）独立立模制作作业的要点

1）采取可靠的措施防止模台倾覆、下沉、变形和位移。

2）立模的底模和边模要定期检查、维护和修整，模具面层应平整光洁，不得有下沉、裂缝、起砂和起鼓的现象。

3）作业顺序：模具组装的顺序和钢筋骨架、门窗框、灌浆套筒、预埋件等物料入模顺序要契合。

　　4）钢筋作业：钢筋绑扎后，宜设置临时支撑和加固，防止钢筋骨架翻转起吊后变形。

　　5）钢筋间隔件（保护层垫块）：通过模具吊架将钢筋骨架吊起，竖向间隔件宜采用水泥基类钢筋间隔件（并满足承载力要求），水平间隔件宜采用环形间隔件，竖向双层钢筋间宜设置内部间隔件。

　　6）空间运输的组织：模具搬运安装、钢筋骨架入模、输送混凝土料斗的工序组织要细分而严密。

　　7）喷涂脱模剂：立模较高，脱模剂喷涂后，应用干净抹布擦净模具面层，防止残余脱模剂积流至模具边口，影响构件表观质量。

　　8）振捣作业：预制墙、柱等构件要采用人工振捣，振捣上要进行更严格的控制。

　　9）防漏浆措施：边模之间、边模与底模之间的合模位置应粘贴密封条以防止漏浆。

　　10）养护作业：养护点较为分散，每个立模上要有专门的控温设备，养护覆盖要紧密，避免能源浪费。

　　11）车间布局：合理编排车间布局，各模台间需留有足够的安全距离，车间内设有专用的运输通道和安全通道，并随时保持畅通。

2. 集约式立模

　　（1）集约式立模制作作业的主要特点　集约式立模制作作业可以生产造型简单、形状规则、钢筋较疏的混凝土预制构件。集约式立模一般采用并列式，模具由固定端模和两侧的移动模板组成，在固定端模和移动侧模板内壁之间是用来制作预制构件的空间。集约式立模的主要特点是：

　　1）模台和模具流动，作业人员和供料在固定位置，集中养护构件。

　　2）定点浇筑，可精确控制入模的混凝土用量。

　　3）不需要翻转台。

　　4）要求各个工序间的平衡，一个工序脱节就会对整个生产工序造成影响，对作业工序的平衡性、均衡性要求严，但不像流水线工艺那么严。

　　5）对人为作业的环节要求较严格。

　　（2）集约式立模的作业要点

　　1）保持设备完好。检查设备的状态，保持设备在完好的状态，如清扫模具的设备状态不良将影响模具的清洁状态；自动喷洒脱模剂的设备状态不良，喷薄、喷厚将直接影响构件脱模和表观质量。

　　2）关注状态不良的设备，设备未做到位的环节要有人工辅助的检查和补救措施。

　　3）对节奏要详细安排，要求每一个作业的环节在同一时段内完成，各工序要紧密衔接配合。

　　4）流动性要因地制宜，需及时分析、判断和调整。

　　5）集中养护，是以最后一个构件入养护窑的时间为起始点开始养护，养护窑内与室内的温差较大，特别是在冬天的时候，养护窑内相对一直保持着较高的温度，降温过程更要特别注意逐步降到适宜的温度，避免发生质量问题。

　　6）对各个环节容易出现卡壳、受阻的因素一定要有预案。

9.3　制作准备

9.3.1　预制构件制作的依据

　　预制构件制作须依据设计图、有关标准、工程安装计划、混凝土配合比设计和作业操作规程。

（1）设计图　预制构件制作依据构件制作图，对构件的所有要求都集中在构件制作图上，工厂无需自己到其他设计图中获取信息。

工厂收到构件设计图后应详细读图，领会设计指令，对无法实现或无法保证质量的设计问题，以及其他不合理问题，应当向设计单位书面反馈。

常见的构件制作图存在的问题有构件形状无法或不易脱模；钢筋、预埋件和其他埋设物间距太小导致混凝土浆料无法浇筑；预埋件设置不全；构件编号不是唯一性等。

构件制作图样如果需要变更，必须由设计机构签发变更通知单。

（2）有关标准　构件制作应执行的有关国家和行业标准包括《装配式混凝土建筑技术标准》（GB/T 51231—2016）、《装配式混凝土结构技术规程》（JGJ 1—2014）、《混凝土结构工程施工规范》（GB 50666—2011）、《高强混凝土应用技术规程》（JGJ/T 281—2012）、《混凝土结构工程施工质量验收规范》（GB 50204—2015）等，还有项目所在地关于装配式建筑的地方标准。

（3）工程安装计划　构件制作计划应根据工程安装计划制定，按照工程安装要求的各品种规格构件进场次序组织生产。

（4）混凝土配合比设计　依据经过配合比设计、试验得到的可靠的混凝土配合比制作预制构件。对梁柱连体或柱板连体构件，如果连体构件的两部分混凝土强度等级不一样，必须按照设计要求制作。

（5）作业操作规程　根据每个产品的特点，制定生产工艺、设备和各个作业环节的操作规程，并严格执行。

9.3.2　预制构件制作的准备

1. 制作作业的准备

预制构件制作作业开始前，要进行三种准备：项目开始生产前的准备；运用"五新"情况下开始生产前要做的准备；每天生产开始前要做的准备。下面分别讨论：

（1）项目开始生产前的准备

1）检查生产计划和技术方案的落实情况。

2）对本项目全面的技术交底。

3）设备运行状态，特别是混凝土搅拌站、钢筋加工设备、驳运设备、起重设备、锅炉设备的完好状态。

4）构件堆场布局和分配情况。

5）模台使用情况、模台的平整度状态。

6）复查各项工器具完好状态，小五金的备货情况。

7）模具到厂情况，模具进厂验收和首件验收、首件制作情况。

8）复查原材料、灌浆套筒、波纹管、预埋件附件、门窗框和生产用的辅助材料等准备情况。

9）复查装饰面层材料的备货与加工情况。

10）原、辅材料进厂检测情况。

11）混凝土配合比设计和试配情况；构件有表面装饰混凝土，需进行该项配合比设计，做出样块，由建设、设计、监理、总包和工厂会签存档，作为验收对照样品。

12）灌浆套筒接头试验和质保资料完备情况。

13）劳动力配置情况。

14）各岗位操作规程及培训情况。

15）管理人员分工协作、职责分明的情况。

16）日常构件检查工具和专用检验台的准备情况。

17）生产图样、生产表格的准备情况。

18）埋设芯片的相关准备情况。

19）喷涂构件标识的准备情况。

20）复查构件存放场地分配和布置的落实情况。

21）复查起吊、脱模的工器具、吊梁、分配梁准备情况。

22）复查外场存放支承材料、存放货架、构件修补材料、成品保护材料的准备情况。

23）复查出货运输车辆、靠放架、固定设施、运输路线的准备情况。

24）复查安全设施和劳保护具的准备情况。

25）各项应急预案的准备情况等。

（2）运用"五新"情况下开始生产前要做的准备 预制构件和部品生产中采用新技术、新工艺、新材料、新设备、新产品时，生产单位应制定专门的生产方案；必要时进行样品试验，经检验合格后方可实施。

1）设计文件规定的技术储备、材料储备、工艺改革的准备情况。

2）谨慎编制可能影响产品质量的应对方案。

3）对技术方案进行更新。

4）对人员进行系统的培训。

5）配套检测设备、能力和产品检验工具、检验方案，做好充分的准备。

6）做好样品制作、检验并报送建设、设计、施工和监理单位进行核准。

7）对配套设备、工器具做好充分的准备。

8）充分评估批量生产前的风险。

9）布置专人、专职研发或收集技术资料。

10）新的操作规程的制定与实施。

（3）每天生产开始前要做的准备

1）根据前一天的生产情况，调整和组织当日生产任务，并做好次日的生产计划。

2）总结前一天生产的情况，有针对性地开展班前交底会，通报生产进度、质量、安全情况。

3）详细的工序安排与衔接，如做好钢筋加工计划、预埋件等物料的供给计划。

4）每天不同构件生产的关键点。

5）每天对模具的修改或兼用信息的传达。

6）每天脱模的产品如何分类存放和堆垫。

7）每天的产品修补计划。

8）不同构件的成品保护准备。

9）每天的出货计划。

10）当天隐蔽工程验收，申请监理验收的通知计划。

11）录制隐蔽工程电子视频档案所配套工器具准备情况。

12）当天归档清单。

2. 制作工艺的运行与调整

（1）工艺完好性 起重机、钢筋加工设备、台模、流水线、运输车辆的完好性。

（2）工艺均衡性 合理配置资源、劳动力，使得各工序均衡运行。

（3）工艺调整 对现有工艺条件不能满足构件制作要求时进行调整。如流水线、大转角构件无法生产养护，大体积构件超过模台尺寸，个别超大构件超过吊装能力等。

9.4　模具清理、组装

9.4.1　固定模台工艺组模

固定模台工艺组模方式：

1）模具组装前要清理干净，特别是边模与底模的连接部位、边模之间的连接部位、窗上下边模位置、模具阴角部位等。

2）模具清理干净后，要在每一块模板上均匀喷涂脱模剂，包括连接部位，喷涂脱模剂后，应用清洁抹布将模板擦干。

3）对于构件有粗糙面要求的模具面，如果采用缓凝剂方式，须涂刷缓凝剂。

4）在固定模台上组装模具，模具与模台连接应选用螺栓和定位销。

5）模具组装时，先敲入定位销进行定位，再紧固螺栓；拆模时，先放松螺栓，再拔出定位销。

6）模具组装要稳定牢固，严丝合缝。

7）应选择正确的模具进行拼装，在拼装部位粘贴密封条来防止漏浆。

8）组装模具应按照组装顺序，对于需要先安装钢筋骨架或其他辅配件的，待钢筋骨架等安装结束再组装下一道环节的模具，如图9.4-1所示。

9）组装完成的模具应对照图样自检，然后由质检员复检。

图9.4-1　固定模台模具组装

10）混凝土振捣作业环节，及时复查因混凝土振捣器高频振动可能引起的螺栓松动，着重检查预制柱伸出主筋的定位架、剪力墙连接钢筋的定位架和预埋件附件等位置，及时进行偏位纠正。

9.4.2　流水线工艺组模

（1）清理模具

1）自动流水线上有清理模具的清理设备，模台通过设备时，刮板降下来铲除残余混凝土，见第3章图3.2-17；另外一侧圆盘滚刷扫掉表面浮灰，如图9.4-2所示。

2）对残余的大块混凝土要提前清理掉，并分析原因提出整改措施。

图9.4-2　模台清扫设备

3）边模由边模清洁设备（见第3章图3.2-22）清洗干净，通过传送带将清扫干净的边模送进模具库，由机械手按照一定的规格储存备用。

4）人工清理模具需要用腻子刀或其他铲刀清理，如图9.4-3所示，需要注意清理模具要清理彻底，对残余的大块混凝土要小心清理，防止损伤模台，并分析原因提出整改措施。

（2）放线

1）全自动放线是由机械手按照输入的图样信息，在模台上绘制出模具的边线，如图9.4-4所示。

图 9.4-3　人工清理模台

图 9.4-4　机械手自动放线

2）人工放线需要注意先放出控制线，从控制线引出边线。放线用的量具必须是经过验审合格的。

（3）组模

1）机械手组模。通过模具库机械手将模具库内的边模取出，由组模机械手将边模按照放好的边线逐个摆放，并按下磁力盒开关，通过磁力作用将边模与模台连接牢固，如图 9.4-5 所示。

图 9.4-5　机械手自动组模

2）人工组模。人工组装一些复杂非标准的模具、机械手不方便的模具，如门窗洞口的木模等，如图 9.4-6 所示。

9.4.3　组模要求与检查标准

无论采用哪种方式组装模具，模具的组装应符合下列要求：

1）模板的接缝应严密。

2）模具内不应有杂物、积水或冰雪等。

3）模板与混凝土的接触面应平整、清洁。

4）侧面较高、转角或 T 形的边模，应着重检查其垂直度。

5）组模前应检查模具各部件、部位是否洁净，脱模剂喷涂是否均匀。

图 9.4-6　人工组模

6）构件脱模后，及时对构件进行检查，如存在模具问题，应首先对模具进行修整、改正。

7）模具组装完成后应参照第 5 章 5.6.2 节对模具进行检查，检查标准见第 5 章表 5.6-1。

9.4.4　模具清扫

模具每次使用后，应清理干净，不得留有水泥浆和混凝土残渣。根据生产设备的不同，模具清理分为机械设备清理和人工清理两种形式。

（1）机械设备清理

1）机械设备清理主要用于自动流水线上，流水线上专门配有清理模具的清理设备，模台通过设备时，刮板降下来铲除残余混凝土，另外一侧圆盘滚刷扫掉表明浮灰，见第 3 章图 3.2-17。边模由边模的清洁设备清洗干净后，通过传送带送进模具库，由机械手按照一定的规格储存备用，见第 3 章图 3.2-19。

2）国内的自动流水线清理设备模台清理并不是很干净，清理不到位的还需要人工辅助清理。

（2）人工清理　模具需要用腻子刀或其他铲刀清理。模具要清理彻底，对残余的大块混凝土要小心清理，防止损伤模台，见本章图 9.4-3。

9.5　涂刷脱模剂、缓凝剂

9.5.1　涂刷脱模剂

（1）涂刷脱模剂的方法　预制混凝土构件在钢筋骨架入模前，应在模具表面均匀涂抹脱模剂。涂刷脱模剂有自动涂刷和人工涂刷两种方法：

1）流水线上配有自动喷涂脱模剂设备，模台运转到该工位后，设备启动开始喷涂脱模剂，设备上有多个喷嘴保证模台每个地方都均匀喷到，模台离开设备工作面设备自动关闭。喷涂设备上适用的脱模剂为水性或者油性，不适合蜡质的脱模剂，见第 3 章图 3.2-20。

2）人工涂抹脱模剂要使用干净的抹布或海绵，涂抹均匀后模具表面不允许有明显的痕迹、不允许有堆积、不允许有漏涂等现象。

（2）涂刷脱模剂的要点　不论采用哪种涂刷脱模剂的方法，均应按下列要求严格控制：

1）应选用不影响构件结构性能和装饰工程施工的隔离剂。

2）应选用对环境和构件表面没有污染的脱模剂。

3）常用的脱模剂材质有水性和油性两种，构件制作宜采用水性材质的脱模剂。

4）流水线上脱模剂喷涂设备，不适合采用蜡质的脱模剂；硅胶模具应采用专用的脱模剂。

5）涂刷脱模剂前模具已清理干净。

6）带有饰面的构件应在装饰材入模前涂刷脱模剂，模具与饰面的接触面不得涂刷脱模剂。

7）脱模剂喷涂后不要马上作业，应当等脱模剂成膜以后再进行下一道工序。

8）脱模剂涂刷时应谨慎作业，防止污染到钢筋、埋件等部件，使其性能受损。

9.5.2　涂刷缓凝剂

当模具面需要形成粗糙面时，构件制作中常用的方法是：在模具面上涂刷缓凝剂，待成型构件脱模后，用压力水冲洗和去除表面没有凝固的灰浆，露出骨料而形成"粗糙面"，通常也将这种方式称为"水洗面"，如图 9.5-1 所示。

为达到较好的粗糙面效果，缓凝剂需结

图 9.5-1　水洗粗糙面

合混凝土配合比、气温及空气湿度等因素适当调整。涂刷缓凝剂还要特别注意:

1) 选用专业厂家生产的粗糙面专用缓凝剂。

2) 按照设计要求的粗糙面部位涂刷。

3) 按照产品使用要求进行涂刷。

9.6　表面装饰层敷设

预制构件表面装饰层包括石材反打、装饰面砖反打和装饰混凝土。下面分别介绍。

9.6.1　石材反打

石材反打是将石材反铺到预制构件模板上,用不锈钢挂钩将其与钢筋连接,然后浇筑混凝土,装饰石材与混凝土构件结合为一体。

关于石材、不锈钢挂钩和隔离剂的要求见第 2 章 2.4.9 节。

(1) 铺设、固定反打石材的方法

1) 石材入模铺设前,应根据板材排板图核对石材尺寸,提前在石材背面安装锚固卡钩和涂刷防泛碱处理剂 (图 9.6-1),卡钩的使用部位、数量和方向按预制构件设计深化图样确定。

2) 外装饰石材底模之间应设置保护胶带 (图 9.6-2) 或橡胶垫 (如图 9.6-3 所示白色橡胶垫),有减轻混凝土落料的冲击力和防止饰面受污染的作用。

图 9.6-1　石材背面锚固卡钩　　　　　图 9.6-2　石材饰面铺设一

3) 石材铺设、固定作业步骤:

①清理模具。

②在底模上绘制石材铺设控制线,按控制线校正石材铺贴位置。

③向石材四个角部板缝塞入同设计缝宽的硬质方形橡胶条 (长 50mm),辅助石材定位和控制石材缝宽,防止石材移位。

④塞入 PE 棒,控制背面石材板缝封闭胶深度和防止胶污染石材外表面 (图 9.6-4)。

⑤检查和调整石材板缝,做到横平竖直。

⑥石材背面板缝打胶和封堵 (图 9.6-5、图 9.6-6)。

⑦与石材交接的模具边口用玻璃胶进行封闭,刮除多余的玻璃胶。

⑧待背面石材板缝封闭胶凝固后,安装钢筋骨架和其他辅配件。

⑨浇捣前检查合格后进行混凝土浇筑。

图 9.6-3　石材饰面铺设二

图 9.6-4　塞入石材背面板缝 PE 棒

图 9.6-5　石材背面板缝打胶封堵

图 9.6-6　石材背面板缝涂料封堵

（2）铺设、固定反打石材的要点

1）外装饰石材图案、分割、色彩、尺寸应符合设计文件的有关要求。

2）饰面石材宜选用材质较为致密的花岗石等材料，厚度宜大于 25mm。

3）在模具中铺设石材前，应根据排板图要求提前将板材加工好。

4）锚固卡钩宜选用不锈钢 304 及以上牌号，直径宜选用 4mm。

5）应按设计要求在石材背面钻孔、安装不锈钢卡钩、涂覆隔离层。

6）石材与石材之间的接缝应当采用具有抗裂性、收缩小且不污染饰面表面的防水材料嵌填石材之间的接缝。

7）石材与模具之间，应当采用橡胶或聚乙烯薄膜等柔韧性的材料进行隔垫，防止模具划伤石材。

8）石材锚固卡钩每平方米使用数量应根据项目选用的锚固卡钩形式、石材品种、石材厚度做相应的拉拔及抗剪试验后由设计确定。

9）石材在铺设时应在石材间的缝隙中嵌入硬质橡胶进行定位，且橡胶厚度应与设计板缝一致，石材背面板缝应做好封闭。

10）石材铺设后表面应平整，接缝应顺直，接缝的宽度和深度应符合设计要求。

11）竖直模具上石材铺设应当用钢丝将石材与模具连接，避免石材在浇筑时错位。

12）石材需要调换时，应采用专用修补材料，并对接缝进行修整，保证与原来接缝的外观质量一致。

13）外墙板石材允许偏差上海市工程建设规范《装配整体式混凝土结构预制构件制作与质量检验规程》给出了规定，列在这里供读者参考（表9.6-1）。

表9.6-1 外墙板石材、面砖粘贴的允许偏差

项 目	允许偏差/mm	检 验 方 法
表面平整度	2	2m靠尺和塞尺检查
阳角方正	2	角尺检查
上口平直	2	拉线、钢直尺检查
接缝平直	3	钢直尺和塞尺检查
接缝深度	1	
接缝宽度	1	钢直尺检查

注：本表出自《装配整体式混凝土结构预制构件制作与质量检验规程》（DGJ 08-2016）表6.3.9。

9.6.2 装饰面砖反打

（1）铺设、固定瓷砖的方法

1）面砖的图案、分割、色彩、尺寸应符合设计文件的有关要求。

2）面砖铺贴之前应清理模具，并在底模上绘制安装控制线，按控制线校正饰面铺贴位置并采用双面胶或硅胶固定。

3）面砖与底模之间应设置橡胶垫或保护胶带，防止饰面污染。

4）面砖铺设后表面应平整，接缝应顺直，接缝的宽度和深度应符合设计要求。

（2）铺设、固定瓷砖的要点

1）饰面砖铺设前应根据排砖图的要求进行配砖和加工，应当在面砖入模铺设前，先将单块面砖根据构件加工图的要求分块制成套件，套件的尺寸应根据构件饰面砖的大小、图案、颜色取一个或若干个单元组成，每块套件的尺寸不宜大于400mm×600mm（图9.6-7）。

2）套件中砖缝要用专门的泡沫材料填充。泡沫材料需根据面砖实际尺寸偏差适当调整宽度；当面砖尺寸偏差较大时，需按标准缝宽增减设置几种宽度的泡沫材料，用以填充非标准缝宽的砖缝，如标准砖缝宽度为5mm，可设置4.5mm和5.5mm宽度的泡沫材料。

3）面砖薄膜的粘贴不得有折皱，不应伸出面砖，端头应平齐。面砖上的薄膜应压实，嵌条上的薄膜宜采用钢棒沿接缝压实。

4）铺设饰面砖应当从一边开始铺，有门窗洞口的先铺设门窗洞口。

5）面砖需要调换时，应采用专用修补材料，并对接缝进行修整，保证与原来接缝的外观质量一致。

6）要防止对砖内表面污染造成混凝土与砖之间粘结不好，同时防止穿工鞋损坏砖的燕尾槽，应当光脚或穿鞋底比较柔软的鞋子，如图9.6-8所示。

图9.6-7 加工好的瓷砖套件

图9.6-8 光脚铺设面砖

7）面砖粘贴的允许偏差上海市工程建设规范《装配整体式混凝土结构预制构件制作与质量检验规程》给出了一个规定（表9.6-1），供读者参考。

9.6.3　装饰混凝土

饰面表面有装饰混凝土质感层，如砂岩、水磨石等（图9.6-9）。

装饰混凝土是通过造型、质感和颜色来实现装饰效果，在装饰一体化构件中采用的一种方法，当构件有装饰混凝土面层时，在制作面层的时候需要注意以下几点：

1）饰面层的配合比必须单独设计，按照配合比要求单独搅拌，材料（特别是颜料）计量要准确。

2）装饰混凝土面层材料要按照设计要求铺设，厚度不宜小于10mm，以避免普通混凝土基层浆料透出。装饰混凝土厚度铺设要均匀，如图9.6-10所示。

图9.6-9　表面为装饰混凝土的预制构件

图9.6-10　铺设装饰混凝土面层

3）放置钢筋应避免破坏已经铺设的装饰混凝土面层，当钢筋骨架较重时，除了隔垫还应当有吊起钢筋骨架的辅助悬挂措施，避免钢筋骨架过重破坏隔垫。

4）必须在装饰混凝土面层初凝前浇筑混凝土基层。装饰混凝土面层初凝后，浇筑混凝土基层会导致装饰混凝土面层脱层、脱落。为此，浇筑面层时，基层钢筋骨架、混凝土等其他所有的工序要预先准备好，以减少作业时间。

5）采用复合模具时，形成造型与质感的模具与基层模具容易发生位移，使用胶水、玻璃胶、双面胶等粘贴的方法来防止复合模具移位，特别在立面模具上的软膜极易脱落，可采用自攻螺钉进行加固；第5章图5.3-11镂空造型硅胶模板预留了操作手孔，使硅胶模能通过螺栓紧固的方式与模台紧密连接（图9.6-11是用此模板制作的镂空构件）。

6）在制作清水混凝土构件时，着重注意以下几点：

①模具干净整洁，表面无油污，必要时采用香蕉水对模板表面进行清理。

②模具组装严丝合缝，局部可能有缝隙的可提前用玻璃胶进行封堵、刮净。

③脱模剂喷涂均匀，并用干净抹布全部擦净。

④提前做混凝土配合比试配，需保持原材料的稳定，不宜临时更换原材料品种、品牌。

⑤较薄的清水构件宜采用附着式平板振动器进行振捣，可有效减少表面起泡。

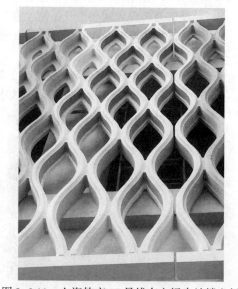

图9.6-11　上海轨交17号线东方绿舟站镂空板

⑥构件脱模后，及时涂刷构件表面保护剂进行保护。

⑦做好成品保护，防止磕伤、碰伤和二次污染。

9.7 钢筋入模

9.7.1 钢筋入模作业

1）钢筋网和钢筋骨架在整体装运、吊装就位时，应采用多吊点的起吊方式，防止发生扭曲、弯折、歪斜等变形。

2）吊点应根据其尺寸、重量及刚度而定，宽度大于1m的水平钢筋网宜采用四点起吊，跨度小于6m的钢筋骨架宜采用两点起吊，跨度大、刚度差的钢筋骨架宜采用横吊梁（铁扁担）四点起吊，如图9.7-1所示。

3）为了防止吊点处钢筋受力变形，宜采取兜底吊或增加辅助用具。

4）钢筋骨架入模时，钢筋应平直、无损伤，表面不得有油污、颗粒状或片状老锈，且应轻放，防止变形。

5）钢筋入模前，应按要求敷设局部加强筋（见第7章7.3.2节）。

6）钢筋入模后，还应对叠合部位的主筋和构造钢筋进行保护，防止外露钢筋在混凝土浇筑过程中受到污染，而影响到钢筋的握裹强度，已受到污染的部位需及时清理，如图9.7-2～图9.7-4所示。

图9.7-1 柱钢筋骨架四点吊（带辅助底模）

图9.7-2 叠合梁钢筋保护

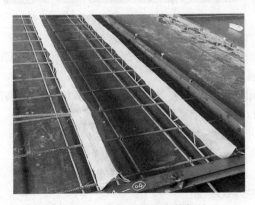

图9.7-3 预制楼板叠合筋保护

图9.7-4 叠合阳台伸出主筋套管保护

9.7.2　钢筋入模定位

钢筋入模有两种方式，一种是生产板类构件全自动入模，一种是通过起重机人工入模。无论采用何种方式入模，钢筋网片或者钢筋骨架应符合表 9.7-1 的要求，表格参考《混凝土结构工程施工质量验收规范》（GB 50204—2015）中表 5。

表 9.7-1　钢筋网或者钢筋骨架尺寸和安装位置偏差

项　目			允许偏差/mm	检验方法
绑扎钢筋网	长、宽		±10	钢尺检查
	网眼尺寸		±20	钢尺量连续三档，取最大值
绑扎钢筋骨架	长		±10	钢尺检查
	宽、高		±5	钢尺检查
	钢筋间距		±10	钢尺量两端、中间各一点
受力钢筋	位置		±5	钢尺量测两端、中间各一点，取较大值
	排距		±5	
	保护层	柱、梁	±5	钢尺检查
		楼板、外墙板楼梯、阳台板	+5，−3	钢尺检查
绑扎钢筋、横向钢筋间距			±20	钢尺量连续三档，取最大值
箍筋间距			±20	钢尺量连续三档，取最大值
钢筋弯起点位置			±20	钢尺检查

从模具伸出的钢筋位置、数量、尺寸等要符合图样要求，并严格控制质量。出筋位置、尺寸要有专用的固定架来固定，如图 9.7-5 所示。

9.7.3　布置、安放钢筋间隔件

正确选用和合理布置、安放钢筋间隔件（混凝土保护层垫块）应符合《混凝土结构用钢筋间隔件应用技术规程》（JGJ/T 219—2010）的相关规定。

1）在预制构件生产中，正确选用钢筋间隔件有以下几个要点：

①常用的钢筋保护层间隔件有塑料类钢筋间隔件（图 9.7-6）、水泥基类钢筋间隔件

图 9.7-5　钢筋出筋定位

（图 9.7-7）、金属类钢筋间隔件三种材质，需根据不同的使用功能和位置正确选择和使用钢筋间隔件，一般预制构件制作不宜采用金属类钢筋间隔件。

②钢筋间隔件应具有足够的承载力、刚度，梁、柱等构件竖向间隔件的安放间距应根据间隔件的承载力和刚度确定，并应符合被间隔钢筋的变形要求。

③塑料类钢筋间隔件和水泥基类钢筋间隔件可作为构件表层间隔件。

④梁、柱、楼梯、墙等竖向浇筑的构件，宜采用水泥基类钢筋间隔件作为竖向间隔件。

⑤立式模具的表层间隔件宜采用环形间隔件，竖向间隔件宜采用水泥基类钢筋间隔件。

⑥清水混凝土的表层间隔件应根据功能要求进行专项设计。

2）预制构件生产常见的构件中，布置和安放钢筋间隔件的方法如下：

钢筋入模前应将钢筋间隔件安放好，间隔件的布置间距与构件高度、钢筋重量有关。

①钢筋间隔件的布置间距和安放方法应符合规范和设计要求。

②板类构件的表层间隔件宜按阵列式放置在纵横钢筋的交叉点位置，一般两个方向的间距均不宜大于0.5m。

③墙类构件的表层间隔件应采用阵列式放置在最外层受力钢筋处，水平与竖向安放间距不应大于0.5m。

④梁类构件的竖向表层间隔件应放置在最下层受力钢筋下面，同一截面宽度内至少布置两个竖向表层间隔件，间距不宜大于1.0m；梁类水平表层间隔件应放置在受力钢筋侧面，间距不宜大于1.2m。

⑤柱类构件（卧式浇筑）的竖向表层间隔件应放置在纵向钢筋的外侧面，间距不宜大于1.0m。

⑥构件生产中，钢筋间隔件应根据实际情况进行调整。

图9.7-6　环形塑料间隔件

图9.7-7　水泥基类间隔件

9.7.4　外伸钢筋架立

从模具伸出的钢筋位置、数量、尺寸等必须符合图样要求，一般对架立的外伸钢筋，靠近构件的位置在侧模的相应位置开槽或开孔将外出钢筋引出，在外伸钢筋的远端则采用钢制或木质定位架固定，以防在混凝土成型时外伸钢筋左右上下偏位，见第5章图5.4-25。

9.8　门窗框或门窗预埋件安装

门窗框宜在浇筑混凝土前预先安装于模具中，门窗框的位置、预埋深度应符合设计要求。

（1）门窗框安装方法　门窗框安装时先将窗下边模固定于模台上，按开启方向将门窗安装在窗下边模上，然后安装窗上模并限位、固定，最后按要求安装锚固脚片（锚杆），图9.8-1是窗户与无保温层预制墙板一体化节点，图9.8-2是窗户与夹芯保温预制墙板一体化节点。

（2）门窗框安装要点

1）按照设计的要求，通过锚固脚片将门窗框牢固地和构件锚固在一起。

2）门窗框在构件制作、驳运、存放、安装过程中，应进行包裹或遮挡，避免污染、划伤和损坏门窗框。

3）门窗框安装位置应逐件检验，允许偏差应符合第5章表5.4-1规定。

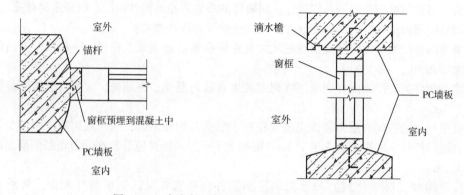

图 9.8-1　窗户与无保温层预制墙板一体化节点

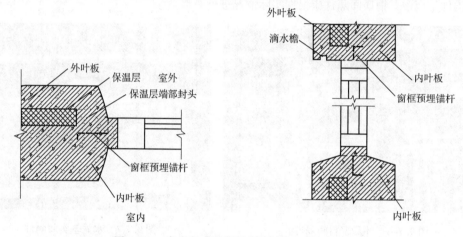

图 9.8-2　窗户与夹芯保温预制墙板一体化节点

9.9　套筒、预埋件、留孔内模固定

预制构件上所有的套筒、孔洞内模、金属波纹管、预埋件附件等，安装位置都要做到准确，并必须满足方向性、密封性、绝缘性和牢固性等要求。定位方法应当在模具设计阶段考虑周全，增加固定辅助设施，尤其要注意控制灌浆套筒及连接用钢筋的位置及垂直度。

紧贴模板表面的预埋附件，一般采用在模板上的相应位置上开孔后用螺栓精准牢固定位。不在模板表面的，一般采用工装架形式定位固定。

9.9.1　套筒固定

1）套筒与受力钢筋连接，钢筋要伸入套筒定位销处（半灌浆套筒为钢筋拧入）；套筒另一端与模具上的定位组件连接牢固。

2）套筒安装前，先将固定组件加长螺母卸下，将固定组件的专用螺杆从模板内侧插入并穿过模板固定孔（直径 $\phi 12.5 \sim \phi 13$ 的通孔），然后在模板外侧的螺杆一端装上加长螺母，用手拧紧即可，如图 9.9-1、图 9.9-2 所示。

3）套筒与固定组件的连接。套筒固定前，先将套筒与钢筋连接好，再将套筒灌浆腔端口套在已经安装在模板上的固定组件橡胶垫端。拧紧固定时，使套筒灌浆腔端部以及固定组件后垫片均紧贴模板内壁，然后在模板外侧用两个扳手，一个卡紧专用螺杆尾部的扁平轴，一个旋转拧紧加长螺母，直至前后垫片将橡胶垫压缩变鼓（膨胀塞原理），使橡胶垫与套筒内腔壁紧密配合，而形成连接和密封。

4）要注意控制灌浆套筒及连接钢筋的位置及垂直度，构件浇筑振捣作业中，应及时复查和纠正，振捣棒高频振动可能引起的套筒或套筒内钢筋跑位的现象。

5）要注意不要对套筒固定组件专用螺杆施加侧向力，以免弯曲。

图 9.9-1　灌浆套筒与模板固定

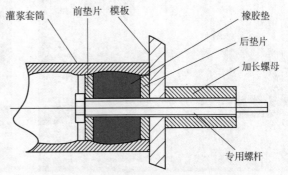

图 9.9-2　灌浆套筒与模板固定示意图

9.9.2　金属波纹管固定

对波纹管进行固定，要借助专用的孔形定位套销组件。采用波纹管先和孔形定位套销定位，孔形定位套销再和模板固定的方法，参见第 4 章图 4.8-7。

孔型定位套销组件由定位芯棒、出浆孔销、进浆孔销组成，安装波纹管时，定位芯棒穿过模板并固定，将波纹管套进芯棒后封闭波纹管末端，防止漏浆，如图 9.9-3 所示。

9.9.3　孔洞内模固定

1）按孔洞内模内径偏小 1～1.5mm 加工带倒角的定位圆形板，如图 9.9-4 所示。

图 9.9-3　波纹管固定

2）固定竖向孔洞内模时，将定位板 A 焊接或螺栓紧固到模台上，孔洞内模安装后水平方向就位，再利用长螺栓穿过定位板 B 与定位板 A 紧固在一起，孔洞内模垂直方向就位。固定横向孔洞内模时也同理，如图 9.9-5 所示。

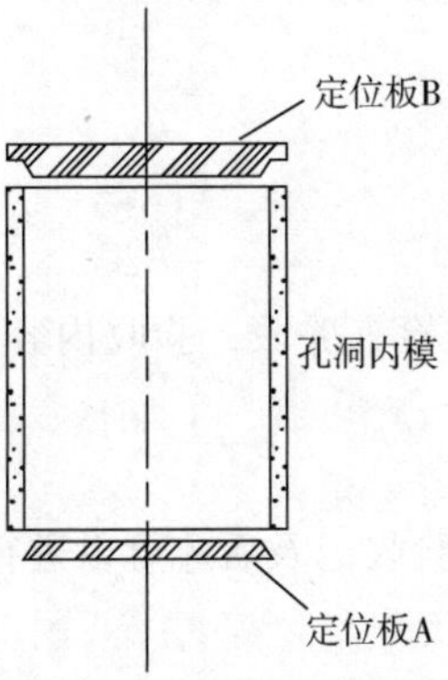

图 9.9-4　固定孔洞内模截面示意

图 9.9-5　固定孔洞内模方法

9.9.4　预埋件固定

预埋件要固定牢靠，防止浇筑混凝土振捣过程中松动偏位，如图9.9-6、图9.9-7所示。

图9.9-6　预埋螺栓固定方法

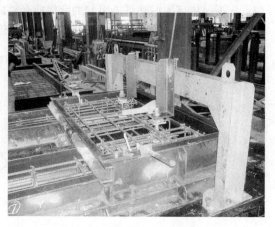

图9.9-7　预埋连接件固定方法

9.9.5　机电管线与预埋物固定

装配式建筑一般尽可能采取管线分离的原则，即使是有管线预埋在构件当中，也仅限于防雷引下线、叠合楼板的预埋灯座、墙体中强弱电预留管线与箱盒等少数机电预埋物。

（1）布置机电管线和预埋物　在管线布置中，如果预埋管线离钢筋或预埋件很近，影响混凝土的浇筑，要请监理和设计给出调整方案。

（2）固定机电管线和预埋物　对机电管线和预埋物在钢筋骨架内的部分一般采用钢筋定位架固定，机电管线和预埋物出构件平面或在构件平面上的，一般采用在模具上的定位孔或定位螺栓固定。

1）防雷引下线固定。防雷引下线采用镀锌扁钢，镀锌扁钢于构件两端各需伸出150mm，以便现场焊接。镀锌扁钢宜通长设置（见第3章图3.6-2），穿过端模上的槽口，与箍筋绑扎或焊接定位。

2）预埋灯盒固定。首先，根据灯盒开口部内净尺寸定制八角形定位板，定位板就位后，将灯盒固定于定位板上，参见第4章图4.8-9。

3）强弱电预留管线固定。强弱电管线沿纵向或横向排管，随钢筋绑扎固定，其折弯处应采用合适规格的弹簧弯管器进行弯折，见第4章图4.8-4。

4）箱盒固定。箱盒一般采用工装架进行固定，工装架固定点位与箱盒安装点位一致。

9.10　构件制作隐蔽工程验收

1. 隐蔽工程验收内容

混凝土浇捣前，应对钢筋、套筒、预埋件等进行隐蔽工程检查验收，验收内容见第11章11.5.1节。

2. 隐蔽工程验收程序

隐蔽工程应通知驻厂监理验收，验收合格并填写隐蔽工程验收记录后才可以进行混凝土浇筑，验收程序见第11章11.5.2节。

3. 照片、视频档案

建立照片、视频档案不是国家要求的，但对追溯原因、追溯责任十分有用，所以应该建立档案。拍照时用小白板记录该构件的使用项目名称、检查项目、检查时间、生产单位等（图 9.10-1）。对关键部位应当多角度拍照，照片要清晰。

隐蔽工程检查记录应当与原材料检验记录一起在工厂存档，存档按时间、项目进行分类存储，照片、影像类资料应电子存档与刻盘。

隐蔽工程验收档案见第 11 章 11.5.3 节。

图 9.10-1　混凝土浇筑前检查

9.11　混凝土搅拌与运送

9.11.1　混凝土搅拌

1）《装配式混凝土建筑技术标准》（GB/T 51231—2016）规定：

①混凝土应采用有自动计量装置的强制式搅拌机搅拌，并具有生产数据逐盘记录和实时查询功能。混凝土应按照混凝土配合比通知单进行生产，原材料每盘称量的允许偏差应符合表 9.11-1 的规定。

表 9.11-1　混凝土原材料每盘称量的允许偏差

项　　次	材　料　名　称	允　许　偏　差
1	胶凝材料	±2%
2	粗、细骨料	±3%
3	水、外加剂	±1%

注：本表出自《装配式混凝土建筑技术标准》（GB/T 51231—2016）表 9.6.3。

②混凝土应进行抗压强度检验，并应符合下列规定：

A. 混凝土检验试件应在浇筑地点取样制作。

B. 每拌制 100 盘且不超过 100m³ 的同一配合比混凝土，每工作班拌制的同一配合比的混凝土不足 100 盘为一批。

C. 每批制作强度检验试块不少于 3 组、随机抽取 1 组进行同条件转标准养护后强度检验，其余可作为同条件试件在预制构件脱模和出厂时控制其混凝土强度，还可根据预制构件吊装、张拉和放张等要求，留置足够数量的同条件混凝土试块进行强度检验。

D. 蒸汽养护的预制构件，其强度评定混凝土试块应随同构件蒸养后，再转入标准条件养护。构件脱模起吊、预应力张拉或放张的混凝土同条件试块，其养护条件应与构件生产中采用的养护条件相同。

E. 除设计有要求外，预制构件出厂时的混凝土强度不宜低于设计混凝土强度等级值的 75%。

2）除了规范中的规定，预制工厂混凝土搅拌作业还必须做到：

①控制节奏。预制混凝土作业不像现浇混凝土那样是整体浇筑，而是一个一个构件浇筑。每个构件的混凝土强度等级可能不一样，混凝土量不一样，前道工序完成的节奏有差异，所以，预制混凝土搅拌作业必须控制节奏：搅拌混凝土强度等级、时机与混凝土数量必须与已经完成前道工序的构件的需求一致。既要避免搅拌量过剩或搅拌后等待入模时间过长，又要尽可能提高搅拌效率。

对于全自动生产线，计算机会自动调节控制节奏，对于半自动和人工控制生产线，固定模台工艺，混凝土搅拌节奏靠人工控制，需要严密的计划和作业时的互动。

②原材料符合质量要求。

③严格按照配合比设计投料，计量准确。

④搅拌时间充分。

⑤当浇筑柱梁或柱板等一体化构件时，柱和梁部分（或柱和板）为不同混凝土强度，要给予区分，于初凝前完成相邻混凝土浇筑。

9.11.2　坍落度检验与不合格处理

《混凝土质量控制标准》（GB 50164—2011）中规定，在生产施工过程中，应在搅拌地点和浇筑地点分别对混凝土拌合物进行抽样检验。检验频率应符合《混凝土强度检验评定标准》（GB/T 50107—2010）的有关规定。

坍落度与和易性检验在搅拌地点和浇筑地点都要进行，搅拌地点检验为控制性自检，浇筑地点检验为验收检验。

经检验，拌合物性能达标的混凝土可用于构件生产，不达标的混凝土严禁投入构件的生产。

对不达标的混凝土，有条件的企业可提前准备好模具，将其用在一些对混凝土性能没有要求的小型构件上，如庭院用品构件、混凝土支承垫块等。

9.11.3　混凝土运送

如果流水线工艺混凝土浇筑振捣平台设在搅拌站出料口位置，混凝土直接出料给布料机，没有混凝土运送环节；如果流水线浇筑振捣平台与出料口有一定距离，或采用固定模台生产工艺，则需要考虑混凝土运送。

预制工厂常用的混凝土运送方式有三种：自动鱼雷罐运送、起重机-料斗运送、叉车-料斗运送。预制工厂超负荷生产时，厂内搅拌站无法满足生产需要，可能会在工厂外的搅拌站采购商品混凝土，采用搅拌罐车运送。

1）自动鱼雷罐（第3章图3.4-2）用在搅拌站到构件生产线布料机之间运输，运输效率高，适合浇筑混凝土连续作业。自动鱼雷罐运输搅拌站与生产线布料位置距离不能过长，控制在150m以内，且最好是直线运输。

2）车间内起重机或叉车加上料斗运输混凝土，适用于生产各种预制构件，运输卸料方便（图9.11-1）。

3）混凝土运送须做到以下几点：

①运送能力与搅拌混凝土的节奏匹配。

②运送路径通畅，应尽可能缩短运送时间。

③运送混凝土容器每次出料后必须清洗干净，不能有残留混凝土。

④当运送路径有露天段时，雨雪天气运送混凝土的叉车或料斗应当遮盖（图9.11-2）。

图9.11-1　叉车配合料斗运输　　　　图9.11-2　叉车运送混凝土防雨遮盖

⑤混凝土浇筑时应控制混凝土从出机到浇筑完毕的时间，上海市建筑建材业管理总站给出了一个规定，供读者参考（表 9.11-2）。

表 9.11-2　混凝土运输、浇筑和间歇的适宜时间

混凝土强度等级	气　温	
	≤25℃	>25℃
<C30	60min	45min
≥C30	45min	30min

注：本表出自上海市《装配式建筑预制混凝土构件生产技术导则》表6.9.4。

9.11.4　混凝土搅拌严禁事项

1) 不合格的原材料严禁投入使用。
2) 不同品牌、不同规格的水泥、外加剂、外掺料严禁混用。
3) 严禁私自调整配合比。
4) 严禁擅自加水。
5) 混凝土拌合物性能检验不达标的严禁投入构件生产。
6) 混凝土搅拌后时间间隔过长，开始初凝后，严禁投入构件生产。

9.12　混凝土浇筑

9.12.1　混凝土入模

（1）喂料斗半自动入模　人工通过操作布料机前后左右移动来完成混凝土的浇筑，混凝土浇筑量通过人工计算或者经验来控制，是目前国内流水线上最常用的浇筑入模方式（图 9.12-1）。

（2）料斗人工入模　人工通过控制起重机使料斗来回移动以完成混凝土浇筑的方式，适用在异形构件及固定模台的生产线上，其浇筑点、浇筑时间不固定，但浇筑量完全通过人工控制，优点是机动灵活、造价低（图 9.12-2）。

图 9.12-1　喂料斗半自动入模　　　　　　　图 9.12-2　人工入模

（3）智能化入模　布料机根据计算机传送过来的信息，自动识别图样以及模具，从而自动完成布料机的移动和布料，工人通过观察布料机上显示的数据，来判断布料机内剩余的混凝土量并随时补充。混凝土浇筑过程中，布料机遇到窗洞口时，将自动关闭卸料口以防止混凝土误浇筑（图 9.12-3、图 9.12-4）。

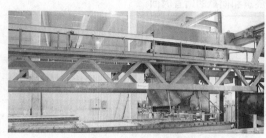

图9.12-3　喂料斗自动入模一　　　　　　　　图9.12-4　喂料斗自动入模二

（4）混凝土浇筑要求　混凝土无论采用何种入模方式，浇筑时应符合下列要求：

1）混凝土浇筑前应当做好混凝土的检查，检查内容：混凝土坍落度、温度、含气量等，并且拍照存档，见本章图9.10-1。

2）浇筑混凝土应均匀连续，从模具一端开始。

3）投料高度不宜超过500mm。

4）浇筑过程中应有效地控制混凝土的均匀性、密实性和整体性。

5）混凝土浇筑应在混凝土初凝前全部完成。

6）混凝土应边浇筑边振捣。

7）冬季混凝土入模温度不应低于5℃。

8）混凝土浇筑前应制作同条件养护试块等。

9.12.2　混凝土振捣

（1）固定模台插入式振动棒振捣　预制构件振捣与现浇不同，由于套管、预埋件多，普通振动棒可能下不去，应选用超细振动棒或者手提式振动棒（图9.12-5）。

振动棒振捣混凝土应符合下列规定：

1）应按分层浇筑厚度分别振捣，振动棒的前端应插入前一层混凝土中，插入深度不小于50mm。

2）振动棒应垂直于混凝土表面并快插慢拔均匀振捣；当混凝土表面无明显塌陷、有水泥浆出现、不再排出气泡时，应当换一个部位继续振捣。

3）振动棒与模板的距离不应大于振动棒作用半径的一半；振捣点间距不应大于振动棒的作用半径的1.4倍。

4）钢筋密集区、预埋件及套筒部位应当选用小型振动棒振捣，并且加密振捣点，延长振捣时间。

图9.12-5　手提式振动棒

5）反打石材、瓷砖等墙板振捣时应注意振动损伤石材或瓷砖。

（2）固定模台附着式振动器振捣　固定模台生产板类构件如叠合楼板、阳台板等薄壁性构件可选用附着式振动器（见第3章图3.2-32）。附着振动器振捣混凝土应符合下列规定：

1）振动器与模板紧密连接，设置间距通过试验来确定。

2）模台上使用多台附着振动器时，应使各振动器的频率一致，并应交错设置在相对面的模台上。

对一些比较宽的构件，附着式振捣器不能振捣到位的，要搭设振捣作业临时桥板，保证每一点振捣到位。

（3）固定模台平板振动器振捣　平板振动器适用于墙板生产内表面找平振动，或者局部辅助振捣。

（4）流水线振动台自动振捣　流水线振动台通过水平和垂直振动从而达到混凝土的密实。欧洲的柔性振动平台可以上下、左右、前后 360° 方向的运动，从而保证混凝土密实，且噪声控制在 75dB 以内（图 9.12-6）。

欧洲有一些生产预应力构件的生产线也采取自动振捣的方式，一种是在长线台座上安装简便的附着式振动器方式，另一种是在流动生产线的其中一段轨道安装上振动器进行振捣；还有一些生产干硬性制品的设备在生产挤压过程中就实现了同步振捣。

9.12.3　浇筑表面处理

（1）压光面　混凝土浇筑振捣完成后在混凝土终凝前，应当先采用木质抹子对混凝土表面砂光、砂平，然后用铁抹子压光直至压光表面。

（2）粗糙面

1）预制构件粗糙面成型可采用预涂缓凝剂工艺，脱模后采用高压水冲洗（见本章图 9.5-1）。

2）叠合面粗糙面可在混凝土初凝前进行拉毛处理。第 1 章图 1.4-7 是日本工厂在预应力叠合板浇筑表面做粗糙面的照片。

（3）键槽　需要在浇筑面预留键槽，应在混凝土浇筑后用内模或工具压制成型，图 9.12-7 所示是欧洲预应力叠合板侧向结合面构造图（键槽和粗糙面）。

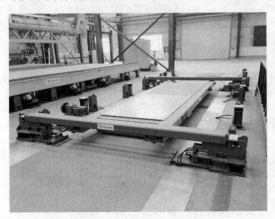

图 9.12-6　欧洲流水线 360° 振动台　　　　图 9.12-7　欧洲预应力叠合板侧面的键槽和粗糙面

（4）抹角　浇筑面边角做成 45° 抹角，如叠合板上部边角，或用内模成型，或由人工抹成。

9.12.4　减重材料铺设

为了减轻构件的重量，有时候设计对一些装配式建筑中的非结构部分填充减重材料，如外墙板的窗下墙等，常见的填充减重材料是聚苯乙烯发泡板（EPS），作业要点如下：

（1）铺设位置　铺设填充减重材料应注意：减重材料在结构中的位置必须准确，可采用钢筋定位的方式加以固定，保证混凝土在成型过程中位置不发生偏离。

（2）固定方式　对外观尺寸在 400mm × 400mm 以上的减重材料，其下部的混凝土难以浇筑密实时，可采用两次浇筑的方式，即先浇筑减重材料下部的混凝土，然后安放减重材料，再绑扎上部钢筋和浇筑上部混凝土；对外观尺寸在 400mm × 400mm 以下的减重材料，可以绑扎固定在钢筋骨架中一体化浇筑，依靠混凝土的流动性使减重材料的下部混凝土密实。

（3）固定措施　由于减重材料相对比较轻，在混凝土浇筑振动过程中很容易上浮，因此要采取绑扎固定、限位钢筋（抱箍）的措施防止减重材料上浮，如图9.12-8所示。

根据填充减重材料的尺寸配置限位钢筋（限位筋如图9.12-8中C部大样所示），每个方向至少设置两道，随钢筋骨架绑扎定位，必要时采取点焊的方式，使其牢牢固定在钢筋骨架上。

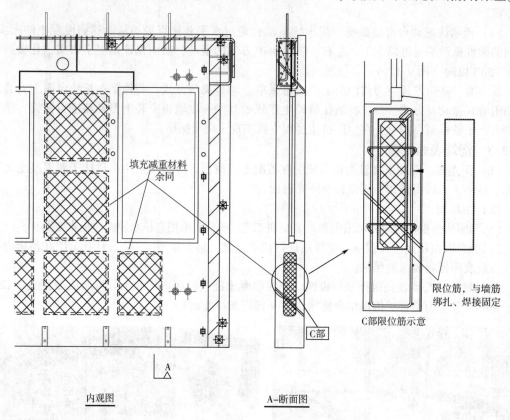

图9.12-8　减重材料限位固定措施

9.12.5　信息芯片埋设

预制构件生产企业应建立构件生产管理信息化系统，用于记录构件生产关键信息，以追溯、管理构件的生产质量和进度。

有些地方，政策上强制要求必须在预制构件内埋设信息芯片，有些地方暂无要求。

（1）芯片的规格　芯片为超高频芯片，外观尺寸约为$3mm \times 20mm \times 80mm$（图9.12-9）。

（2）芯片的埋设　芯片录入各项信息后，宜将芯片浅埋在构件成型表面，埋设位置宜建立统一规则，便于后期识别读取。埋设方法如下：

图9.12-9　芯片

1）竖向构件收水抹面时，将芯片埋置在构件浇筑面中心距楼面60~80cm高处，带窗构件则埋置在距窗洞下边20~40cm中心处，并做好标记。脱模前将打印好的信息表粘贴于标记处，便于查找芯片埋设位置。

2）水平构件一般放置在构件底部中心处，将芯片粘贴固定在平台上，与混凝土整体浇筑；

3）芯片埋深以贴近混凝土表面为宜，埋深不应超过 2cm，具体以芯片供应厂家提供数据实测为准（见第 4 章图 4.8-42、图 4.8-43）。

9.13　夹芯保温板制作

夹芯保温外墙板也称为"三明治构件"，是指由混凝土构件、保温层和外叶板构成的预制混凝土构件。包括预制混凝土夹芯保温外墙板，预制混凝土夹芯保温柱，预制混凝土夹芯保温梁。其中，应用最多的是预制混凝土夹芯保温外墙板。

目前夹芯保温外墙板浇筑方式有一次作业法和两次作业法两种方式，但一次作业法当前存在着很大的质量和安全隐患，因无法准确控制内外叶墙体混凝土间隔时间，保证所有的作业在混凝土初凝前完成，初凝期间或初凝后的一些作业环节直接导致保温拉结件及其握裹混凝土受到扰动，而无法满足锚固要求，所以笔者建议尽可能不采用一次作业法，日本的夹芯保温外墙板都是采用两次作业法，欧洲的夹芯保温外墙板生产线也都是采用两次作业法。

控制内外叶墙体混凝土浇筑间隔是为了保证拉结件与混凝土的锚固质量。

（1）国家标准《装配式混凝土建筑技术标准》（GB/T 51231—2016）中夹芯保温墙板成型规定

1）夹芯保温墙板内外叶墙体拉结件的品种、数量、位置对于保证外叶墙结构安全、避免墙体开裂极为重要，其安装必须符合设计要求和产品技术手册。

2）带保温材料的预制构件宜采用水平浇筑方式成型，夹芯保温墙板成型尚应符合下列规定：

①拉结件的数量和位置应满足设计要求。

②应采取可靠措施保证拉结件位置、保护层厚度，保证拉结件在混凝土中可靠锚固。

③应保证保温材料间拼缝严密或使用粘接材料密封处理。

④在上层混凝土浇筑完成之前，下层混凝土不得初凝。

（2）夹芯保温外墙板浇筑　常用保温拉结件有两种形式，一种是预埋式金属类拉结件（见第 2 章图 2.2-15a），另一种是插入式 FRP 拉结件，FRP 是指纤维强化塑料（俗称玻璃钢，见第 2 章图 2.2-15b）。

1）拉结件埋置。夹芯保温外墙板浇筑混凝土时需要考虑拉结件的埋置方式和锚固长度要求。

①预埋式。预埋式适用于金属类拉结件。

采用需预先绑扎的拉结件应当在混凝土浇筑前，提前将拉结件安装绑扎完成，浇筑好混凝土后严禁扰动拉结件，如图 9.13-1 所示。

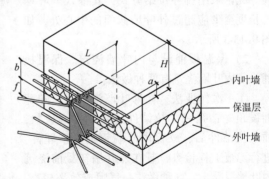

图 9.13-1　不锈钢拉结件安装状态示意图

A. 当外叶墙厚度为 50mm 时，不锈钢拉结件锚入外叶墙的深度为 45mm（哈芬公司提供参考数值，下同）。

B. 当外叶墙厚度为 60mm 时，不锈钢拉结件锚入外叶墙的深度为 50mm。

②插入式。插入式适用于 FRP 拉结件的埋置。

外叶墙混凝土浇筑后，要求在初凝前插入拉结件，防止混凝土初凝后拉结件插不进去或虽然插入但混凝土握裹不住拉结件。严禁隔着保温层材料插入拉结件，这样的插入方式会把保温层破碎的颗粒挤到混凝土中，破碎颗粒与混凝土共同包裹拉结件会直接削弱拉结件的锚固力量，非常不安全，如图9.13-2所示。

外叶墙常见的厚度为50~60mm，FRP拉结件锚入外叶墙的长度为35mm（利物宝公司提供参考数值）。

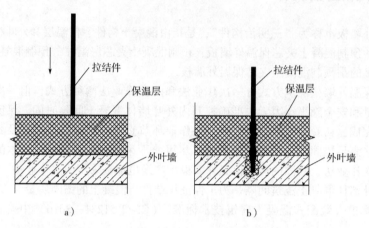

a)　　　　　　　　　　b)

图9.13-2　危险的做法——直接插入拉结件

③拉结件的锚固长度。不锈钢、FRP或其他拉结方式的拉结件，锚入外叶墙的深度应由设计提供标准，设计未能提供的，由拉结件供应专业单位出具专项方案，也应由设计验算、复核、确认。

外叶墙厚度只有50mm的情况下，若锚固长度不足，构件存在极大的安全和质量风险。无论采用哪种拉结方式，其锚入外叶墙的长度至少应超过外叶墙截面的中心处，如图9.13-3所示。

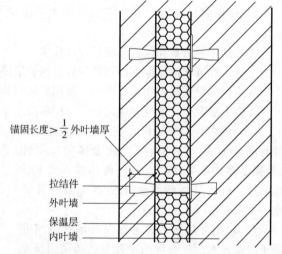

图9.13-3　FRP拉结件安装状态示意图

2）保温板铺设与内叶墙浇筑。保温板铺设与内叶墙浇筑有两种做法：

①一次作业法。在外叶墙浇筑后，随即铺设预先钻孔完（拉结件孔）的保温材料，插入拉结件后，放置内叶墙钢筋、预埋件，进行隐蔽工程检查，赶在外叶墙初凝前浇筑内叶墙混凝土。此种做法一气呵成效率较高，但容易对拉结件形成扰动，特别是内叶墙安装钢筋、预埋件、隐蔽工程验收等环节需要较多时间，外叶墙混凝土开始初凝时，各项作业活动会对拉结件及周边握裹混凝土造成扰动，将严重影响拉结件的锚固效果，形成质量和安全的隐患。

②两次作业法。外叶墙浇筑后，在混凝土初凝前将保温拉结件埋置到外叶墙混凝土中，经过养护待混凝土完全凝固并达到一定强度后，铺设保温材料，再浇筑内叶墙混凝土。铺设保温材料和浇筑内叶墙一般是在第二天进行。

3）保温层铺设：

①保温层铺设应从四周开始往中间铺设。

②应尽可能采用大块保温板铺设，减少拼接缝带来的热桥。

③不管是一次作业法，还是两次作业法，拉结件处都应当在保温板上钻孔后插入。

④对于接缝或留孔的空隙应用聚氨酯发泡进行填充。

（3）夹芯保温外墙板生产要点

1）保温板铺设前应按设计图样和施工要求，确认拉结件和保温板满足要求后，方可安放拉结件和铺设保温板，保温板铺设应紧密排列。

2）不应在湿作业状态下直接将拉结件插入保温板，而是要预先在保温板上钻孔后插入，在插入过程中应使 FRP 塑料护套与保温材料表面平齐并旋转 90°，如图 9.13-4、图 9.13-5 所示。

3）夹芯保温墙板主要采用 FRP 拉结件或金属拉结件将内外叶混凝土层连接。在构件成型过程中，应确保 FRP 拉结件或金属拉结件的锚固长度，混凝土坍落度宜控制在 140～180mm 范围内，以确保混凝土与连接件间的有效握裹力。

4）采用两次作业法的夹芯外墙板需选择适用的 FRP 保温拉结件，不适合采用带有塑料护套的拉结件。

5）两次作业法采用垂直状态的金属拉结件时，可轻压保温板使其直接穿过拉结件；当使用非垂直状态金属拉结件时，保温板应预先开槽后再铺设，需对铺设过程中损坏部分的保温材料补充完整。

6）生产 L 形夹芯保温外墙时，侧面较高的立模部位宜同步浇筑内外叶混凝土层，生产时应采取可靠措施确保内外叶混凝土厚度、保温材料及拉结件的位置准确。

图 9.13-4　FRP 拉结件安装

图 9.13-5　内叶混凝土浇筑前示意

9.14　构件养护

9.14.1　养护概述

养护是混凝土质量的重要环节，对混凝土的强度、抗冻性、耐久性有很大的影响。混凝土养护有三种方式：常温、蒸汽、养护剂养护。

预制混凝土构件一般采用蒸汽（或加温）养护，蒸汽（或加温）养护可以缩短养护时间，快速脱模，提高效率，减少模具等生产要素的投入。

蒸汽养护的基本要求：

1）采用蒸汽养护时，应分为静养、升温、恒温和降温四个阶段（图 9.14-1）。

2）静养时间根据外界温度一般为 2～3h。

3）升温速度宜为每小时 10～20℃。

4）降温速度不宜超过每小时 10℃。

5）柱、梁等较厚的预制构件养护最高温度控制在 40℃，楼板、墙板等较薄的构件养护最高温度应控制在 60℃以下，持续时间不小于 4h。

6）当构件表面温度与外界温差不大于 20℃时，方可撤除养护措施脱模。

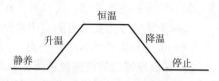

图 9.14-1　蒸汽养护过程曲线图

9.14.2　固定模台和立模工艺养护

固定模台与立模采用在工作台直接养护的方式（图 9.14-2）。蒸汽通到模台下，将构件用苫布或移动式养护棚覆盖，在覆盖罩内通蒸汽进行养护。固定模台养护应设置全自动温度控制系统，通过调节供气量自动调节每个养护点的升温降温速度和保持温度。

9.14.3　流水线集中养护

流水线采用养护窑集中养护（见第 3 章图 3.2-30），养护窑内有散热器或者暖风炉进行加温，采用全自动温度控制系统。

养护窑养护要避免构件出入窑时窑内外温差过大。

图 9.14-2　工作台直接蒸汽养护

9.14.4　养护常见问题

1）《装配式混凝土建筑技术标准》（GB/T 51231—2016）中提出"在条件允许的情况下优先采用自然养护"。但根据笔者的经验，自然养护对模具依赖性很高，采用这种养护方式，养护时间比较长，生产需要的时间和模具更多、存放构件养护的场地也更大，从世界各地的预制工厂来看，一般受模具和养护场地的影响，采用加热养护的方式居多，这种养护方式不易实现。

2）《装配式混凝土建筑技术标准》（GB/T 51231—2016）中规定最高养护温度不宜超过 70℃。实际生产中当加热养护温度超过 50℃时，构件表面非常容易出现温差裂缝。厂家在控制养护温度上限时，宜根据当地的环境和自然情况，在这个加热温度范围适当地进行判断和调整。

3）塑钢门窗在较高温度加热下可能会产生热变形，要及时调整养护温度。

9.15　构件脱模、翻转

9.15.1　脱模作业要求

1）脱模不应损伤预制构件，应严格按顺序拆模，严禁用振动、敲打方式拆模。宜先从侧模开始，先拆除固定预埋件的夹具，再打开其他模板。

2）预制构件起吊前，应确认构件与模具间的连接部分完全拆除后方可起吊。

3）预制构件拆模起吊前应检验其同条件养护的混凝土试块抗压强度，设计如无具体要求时，达到 15MPa 以上方可拆模起吊；或按起吊受力验算结果并通过实物起吊验证确定安全起吊混凝土强度值。

4）构件起吊应平稳，楼板等平面尺寸比较大的构件应采用专用多点吊架进行起吊，复杂构件应采用专门的吊架进行起吊。

5）脱模后的构件运输到质检区待检。

9.15.2　翻转作业要点

1）脱模后进行表面检查，检查吊装用、翻转吊点埋件周边混凝土是否有松动或裂痕。

2）设计图样未明确用作构件翻转的吊点，不可擅自使用；须向设计提出，由设计确认翻转吊点位置和做法。

3）自动翻转台设备和门式起重设备要保持良好的状态，严禁设备带病上岗。

4）翻转作业应设置专门的场地。

5）应使用正确的吊点和工具进行翻转。

6）翻转作业应有专人指挥。

7）捆绑软带式翻转作业或双吊钩作业，主副钩升降应协同。

8）吊钩翻转需做好构件支垫处保护工作。

9）捆绑软带式翻转作业要求：

①应采用符合国家标准、安全可靠的吊带。

②应限定吊带使用次数和寿命，使用吊带应有专人进行记录。

③吊带在日常使用中应有专人进行复查。

④应避免吊带直接接触锋利的棱角，使用橡胶软垫进行保护。

10）自动翻转台的液压支承应牢固、可靠，长时间停用时应先试运行再投入正式使用。

9.16　表面检查

脱模后进行外观检查和尺寸检查。

（1）表面检查重点

1）蜂窝、孔洞、夹渣、疏松。

2）表面层装饰质感。

3）表面裂缝。

4）破损。

（2）尺寸检查重点

1）伸出钢筋是否偏位。

2）套筒是否偏位。

3）孔眼。

4）预埋件。

5）外观尺寸。

6）平整度。

（3）模拟检查　对于套筒和预留钢筋孔的位置误差检查，可以用模拟方法进行。即按照下部构件伸出钢筋的图样，用钢板焊接钢筋制作检查模板，上部构件脱模后，与检查模板试安装，看能否顺利插入。如果有问题，及时找出原因，进行调整改进。

9.17　表面处理与修补

对设计要求的模具面的粗糙面进行处理：

（1）按照设计要求的粗糙面处理

（2）缓凝剂形成粗糙面

1）应在脱模后立即处理。

2）将未凝固水泥浆面层洗刷掉，露出骨料。

3）粗糙面表面应坚实，不能留有酥松颗粒。

4）防止水对构件表面形成污染。

（3）稀释盐酸形成粗糙面

1）应在脱模后立即处理。

2）按照要求稀释盐酸，盐酸浓度在 5% 左右，不超过 10%。

3）按照要求粗糙面的凸凹深度涂刷稀释盐酸量。

4）将被盐酸中和软化的水泥浆面层洗刷掉，露出骨料。

5）粗糙面表面应坚实，不能留有酥松颗粒。

6）防止盐酸刷到其他表面。

7）防止盐酸残留液对构件表面形成污染。

（4）机械打磨形成粗糙面

1）按照要求粗糙面的凸凹深度进行打磨。

2）防止粉尘污染。

9.17.1 表面修补

根据表面检查预制构件表面如有影响美观的情况，或是有轻微掉角、裂纹要即时进行修补，制定修补方案。

（1）掉角修补方法

1）对于两侧底面的气泡应用修补水泥腻子填平，抹光。

2）掉角、碰损，用锤子和凿子凿去松动部分；使基层清洁，涂一层修补乳胶液（按照配合比要求加适量的水），再将修补水泥砂浆补上即可，待初凝时再次抹平压光。必要时用细砂纸打磨。

3）大的掉角要分两到三次修补，不要一次完成，修补时要用靠模，确保修补处的平面与完好处平面保持一致。

（2）混凝土表面气泡和蜂窝、麻面的修补方法

1）气泡（预制件上不密实混凝土或孔洞的范围不超过 4mm）。将气泡表面的水泥浆凿去，露出整个气泡，并用水冲洗干净。然后用修补料将气泡塞满抹平即可。

2）蜂窝、麻面（预制件上不密实混凝土的范围或深度超过 4mm）。将预制件上蜂窝处的不密实混凝土凿去，并形成凹凸相差 5mm 以上的粗糙面。用钢丝刷将露筋表面的水泥浆磨去。用水将蜂窝冲洗干净，不可存有杂物。用专用的无收缩修补料抹平压光，表面干燥后用细砂纸打磨。

（3）修补材料 关于常用的修补材料，这里给出一些经验性做法供读者参考。

1）修补水泥：生产用散装水泥与 52.5 级白水泥各 50% 混合均匀后作为修补水泥，要即混即用。

2）修补乳胶液：聚合物水泥改良剂。

3）修补用砂：风干黄砂用 1.18mm 筛子筛去粗颗粒，使用细颗粒部分。

4）面砖修补材料：陶瓷砖强力胶粘剂。

5）修补水泥腻子（砂浆）：修补乳胶液：砂：修补水泥合理配比，可按修补乳胶液专业厂家推荐配置。

9.17.2 裂缝处理

构件出现裂缝的原因是很多的，一般有混凝土原材料质量不稳、温差过大，混凝土收缩变化严重以及构件起吊脱模受力不均等原因。因此在整个生产过程中，必须对构件产生裂缝的各

种因素进行把控，从而生产出优质的产品。

　　避免裂缝产生，除了做好过程控制以外，一旦出现裂缝必须进行处理。

　　1）当构件出现一般缺陷或严重缺陷时，应进行判断与处理，下面给出上海市地方标准供读者参考（表 9.17-1）。

表 9.17-1　裂缝、掉角的修补

缺陷的状态		修补方法	备　注
裂　缝	对构件结构产生影响的裂纹，或连接埋件和留出筋的耐受力上有障碍的	×	
	宽度超过 0.3mm、长度超过 500mm 的裂纹	×	
	上述情况外宽度超过 0.1mm 的裂纹	○	
	宽度在 0.1mm 以下，贯通构件的裂纹	□	
	宽度在 0.1mm 以下，不贯通构件的裂纹	□	
破损、掉角	对构件结构产生影响的破损，或连接埋件和留出筋的耐受力上有障碍的	×	浇捣时边角上孔洞
	长度超过 20cm 且超过板厚 1/2 的	×	
	板厚的 1/2 以下、长度在 2～20cm 以内的	□	修补后，接受质检人员的检查
	板厚的 1/2 以下、长度在 2cm 以内的	□	修补
气孔，混凝土的表面完成度	表面收水及打硅胶部位、直径在 3mm 以上的。其他要求参照样品板	□	双方检查确认后的产品作为样品板
其他	产品检查中被判为不合格的产品	×	
备注	×：废品（上述表示为"×"的项目及图样发生变更前已制作的产品）。废板必须做好检查表然后移放至废板存放场地，并做好易于辨识的标记。对于废板应在对其具体情况及原因分析的基础上做出不合格品的处置报告及预防质量事故再发生的书面报告 ○：注入低黏性环氧树脂 □：（树脂砂浆）修补表面		

注：本表出自上海市《装配整体式混凝土结构预制构件制作与质量检验规程》（DGJ 08—2069—2016）条文说明表
　　1 裂缝、掉角的修补。

　　2）构件制作阶段出现的裂缝原因和处理办法，笔者列在表 9.17-2 供读者参考。

表 9.17-2　构件制作常见裂缝问题一览表（摘要）

环节	序号	问题	危　害	原　因	检查	预防与处理措施
构件制作	1	混凝土表面龟裂	构件耐久性差，影响结构使用寿命	搅拌混凝土时水灰比过大	质检员	要严格控制混凝土的水灰比
	2	混凝土表面裂缝	影响结构可靠性	构件养护不足，浇筑完成后混凝土静养时间不到就开始蒸汽加热养护或蒸汽养护脱模后温差较大造成	质检员	在蒸汽养护之前混凝土构件要静养 2～6h，脱模后要放在厂房内保持温度，构件养护要及时
	3	混凝土预埋件附近裂缝	造成埋件握裹力不足，形成安全隐患	预埋件处应力集中或拆模时模具上固定埋件的螺栓拧下，用力过大	质检员	预埋件附近增设钢丝网或玻纤网，拆模时拧下螺栓用力适宜

9.18　表面涂料作业

在混凝土表面涂漆是装配式建筑常见的做法，可以涂乳胶漆、氟碳漆或喷射真石漆。由于预制构件表面可以做得非常光洁，涂漆效果要比现浇混凝土抹灰后涂漆精致很多，如图 9.18-1 所示。

涂漆作业最好在构件工厂进行，可以更好地保证质量和色彩均匀，如图 9.18-2 所示。这需要产品在存放、运输、安装和缝隙处理环节的精心保护。

表面涂料作业有以下要点：

1）若基面有附着物，用刷子将附着在基面上的油渍、灰尘除去。

2）若基面不平整，有蜂窝、麻面等表面缺陷，需要对基面进行修整、修补，必要时使用专用打磨片研磨平整。

3）若基面情况较好，保持施工面平滑、清洁、无杂物等附着物。

4）使基面保持干燥状态，涂料表面处理必须在构件干燥后喷涂。

图 9.18-1　表面涂漆的预制墙板

图 9.18-2　表面涂漆作业

9.19　产品保护

1）应根据预制构件的种类、规格、型号、使用先后次序等条件，有计划分开堆放，堆放须平直、整齐、下垫枕木或木方，并设有醒目的标识。

2）预制构件暴露在空气中的预埋铁件应当采取保护措施，防止产生锈蚀。

3）预埋螺栓孔应用海绵棒进行填塞，防止异物入内，外露螺杆应套塑料帽或泡沫材料包裹以防碰坏螺纹。

4）产品表面禁止油脂、油漆等污染。

5）成品堆放隔垫应采用防污染的措施（图 9.19-1）。

图 9.19-1　日本预制幕墙石材反打防污染措施——打胶

9.20　预应力构件制作

预应力构件制作分为先张法和后张法两类。装配式混凝土结构构件较多采用先张法，本节介绍先张法预应力构件制作。

1. 预应力张拉台座

先张法预应力构件是在固定的预应力张拉台座上制作，一般预应力张拉台座是一个长条的平台，一端是预应力筋张拉端，另一端是预应力筋固定端。

当采用台座法生产时，预应力筋的张拉、锚固，混凝土浇筑、养护和预应力筋放张等工序均在台座上进行，预应力筋的全部张拉力由台座承受。它是先张法预应力构件制作的主要设备之一，图 9.20-1 所示是预应力楼板条形模具，预应力模台见本书第 5 章图 5.2-10。

2. 先张法构件的工艺流程

先张法构件的工艺流程参见第 3 章图 3.2-14。

图 9.20-1　预应力楼板条形模具

3. 先张法构件的生产顺序

1）清理模台和涂刷脱模剂。

2）预应力筋制备和铺放预应力筋。

3）预应力筋张拉（图 9.20-2）。

4）安装钢筋骨架和预埋件（图 9.20-3）。

图 9.20-2　预应力筋张拉

图 9.20-3　安装钢筋骨架和预埋件

5）模具组装。

6）浇捣前检查。

7）混凝土浇筑。

8）养护达到要求强度。

9）拆模。

10）预应力筋的放张及切割预应力筋。

11）脱模初检。

12）存放（图9.20-4）。

13）出厂检验。

图9.20-4　箱梁存放

4. 先张法构件的制作要点

（1）预应力台座

1）预应力张拉台座应进行专项施工设计，并应具有足够的承载力、刚度及整体稳固性，应能满足各阶段施工荷载和施工工艺的要求。

2）先张法预应力构件张拉台座受力巨大，为保证安全施工应由设计或有经验单位、部门进行专门设计计算。

（2）预应力筋制备和铺放预应力筋　预应力筋下料、钢丝镦头及下料长度偏差应符合《装配式混凝土建筑技术标准》（GB/T 51231—2016）中9.5.3、9.5.4规定。

1）预应力筋下料：

①预应力筋的下料长度应根据台座的长度、锚夹具长度等经过计算确定。

②预应力筋应使用砂轮锯或切断机等机械方法切断，不得采用电弧或气焊切断。

2）钢丝镦头及下料长度偏差：

①镦头的头型直径不宜小于钢丝直径的1.5倍，高度不宜小于钢丝直径。

②镦头不应出现横向裂纹。

③当钢丝束两端均采用镦头锚具时，同一束中各根钢丝长度的极差不应大于钢丝长度的1/5000，且不应大于5mm；当成组张拉长度不大于10m的钢丝时，同组钢丝长度的极差不得大于2mm。

3）预应力筋的安装。预应力筋的安装、定位和保护层厚度应符合设计要求。模外张拉工艺的预应力筋保护层厚度可用梳筋条槽口深度或端头垫板厚度控制。

（3）预应力筋张拉

1）预应力张拉设备（图9.20-5）及压力表应定期维护和标定，并应符合《装配式混凝土建筑技术标准》（GB/T 51231—2016）中9.5.6规定：

①张拉设备和压力表应配套标定和使用，标定期限不应超过半年；当使用过程中出现反常现象或张拉设备检修后，应重新标定。

②压力表的量程应大于张拉工作压力读值，压力表的精确度等级不应低于1.6级。

③标定张拉设备用的试验机或测力计的测力示值不确定度不应大于1.0%。

图9.20-5　预应力张拉设备

④张拉设备标定时，千斤顶活塞的运行方向应与实际张拉工作状态一致。

2）预应力筋的张拉控制应力应符合设计及专项方案的要求。当需要超张拉时，调整后的张

拉控制应力 σ_{con} 应符合下列规定:

①消除应力钢丝、钢绞线　　　$\sigma_{con} \leqslant 0.80f_{ptk}$

②中强度预应力钢丝　　　　　$\sigma_{con} \leqslant 0.75f_{ptk}$

③预应力螺纹钢筋　　　　　　$\sigma_{con} \leqslant 0.90f_{pyk}$

式中　σ_{con}——预应力筋张拉控制应力;

　　　f_{ptk}——预应力筋极限强度标准值;

　　　f_{pyk}——预应力螺纹钢筋屈服强度标准值。

3）采用应力控制方法张拉时，应校核最大张拉力下预应力筋伸长值。实测伸长值与计算伸长值的偏差应控制在 ±6% 之内，否则应查明原因并采取措施后再张拉。

4）预应力筋的张拉应符合设计要求，并应符合《装配式混凝土建筑技术标准》（GB/T 51231—2016）中9.5.9规定：

①应根据预制构件受力特点、施工方便及操作安全等因素确定张拉顺序。

②宜采用多根预应力筋整体张拉;单根张拉时应采取对称和分级方式，按照校准的张拉力控制张拉精度，以预应力筋的伸长值作为校核。

③对预制屋架等平卧叠浇构件，应从上而下逐面张拉。

④预应力筋张拉时，应从零拉力加载至初拉力后，量测伸长值初读数，再以均匀速率加载至张拉控制力。

⑤张拉过程中应避免预应力筋断裂或滑脱。

⑥预应力筋张拉锚固后，应对实际建立的预应力值与设计给定值的偏差进行控制;应以每工作班为一批，抽查预应力筋总数的1%，且不少于3根。

5）预应力筋的张拉顺序。对称张拉是一个重要原则，对张拉比较敏感的结构构件，若不能对称张拉，也应尽量做到逐步渐进的施加预应力。

6）先张法预应力构件中的预应力筋不允许出现断裂或滑脱，若在浇筑混凝土前出现断裂或滑脱，相应的预应力筋应予以更换。

（4）预应力筋的放张及切割预应力筋。预应力筋放张应符合设计要求，并应符合《装配式混凝土建筑技术标准》（GB/T 51231—2016）中9.5.10规定：

1）预应力筋放张时，混凝土强度应符合设计要求，且同条件养护的混凝土立方体抗压强度不应低于设计混凝土强度等级值75%；采用消除应力钢丝或钢绞线作为预应力筋的先张法构件，尚不应低于30MPa。

2）放张前，应将限制构件变形的模具拆除。

3）宜采取缓慢放张工艺进行整体放张。

4）对受弯或偏心受压的预应力构件，应先同时放张预压应力较小区域的预应力筋，再同时放张预压应力较大区域的预应力筋。

5）单根放张时，应分阶段、对称且相互交错放张。

6）放张后，预应力筋的切断顺序，宜从放张端开始逐次切向另一端。

（5）预应力筋材料　预应力筋外表面不应有裂纹、小刺、机械损伤、氧化锈皮和油污等，展开后应平顺、不应有弯折。

1）常用的预应力筋有钢丝、钢绞线、精轧螺纹钢筋等。

2）目前常用预应力筋的相应产品标准有：《预应力混凝土用钢绞线》（GB/T 5224—2014）、《预应力混凝土用钢丝》（GB/T 5223—2014）、《预应力混凝土用螺纹钢筋》（GB/T 20065—2006）和《无粘结预应力钢绞线》（JG 161—2016）等。

（6）预应力筋锚具　设计选用、进厂检验、工程施工要符合《预应力筋用锚具、夹具和连接器应用技术规程》（JGJ 85—2010）有关规定。

5. 其他注意事项

除了上述制作要点，先张法构件制作还要重点注意以下几点：

1）为了部分抵消由于应力松弛、摩擦、钢筋分批张拉以及预应力筋与张拉台座之间的温差因素产生的预应力损失，施工中预应力筋需超张拉时，可比设计要求提高5%，但其最大张拉控制应力不得超过相应的规定。张拉控制应力的数值直接影响预应力的效果，控制应力越高，建立的预应力值则越大。但控制应力过高，预应力筋处于高应力状态，使构件出现裂缝时的荷载与破坏荷载接近，破坏前无明显的预兆，这是不允许的。

2）预应力筋张拉、绑扎和立模工作完成之后，即应浇筑混凝土，每条生产线应一次浇筑完毕。为保证预应力筋与混凝土有良好的粘结，浇筑时振动器不应碰撞预应力筋，混凝土未达到一定强度前也不允许碰撞或踩动预应力筋。

3）放张过早会导致预应力筋回缩而引起较大的预应力损失。

4）对承受轴心预压力的构件（压杆、桩等），所有预应力筋应同时放张。对承受偏心预压力的构件（如梁），应先同时放张预压力较小区域的预应力筋，再同时放张预压力较大区域的预应力筋。如不能满足上述要求时，应分阶段、对称、相互交错进行放张，以防止在放张过程中，构件产生翘曲、裂纹及预应力筋断裂等现象。

 思考题

1. 为什么说做好预制构件生产的准备工作很重要？如何做好预制构件生产的准备工作？

2. 为什么要进行预制构件生产的隐蔽工程验收？隐蔽工程验收的主要内容是什么？

3. 钢筋入模时为什么要确保混凝土保护层厚度？保护层作用有哪些？

第10章　预制构件吊运、存放与运输

10.1　概述

预制构件脱模后要运到质检修补或表面处理区，质检修补后再运到堆场存放，出货时有装车、运输等环节，有些墙板构件还有翻转环节。在这些环节作业中，必须保证安全和预制构件完好无损。

本章对以上这些环节进行讨论，包括构件厂内吊运（10.2），构件存放（10.3），构件装车与运输（10.4），预制构件吊运、存放、运输质量要点（10.5），预制构件吊运、存放、运输安全要点（10.6）。

10.2　构件厂内吊运

10.2.1　预制构件吊运作业要点

吊运作业是指构件在车间、场地间用桥式起重机、龙门式起重机或叉车进行的短距离吊运。图10.2-1所示是工厂场地吊运构件的实例。

吊运作业要点如下：

（1）吊运线路应事先设计，吊运线路应避开工人作业区域，吊运路线设计起重机驾驶员应当参加，确定后应当向驾驶员交底。

（2）起重机驾驶员应持证上岗。

（3）吊钩与构件连接牢固，螺栓螺母式连接应旋紧螺扣，避免脱钩脱扣。

（4）起吊构件时先缓慢起吊，离地面5～10cm时静停一下确定安全后再次缓慢吊起。

（5）吊运速度应当控制，避免构件大幅度摆动。

（6）吊运路线下禁止工人作业。

（7）吊运高度要高于设备和人员。

（8）吊运过程中要有指挥人员。

（9）门式起重机要打开警报器。

10.2.2　摆渡车运输

摆渡车运输的要求：

1）各种构件摆渡车运输都要事先设计装车方案。

2）按照设计要求的支撑位置加垫方或垫块；垫方和垫块的材质符合设计要求。

3）构件在摆渡车上要有防止滑动、倾倒的临时固定措施。

4）根据车辆载重量计算运输构件的数量。

5）对构件棱角进行保护。

6）墙板在靠放架上运输时，靠放架与摆渡车之间应当用封车带绑牢固。

图10.2-2所示是由轨摆渡车运输预制构件的实例。

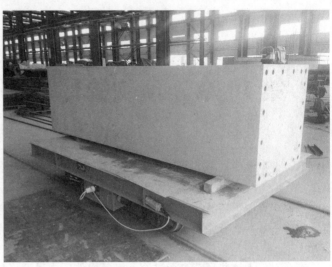

图 10.2-1　室外场地吊运预制构件　　　　　　图 10.2-2　摆渡车运输预制构件

10.3　构件存放

10.3.1　预制构件存放基本要求

1. 需设计给出的存放要求

预制构件脱模后，要经过质量检查、表面修补、装饰处理、场地存放、运输等环节，设计需给出支承要求，包括支承点数量、位置、构件是否可以多层存放、可以存放几层等。如果设计没有给出要求，工厂提出存放方案要经过设计确认。

结构设计师对存放支承必须重视。曾经有工厂就因存放不当而导致大型构件断裂（图 10.3-1）。设计师给出构件支承点位置需进行结构受力分析，最简单的办法是吊点对应的位置做支承点。

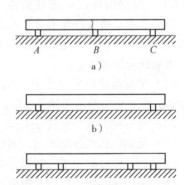

图 10.3-1　因增加支承点而导致
大型梁断裂示意图
a) B 点出现裂缝，B 点垫片高了所致
b) 两点方式　c) 4 点方式

2. 存放要点

1）工厂根据设计要求制定预制构件存放的方案，见第 4 章 4.8.8。

2）预制构件入库前和存放过程中应做好安全和质量防护。

3. 存放实例

预制构件存放有三种方式：立放法、靠放法、平放法，详见图 10.3-2 ~ 图 10.3-14。

立放法适合存放实心墙板、叠合双层墙板以及需要修饰作业的墙板。

靠放法适用于三明治外墙板以及带其他异形的构件。

平放法适合用于叠合楼板、阳台板、柱、梁等。

图 10.3-2　立放法

图 10.3-3　靠放法

图 10.3-4　靠放架

图 10.3-5　平放法

图 10.3-6　装饰一体化预制墙板装饰面朝上支承

图 10.3-7　折板用支架支承

图 10.3-8　点式支承垫块

图 10.3-9　板式构件多层点式支承存放

图 10.3-10　梁垫方支承存放

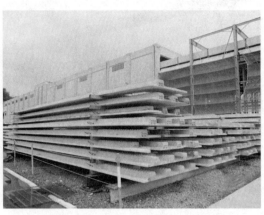

图 10.3-11　预应力板垫方支承存放

图 10.3-12　槽形构件两层点支承存放

图 10.3-13　L形板存放

图 10.3-14　构件竖直存放

10.3.2　质检、修补区存放要求

质检、修补区的存放不仅要满足存放的要求，还要考虑到质检员、修补人员作业的要求，注意以下要点：

1）质检修补区应光线明亮，北方冬季应布置在车间内。

2）水平放置的构件如楼板、柱子、梁、阳台板等构件应放在架子上进行质量检查和修补，以便看到底面。装饰一体化墙板应检查浇筑面后翻转180°使装饰面朝上进行检查、修补。

3）立式存放的墙板应在靠放架上检查。

4）预制构件经检查修补或表面处理完成后才能码垛存放或集中立式存放。

5）套筒、浆锚孔、莲藕梁钢筋孔宜模拟现场检查区，即按照图样下部构件伸出钢筋的实际情况，用钢板和钢筋焊成检查模板，固定在地面，吊起构件套入，如果套入顺畅，表明没有问题，如果套不进去，进行分析处理，并检查整改模具固定套筒与孔内模的装置，如图 10.3-15 所示。

6）检查修补架（图 10.3-16）的要求：
①结实牢固且满足支撑构件的要求。
②架子隔垫位置应当按照设计要求布置。
③垫方上应铺设保护橡胶垫。

7）质检修补区设置在室外，宜搭设遮阳遮雨临时设施。

图 10.3-15　莲藕孔模拟检查工装

8）质检修补区的面积和架子数量根据质检量和修补比例、修补时间确定，应事先规划好。

图 10.3-16　预制构件检查支架

10.4　构件装车与运输

10.4.1　预制构件装车要求

预制构件运输应事先进行装车方案设计，做到：

1）避免超高超宽。

2）做好配载平衡。

3）采取防止构件移动或倾倒的固定措施，构件与车体或架子用封车带绑在一起。

4）构件有可能移动的空间用聚苯乙烯板或其他柔性材料隔垫。保证车辆转急弯、急刹车、上坡、颠簸时构件不移动、不倾倒，不磕碰。

5）支承垫方垫木的位置与存放一致。宜采用木方作为垫方，木方上应放置白色橡胶，白色橡胶的作用是在运输过程中起到防滑及防止构件垫方处形成的污染。

6）有运输架子时，保证架子的强度、刚度和稳定性，与车体固定牢固。

7）构件与构件之间要留出间隙，构件之间、构件与车体之间、构件与架子之间有隔垫。防止在运输过程中构件与构件之间的摩擦及磕碰。

8）构件有保护措施，特别是棱角有保护垫。固定构件或封车绳索接触的构件表面要有柔性且不能造成污染的隔垫。

9）装饰一体化和保温一体化构件有防止污染措施。

10）在不超载和确保构件安全的情况下尽可能提高装车量。

11）梁、柱、楼板装车应平放。楼板、楼梯装车可叠层放置。

12）剪力墙构件运输宜用运输货架。

13）对超高、超宽构件应办理准运手续，运输时应在车厢上放置明显的警示灯和警示标志。

常见构件运输方式如图 10.4-1 ~ 图 10.4-6 所示。

图 10.4-1　墙板运输

图 10.4-2　大梁运输

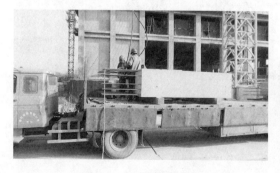

图 10.4-3　预制柱运输

图 10.4-4　墙板和 L 形板运输

图 10.4-5　预应力叠合楼板运输

图 10.4-6　莲藕梁运输

10.4.2　预制构件运输要求

预制构件运输应制定运输方案，其内容包括运输时间、次序、存放场地、运输线路、固定要求、存放支垫及成品保护措施等。对于超高、超宽、形状特殊的大型构件的运输应有专门的质量安全保证措施。

1）预制构件的运输车辆应满足构件尺寸和载重要求，装卸与运输时应符合以下规定：

①装卸构件时，应采取保证车体平衡的措施。

②运输构件时，应采取防止构件移动、倾倒、变形等的固定措施。

③运输构件时，应采取防止构件损坏的措施，对构件边角部或与链索接触的混凝土，宜设置保护衬垫。

④运输细长构件时应根据需要设置水平支架。

2）应根据构件特点采用不同的运输方式，托架、靠放架、专用插放架（图 10.4-7）应进行专门设计，进行承载力和刚度验算：

①外墙板宜采用立式运输，外饰面层应朝外，梁、板、楼梯、阳台宜采用水平运输。

②采用靠放架立式运输时，构件与地面倾斜角度宜大于 80°，构件应对称靠放，每侧不大于 2 层，构件层间上部采用木垫块隔离。

③采用插放架直立运输时，应采取防止构件倾倒措施，构件之间应设置隔离垫块。

④水平运输时，预制混凝土梁、柱构件叠放不宜超过 3 层，板类构件叠放不宜超过6 层。

3）运输时宜采取如下防护措施：

图 10.4-7　国外预制构件专用运输插放架

①设置柔性垫片避免预制构件边角部位或链索接触处的混凝土损伤。

②用塑料薄膜包裹垫块以避免预制构件外观污染。

③墙板门窗框、装饰表面和棱角采用塑料贴膜或其他措施防护。

④竖向薄壁构件设置临时防护支架。

⑤装箱运输时，箱内四周采用木材或柔性垫片填实，支撑牢固。

4）运输线路须事先与货车驾驶员共同勘察，有没有过街桥梁、隧道、电线等对高度的限制，有没有大车无法转弯的急弯或限制重量的桥梁等。

5）对驾驶员进行运输要求交底，不得急刹车，急提速，转弯要缓慢等。

6）第一车应当派出车辆在运输车后面随行，观察构件稳定情况。

7）预制构件的运输应根据施工安装顺序来制定，如有施工现场在车辆禁行区域应选择夜间运输，并要保证夜间行车安全。

8）一些敞口构件运输时，敞口处要有临时拉结（见本书第4章，图4.8-38和图4.8-39）。

9）图10.4-8所示为国外预制构件专用运输车，图10.4-9所示为国内预制构件运输车。

图10.4-8　国外预制构件专用运输车

图10.4-9　国内预制构件运输车

10）装配式部品部件运输限制见表10.4-1。

表10.4-1　装配式部品部件运输限制

情况	限制项目	限制值	部品部件最大尺寸与质量			说　明
			普通车	低底盘车	加长车	
正常情况	高度	4m	2.8m	3m	3m	
	宽度	2.5m	2.5m	2.5m	2.5m	
	长度	13m	9.6m	13m	17.5m	
	重量	40t	8t	25t	30t	
特殊审批情况	高度	4.5m	3.2m	3.5m	3.5m	高度4.5m是从地面算起总高度
	宽度	3.75m	3.75m	3.75m	3.75m	总宽度是指货物总宽度
	长度	28m	9.6m	13m	28m	总长度是指货物总长度
	重量	100t	8t	46t	100t	重量是指货物总重量

注：本表未考虑桥梁、隧洞、人行天桥、道路转弯半径等条件对运输的限值。

10.5　预制构件吊运、存放、运输质量要点

预制构件吊运、存放、运输的质量要点包括：

1）正确的吊装位置。

2）正确的吊架吊具。

3）正确的支承点位置。

4）垫方垫块符合要求。

5）防止磕碰污染。

10.6 预制构件吊运、存放、运输安全要点

预制构件吊运、存放、运输的安全要点包括：

1）确保存放、装车、运输的稳定，不倾倒、不滑动。

2）吊运、装车作业的安全。

3）检查架的牢固。

4）存放支点与架子安全牢固。

 思考题

假设工厂有一个重量超出了工厂起重机额定起重量的异形预制构件：

1. 脱模吊运、注意哪些要点？

2. 如何存放？

3. 装车运输需要注意哪些要点？

第 11 章　预制构件质量检验与验收

11.1　概述

本章介绍预制构件常见质量问题及解决办法（11.2），预制构件质量检验内容（11.3），预制构件工厂质量检验程序（11.4），预制构件隐蔽工程验收（11.5），预制构件制作资料与交付（11.6）。

模具质量检验已经在第 5 章讨论了。施工质量检验将在第 22 章讨论，本章讨论预制构件工厂的质量检验。

检验项目分为主控项目和一般项目。对安全、节能、环境保护和主要使用功能起决定性作用的检验项目为主控项目。除主控项目以外的检验项目为一般项目。

预制构件质量检验的主要依据包括：国家标准《装配式混凝土建筑技术标准》（GB/T 51231—2016）、国家标准《混凝土结构工程施工质量验收规范》（GB 50204—2015）、行业标准《装配式混凝土结构技术规程》（JGJ 1—2014）、行业标准《钢筋套筒灌浆连接应用技术规程》（JGJ 355—2015）和有关原材料的国家标准和行业标准。

11.2　预制构件制作常见质量问题及解决办法

表 11.2-1 从材料与部件采购、构件制作、堆放和运输等几个方面列出了装配式混凝土建筑的常见质量问题和隐患以及危害、原因和解决办法。

表 11.2-1　装配式混凝土建筑的常见质量问题和隐患一览表

关键点	序号	质量问题或隐患	危　害	原　因	检　查	预防与解决办法
（1）材料与部件采购	1.1	套管、灌浆料选用了不可靠的产品	影响结构耐久性	或设计没有明确要求或没按照设计要求采购；不合理的降低成本	总包企业质量总监、工厂总工、驻厂监理	1）设计应提出明确要求 2）按设计要求采购 3）套筒与灌浆料应采用相匹配的产品 4）工厂进行试验验证
	1.2	夹芯保温板拉结件选用了不可靠产品	拉结件损坏，保护层脱落造成安全事故。影响外墙板安全	或设计没有明确要求或没按照设计要求采购；不合理的降低成本	总包企业质量总监、工厂总工、驻厂监理	1）设计应提出明确要求 2）按设计要求采购 3）采购经过试验及项目应用过的产品 4）工厂进行试验验证

（续）

关键点	序号	质量问题或隐患	危　害	原　因	检　查	预防与解决办法
（1）材料与部件采购	1.3	预埋螺母、螺栓选用了不可靠产品	脱模、转运、安装等过程存在安全隐患，容易造成安全事故或构件损坏	为了图便宜没选用专业厂家产品	总包企业质量总监、工厂总工、驻厂监理	1）总包和工厂技术部门选择厂家 2）采购有经验的专业厂家的产品 3）工厂做试验检验
	1.4	接缝橡胶条弹性不好	结构发生层间位移时，构件活动空间不够	1）设计没有给出弹性要求 2）或没按照设计要求选用 3）不合理的降低成本	设计负责人、总包企业质量总监、监理	1）上级应提出明确要求 2）按设计要求采购 3）样品做弹性压缩量试验
	1.5	接缝用的建筑密封胶不适合用于混凝土构件接缝	接缝处年久容易漏水影响结构安全	没按照设计要求；不合理的降低成本	设计负责人，总包企业质量总监、工地监理	1）按设计要求采购 2）采购经过试验及项目应用过的产品
	1.6	防雷引下线选用了防锈蚀没有保障的材料	生锈，脱落	选用合格的防雷引下线	设计负责人，总包企业质量总监、工地监理	1）按设计要求采购 2）采购经过试验及项目应用过的产品
（2）构件制作	2.1	混凝土强度不足	形成结构安全隐患	搅拌混凝土时配合比出现错误或原材料使用出现错误	试验室负责人	混凝土搅拌前由试验室相关人员确认混凝土配合比和原材料使用是否正确，确认无误后，方可搅拌混凝土
	2.2	混凝土表面蜂窝、孔洞、夹渣	构件耐久性差，影响结构使用寿命	漏振或振捣不实，浇筑方法不当、不分层或分层过厚，模板接缝不严、漏浆，模板表面污染未及时清除	质量检查员	浇筑前要清理模具，模具组装要牢固，混凝土要分层振捣，振捣时间要充足
	2.3	混凝土表面疏松	构件耐久性差，影响结构使用寿命	漏振或振捣不实	质量检查员	振捣时间要充足
	2.4	混凝土表面龟裂	构件耐久性差，影响结构使用寿命	搅拌混凝土时水灰比过大	质量检查员	要严格控制混凝土的水灰比
	2.5	混凝土表面裂缝	影响结构可靠性	构件养护不足，浇筑完成后混凝土静养时间不到就开始蒸汽养护或蒸汽养护脱模后温差较大造成	质量检查员	在蒸汽养护之前混凝土构件要静养两个小时后开始蒸汽养护，脱模后要放在厂房内保持温度，构件养护要及时

（续）

关键点	序号	质量问题或隐患	危　害	原　因	检　查	预防与解决办法
（2）构件制作	2.6	混凝土预埋件附近裂缝	造成埋件握裹力不足，形成安全隐患	构件制作完成后，在模具上固定埋件的螺栓拧下过早造成	质量检查员	固定预埋件的螺栓要在养护结束后拆卸
	2.7	混凝土表面起灰	构件抗冻性差，影响结构稳定性	搅拌混凝土时水灰比过大	质量检查员	要严格控制混凝土的水灰比
	2.8	露筋	钢筋没有保护层，钢筋生锈后膨胀，导致构件损坏	漏振或振捣不实；或保护层垫块间隔过大	质量检查员	制作时振捣不能形成漏振，振捣时间要充足，工艺设计给出保护层垫块间距
	2.9	钢筋保护层厚度不足	钢筋保护层不足，容易造成露筋现象，导致构件耐久性降低	构件制作时预先放置了错误的保护层垫块	质量检查员	制作时要严格按照图样上标注的保护层厚度来安装保护层垫块
	2.10	外伸钢筋数量或直径不对	构件无法安装，形成废品	钢筋加工错误，检查人员没有及时发现	质量检查员	钢筋制作要严格检查
	2.11	外伸钢筋位置误差过大	构件无法安装	钢筋加工错误，检查人员没有及时发现	质量检查员	钢筋制作要严格检查
	2.12	外伸钢筋伸出长度不足	连接或锚固长度不够，形成结构安全隐患	钢筋加工错误，检查人员没有及时发现	质量检查员	钢筋制作要严格检查
	2.13	套筒、浆锚孔、钢筋预留孔、预埋件位置误差	构件无法安装，形成废品	构件制作时检查人员和制作工人没能及时发现	质量检查员	制作工人和质检员要严格检查
	2.14	套筒、浆锚孔、钢筋预留孔不垂直	构件无法安装，形成废品	构件制作时检查人员和制作工人没能及时发现	质量检查员	制作工人和质检员要严格检查
	2.15	缺棱掉角、破损	外观质量不合格	构件脱模强度不足	质量检查员	构件在脱模前要有试验室给出的强度报告，达到脱模强度后方可脱模
	2.16	尺寸误差超过容许误差	构件无法安装，形成废品	模具组装错误	质量检查员	组装模具时制作工人和质检人员要严格按照图样尺寸组模
	2.17	夹芯保温板拉结件处空隙太大	造成冷桥现象	安装保温板工人不细心	质量检查员	安装时安装工人和质检人员要严格检查

（续）

关键点	序号	质量问题或隐患	危　害	原　因	检　查	预防与解决办法
（2）构件制作	2.18	夹芯保温板拉结件锚固不牢	脱落等安全隐患	1）选用合格拉结件 2）严格遵守拉结件制作工艺要求	质量检查员	安装时安装工人和质检人员要严格检查
（3）堆放和运输	3.1	支撑点位置不对	构件断裂，成为废品	1）设计没有给出支承点的规定 2）或支承点没按设计要求布置 3）传递不平整 4）支垫高度不一	工厂质量总监	设计须给出堆放的技术要求；工厂和施工企业严格按设计要求堆放
	3.2	构件磕碰损坏	外观质量不合格	1）吊点设计不平衡 2）吊运过程中没有保护构件	质量检查员	1）设计吊点考虑重心平衡 2）吊运过程中要对构件进行保护，落吊时速度要降慢
	3.3	构件被污染	外观质量不合格	堆放、运输和安装过程中没有做好构件保护	质量检查员	要对构件进行苦盖，工人不能带油手套去摸构件

11.3　预制构件质量检验内容

11.3.1　预制构件检验项目

预制构件质量检验内容包括材料检验、构件制作过程检验和构件检验，见表 11.3-1。

表 11.3-1　预制构件质量检验项目一览表

环　节	类　别	项　目	检验内容	依　据	性　质	数　量	检验方法
材料进厂检验	1. 灌浆套筒	（1）外观检查	是否有缺陷和裂缝、尺寸误差等	《钢筋套筒灌浆连接应用技术规程》（JGJ 355）、《钢筋连接用灌浆套筒》（JG/T 398）	一般项目	抽检	观察、尺量检查
		（2）抗拉强度试验	钢筋套筒灌浆连接接头的抗拉强度不应小于连接钢筋抗拉强度标准值，且破坏时应断于接头外钢筋	《钢筋套筒灌浆连接应用技术规程》（JGJ 355）、《钢筋连接用灌浆套筒》（JG/T 398）	主控项目（强制性规定）	抽检	用灌浆料连接受力钢筋达到强度后进行抗拉强度试验

（续）

环　节	类　别	项　目	检验内容	依　据	性　质	数　量	检　验　方　法
材料进厂检验	2. 水泥	（1）细度	负筛分析法、水筛法、手工筛析法	《通用硅酸盐水泥》（GB 175）	主控项目	每500t抽样一次	GB 1345
		（2）比表面积	透气试验				GB/T 8074
		（3）凝结时间	初凝及终凝试验				GB/T 1346
		（4）安定性	沸煮法试验				GB/T 1347
		（5）抗压强度	3d、28d 抗压强度				GB/T 17671
	3. 细骨料	（1）颗粒级配	测定砂的颗粒级配，计算砂的细度模数，评定砂的粗细程度	《普通混凝土用砂、石质量及检验方法标准》（JGJ 52）	一般项目	每500m³抽样一次	《建筑用砂》（GB/T 14684）
		（2）表观密度	砂颗粒本身单位体积的质量				
		（3）含泥量、泥块含量	测定砂中的淤泥及含土量				
	4. 粗骨料	（1）颗粒级配	测定石子的颗粒级配，计算石子的细度模数，评定石子的粗细程度	《普通混凝土用砂、石质量及检验方法标准》（JGJ 52）	一般项目	每500m³抽样一次	《建筑用卵石、碎石》（GB/T 14685）
		（2）表观密度	石子颗粒本身单位的质量				
		（3）含泥量、泥块含量、针片状含量	测定石子中的针片状含量、淤泥及含土量				
		（4）压碎	强度检验				
	5. 搅拌用水	pH 值、不溶物、氯化物、硫酸盐。检验方法：《混凝土用水标准》（JGJ 63）	饮用水不用检验，采用中水、搅拌站清洗水、施工现场循环水等其他水源时，应对其成分进行检验	行业标准《混凝土用水标准》（JGJ 63）	一般项目	同一水源检查不应少于一次	《混凝土用水标准》（JGJ 63）

（续）

环　节	类　别	项　目	检验内容	依　据	性　质	数　量	检验方法
材料进厂检验		6. 外加剂	主要性能	减水率、含气量、抗压强度比、对钢筋无锈蚀危害	国家标准《混凝土外加剂》（GB 8076）和《混凝土外加剂应用技术规范》（GB 50119）	一般项目	按同一厂家、同一品种、同一性能、同一批号且连续进厂的混凝土外加剂，不超过50t 为一批，每批抽样数最不应少于一次	《混凝土外加剂规范》（GB 8076—2008）
		7. 混合料（粉煤灰、矿渣、硅灰等混合料）	粉煤灰	细度、蓄水量	材料出厂合格证	一般项目	同一厂家、同一品种同一批次200t 一批	检查质量证明文件和抽样检验报告
			矿渣	细度、强度			200t 一批	
			硅灰	细度、强度、蓄水量			30t 一批	
		8. 钢筋	一级钢、二级钢、三级钢、直径、重量	屈服强度、抗拉强度、伸长率、弯曲性能和重量偏差检验	材料出厂材质单	主控项目	每60t 检验一次	《热轧光圆钢筋》(GB 1499.1)、《热轧带肋钢筋》(GB 1499.2)、《钢筋混凝土用余热处理钢筋》(GB 13014)、《钢筋焊接网》(GB/T 1499.3)、《冷轧带肋钢筋》(GB 13788)、《高延性冷轧带肋钢筋》(YB/T 4260)、《冷轧扭钢筋》(JG 19)
		9. 钢绞线	直径、重量	拉伸试验	材料出厂材质单	主控项目	每60t 检验一次	GB/T 17505
		10. 钢板、型钢	长度、厚度、重量	等级、重量	材料出厂材质单	主控项目	每60t 检验一次	量尺、检斤

（续）

环 节	类 别	项 目	检验内容	依 据	性 质	数 量	检验方法
材料进厂检验	11. 预埋螺母、预埋螺栓、吊钉	直径、长度、镀锌	外形尺寸符合PC预埋件图样要求，表面质量：表面不应出现锈皮及肉眼可见的锈蚀麻坑、油污及其他损伤，焊接良好，不得有咬肉、夹渣	材料出厂材质单	一般项目	抽样	按照PC预埋件图样进行检验
	12. 拉结件	（1）在混凝土中的锚固	锚固长度	材料出厂材质单	主控项目	抽样	尺量
		（2）抗拉强度	拉伸试验				试验室做试验
		（3）抗剪强度					
	13. 保温材料	挤塑板、基苯乙烯、酚醛板	外观质量、外表尺寸、粘附性能、阻燃性、耐低温性、耐高温性、耐腐蚀性、耐候性、高低温粘附性能、材料密度试验、热导率试验	材料出厂材质单	一般项目	抽样	试验室做试验
	14. 建筑、装饰一体化构件用到的建筑、装饰材料（如门窗、石材等）	外观尺寸、质量	门窗检验气密性、水密性、抗风压性能，石材等检验表面光洁度、外观质量、尺寸	材料出厂材质单	一般项目	抽样	抽样检验
制作过程	1. 钢筋加工	钢筋型号、直径、长度、加工精度	检验钢筋型号、直径、长度、弯曲角度	《钢筋混凝土用热轧带肋钢筋》（GB 1449）	主控项目	全数	对照图样进行检验
	2. 钢筋安装	安装位置、保护层厚度	按制作图样检验	《钢筋混凝土用热轧带肋钢筋》（GB 1449）	主控项目	全数	按照图样要求进行安装
	3. 伸出钢筋	位置、钢筋直径、伸出长度的误差	按制作图样检验	《钢筋混凝土用热轧带肋钢筋》（GB 1449）	主控项目	全数	对照图样用尺测量

（续）

环节	类　别	项　目	检验内容	依　据	性　质	数　量	检验方法
制作过程	4. 套筒安装	套管直径、套管位置及灌浆孔是否通畅	检验套管是否按照图样安装	制作图样	主控项目	全数	对照图样用尺测量、目测
	5. 预埋件安装	预埋件型号、位置	安装位置、型号、埋件长度	制作图样	主控项目	全数	对照图样用尺测量
	6. 预留孔洞	安装孔、预留孔	位置、大小	制作图样	主控项目	全数	对照图样用尺测量
	7. 混凝土拌合物	混凝土配合比	混凝土搅拌过程中检验	《混凝土结构工程施工质量验收规范》（GB 50204—2015）	主控项目	全数	试验室人员全程跟踪检验
	8. 混凝土强度	试块强度、构件强度	同批次试块强度，构件回弹强度	《混凝土结构工程施工质量验收规范》（GB 50204—2015）	主控项目	100m³取样不少于一次	试验室力学检验、回弹仪检验
	9. 脱模强度	混凝土构件脱模前强度	检验在同期条件下制作及养护的试块强度	《混凝土结构工程施工质量验收规范》（GB 50204—2015）	一般项目	不少于1组	试验室力学试验
	10. 混凝土其他力学性能	抗拉、抗折、静力受压、表面硬度	同批次生产构件用混凝土取样，在试验室做试验	《普通混凝土力学性能试验方法标准》（GB/T 50081）	主控项目	抽查	试验室力学试验
	11. 养护	时间、温度	查看养护时间及养护温度	根据工厂制定出的养护方案	一般项目	抽查	记时及温度检查
	12. 表面处理	污染、掉角、裂缝	检验构件表面是否有污染或缺棱掉角	工厂制定的构件验收标准	一般项目	全数	目测
构件检验	1. 套筒	位置误差	型号、位置、灌浆孔是否堵塞		主控项目	全数	插入模拟的伸出钢筋检验模板
	2. 伸出钢筋	位置、直径、种类、伸出长度	型号、位置、长度	制作图样	主控项目	全数	尺量
	3. 保护层厚度	保护层厚度	检验保护层厚度是否达到图样要求	制作图样	主控项目	抽查	保护层厚度检测仪
	4. 严重缺陷	纵向受力钢筋有露筋、主要受力部位有蜂窝、孔洞、夹渣、疏松、裂缝	检验构件外观	制作图样	主控项目	全数	目测

（续）

环　节	类　别	项　目	检验内容	依　据	性　质	数　量	检验方法
构件检验	5. 一般缺陷	有少量漏筋、蜂窝、孔洞、夹渣、疏松、裂缝	检验构件外观	制作图样	一般项目	全数	目测
	6. 尺寸偏差	构件外形尺寸	检验构件尺寸是否与图样要求一致	制作图样	一般项目	全数	用尺测量
	7. 受弯构件结构性能	承载力、挠度、裂缝	承载力、挠度、抗裂、裂缝宽度	《混凝土结构工程施工质量验收规范》（GB 50204—2015）	主控项目	1000件不超过3个月的同类型产品为一批	构件整体受力试验
	8. 粗糙面	粗糙度	预制板粗糙面凹凸深度不应小于4mm，预制梁端，预制柱端，预制墙端粗糙面凹凸深度不应小于6mm，粗糙面的面积不宜小于结合面的80%	《混凝土结构设计规范》（GB 50010—2010）	一般项目	全数	目测及尺量
	9. 键槽	尺寸误差	位置、尺寸、深度	图样与《装配式混凝土建筑技术标准》、《装配式混凝土结构技术规程》	一般项目	抽查	目测及尺量
	10. 预制外墙板淋水	渗漏	淋水试验应满足下列要求：淋水流量不应小于5L/（m² × min），淋水试验时间不应少于2h，检测区域不应有遗漏部位。淋水试验结束后，检查背水面有无渗漏	—	一般项目	抽查	淋水检验
	11. 构件标识	构件标识	标识上应注明构件编号、生产日期、使用部位、混凝土强度，生产厂家等	按照构件编号、生产日期等	一般项目	全数	逐一对标识进行检查

11.3.2　见证检验项目

见证检验是在监理和建设单位见证下，按照有关规定从制作现场随机取样，送至具备相应资质的第三方检测机构进行检验。见证检验也称为第三方检验。预制构件见证检验项目包括：

　　1）混凝土强度试块取样检验。

　　2）钢筋取样检验。

　　3）钢筋套筒取样检验。

　　4）拉结件取样检验。

　　5）预埋件取样检验。

　　6）保温材料取样检验。

11.3.3　构件外观质量缺陷检查与验收

　　预制构件外观质量缺陷可根据其影响结构性能、安装和使用功能的严重程度，划分为严重缺陷和一般缺陷，见表 11.3-2。

　　预制构件出模后应及时对其外观质量进行全数目测检查。预制构件外观质量不应有缺陷，对已经出现的严重缺陷应制定技术处理方案进行处理并重新检验，对出现的一般缺陷应进行修整并达到合格。

表 11.3-2　构件外观质量缺陷检查内容和方法

名　称	现　象	严　重　缺　陷	一　般　缺　陷
露筋	构件内钢筋未被混凝土包裹而外露	纵向受力钢筋有露筋	其他钢筋有少量露筋
蜂窝	混凝土表面缺少水泥砂浆而形成石子外露	构件主要受力部位有蜂窝	其他部位有少量蜂窝
孔洞	混凝土中孔穴深度和长度均超过保护层厚度	构件主要受力部位有孔洞	其他部位有少量孔洞
夹渣	混凝土中夹有杂物且深度超过保护层厚度	构件主要受力部位有夹渣	其他部位有少量夹渣
疏松	混凝土中局部不密实	构件主要受力部位有疏松	其他部位有少量疏松
裂缝	缝隙从混凝土表面延伸至混凝土内部	构件主要受力部位有影响结构性能或使用功能的裂缝	其他部位有少量不影响结构性能或使用功能的裂缝
连接部位缺陷	构件连接处混凝土缺陷及连接钢筋、连接件松动。钢筋严重锈蚀、弯曲，灌浆套筒堵塞、偏移，灌浆孔洞堵塞、偏位、破损等缺陷	连接部位有影响结构传力性能的缺陷	连接部位有基本不影响结构传力性能的缺陷
外形缺陷	缺棱掉角、棱角不直、翘曲不平、飞出凸肋等，装饰面砖粘结不牢、表面不平、砖缝不顺直等	清水或具有装饰的混凝土构件内有影响使用功能或装饰效果的外形缺陷	其他混凝土构件有不影响使用功能的外形缺陷
外表缺陷	构件表面麻面、掉皮、起砂、沾污等	具有重要装饰效果的清水混凝土构件有外表缺陷	其他混凝土构件有不影响使用功能的外表缺陷

11.3.4　预制构件尺寸偏差及检验方法

　　预制构件不应有影响结构性能、安装和实用功能的尺寸偏差。对超过尺寸允许偏差且影响结构性能和安装、使用功能的部位应经原设计单位认可，制定技术处理方案进行处理，并重新检查验收。

　　预制构件尺寸偏差及预留孔、预留洞、预埋件、预留插筋、键槽的位置和检验方法应符合表 11.3-3 ~ 表 11.3-6 的规定。预制构件有粗糙面时，与预制构件粗糙面相关的尺寸允许偏差可放宽 1.5 倍。

表 11. 3-3　预制楼板类构件外形尺寸允许偏差及检验方法

项次	检查项目			允许偏差/mm	检验方法
1	规格尺寸	长度	<12m	±5	用尺量两端及中间部，取其中偏差绝对值较大值
			≥12m 且 <18m	±10	
			≥18m	±20	
2		宽度		±5	用尺量两端及中间部，取其中偏差绝对值较大值
3		厚度		±5	用尺量板四角和四边中部位置共 8 处，取其中偏差绝对值较大值
4	外形	对角线差		6	在构件表面，用尺量测两对角线的长度，取其绝对值的差值
5		表面平整度	内表面	4	用 2m 靠尺安放在构件表面上，用楔形塞尺量测靠尺与表面之间的最大缝隙
			外表面	3	
6		楼板侧向弯曲		$L/750$ 且 ≤20mm	拉线，钢尺量最大弯曲处
7		扭翘		$L/750$	四对角拉两条线，量测两线交点之间的距离，其值的 2 倍为扭翘值
8	预埋部件	预埋钢板	中心线位置偏差	5	用尺量测纵横两个方向的中心线位置，取其中较大值
			平面高差	0，−5	用尺紧靠在预埋件上，用楔形塞尺量测预埋件平面与混凝土面的最大缝隙
9		预埋螺栓	中心线位置偏移	2	用尺量测纵横两个方向的中心线位置，取其中较大值
			外露长度	+10，−5	用尺量
10		预埋线盒、电盒	在构件平面的水平方向中心位置偏差	10	用尺量
			与构件表面混凝土高差	0，−5	用尺量
11	预留孔	中心线位置偏移		5	用尺量测纵横两个方向的中心线位置，取其中较大值
		孔尺寸		±5	用尺量测纵横两个方向尺寸，取其中最大值
12	预留洞	中心线位置偏移		5	用尺量测纵横两个方向的中心线位置，取其中较大值
		洞口尺寸、深度		±5	用尺量测纵横两个方向尺寸，取其中最大值
13	预留插筋	中心线位置偏移		3	用尺量测纵横两个方向的中心线位置，取其中较大值
		外露长度		±5	用尺量

（续）

项次	检查项目		允许偏差/mm	检验方法
14	吊环，木砖	中心线位置偏移	10	用尺量测纵横两个方向的中心线位置，取其中较大值
		留出高度	0，－10	用尺量
15	桁架钢筋高度		+5，0	用尺量

表 11.3-4　预制墙板类构件外形尺寸允许偏差及检验方法

项次	检查项目			允许偏差/mm	检验方法
1	规格尺寸	高度		±4	用尺量两端及中间部，取其中偏差绝对值较大值
2		宽度		±4	用尺量两端及中间部，取其中偏差绝对值较大值
3		厚度		±3	用尺量板四角和四边中部位置共 8 处，取其中偏差绝对值较大值
4	对角线差			5	在构件表面，用尺量测两对角线的长度，取其绝对值的差值
5	外形	表面平整度	内表面	4	用 2m 靠尺安放在构件表面上，用楔形塞尺量测靠尺与表面之间的最大缝隙
			外表面	3	
6		侧向弯曲		$L/1000$ 且 ≤20mm	拉线，钢尺量最大弯曲处
7		扭翘		$L/1000$	四对角拉两条线，量测两线交点之间的距离，其值的 2 倍为扭翘值
8	预埋部件	预埋钢板	中心线位置偏移	5	用尺量测纵横两个方向的中心线位置，取其中较大值
			平面高差	0，－5	用尺紧靠在预埋件上，用楔形塞尺量测预埋件平面与混凝土面的最大缝隙
9		预埋螺栓	中心线位置偏移	2	用尺量测纵横两个方向的中心线位置，取中较大值
			外露长度	+10，－5	用尺量
10		预埋套管、螺母	中心线位置偏移	2	用尺量测纵横两个方向的中心线位置，取其中较大值
			平面高差	0，－5	用尺紧靠在预埋件上，用楔形塞尺量测预埋件平面与混凝土面的最大缝隙
11	预留孔	中心线位置偏移		5	用尺量测纵横两个方向的中心线位置，取其中较大值
		孔尺寸		±5	用尺量测纵横两个方向尺寸，取其中最大值
12	预留洞	中心线位置偏移		5	用尺量测纵横两个方向的中心线位置，取其中较大值
		洞口尺寸，深度		±5	用尺量测纵横两个方向尺寸，取其中最大值

（续）

项次	检查项目		允许偏差/mm	检验方法
13	预留插筋	中心线位置偏移	3	用尺量测纵横两个方向的中心线位置，取其中较大值
		外露长度	±5	用尺量
14	吊环，木砖	中心线位置偏移	10	用尺量测纵横两个方向的中心线位置，取其中较大值
		与构件表面混凝土高差	0，−10	用尺量
15	键槽	中心线位置偏移	5	用尺量测纵横两个方向的中心线位置，取其中较大值
		长度、宽度	±5	用尺量
		深度	±5	用尺量
16	灌浆套筒及连接钢筋	灌浆套筒中心线位置	2	用尺量测纵横两个方向的中心线位置，取其中较大值
		连接钢筋中心线位置	2	用尺量测纵横两个方向的中心线位置，取其中较大值
		连接钢筋外露长度	+10，0	用尺量

表 11.3-5　预制梁柱桁架类构件外形尺寸允许偏差及检验方法

项次	检查项目		允许偏差/mm	检验方法
1	规格尺寸	长度 <12m	±5	用尺量两端及中间部，取其中偏差绝对值较大值
		≥12m 且 <18m	±10	
		≥18m	±20	
2		宽度	±5	用尺量两端及中间部，取其中偏差绝对值较大值
3		厚度	±5	用尺量板四角和四边中部位置共8处，取其中偏差绝对值较大值
4	表面平整度		4	用2m靠尺安放在构件表面上，用楔形塞尺量测靠尺与表面之间的最大缝隙
5	侧向弯曲	梁柱	$L/750$ 且 ≤20mm	拉线，钢尺量最大弯曲处
		桁架	$L/1000$ 且 ≤20mm	
6	预埋部件	预埋钢板 中心线位置偏差	5	用尺量测纵横两个方向的中心线位置，取其中较大值
		预埋钢板 平面高差	0，−5	用尺紧靠在预埋件上，用楔形塞尺量测预埋件平面与混凝土面的最大缝隙
7		预埋螺栓 中心线位置偏移	2	用尺量测纵横两个方向的中心线位置，取中较大值
		预埋螺栓 外露长度	+10，−5	用尺量

（续）

项次	检查项目		允许偏差/mm	检验方法
8	预留孔	中心线位置偏移	5	用尺量测纵横两个方向的中心线位置，取其中较大值
		孔尺寸	±5	用尺量测纵横两个方向尺寸，取其中最大值
9	预留洞	中心线位置偏移	5	用尺量测纵横两个方向的中心线位置，取其中较大值
		洞口尺寸，深度	±5	用尺量测纵横两个方向尺寸，取其中最大值
10	预留插筋	中心线位置偏移	3	用尺量测纵横两个方向的中心线位置，取其中较大值
		外露长度	±5	用尺量
11	吊环	中心线位置偏移	10	用尺量测纵横两个方向的中心线位置，取其中较大值
		留出高度	0，−10	用尺量
12	键槽	中心线位置偏移	5	用尺量测纵横两个方向的中心线位置，取其中较大值
		长度、宽度	±5	用尺量
		深度	±5	用尺量
13	灌浆套筒及连接钢筋	灌浆套筒中心线位置	2	用尺量测纵横两个方向的中心线位置，取其中较大值
		连接钢筋中心线位置	2	用尺量测纵横两个方向的中心线位置，取其中较大值
		连接钢筋外露长度	+10，0	用尺量

表 11.3-6　装饰构件外观尺寸允许偏差及检验方法

项　　次	装饰种类	检查项目	允许偏差/mm	检验方法
1	通用	表面平整度	2	2m 靠尺或塞尺检查
2	面砖、石材	阳角方正	2	用托线板检查
3		上口平直	2	拉通线用钢尺检查
4		接缝平直	3	用钢尺或塞尺检查
5		接缝深度	±5	用钢尺或塞尺检查
6		接缝宽度	±5	用钢尺检查

11.3.5　预制构件的其他检验项目

1）预制构件的预埋件、插筋、预留孔的规格、数量应满足设计要求。

检查数量：全数检验。

检验方法：观察和量测。

2）预制构件的粗糙面或键槽质量应满足设计要求。

检查数量：全数检验。

检验方法：观察和量测。

3）面砖与混凝土的粘结强度应符合现行行业标准《建筑工程饰面砖粘结强度检验标准》（JGJ 110—2008）和《外墙饰面砖工程施工及验收规程》（JGJ 126—2015）的有关规定。

检查数量：按同一工程、同一工艺的预制构件分批抽样检验。

检验方法：检查试验报告单。

4）预制构件采用钢筋套筒灌浆连接时，在构件生产前应检查套筒型式检验报告是否合格，应进行钢筋套筒灌浆连接接头的抗拉强度试验，并应符合现行行业标准《钢筋套筒灌浆连接应用技术规程》（JGJ 355—2015）的有关规定。

检查数量：按同一工程、同一工艺的预制构件分批抽样检验。同一批号、同一类型、同一规格的灌浆套筒，不超过 1000 个为一批，每批随机抽取 3 个灌浆套筒制作对中连接接头试件。

检验方法：检查试验报告单、质量证明文件。

5）夹芯外墙板的内外叶墙板之间的拉结件类别、数量、使用位置及性能应符合设计要求。

检查数量：按同一工程、同一工艺的预制构件分批抽样检验。

检验方法：检查试验报告单、质量证明文件及隐蔽工程检查记录。

6）夹芯保温外墙板用的保温材料类别、厚度、位置及性能应满足设计要求。

检查数量：按批检查。

检验方法：观察、量测、检查保温材料质量证明文件及检验报告。

7）混凝土强度应符合设计文件及国家现行有关标准的规定。

检查数量：按构件生产批次在混凝土浇筑地点随机抽取标准养护试件，取样频率应符合《装配式混凝土建筑技术标准》（GB/T 51231—2016）的规定。

检验方法：应符合现行国家标准《混凝土强度检验评定标准》（GB/T 50107—2010）的有关规定。

8）预制构件粗糙面的外观质量、键槽的外观质量和数量应符合设计要求。

检查数量：全数检查。

检验方法：观察，量测。

另外，根据现行国家标准《混凝土结构设计规范》（GB 50010—2010）要求，预制板的粗糙面凹凸深度不应小于 4mm，预制梁端，预制柱端，预制墙端粗糙面凹凸深度不应小于 6mm，粗糙面的面积不宜小于结合面的 80%。

9）预制构件表面预贴饰面砖、石材等饰面与混凝土的粘结性能应符合设计和国家现行有关标准的规定。

检查数量：按批检查。

检验方法：检查拉拔强度检验报告。

另外，国家标准《装配式混凝土建筑技术标准》11.2.7 条规定：预制构件表面预贴饰面砖、石材等饰面的外观质量应符合设计要求和国家现行有关标准的规定。

检查数量：按批检查。

检查方法：观察或轻击检查；与样板比对。

11.3.6　套管灌浆抗拉试验

套管连接的单体试验应满足下列要求：

1）单体试验的试件是用套管连接注入灌浆料把 2 根钢筋连接成一体，套管连接设在试件的中间。

2）单体试验项目有单向拉伸试验、单向反复试验、弹性范围内正负反复试验和塑性范围内正负反复试验。

3）试件标距取套管连接长度加两侧钢筋直径的 1/2 或 20mm 的最大值。根据试件标距和试验机夹具类型确定试件长度，试件长度应小于 500mm。

单体试验的加载方法见表 11.3-7。

表 11.3-7　套筒抗拉试验加载办法

试 验 项 目		加 载 方 法
单向拉伸试验		$0 \rightarrow 0.6f_{yk} \rightarrow f_{yk} \rightarrow$ 断裂
单向拉伸反复试验		$0 \rightarrow (0.02f_{yk} \leftrightarrow 0.95f_{yk}) \rightarrow$ 破损 （重复 30 次）
弹性拉压反复荷载试验		$0 \rightarrow (0.95f_{yk} \leftrightarrow -0.5f_{yk}) \rightarrow$ （重复 20 次）
塑性拉压反复 荷载试验	SA 级套管连接	$0 \rightarrow (2\varepsilon_{yk} \leftrightarrow -0.5f_{yk}) \rightarrow (5\varepsilon_{yk} \leftrightarrow -0.5f_{yk}) \rightarrow$ （重复 4 次）　　　　　（重复 4 次）
	A 级套管连接	$0 \rightarrow (2\varepsilon_{yk} \leftrightarrow -0.5f_{yk}) \rightarrow$ （重复 4 次）

11.4　预制构件工厂质量检验程序

11.4.1　材料检验程序

1）进厂材料必须有材料生产厂家的合格证、材质化验单等资料。

2）材料验收人员应以书面通知单方式通知试验室。

3）试验室接到通知后，应派出具有材料检测资质的人员按相关标准规定抽取样品。

4）验收核查厂家提供的质量合格证书和化验单等技术数据。

5）样品应明确标识该样品生产企业名称、品种、强度等级、生产日期、批号及代表数量、取样日期、样品检验状态。

6）按照该材料现行有效标准对样品进行各项指标检测。

7）检测应有两人在场，一人检测一人复核，数据要当时记录在原始记录本上。

8）记录数据书写错误，不准涂改。只准许划改并要有划改人签名或盖章。

9）按该材料现行有效的标准对检测数据进行评定。

10）评定结果应以书面报告形式通知仓库保管员，该批材料是合格或不合格。

11）及时整理供应厂家的技术质量资料并归档保存，记录原材料管理台账。

11.4.2　制作过程检验程序

1）组模、涂刷脱模剂（或粗糙面缓凝剂）、钢筋制作、钢筋安装、套筒安装、预埋件安装等环节，必须检验合格（需要拍照或做隐蔽工程验收记录的必须完成拍照和隐蔽工程验收记录的签署）后才能进行下道工序；下一道工序作业指令须经质检员同意并签字后方可以下达。

2）构件制作各个作业环节的工票（或计件统计）应由质检员签字确认。

3）混凝土试块达到脱模强度，试验室须通过书面或网络（如微信）给出脱模指令，作业班组才可以脱模。检验混凝土强度时，应按照国家标准《装配式混凝土建筑技术标准》9.7.11条规定，混凝土强度应符合设计文件及国家现行有关标准的规定：

①检查数量。按构件生产批次在混凝土浇筑地点随机抽取标准养护试件，取样频率应符合国家标准《装配式混凝土建筑技术标准》（GB/T 51231—2016）中 9.6.4 的规定：

A. 混凝土检验试件应在浇筑地点取样制作。

B. 每拌制 100 盘且不超过 100m³ 的同一配合比混凝土，每工作班拌制的同一配合比的混凝土不足 100 盘为一批。

C. 每批制作强度检验试块不少于 3 组，随机抽取 1 组进行同条件转标准养护后进行强度检验，其余可作为同条件试件在预制构件脱模和出厂时控制其混凝土强度；还可根据预制构件吊装、张拉和放张等要求，留置足够数量的同条件混凝土试块进行强度检验。

D. 蒸汽养护的预制构件，其强度评定混凝土试块应随同构件蒸养后，再转入标准条件养护。构件脱模起吊、预应力张拉或放张的混凝土同条件试块，其养护条件应与构件生产中采用的养护条件相同。

E. 除设计有要求外，预制构件出厂时的混凝土强度不宜低于设计混凝土强度等级值的 75%。

②检验方法：应符合现行国家标准《混凝土强度检验评定标准》（GB/T 50107—2010）的有关规定：

A. 取 3 个试件强度的算术平均值作为每组试件的强度代表值。

B. 当一组试件中强度最大值或最小值与中间值之差超过中间值的 15% 时，取中间值作为该组试件的强度代表值。

C. 当一组试件中强度最大值和最小值与中间值之差均超过中间值的 15% 时，该组试件的强度不应作为评定的依据。

D. 当采用非标准尺寸试件时，应将其抗压强度乘以尺寸折算系数。

4）制作质量脆弱点——夹芯保温板的制作关键点检验和控制。

夹芯保温板的内外叶墙板之间连接是有可能出现安全问题的重要环节，因为一旦拉结不住脱落将造成重大的安全事故。

①按照国家标准《装配式混凝土建筑技术标准》9.7.9 条规定，夹芯外墙板的内外叶墙板之间的拉结件类别、数量、使用位置及性能应符合设计要求。

检查数量：按同一工程、同一工艺的预制构件分批抽样检验。

检验方法：检查试验报告单、质量证明文件及隐蔽工程检查记录。

②按照国家标准《装配式混凝土建筑技术标准》9.7.10 条规定，夹芯保温外墙板用的保温材料类别、厚度、位置及性能应满足设计要求。

检查数量：按批检查。

检验方法：观察、量测，检查保温材料质量证明文件及检验报告。

除了以上国家标准规定以外，还应注意以下几点：

③外叶板与内叶板宜分两次生产制作，在制作时先浇筑外叶板混凝土，然后插放连接件，制作养护完成后，再铺保温材料，最后再浇筑内叶板。主要是防止连接件在振捣过程扰动。

④如果是一次浇筑，一定要严格控制在外叶板初凝前完成其他所有工序。

⑤保温材料应提前在设计的位置上打孔。

⑥浇筑振捣内叶层时要防止振动棒触碰到连接件。

⑦插放完连接件后要做隐蔽工程验收，并拍照存档。

⑧拉结件的位置数量符合图样设计要求。

⑨应保证保温材料间拼缝严密或使用粘结材料密封处理。

⑩特别是穿过拉结件的地方如出现钻孔过大，要进行冷桥处理，可采用聚氨酯发泡材料填充冷桥处。

⑪保温板铺设后要做隐蔽工程验收，并拍照存档。

⑫铺设保温材料时严禁工人踩踏保温材料。

5）预制构件生产过程中坚持操作人员自检、班组人员互检、专业人员复检的三级质量管理体系，自检要依据图样和标准，并配备专业检查工具。

6）工序之间应有互检程序。互检是指上一道工序移交给下一道工序时，双方要互相检查，并对检查结果进行记录及签字。有条件的情况下，应配备专业的质检人员对所有工序必须保证有检验表，并针对预制构件生产制定一套过程控制的质量表式，以此达到过程控制的强制效果，对产品的最终质量负责。

11.4.3　构件检验程序

1）预制构件制作完成后，须进行构件检验，包括缺陷检验、尺寸偏差检验、套筒位置检验、伸出钢筋检验等。

2）全数检验的项目，每个构件应当有一个综合检验单，就像体检表一样；每完成一项检验，检验者签字确认一项；各项检验完成并合格后，填写合格证，并在构件上做出标识。

3）检查结果分成三类：合格品、可修品、废品。

①合格品

A. 钢筋、预埋件等主要原材料是合格的。

B. 钢筋套筒经过灌浆抗拉试验是合格的。

C. 混凝土强度试块达到抗压强度的设计等级。

D. 外观检查要没有缺陷。

E. 尺寸偏差要在允许范围之内。

②可修品

A. 外观检查有一般缺陷，尺寸有不影响结构性能、安装性能和使用功能的尺寸偏差为可修品，对于此类产品，工厂人员可自行制定方案进行修整，修整完重新检查合格后方可定为合格品。

B. 外观检查有严重缺陷，尺寸有影响结构性能和安装使用功能的尺寸偏差，对于此类产品如果想使用需要经过原设计单位同意方能进行修整，如不同意视为废品。

③废品。废品是指具有钢筋不合格、混凝土强度达不到设计要求、灌浆试验出来后钢筋套筒不合格、有严重缺陷无法修整、尺寸偏差过大等任意一个缺陷的产品。

4）产品的标识与隔离。对检查结果应进行标识与隔离，合格品要进行标识与堆放、可修品要标识后放在待修区、废品要放入废品区，并用醒目的颜色标识，要与其他预制构件隔离开。

5）有合格标识的构件才可以出厂。

11.5　预制构件隐蔽工程验收

11.5.1　隐蔽工程验收内容

预制构件制作的隐蔽工程验收内容主要包括：

1）钢筋的牌号、规格、数量、位置、间距等是否符合设计与规范要求。

2）纵向受力钢筋的连接方式、接头位置、接头质量、接头面积百分率、搭接长度等。

3）灌浆套筒与受力钢筋的连接、位置误差等。

4）箍筋弯钩的弯折角度及平直段长度。

5）钢筋机械锚固是否符合设计与规范要求。

6）伸出钢筋的直径、伸出长度、锚固长度、位置偏差。

7）预埋件、吊环、插筋、预留孔洞的规格、数量、位置、定位牢固长度等。

8）钢筋与套筒保护层厚度。

9）夹芯外墙板的保温层位置、厚度，拉结件的规格、数量、位置等。

10）预埋管线、线盒的规格、数量、位置及固定措施。

11.5.2　隐蔽工程验收程序

1）隐蔽工程验收程序最核心的一点就是不能是预制构件工厂自己给自己验收，一定是第三方来验收，比如监理。如果监理因故不能参加的，应由监理授权其他人员来进行验收。

2）隐蔽工程验收流程

①验收流程如图 11.5-1 所示。

②隐蔽工程自检：工程具备隐蔽条件或达到专用条款约定的中间验收部位，预制工厂应组织相关工程师验收。通知包括隐蔽和中间验收的内容、验收时间和地点。

③共同检验：隐蔽工程验收应由监理工程师组织，接到预制工厂的请求验收通知后，应通知约定人员对照施工设计、施工规范进行自检，并在隐蔽或中间验收前 48h 以书面形式通知监理工程师组织相关人员与预制工厂相关人员共同检查或试验。检测结果表明质量验收合格，经监理工程师在验收记录上签字后，承包人可进行工程隐蔽和继续施工。验收不合格，预制工厂应在监理工程师限定的时间内修改后重新验收。

④重新检验：无论监理工程师是否参加了验收，当其对某部分工程质量有怀疑，均可要求预制工厂重新检验。预制工厂接到通知后，应按要求进行重新检验，并在检验后重新覆盖或修复。

⑤没有按隐蔽工程专项要求办理验收的项目，严禁下一道工序施工。

⑥隐蔽工程的检查除书面检查记录外应当有照片记录，拍照同时宜用小白板记录该构件的使用项目、检查项目、检查时间、生产单位等。关键部位应当多角度拍照，照片要清晰。

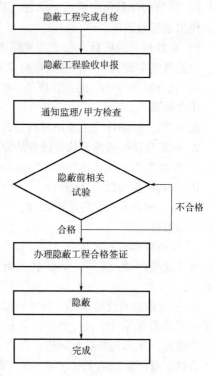

图 11.5-1　隐蔽工程验收流程

11.5.3　隐蔽工程验收档案

隐蔽工程验收档案应包括但不仅限于以下各项：

1）钢筋安装隐蔽工程验收。

2）预埋件、灌浆套筒、机电预埋、混凝土保护层厚度等隐蔽工程验收。

3）门窗框预埋隐蔽工程验收。

4）夹芯保温外墙板隐蔽工程验收。

5）反打面砖和反打石材等装饰面层构件的隐蔽工程验收资料及交付。

隐蔽工程验收宜用专门的隐蔽工程检查记录表来记录，见表 11.5-1。

表 11.5-1　隐蔽工程检查记录表（范本）

工程名称					
产品名称		产品规格		图样编号	
模具编号		操作者		驻厂监理		检查日期	

（续）

检查项目		结果		检查人
		合格	不合格	
模具	模具组装			
	清扫			
	脱模剂			
钢筋	钢筋布置			
	保护层厚度			
	主筋直径			
	箍筋			
	数量			
	间距			
	加强筋			
预埋件	数量			
	位置			
其他配件				
备注				

11.6　预制构件制作资料与交付

11.6.1　预制构件制作资料内容

根据现行国家标准《装配式混凝土建筑技术标准》（GB/T 51231—2016）中的规定，预制构件的资料应与产品生产同步形成、收集和整理，归档资料宜包括以下内容：

1）预制混凝土构件加工合同。

2）预制混凝土构件加工图样、设计文件、设计洽商、变更或交底文件。

3）生产方案和质量计划等文件。

4）原材料质量证明文件、复试试验记录和试验报告。

5）混凝土试配资料。

6）混凝土配合比通知单。

7）混凝土开盘鉴定。

8）混凝土强度报告。

9）钢筋检验资料、钢筋接头的试验报告。

10）模具检验资料。

11）预应力施工记录。

12）混凝土浇筑记录。

13）混凝土养护记录。

14）构件检验记录。

15）构件性能检测报告。

16）构件出厂合格证。

17）质量事故分析和处理资料。

18）其他与预制混凝土构件生产和质量有关的重要文件资料。

除此之外，根据笔者经验并参考辽宁省地方标准《装配式混凝土结构构件制作、施工与验收规程》（DB21/T 2568—2016），还应包括以下内容：

19）灌浆套筒抗拉强度试验报告。

20）保温拉结件的试验验证报告。

21）浆锚搭接成孔的试验验证报告。

22）驻厂监理的检查记录。

23）隐蔽工程验收档案，见11.5.3。

24）需要照片或视频存档的档案。

25）关键质量脆弱点如夹芯外墙板的内外墙板之间的拉结件安放完后进行的拍照记录。

11.6.2　预制构件交付的产品质量证明文件应包括的内容

1）出厂合格证，《装配式混凝土建筑技术标准》中提供了预制构件出厂合格证（范本），见表11.6-1。

2）混凝土强度检验报告。

3）钢筋套筒等其他构件钢筋连接类型的工艺检验报告。

4）合同要求的其他质量证明文件。

表 11.6-1　预制构件出厂合格证（范本）

预制混凝土构件出厂合格证			资料编号		
工程名称及使用部位			合格证编号		
构件名称		型号规格		供应数量	
制造厂家			企业等级证		
标准图号或设计图样号			混凝土设计强度等级		
混凝土浇筑日期		至	构件出厂日期		
性能检验评定结果	混凝土抗压强度			主筋		
	试验编号	达到设计强度（%）	试验编号	力学性能	工艺性能
	外观			面层装饰材料	
	质量状况	规格尺寸	试验编号		试验结论
	保温材料		保温连接件		
	试验编号	试验结论	试验编号		试验结论
	钢筋连接套筒		结构性能		
	试验编号	试验结论	试验编号		试验结论
备注				结论：	
供应单位技术负责人		填表人			
				供应单位名称	
填表日期：				（盖章）	

思考题

1. 预制构件质量检验的主要依据都包括什么？
2. 见证检验项目都包括哪些？
3. 隐蔽工程验收内容都包括哪些？

第 12 章　预制构件制作安全与文明生产

本章介绍预制构件工厂的安全生产要点（12.1）与文明生产要点（12.2）。

12.1　安全生产要点

12.1.1　预制构件生产特点

目前，自动化流水线工艺所能生产的预制构件种类非常少，预制构件生产大都采用非自动化方式制作，包括固定模台工艺和流水线工艺，非自动化方式在安全生产管理方面有着共同的特点。

（1）劳动密集型　预制构件制作年生产规模 1 万 m^3 大约需要 100 人，5 万 m^3 大约需要 300 人，劳动力密集，违章作业频率高，对安全培训、违章检查与管理的要求比较高。

（2）吊运作业密度大、重量大　车间和场地配置较多起重机，还可能有临时租用的起重机，材料、模具、钢筋骨架、混凝土和构件吊运装卸频繁，吊运重量也比较大，还有空间交叉作业。

（3）水平运输量大　厂内有较多水平运输作业，材料、模具、钢筋骨架、混凝土、构件等水平运输频繁，平面交叉多。

（4）人工操作的设备与电动工具多　钢筋加工设备、电动扳手、振捣器、打磨机等人工操作的设备与工具较多，移动电源线多，触电危险源多，必须严密防范，不能有疏漏。

（5）作业环境粉尘多　构件制作车间粉尘较多，水泥仓和搅拌站也有粉尘泄漏的可能。

（6）立式存放物体多　立式模具和构件立式存放。

12.1.2　安全防范重点

预制构件生产安全防范重点见表 12.1-1。

表 12.1-1　预制构件生产安全防范重点

类型	序号	作　业	事故类型	原　因	预防措施	责任岗位
起重作业	1	钢筋卸车	物体坠落伤人、碰撞	吊索吊具设计强度不够或损坏；吊钩脱钩；起吊高度不够；吊运作业区下方有人员；吊运物品落地后摆放不稳定等	起吊重物前，应检查吊扣的牢固、安全性，卸扣与绳索应完整，不得有损伤；有损伤的吊绳和吊钩应及时更换；起吊作业时，作业范围内严禁站人；相关生产人员定期进行安全培训，工作期间必须佩戴安全帽、穿防砸鞋等防护工具；摆放构件时一定要摆放稳，防止构件倒塌	操作工人
	2	钢筋骨架吊运				操作工人
	3	模具吊运				操作工人
	4	混凝土罐吊运				操作工人
	5	构件脱模				操作工人
	6	构件吊运				操作工人
	7	构件装车				操作工人

（续）

类型	序号	作业	事故类型	原因	预防措施	责任岗位
水平运输	8	材料水平运输	刮碰、撞人	物品未分区。摆放杂乱，运输道路未分区	物品应做到有序摆放，并在摆放时按产品类别存放，预留有运输车通道，以方便出货	操作工人
	9	构件水平运输				操作工人
	10	模具水平运输				操作工人
设备与工具	11	振捣作业	触电	电动设备或工具的电源线漏电	生产人员作业前，应正确佩戴和使用安全护具，及时检查工具安全性，正确使用电动设备不违规操作	生产管理员、操作工人
	12	组模作业				生产管理员、操作工人
	13	钢筋入模作业	伸出钢筋伤人	没有醒目标识	设置安全标识，生产人员定期进行安全培训	生产管理员、操作工人
其他	14	高模具组模	倾倒、伤人	摆放不稳	摆放模具时一定要摆平放稳，防止倒塌	生产管理员、操作工人
	15	墙板立式存放	倾倒、伤人	摆放不稳	应有临时存放支架，避免出现构件大面积倒塌	生产管理员、操作工人
	16	水泥仓泄漏	材料浪费、粉尘污染	设备老化、维护不到位	定期检查和维护设备	操作工人
	17	落地灰粉尘	环境污染、职业病危害	模台、模具未及时清理，场地未及时清洁	及时清理，必要时采用喷淋方法	操作工人
	18	清扫模具粉尘	环境污染、职业病危害	模台、模具未及时清理，场地未及时清洁	浇筑后模具上的混凝土残渣未时清理，场地未及时进行清洁	操作工人
	19	钢筋加工作业	机械伤手、伤人	未正确佩戴和使用劳防护具；工具未定期维护；违反操作规程作业	生产人员作业前，应正确佩戴和使用安全护具，及时检查工具安全性，正确使用电动设备不违规操作	生产管理员、操作工人
	20	保温材料存放或作业	失火	电器、电路短路造成的明火或其他明火	设置专门的存放场地，严防明火	生产管理员
工人违章现象	21	叉车作业	叉车碰到构件挤伤人	叉车工无证操作，倒车时车碰到构件挤伤人	特种工种要求持证上岗	生产管理员
	22	龙门式起重机行走作业	龙门式起重机撞到轨道旁边作业人员	起重工突然操作没有启动警报	特种工种要求持证上岗，加强培训操作规程，告知工人危险源	起重工
	23	私自乱接电源线	乱接电源线触电伤人	不通知电工，私自带电作业乱接电源线	禁止无证操作	操作工人
	24	切割钢筋作业	切割钢筋时铁屑伤到眼睛	没有按照要求佩戴防护眼镜	加强培训，配齐防护用品	操作工人
	25	角磨机切割作业	角磨机切割打磨构件伤到人	角磨机在开关开着的情况下插电，没有抓牢角磨机	加强培训操作规程	操作工人
	26	气割钢板	乙炔回火	操作不当导致乙炔沿着胶管着火	禁止无证操作	操作工人

12.1.3　安全管理要点

1）建立安全生产责任制。

2）制定各个作业环节的安全操作规程，重点是吊运、模具组装拆卸、钢筋入模等环节的操作规程。

3）制定设备与工具使用安全操作规程，重点是手持电动工具。

4）制定安全培训制度并实行。

5）列出安全防范风险源清单和防范措施并落实。

6）建立安全检查制度，重点检查起重设备、吊索吊具、构件存放、电气电源、蒸汽管线等；对发现的问题、隐患进行整改处理。

7）组织违章巡查，在违章作业和安全事故易发区设置监控视频。

12.1.4　安全设计

1）厂区车流、人流设计与道路划分。

2）车间分区与通道划分。

3）构件存放场地分区与道路设计。

4）大型构件浇筑混凝土、修补、表面处理作业的脚手架设计。

12.1.5　安全设施

1）高大型构件模具的支撑设施。

2）大型构件配置立式存放的靠放架。

3）大型构件制作脚手架。

4）电动工具电源线架立。

5）配置灭火器。

12.1.6　安全计划

除常规安全管理工作外，每个订单履约前，须制定该订单的安全生产计划。包括：

1）该订单需要的安全设施。

2）如果有新构件或异形构件，进行专用吊具设计。

3）大型构件制作脚手架设计。

4）构件存放方案。

5）构件装车方案等。

12.1.7　安全培训

工厂安全培训是日常工作，其主要内容如下：

1）安全守则、岗位标准和操作规程。

2）工厂危险源分析和预防措施。

3）各作业环节、场所安全注意事项、防范措施以及以往事故与隐患案例。重点是吊运、水平运输、用电、构件存放、设备与工具使用的安全注意事项。

4）起重设备吊索吊具维护检查规定。

5）动火作业安全要求和消防规定。

6）劳保护具使用规定等。

12.1.8　安全护具

1）生产人员必须戴安全帽、皮质手套、穿防砸鞋。

2）有粉尘的作业场所和油漆车间须戴防尘防毒口罩。

3）打磨修补作业须带防护镜。

12.1.9　安全标识

1）外伸钢筋醒目提示。

2）物品堆放防止磕绊的提示。

3）蒸汽管线和养护部位出口标识。

4）其他危险点标识。

12.2　文明生产要点

1）厂区道路区分人行道、车行道，标识。

2）厂内停车（包括员工的汽车、电动车、自行车）进行区域划分，标识，有序停放。

3）车间内进行分区并标识，模具、工具、材料临时存放区分配，不准在通道上放置。

4）构件存放场地合理设计、分区标识，有序存放。

5）利用落地灰制作小型庭院构件等。

6）模具、地面混凝土渣及时清理。

7）车间、场地和办公室的卫生管理等。

 思考题

1. 预制构件的生产特点有哪些？

2. 预制构件工厂的安全管理要点有哪些？

3. 预制构件工厂的文明生产要点有哪些？

第13章 预制构件制作成本

13.1 概述

本章对装配式混凝土建筑预制构件制作成本构成、计算及如何降低成本进行分析。具体内容包括预制构件制作成本构成（13.2），预制构件成本计算（13.3），预制构件价格计算（13.4）和如何降低预制构件制作成本（13.5）。

13.2 预制构件制作成本构成

预制构件制作成本构成包括直接成本、间接成本、营销费用、财务费用、管理费用和税费。

1. 直接成本

直接成本包括原材料费、辅助材料费、预埋件费、直接人工费、模具费分摊、制造费用。

（1）**原材料费** 包括水泥、石子、砂子、水、外加剂、钢筋、套筒、饰面材料、保温材料、连接件、窗等材料的费用。材料费计算要包括运到工厂的运费，还要考虑材料损耗。

（2）**辅助材料费** 包括脱模剂、保护层垫块、修补料、产品标识材料等材料的费用。辅助材料费计算要包括运到工厂的运费，还要考虑材料损耗。

（3）**预埋件费** 包括脱模预埋件、翻转预埋件、吊装预埋件、支撑防护预埋件、安装预埋件等预埋件的费用。预埋件费计算要包括运到工厂的运费。

（4）**直接人工费** 包括各生产环节的直接人工费，包括工资、劳动保险、公积金、工会经费、其他福利费等。

（5）**模具费分摊** 模具费是将制作侧模的全部费用，包括全部人工费、材料费、机具使用费、外委加工费及模具部件购置费等，按周转次数分摊到每个预制构件上。固定或活动模台的分摊费用计入间接成本。

（6）**制造费用** 包括水、电、蒸汽等能源费、工机具费分摊、低值易耗品费分摊。

2. 间接成本

间接成本包括工厂管理岗位人员、试验室人员工资、劳动保险、公积金、工会经费、其他福利费等的分摊，还包括土地购置费、厂房及设备等固定资产折旧、固定或活动模台、专用吊具和支架、修理费、工厂取暖费、产品保护和包装费等费用的分摊。

3. 营销费用

包括营销人员工资、劳动保险、公积金、工会经费、其他福利费等费用的分摊，还包括营销人员的差旅费、招待费、办公费、工会经费、交通费、通信费及广告费、会务费、样本制作费、售后服务费等费用的分摊。

4. 财务费用

包括融资成本和存贷款利息差等费用的分摊。

5. 管理费用

包括公司行政管理人员、技术人员、财务人员等管理部门人员工资、劳动保险、公积金、工会经费、其他福利费、差旅费、招待费、办公费、交通费、通信费及办公设施、设备折旧、维修费等费用的分摊。

6. 税费

包括土地使用税、房产税的分摊和预制构件自身的增值税、城建税及教育费附加等。

13.3　预制构件成本计算

直接成本一般占预制构件成本的一半以上，直接成本中绝大部分成本项目是通过计算而得到的，而直接成本以外的其他成本很多是以经验统计或常规计算为主而获得的，所以掌握直接成本计算对于预制构件的成本计算至关重要。原材料成本一般又占直接成本的一半左右，而原材料中混凝土、钢筋是每种预制构件都必有的材料，所以，下面主要介绍混凝土和钢筋材料成本的计算方法。

1. 混凝土材料成本计算

可以用 Excel 表方便地进行预制构件混凝土材料成本计算，见表 13.3-1。

1）表中成本栏是数量栏与单价栏数据的乘积；合计栏是各项成本之和；单位成本是合计成本除合计数量；单位体积成本是单位成本与密度的乘积。Excel 表设计时已将上述计算公式设计在表中。

2）只要将配合比、数量和单价按照实际情况填写或修改，相对应数量的混凝土的成本就会自动生成。

3）配合比是由试验室提供数据；单价是由采购部门提供数据；密度是相对固定的数据，一般不用调整。

4）这里没有考虑运费和损耗，一般需要在自动生成的成本额外考虑增加 3% ~ 5% 的运费和损耗。

表 13.3-1　预制构件混凝土材料成本计算表 (C30)

序号	材　料	配 合 比	单　　位	数　　量	单价/元	成本/元	备　　注
1	水泥	1	kg	1	0.33	0.33	
2	粉煤灰	0.54	kg	0.54	0.11	0.0594	
3	砂子	2.64	kg	2.64	0.1	0.264	水泥重量的百分比
4	石子	3.98	kg	3.98	0.083	0.33034	水泥重量的百分比
5	水	0.54	kg	0.54	0.005	0.0027	水泥重量的百分比
6	外加剂	0.026	kg	0.026	4	0.104	水泥重量的百分比
	合计			8.726		1.09044	
	单位成本		元/kg			0.125	
	密度		kg/m³		2400		
	单位体积成本		元/m³			300	

2. 钢筋材料成本计算

同样也可以用 Excel 表方便地进行预制构件钢筋材料成本计算，见表 13.3-2。

1）表中总长度栏是根数栏与每根长度栏的乘积；总重栏是总长度栏与每米重栏的乘积；成本栏是总重栏与钢筋单价栏的乘积；合计栏是各项成本之和。Excel 表设计时已将上述计算公式设计在表中。

2）只要将规格、根数、每根长度、每米重和单价按照实际情况填写修改，该预制构件的钢筋材料成本就会自动生成。

3）规格、根数、每根长度由技术部门根据预制构件的构件图查取并提供；每米重可以在钢筋重量换算表中查到；钢筋单价由采购部门提供。

表 13. 3-2　预制柱钢筋材料成本计算

序号	类别	规格/mm	根数	每根长度/m	总长度/m	每米重/kg	总重/kg	单价/（元/kg）	成本/元
1	纵筋	25	8	3.56	28.48	3.85	109.65	4	438.59
2	纵筋	20	4	3.56	14.24	2.47	35.17	4	140.69
3	纵筋	14	4	2.953	11.812	1.21	14.29	4	57.17
4	箍筋	8	5	2.3	11.5	0.395	4.54	4	18.17
5	箍筋	8	18	2.2	39.6	0.395	15.64	4	62.57
6	箍筋	8	30	0.69	20.7	0.395	8.18	4	32.71
7	箍筋	8	108	0.66	71.28	0.395	28.16	4	112.62
	合计						215.63		862.52

13.4　预制构件价格计算

1. 直接成本、定价系数、产品价格的计算和确定

1）计算预制构件价格的方法是先计算产品直接成本。

2）然后计算和确定费用（包括间接成本、营销费用、财务费用和管理费用）、税费和利润这三个方面在价格中的比例。

3）用100%减去上述的比例，就得到了直接成本在价格中的比例，把直接成本在价格中的比例称为定价系数。

4）用直接成本除定价系数就得到了价格。即：

产品价格 = 直接成本/定价系数

5）例如：

①一种预制构件，计算其直接成本是1500元。

②通过对以往数据的统计和计划预算的分析，确定费用（包括间接成本、营销费用、财务费用和管理费用）占价格的比例为20%。

③通过对增值税抵扣情况的统计分析和土地使用税及房产税的分摊，税费占产品价格的比例为15%。

④预期的利润率为10%。

⑤以上费用、税费、利润占产品价格比例的合计为45%。

⑥100% −45% =55%；定价系数为0.55。

⑦产品价格 = 直接成本/定价系数 = 1500/0.55 = 2727（元）。

6）确定定价系数要根据费用分摊占产品价格的比例、预期的利润率和税费在产品价格中的比例，根据市场行情的分析，根据企业状况和定价策略等因素确定。

2. 直接成本和产品价格计算表

也可以用 Excel 表方便地进行预制构件直接成本和产品价格计算，表 13.4-1 为预制楼梯直接成本和产品价格计算表；表 13.4-2 为预制叠合楼板直接成本和产品价格计算表。

表 13.4-1　预制楼梯直接成本和产品价格计算表（C30，钢筋含量 75kg）

序号	项　目	计算办法	数量	单位	单价/元	成本/元	调整系数	调整后成本/(元/个)	小计/(元/个)	备注
1	材料费								610.67	
1.1	混凝土材料费		0.68	m³	300	204.00	1.02	208.08		
1.2	钢筋材料费		75	kg	4	300.00	1.03	309.00		
1.3	保护层垫块费		13	个	0.2	2.60	1.03	2.68		
1.4	脱模剂费	脱模面积	9.32	m²	0.72	6.71	1.03	6.91		
1.5	修补材料费	脱模面积	9.32	m²	0.5	4.66	1.03	4.80		
1.6	预埋件费		6	个	9.8	58.80	1.00	58.80		
1.7	其他材料费		0.68	m³	30	20.40	1.00	20.40		
2	人工费								367.92	
2.1	制作人工费	组模、制作、脱模	1.04	工日	150	156.00	1.15	179.40		
2.2	钢筋人工费		0.52	工日	130	67.60	1.15	77.74		
2.3	修补人工费		0.21	工日	130	27.30	1.15	31.40		
2.4	辅助人工费	搅拌、搬运、养护	0.53	工日	130	69.03	1.15	79.38		
3	模具费	模具面积	9.32	m²	15	139.80	1.05	146.79	146.79	
4	工机具摊销费								7.36	
5	水、电、蒸汽费								62.20	
5.1	养护用水费		0.68	m³	1.47			1.00		
5.2	生产用电费		0.68	m³	20			13.60		
5.3	养护蒸汽费		0.68	m³	70			47.60		
6	产品标识费								1.00	
	合计								1196	
	成品损耗比例						0.02		24	
	总计								1220	

定价系数	每个造价	立方米造价
0.6	2033	2990
0.65	1877	2760
0.7	1743	2563
0.75	1626	2392
0.8	1525	2242

表 13.4-2　预制叠合楼板直接成本和产品价格计算表（C30，厚 60mm）

序号	项　　目	计算办法	数量	单位	单价/元	成本/元	调整系数	调整后成本/（元/m²）	小计/（元/m²）	备注
1	材料费								56.64	
1.1	混凝土材料费		0.06	m³	300	18.00	1.02	18.36		
1.2	钢筋材料费		3.95	kg	4	15.80	1.03	16.27		
1.3	桁架筋材料费		3.5	kg	5.3	18.55	1.02	18.92		
1.4	保护层垫块费		1.1	个	0.2	0.22	1.00	0.22		
1.5	脱模剂费	脱模面积	1.1	m²	0.72	0.79	1.03	0.82		
1.6	修补材料费	脱模面积	1.1	m²	0.5	0.55	1.00	0.55		
1.7	其他材料费		0.06	m³	25	1.50	1.00	1.50		
2	人工费								21.66	
2.1	制作人工费	组模、制作、脱模	0.068	工日	150	10.20	1.15	11.73		
2.2	钢筋人工费		0.037	工日	130	4.81	1.15	5.53		
2.3	修补人工费		0.007	工日	130	0.91	1.15	1.05		
2.4	辅助人工费	搅拌、搬运、养护	0.0224	工日	130	2.91	1.15	3.35		
3	模具费	模具面积	1	m²	5	5	1.05	5.25	5.25	
4	工机具摊销费								0.43	
5	水、电、蒸汽费								5.30	
5.1	养护用水费		0.06	m³	2.3			0.14		
5.2	生产用电费		0.06	m³	16			0.96		
5.3	养护蒸汽费		0.06	m³	70			4.20		
6	产品标识费								1.00	
	合计								90.28	
	成品损耗比例						0.02		1.81	
	总计								92.09	

定价系数	平方米造价	立方米造价
0.6	153	2558
0.65	142	2361
0.7	132	2193
0.75	123	2046
0.8	115	1918

1）成本栏为数量栏与单价栏的乘积；调整后成本栏为成本栏与调整系数栏的乘积；小计为各分项成本的合计；每个楼梯、每平方米楼板造价为直接成本除定价系数；每立方米造价为每个楼梯造价、每平方米楼板造价除混凝土材料数量。Excel 表设计时已将上述计算公式设计在表中。

2）在表里只要填写或修改数量和单价，就会得到预制构件的直接成本和不同定价系数下的预制构件价格。

3）数据来源及提供：

①材料数量、模具费计算使用的数量由技术部门提供。

②材料单价、模具单价由采购部门提供（混凝土如果是企业自产的话，价格可以按照13.3中混凝土材料成本计算而得）。

③人工费数量和单价由人力资源部门协同定额管理部门提供。

④工机具摊销（本表取人工费的2%）由财务部门提供。

⑤水、电、蒸汽费用由能源管理部门和财务部门提供。

4）材料和成品考虑到损耗，增加了调整系数。

5）人工费调整系数是指工资中还应包括劳动保险、公积金、工会经费、其他福利费、劳保费用，外派工人包括外派公司的收费等，适当分摊淡季待工时的人工费用。

13.5 如何降低预制构件制作成本

大规模装配式混凝土建筑长达半个多世纪的发展过程中，世界各国都不存在装配式混凝土建筑成本比现浇混凝土建筑高的情况。装配式混凝土建筑本身就是为了降低成本、提高质量才发展起来的。

但目前国内确实存在装配式混凝土建筑成本高于现浇混凝土建筑的现象，其中最主要的原因，并不是工厂生产成本高多少，很多时候是工厂以外的因素，主要有三方面的原因：一是社会因素，市场规模小，生产摊销费用高；二是由于结构体系不成熟，或者是规范相对审慎所造成的成本高；三是没能形成专业化生产，好多工厂生产的产品品种多。当然工厂本身也有降低成本的空间。

13.5.1 减少工厂不必要的投资以降低固定成本

为降低生产企业的固定成本，企业在建厂初期应做合理的规划，选择合适的生产工艺、设备等从而减少固定费用的投入。

1）根据市场的需求和发展趋势进行产品定位，可以做多样化的产品生产，也可以选择专业化生产一种产品。

2）确定适宜的生产规模，不宜一下子铺得太大，可以根据市场规模逐步扩大。

3）选择合适的生产工艺，不盲目地以作秀为目的选择生产工艺。要根据实际生产需求来确定生产工艺，要从经济效益和生产能力等多方面考虑。目前世界范围内自动化的生产线适合生产的预制构件品种非常少，能适合国内结构体系的预制构件更少。流动线也是，并不是一个必选的项目。

4）合理规划工厂布局，节约用地。借鉴其他工厂的经验，多调研咨询。

5）制定合理的生产流程及转运路线，减少预制构件的转运。

6）选购合适的生产设备。

根据需要选购合适的设备。比如没必要车间所有门式起重机都选择10~20t的，应根据工艺需要，钢筋加工车间5t门式起重机就能满足生产需要。

在早期可以利用社会现有资源就能启动，租厂房、购买商品混凝土、采购钢筋成品等。如图13.5-1、图13.5-2所示为日本临时加工工厂及紧凑的生产车间。用量较少的特殊预制构件不应当作为建设工厂的依据，如果有需要完全可以利用室外场地加上临时活动厂棚方式来进行生产，投资也不大。

图 13.5-1　日本临时建设的塑料棚车间

图 13.5-2　日本窄小紧凑的生产车间

13.5.2　优化模具，降低模具成本

模具对预制构件质量、生产周期和成本影响很大，是预制构件生产中非常重要的环节。模具费在预制构件中所占比例较大，一般占构件制作费用的 5%～15%，甚至更高。因此必须把优化模具作为降低成本的重要内容。优化模具有以下途径：

1）在设计阶段与设计单位、甲方协调，尽可能减少预制构件种类。

2）通过标准化设计，提高模具重复利用率和改用率。

3）根据每种预制构件的数量选用不同材质的模具。

4）合并同类项，使模具具有通用性。

5）设计具有可变性的模具，通过简单修改即可制作其他产品。例如生产墙板的边模通过修改，可以生产出不同规格的墙板；柱子模具通过增加挡板可以生产高度不一样的柱子。

6）生产数量少的预制构件可以采用木模或者混凝土模等低成本模具。定型成品以及数量多的产品采用钢模。

7）模具应具有组装便利性，例如预制楼梯的边模可以用轨道拉出来，省去了组装模具时对起重机的依赖，从而降低设备和人员的成本。

13.5.3　控制好劳动力成本

预制构件生产中劳动力成本占到总成本的 15%～20%，控制好劳动力成本是降低预制构件成本的重要环节。劳动力的节约要靠采用成熟的技术，或者选择合适的结构体系。否则工地也不能降低劳动力成本，工厂也很难降低劳动力成本。从工厂降低劳动力成本方面主要体现在以下几个方面：

1）钢筋加工部分环节采用机械化及自动化生产。

2）合理的制造工期，减少工人加班加点，均衡生产。

3）稳定的劳动力队伍，熟练程度高。

4）用工方式尽可能采用计件或者劳务外包形式，专业的事情由专业的人员来做。

5）预制构件生产对计划性要求比较高，一旦有窝工或者生产线某个环节有问题就会影响全局，因此周密的计划、周密的准备，会降低劳动力成本。或者以劳务外包或计件的方式来提高生产效率。

13.5.4　降低原材料消耗

装配式混凝土建筑预制构件工厂在材料降低消耗方面可降低的空间不大，搅拌混凝土是自动计量，浇筑混凝土是专用的布料机，钢筋加工是机械化自动化的设备。所以在降低材料消耗方面空间不大，但是要想有所作为还是有点空间的，主要有以下几个方面：

1）建立健全原材料采购、保管、领用制度。避免采购错误、保管不当等造成的浪费。

2）根据图样定量计算出所需原材料，实施定量、定尺采购。

3）通过严格的质量控制、质量管理降低废次品率。

4）减少材料随意堆放造成的材料浪费。

5）减少搬运过程对材料的损坏。

6）正确使用材料，避免用错材料。

7）在设计单位设计预埋件阶段，与设计单位沟通互动，不同功能共用一个预埋件，例如有些墙板的斜支撑预埋件与脱模预埋件共用。

8）带饰面、保温材料的预制构件要绘制排板图，工厂根据排板图加工各种饰面材料。

13.5.5　降低能源消耗

1）在工厂设计、布置能源管线时尽可能减少能源输送距离，做好蒸汽等输送管道的保温。

2）固定模台工艺或者立模工艺采取就地养护方式，做好预制构件养护覆盖保温措施。覆盖要有防水膜保水养护，有保温层及时覆盖，覆盖要严密不漏气。

3）预制构件集中养护，例如异形阳台板、空调板等小型预制构件浇筑完成后集中在一个地方养护，减少能源消耗。

4）建立灵活的养护制度，通过自动化养护系统控制温度，减少蒸汽用量。

5）夏季根据温度的变化缩短养护时间。

6）利用太阳能养护小型预制构件，特别是被动式太阳能的利用。最简单的方式就是在太阳能养护房朝阳面设置玻璃棚加蓄热墙。

7）蒸汽也可以采用太阳能热水加热。

8）养护窑保温要好，养护窑要分仓，养护温度应根据气温灵活调整，合适为好。

9）强化能源供应系统的维护保养、杜绝跑冒滴漏。

13.5.6　避免预制构件破损

1）在设计阶段工厂应当与设计师协同设计，关于预制构件协同设计要求如下：

①预制构件在设计阶段减少尖锐角、大尺寸悬挑等环节造成的破损。

②模具设计阶段分缝应选在不影响脱模的地方，减少脱模环节对预制构件的损坏。

2）充分振捣，提高混凝土密实度。

3）充分养护，经过试验后达到脱模强度脱模。

4）按要求拆卸模具，避免螺栓没有松开而野蛮脱模造成的破损。

5）在运输环节和堆放环节对产品做好保护。

①运输路线上易碰到的地方做好软包或者警示。

②减少运输路线交叉作业。

③预制构件堆放按照工艺设计做好防护隔垫。

6）合理布置厂内预制构件物流路线，减少搬运次数。

7）敞口预制构件运输时加上临时拉结件作为防护措施，如本书第4章图4.8-39和图4.8-40所示。

13.5.7　避免混凝土剩余料、落地灰、钢筋头浪费

1）有自动计量系统的布料机和搅拌站能够自动计量预制构件所需要的混凝土量；没有自动计量系统的，宜连续性浇筑，避免浪费混凝土。

2）下班前或者浇筑结束时，布料机、布料斗剩余或挂边的混凝土可以做一些小型预制构件，例如路缘石、车挡球等，如图13.5-3所示。

3）使用合理的工器具。

4）定量的浇筑混凝土。

5) 使用自动化设备加工钢筋，采用盘圆钢筋减少线材不合理的尺寸。

6) 充分利用钢筋下脚料，例如用于预埋件加强筋。

7) 在采用人工方式加工钢筋时，技术人员和操作工人要首先读懂钢筋图样再行下料，减少出错。

8) 按照生产计划数量下料、成型，减少浪费。

9) 及时清理散放的钢筋头，无法回收利用的可以卖掉。

13.5.8　制定和执行好定额管理和预算管理

劳动定额应根据企业特点、生产技术条件和生产产品的类型制定。做到简明、准确、全面。常用制定定额方法有以下三种：

1. 经验估算法

由经验丰富的管理人员和技术人员，通过对图样、工艺、规程和产品实物的分析，并考虑工具、设备、模具等生产条件估算劳动定额。

2. 统计分析法

根据过去生产同类型产品的实际工时消耗记录，并考虑到目前生产条件以及其他相关因素制定。

图 13.5-3　用混凝土剩料制作的车挡球

3. 技术测定法

根据对生产技术条件和组织条件的分析研究，通过技术测定和分析计算出来合适的定额。

常见固定模台工艺预制构件生产用工情况请参见表 4.9-2，工作时间按每天 8 个小时考虑。

13.5.9　进行工序整合和优化

工序的均衡能避免窝工、避免设备及能源浪费，是降低成本的一个重要方面。这就需要工序整合与优化，进行资源的合理配置。工序整合与优化要找到关键路线或关键因素，以这个为核心来优化工序安排，优化劳动组织，实现均衡生产，具体方法包括：

1) 固定模台工艺中，当满负荷生产时，起重机作业可能是个瓶颈。合理调度模具作业顺序，定量计算出每个作业的顺序和时间，进行有效的现场调度，充分发挥起重机的作用。例如，小型预制构件可以采用叉车或者汽车式起重机调运。

2) 流水线生产时，分流出生产工艺复杂的预制构件，转到固定模台或独立模具生产，使生产线均衡地生产节拍大致一样的产品。

3) 当某一个环节起决定因素，控制生产节奏的时候，其他环节配置的人员要均衡。例如生产线上一天浇筑环节只能浇筑 100m³ 混凝土，这个时候其他环节要按照这个产量来配置人员。

4) 培养一些技术多面手，当其他环节需要时可以随时调度，例如钢筋工也会组装模具，浇筑工也会绑扎钢筋，也会修补预制构件等。

13.5.10　建立健全设备管理制度

装配式建筑预制构件生产对设备依赖度很大。固定模台工艺对起重机、运输设备、搅拌站等依赖度比较大；而流水线及自动化生产线工艺对布料机、振捣设备、码垛机、翻转机以及钢筋加工设备和搅拌站等依赖度很大。

设备的完好运行是保证预制构件正常生产的重要环节，也是减少窝工、降低成本的关键环节。为保证生产线及其设备完好运行，企业应建立健全生产设备的全生命周期的系统管理制度，包括设备选型、采购、安装、调试、使用、维护、检修直至报废的全过程管控。

思考题

1. 以下情况定价系数应该选择低些，还是选择高些，为什么？

（1）技术含量高或艺术含量高或有专利保护或市场认知度高的产品。

（2）为了占有市场份额，或者为了获得较大的毛利贡献。

（3）在主导产品订单间隙或生产淡季为了养人，生产一些技术含量不高的产品。

2. 请设计绘制预制楼梯的 Excel 计算表格，并计算混凝土材料数量 0.8m³，钢筋含量 82kg，定价系数为 0.62，其他数据假设不变的每个楼梯的造价和每立方米楼梯的造价。

3. 为什么说采用计件的方式能够降低劳动力成本？

第 14 章　集成部品制作

14.1　概述

集成是一体化的意思。部品按照装配式混凝土建筑国家标准的定义，是指"外围护系统、设备与管线系统、内装系统的建筑单一产品或复合产品组装而成的功能单元的统称"。

具体地说，集成部品包括集成式厨房、集成式卫生间、整体收纳及其他集成部品（如集成式玄关、吊顶、墙面、窗帘盒等）。

本章介绍集成式部品制作原则（14.2），集成式厨房制作（14.3），集成式卫生间制作（14.4），整体收纳与其他集成部品制作（14.5），集成部品包装、运输与资料交付（14.6）。

集成部品安装在第 20 章、第 21 章中介绍。集成部品设计在本系列教材《装配式混凝土建筑构造与设计》一书中介绍。

14.2　集成式部品制作原则

14.2.1　集成式部品制作依据及内容

1. 集成式部品制作依据

集成式部品依据部品设计图制作。

集成式部品设计图一般由制作厂家定型设计成标准图，对于用量多的大型楼盘，也可根据甲方和建筑设计的要求专门设计。无论是标准化设计还是专门设计，集成式部品设计都必须依据：

1）建筑、内装、管线与设备各个专业提出的使用功能和装饰性的要求。

2）国家、行业或地方有关标准的规定。

3）制作、安装的经济性与便利性。

2. 集成式部品制作图内容

（1）集成式厨房制作图内容　集成式厨房制作图包括平面图、各内立面图、顶棚图、地面图、模块单元图、设备与管线布置图、管线接口图、安装节点图、配件图、模块单元装配图、材料说明、制作说明等。

（2）集成式卫生间制作图内容　集成式卫生间制作图包括平面布置图、各内立面图、顶棚图、地面图、结构构造图、洁具布置与装配图、设备与管线布置图、管线接口图、安装节点图、配件图、材料说明、制作说明等。

（3）整体收纳制作图内容　整体收纳制作图包括形状尺寸图、构造图、安装节点图等。

14.2.2　图样会审与设计交底

1. 图样会审

集成式部品在制作前应进行图样会审。

1）请甲方、建筑设计单位相关专业设计人员和施工安装单位技术人员对集成部品设计图进行会审，对是否符合使用要求、建筑设计各专业设计要求和安装便利性做出判断，提出修改完善意见。

2）请制作工厂各专业技术人员和技术工人进行会审，对设计的合理性、各个专业衔接性和制作便利性提出完善修改意见。

2. 技术交底

技术交底是设计图定稿后工厂技术部门向制作环节管理技术人员与工人讲解设计要求、工艺特点、质量标准并解答问题。

3. 样品制作

集成式部品在批量生产之前须先制作样品，发现和解决设计的不适合之处，并请用户、建筑设计方和施工方进行评价。在样品通过论证后再投入批量生产。

14.3　集成式厨房制作

14.3.1　什么是集成式厨房

集成式厨房是由工厂生产的地面、吊顶、墙面、橱柜和厨房设备及管线等集成并主要采用干式工法装配而成的厨房。集成式厨房也称为整体厨房，但它不是一个整体，而是由若干个模块组合而成的，因为厨房面积比较大，做成完全整体式无法运输和安装。

集成式厨房的基本设施包括洗涤池、案台、灶台、燃气灶具、抽油烟机、橱柜、冰箱、微波炉、洗碗机、消毒柜、电烤箱以及厨余垃圾粉碎器等。

图 14.3-1 和图 14.3-2 给出了日本和国内集成式厨房的实景照片。

图 14.3-1　日本的集成式厨房　　　　　图 14.3-2　我国的集成式厨房

14.3.2　集成式厨房类型

集成式厨房按照布置形式分为单排型、双排型、L 形、U 形、壁柜形和岛形。

图 14.3-1 是单排型和岛形的组合；图 14.3-2 是 L 形。U 形集成式厨房如图14.3-3 所示，将 U 形厨房端部的收纳柜去掉就是双排型。

各种类型集成式厨房的最小尺寸见表 14.3-1。

图 14.3-3　U 形集成式厨房

表 14.3-1　集成式厨房的最小尺寸　　　　　　　　（单位：mm）

厨房家具布置形式	厨房最小净宽度	厨房最小净长度
单排型	1500（1600）/2000	3000
双排型	2200/2700	2700
L 形	1600/2700	2700
U 形	1900/2100	2700
壁柜形	700	2100

注：本表引自《装配式混凝土建筑技术标准》（GB/T 51231—2016）第 4.2.6 条条文解释中表 1。

14.3.3　集成式厨房材料与设备

1. 集成式厨房材料

集成式厨房主要材料包括集成吊顶、龙骨、吊杆等，集成墙饰、墙面连接件或钢化玻璃及固定件或瓷砖等，灶台（不锈钢、人造板、天然石、人造石等），给水排水配件、阀门、管材管件，电线，五金配件，密封胶等。

2. 集成式厨房设备

集成式厨房主要设备包括不锈钢洗涤池、嵌入式燃气灶具、抽油烟机、橱柜（木质和不锈钢）、微波炉（蒸微一体机）、嵌入式洗碗机、嵌入式消毒柜、嵌入式电烤箱等以及厨余垃圾粉碎器等成套组合设备。

3. 材料与设备选购原则与基本要求

1）根据设计要求采购，设计没有给出明确要求的，应要求其补充提出。

2）应符合国家、行业或地方标准的要求，或参照协会和企业标准。

3）环保，无污染。

4）墙面、台面材料不沾油，易于擦洗。

5）地面材料防滑。

6）符合防火要求。

7）防潮性能好。

8）防霉变性能好。

9）用电安全。

10）燃气安全等。

14.3.4　集成式厨房制作工艺

1. 集成式厨房模块

集成式厨房并不是一个整体的空间，而是由模块组合成的，每个模块功能不同，在制作时自成体系。常见模块包括灶台模块、洗涤池模块、案台模块、吸油烟机与吊柜模块，顶棚板模块、墙面板模块等。

2. 制作工艺流程图

集成式厨房制作工艺如图 14.3-4 所示。

3. 集成式厨房制作特点

集成式厨房制作过程涉及建筑、装修、给水、排水、通风、燃气和电气各个专业；用到建筑材料、装修材料、水电暖通设备、管线和配件，空间不大、工艺繁杂，管理难度较大。涉及的标准较多，质量要求较高。

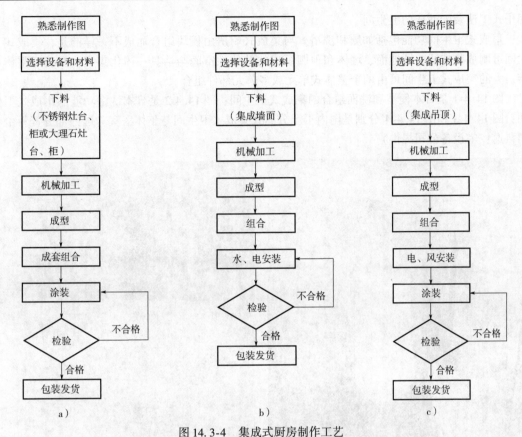

图 14.3-4 集成式厨房制作工艺

a) 厨房设备 b) 墙饰面 c) 吊顶

14.3.5 集成式厨房制作质量要点

1）材料和设备符合设计要求。
2）设备安装牢固可靠。
3）水电管线敷设牢固可靠。
4）燃气管线敷设可靠，接口严密。
5）与建筑各个系统的接口位置准确。
6）悬挂模块的安装装置可靠。
7）所有模块尺寸误差在允许范围内。
8）装修精致，无色差无瑕疵等。

14.3.6 集成式厨房验收

1）尺寸检查（包括整体尺寸、接口位置等）。
2）外观检查（质感、颜色、收口细节制作精度等装饰性）。
3）设备完好性检验。
4）安装连接可靠性检查。
5）抽屉、柜门灵活性检查。

14.4 集成式卫生间制作

14.4.1 什么是集成式卫生间

集成式卫生间是由工厂生产的楼地面、墙面（板）、吊顶和洁具设备及管线等集成并主要采用干式工法装配而成的卫生间。

集成式卫生间功能包括如厕和洗浴。与集成式厨房由模块组合而成不一样的是，集成式卫生间可制成整体式，即地面、墙体和顶棚组成的整体性空间与洁具一体化集成，安装时整体吊装。大的集成式卫生间可由两个整体式单元或多单元部件组合。

图 14.4-1 是日本便器和洗面组合的集成式卫生间；图 14.4-2 是日本洗浴功能的集成式卫生间；图 14.4-3 和图 14.4-4 分别是国内干湿分离式集成式卫生间与整体浴室（国内部分资料由苏州科逸住宅设备公司提供）。

图 14.4-1　日本集成式卫生间

图 14.4-2　日本集成式卫生间——整体浴室

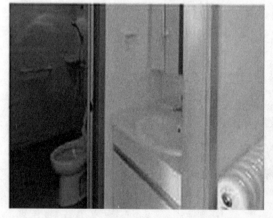

图 14.4-3　干湿分离集成卫浴

图 14.4-4　整体浴室（青岛爱乐厨卫科技
有限公司提供照片）

14.4.2　集成式卫生间类型

集成式卫生间按照集成的洁具件数分有三种类型：单件型、双件型和三件型。

单件型是只有一件洁具的类型，单独设置便器或单独设置喷淋或单独设置浴缸。图 14.4-2

是单独设置浴缸的单件式。

双件式是集成了两件洁具的类型，图 14.4-1 就是便器与洗面器集成的双件式。

三件式是集成了三件洁具的类型，如便器 + 洗面器 + 浴缸或便器 + 洗面器 + 喷淋，都是三件式。

表 14.4-1 给出了不同类型集成式卫生间的最小尺寸。

表 14.4-1　集成式卫生间的最小尺寸　　　　　　（单位：mm）

卫生间平面布置形式	卫生间最小净宽度	卫生间最小净长度
单设便器卫生间	900	1600
设便器、洗面器两间洁具	1500	1550
设便器、洗浴器两间洁具	1600	1800
设三件洁具（喷淋）	1650	2050
设三件洁具（浴缸）	1750	2450
设三件洁具无障碍卫生间	1950	2550

注：本表引自《装配式混凝土建筑技术标准》（GB/T 51231—2016）第 4.2.6 条条文解释中表 2。

14.4.3　集成式卫生间材料、洁具与配件

表 14.4-2 给出了集成式卫生间各个部位材料、洁具与配件图例，可以对集成式卫生间的材料构成有一个大致的了解。

表 14.4-2　整体浴室各部分材料及内部设备

项　　目		备　　注	图　　示
主体	底盘	SMC 模压底盘（日本统称 FRP，可带保温层，多种覆膜工艺）	灰色　咖啡色　灰色（石纹）　咖啡色（石纹）
	墙板	SMC 模压墙板（可带保温层，可覆膜）	
		彩钢墙板	
		天然石材贴面蜂窝铝板墙板	
		瓷砖贴面墙板	

（续）

项　目		备　注	图　示
主体	顶板	SMC 模压顶板	
	门	铝合金型材、PC门板。有推拉门、折叠门、平开门等类型	
设备	浴缸	a）人造大理石 b）底盘一体化 SMC 浴缸 c）陶瓷浴缸 d）亚克力浴缸 e）铸铁浴缸	 a)　　b)　　c)　　d)　　e)
	淋浴水嘴	不锈钢镀铬	
	洗面台	人造大理石、SMC	
	浴室柜	烤漆实木、亚克力	
	坐便器	陶瓷	
	地漏	工程塑料 ABS，横排、直排两种	
	排风扇	一体式、分体式	
	照明灯具	防水灯、LED 灯	

（续）

项　目	备　注	图　示
附件	扶手、毛巾架、镜柜、浴杆、浴帘窗、置物架等	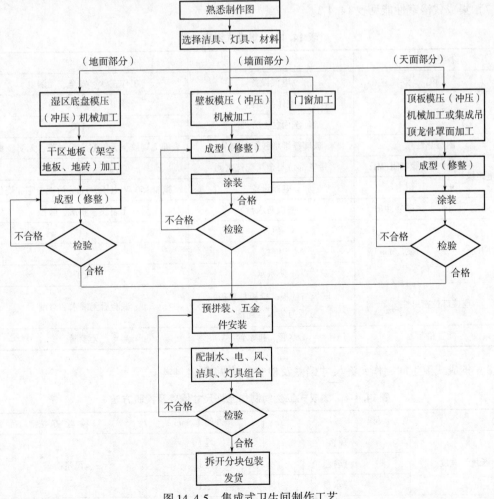

集成式卫生间材料选购原则和基本要求可参见 14.3.3 小节第 3 条集成式厨房材料选购原则与基本要求，两者大体上一样。集成式卫生间对以下几点更为关注：

1）地面、墙面材料须有很好的防水性能。

2）顶棚材料须有很好的防潮性能。

3）根据产品的市场定位选择适宜的洁具及配件。

14.4.4　集成式卫生间制作工艺

集成式卫生间制作工艺如图 14.4-5 所示。

集成式卫生间虽然空间小，功能简单，但制作过程涉及建筑、装修、给水、排水、通风和电气各个专业，制作精度和装饰性要求比较高。

图 14.4-5　集成式卫生间制作工艺

14.4.5 集成式卫生间制作质量要点

1）材料和设备符合设计要求。

2）保证结构构造的整体性，适应运输与吊装。

3）保证防水性，地面排水通畅。

4）卫生洁具固定位置正确，偏差不超过允许值。

5）支、托架防腐良好、制作平整、牢固，与器具接触紧密、平稳。

6）卫生器具与墙体、台面结合部密封处理。

7）外部尺寸误差在允许范围内。

8）水电管线接口位置尺寸误差在允许范围内。

14.4.6 集成式卫生间验收

1）尺寸检查（包括整体尺寸、接口位置等）。

2）外观检查（质感、颜色、收口细节制作精度等装饰性）。

3）设备完好性检验。

4）卫生洁具表面光洁、颜色均匀、无污损。

5）淋浴间门开关灵活。

6）配件表面光亮、无划伤痕迹。

7）集成式浴室性能见表 14.4-3。

表 14.4-3 集成式浴室性能

检 测 项 目		部 位	性 能
通电		电气设备	工作正常、安全、无漏电
光照度/lx		整体浴室内	>70
		洗面盆上方处	>150
耐湿热性		玻璃纤维增强塑料制品	表面无裂纹、无气泡、无剥落、无明显变色
电绝缘	绝缘电阻/MΩ	带电部位与金属配件之间	>5
	耐电压	电器设备	施加 1500V 电压，1min 后无击穿和烧焦
强度	耐砂袋冲击	壁板防水盘	无裂纹、剥落、破损
刚度	挠度/mm	顶板	<6
		壁板	<5
		防水盘	<3
连接部位密封性		壁板与壁板、壁板与顶板、壁板与防水盘连接处	试验后无漏水和渗漏
配管检漏		给水管、排水管	无渗漏

8）集成式卫生间制作允许尺寸偏差及检验方法见表 14.4-4。

表 14.4-4 集成式卫生间制作允许尺寸偏差及检验方法

项 目		允许偏差/mm	检 验 方 法
长度、宽度	顶板	±1	尺量检查
	壁板	±1	
	防水盘	±1	
对角线差	顶板、壁板、防水盘	1	尺量检查

（续）

项　目		允许偏差/mm	检验方法
表面平整度	顶板	3	2m靠尺和塞尺检查
	壁板	2	
	瓷砖饰面防水盘	2	
接缝高低差	瓷砖饰面壁板	0.5	钢尺和塞尺检查
	瓷砖饰面防水盘	0.5	钢尺和塞尺检查
预留孔	中心线位置	3	尺量检查
	孔尺寸	±2	尺量检查

14.5　整体收纳与其他集成部品制作

14.5.1　什么是整体收纳

　　整体收纳是工厂生产、现场装配的模块化集成收纳产品的统称，为装配式住宅建筑内装系统中的一部分，属于模块化部品。简单说，整体收纳就是固定家具和集成化的内装修部品。

　　本节所说的其他集成部品是指窗帘盒、门窗套、窗台板、顶角线、踢脚板等内装饰部品，由于与整体收纳制作工艺基本一样，放在一起介绍。

　　图14.5-1是客厅的整体收纳柜，图14.5-2是书房的整体收纳柜，图14.5-3是门厅的整体收纳柜。

图14.5-1　整体收纳——客厅吊柜、电视柜

图14.5-2　整体收纳——书柜

14.5.2　整体收纳类型

　　整体收纳类型按照位置分有起居室、卧室、书房、门厅、餐厅、卫生间、厨房收纳；按照功能分有书柜、衣柜、杂物柜、食品柜、酒柜、儿童床柜、衣帽间、电视柜等；按照风格分有中式古典、西式古典、现代风格、自然风格；按照色调分有暖调、冷调和中性。

14.5.3　整体收纳材料选用原则

　　整体收纳既是家具的固定型，也是内装的扩展，材料以木材和木制品为主，应符合家具和内

图14.5-3　整体收纳——门厅衣帽柜和鞋柜

装修的国家标准和行业标准，选用绿色、环保材料。常用材料包括中密度纤维板、细木工板、防火板和实木等。

14.5.4　整体收纳制作工艺

整体收纳制作工艺流程如图 14.5-4 所示。

相对于集成式厨房和集成式卫生间，整体收纳制作工艺比较简单，涉及的专业比较少，但对质量的要求很高。制作工艺的机械化、数控化是提高质量的主要保障。

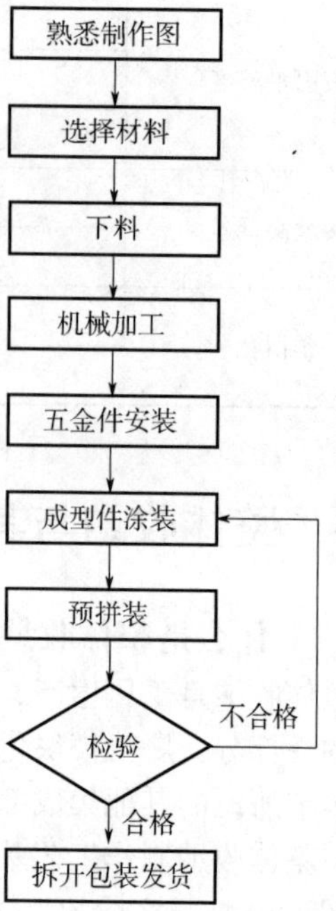

14.5.5　整体收纳制作质量要点

1）分格线均匀一致，线脚直顺。

2）装饰线刻纹应清晰、直顺，棱线凸凹层次分明。

3）柜门与边框缝隙应均匀一致。

4）板面拼缝应严密，纹理通顺，表面平整。

5）整体收纳的柜门和抽屉应开关灵活，回位正确，无倒翘回弹现象。

14.5.6　整体收纳验收

1）整体收纳可参照家具和内装标准进行质量检验和验收。

2）外观检查没有窜角、翘扭、弯曲现象。

3）表面平整、光滑、洁净、色泽一致，不露钉帽、无锤印，且不应存在弯曲变形、裂缝及损坏现象。

4）悬挂式整体收纳安装节点结实可靠。

5）尺寸误差应符合家具和内装的允许误差。

图 14.5-4　整体收纳制作工艺流程

14.6　集成部品包装、运输与资料交付

14.6.1　集成式部品包装

集成式厨房（集成式卫生间包装基本相同）出厂包装方式包括：

1）纸箱。

2）木箱。

包装必须牢固可靠，易损件装箱后应填充纸屑、泡沫等保护，每个包装箱应标明外形尺寸、净重、毛重及怕雨、请勿重压等标记。

箱内橱柜、设备、器具应采用包裹、覆盖、贴膜等措施，防止污染或损坏。

堆码层数不得超过三层。

14.6.2　集成式部品运输

1. 集成式厨房（集成式卫生间）的模块部件与集成式部品运输要求

1）将在工厂制作完成的部品，经检验合格后，做好包装保护，由工厂发运至施工现场。

2）部品运输前，应制定集成部品的运输与堆放方案，其内容应包括运输时间、运输路线、固定要求、堆放场地、堆放支垫及成品保护措施等。

3）部品搬运直行通道宽度不小于 700mm，转角处不小于 950mm。

4）部品运输车辆应满足构件尺寸和载重要求。

5）运输应避免碰撞，不允许在地面拖动，同时防止化学腐蚀性药品的侵蚀。

6）运输时，应采取防止构件移动、倾倒、变形等的固定措施。

7）运输时，应采取防止构件损坏的措施，对已破损构件的边角部位应设置保护衬垫。

8）装卸时，应采取保证车体平衡的措施。

2. 部品复合壁板的运输与堆放要求

1）当采用靠放架堆放时，靠放架应具有足够的承载力和刚度，与地面倾斜角度宜大于 80°；壁板宜对称靠放且饰面朝外，墙体上部宜采用木垫块隔离。

2）当采用插放架直立堆放时，插放架应有足够的承载力和刚度，并应采取保持支架稳固的措施。

3）当采用平面堆叠存放时，托盘面积要大于等于壁板面积，且应有足够的承载力和刚度，堆叠层高不宜超过 1200mm。

14.6.3　集成部品资料交付

集成部品资料交付包括以下内容：

1）装箱清单。

2）检验合格证。

3）装配图。

4）安装使用说明书。

5）备品备件。

 思考题

1. 什么是集成部品？

2. 部品和通常所说的构件、配件有什么区别？

3. 什么是整体收纳？

第15章 装配式混凝土建筑施工应具备的条件

15.1 概述

装配式混凝土建筑工程施工比现浇混凝土建筑施工对施工企业的软硬件要求更高一些，只有具备一定条件的施工企业才能够保障装配式混凝土建筑施工的顺利进行和工程结构质量与安全。

装配式混凝土建筑施工企业除满足政府或业主的一些硬性要求条件以外，须具备以下条件：

1）具有一定的装配式混凝土建筑施工管理经验，掌握一定的国内外先进装配式混凝土建筑施工技术。

2）具备健全完整的装配式混凝土建筑施工管理体系和质量保障体系。

3）具备一定数量具有装配式混凝土建筑施工经验的专业技术管理人员和专业技术工人。

4）具有能够满足装配式混凝土建筑施工的大型吊装运输设备及各种专用设备。

本章具体内容包括人力资源条件（15.2），管理与技术条件（15.3），设备条件（15.4）。

15.2 人力资源条件

15.2.1 应配备的管理人员和技术人员

一个完整的装配式混凝土建筑项目应配备项目经理、技术总工、吊装指挥、质量总监，下辖：起重工、信号工、技术工人、塔式起重机驾驶员、测量工、安装工、临时支护工、灌浆料制备工、灌浆工、修补人员。其组织架构如图15.2-1所示。

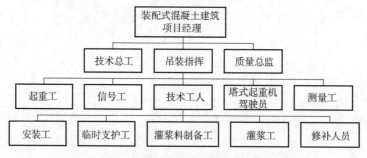

图 15.2-1 装配式混凝土建筑施工组织架构

（1）项目经理 装配式混凝土建筑施工的项目经理除了组织施工具备的基本管理能力外，应当熟悉装配式混凝土建筑施工工艺、质量标准和安全规程，有非常强的计划管理意识。

（2）技术总工 对装配式混凝土建筑施工技术各个环节熟悉，负责施工技术方案及措施的制定和编制，组织技术培训和现场技术问题处理等。

（3）吊装指挥 吊装作业的指挥人员，熟悉装配式混凝土建筑预制构件吊装工艺、流程和技术质量要点等。要有一定的组织协调能力，安全质量意识较强。

（4）质量总监 对预制构件出厂的质量标准、装配式混凝土建筑施工材料检验标准和施工质量标准熟悉，负责编制质量方案和操作规程，组织各个环节的质量检查验收等。

15.2.2　应配备的专业技术工人

装配式混凝土建筑工程施工除需配备传统现浇工程所需配备的钢筋工、模板工、混凝土工、塔式起重机驾驶员、起重工、信号工、测量工等传统工种以外，还需增加了一些专业性较强的工种，如安装工、灌浆料制备工、灌浆工等，同时对塔式起重机驾驶员、起重工等工种的能力和水平要求更高一些。装配式混凝土建筑施工前，企业需对上述所有工种进行装配式混凝土建筑施工技术、施工操作规程及流程、施工质量及安全等方面的专业教育和培训。对于特别关键和重要的工种，如起重工、信号工、安装工、塔式起重机驾驶员、测量工、灌浆料制备工及灌浆工等，必须经过培训考核合格后，方可持证上岗。

15.3　管理与技术条件

15.3.1　管理体系

装配式混凝土建筑工程施工管理与传统工程施工管理大体相同，同时也具有一定的特殊性。必须具有健全完善的装配式混凝土建筑项目管理体系才能保证装配式混凝土建筑项目正常有序地进行施工。对于装配式混凝土建筑施工企业管理不但要建立传统工程应具备的项目进度管理体系、质量管理体系、安全管理体系、材料采购管理体系以及成本管理体系等，还需针对装配式混凝土建筑工程施工的特点：预制构件起重吊装、预制构件安装及连接等，补充完善相应的管理体系，例如预制构件生产、运输、进场存放和安装的衔接体系，预制构件吊装、支撑、连接的管理体系，装配式施工全链条质量控制检查体系等。

15.3.2　技术能力

具有装配式混凝土建筑施工相关工艺设计的能力，如：

1）吊索吊具设计。

2）后浇混凝土模板及其架设方法设计。

3）预制构件接缝施工工艺设计。

4）预制构件表面处理施工工艺设计。

5）临时支撑体系设计和复核。

6）安全防护体系设计。

7）复杂预制构件、大型预制构件安装工艺和安全技术措施设计。

8）安装疑难问题工艺设计和方案制定等。

15.3.3　应具有齐全的岗位标准和操作规程

为了保证装配式混凝土建筑结构工程顺利施工，保证工程施工质量与施工安全，装配式混凝土建筑施工企业除需制定所需传统工种的岗位标准和操作规程之外，还需根据装配式混凝土建筑工程的施工特点，制定如下岗位标准和操作规程：

1. 塔式起重机驾驶员岗位标准和操作规程

预制构件重量较重，构件的起重吊装工作属于高危险作业。同时，预制构件的安装精度要求较高，安装有些预制构件时，有多个套筒或浆锚孔需要同时对准连接钢筋才能安装到位。这就要求装配式混凝土建筑工程施工企业要制定详细严谨的塔式起重机驾驶员岗位标准和操作规程。在施工操作过程中，塔式起重机驾驶员应严格遵守岗位标准和操作规程，坚守岗位，服从指挥，集中精力，精心操作，才能保证工程施工安全，保证预制构件安装质量和进度。

2. 信号工岗位标准和操作规程

信号工也称为吊装指令工，负责向塔式起重机驾驶员传递吊装信号。信号工应熟悉预制构件的安装流程和质量要求，全程指挥预制构件的起吊、降落、就位、脱钩等工序。该工种是装配式混凝土建筑安装保证质量、效率和安全的关键工种。信号工应严格遵守岗位标准和操作规程，其技术水平、质量意识、安全意识和责任心都应当过硬。

3. 安装工岗位标准和操作规程

安装工负责预制构件的就位、安装和调节等工作。安装工要熟练掌握不同预制构件的安装特点和安装要求，施工操作过程中，要与起重工和信号工密切配合，严格遵守相应的岗位标准和操作规程，才能保证预制构件的安装质量和施工安全。

4. 灌浆料制备工岗位标准和操作规程

灌浆料制备工负责灌浆料的搅拌配制。灌浆料的配制质量直接影响装配式混凝土建筑工程预制构件连接关键节点的工程质量。灌浆料制备工需熟悉掌握灌浆料的性能和配制要求，严格按照灌浆料的配合比进行浆料配制，严格遵守灌浆料制备工的岗位标准和操作规程。

5. 灌浆工岗位标准和操作规程

灌浆工负责预制构件连接节点的灌浆注浆工作。灌浆工需熟悉掌握灌浆料的使用性能及灌浆设备的机械性能，严格执行灌浆工作的岗位标准和操作规程。施工过程中，灌浆工与灌浆料制备工要协同作业，才能保证预制构件连接关键节点的工程质量。

15.3.4　具有对装配式施工相关人员培训的能力

装配式混凝土建筑施工企业在装配式混凝土建筑施工前，应对现场管理人员、技术人员和技术工人进行全面系统的教育和培训，培训主要包含技术、质量、安全等以下方面内容：

1）装配式混凝土建筑施工相关的各项施工方案的策划、编制和实施要求。如预制构件场地运输存放方案、塔式起重机的选型和布置方案、预制构件保护措施方案、吊具设计制作及吊装方案、现浇混凝土伸出钢筋定位方案、预制构件临时支撑方案、灌浆作业技术方案、脚手架方案、后浇区模板设计施工方案、预制构件接缝施工方案、预制构件表面处理施工方案等。

2）各种预制构件进场的质量检查和验收要求及操作流程。

3）各种预制构件的吊运安装技术、质量、安全要求及操作流程，包含预制构件的起吊、安装、校正及临时固定。

4）预制构件安装完毕后的质量检查验收要求和操作流程。

5）预制构件安装连接和灌浆连接的技术、质量、安全要求及操作流程。

6）预制构件安装连接和灌浆连接后的质量检查验收要求和操作流程。

7）其他安全操作培训，如安全设施使用方法及要求、临时用电安全要求、作业区警示标志要求、动火作业要求、起重机吊具吊索日常检查要求、劳动防护用品使用要求等。

以上培训要根据工人文化素质不高、对文字的理解力可能有偏差、记忆力有限、人员流动性较大等特点，最好是把培训内容制成图片、语音或者视频等，利用微信渠道发布，方便工人们学习和理解。

15.4　设备条件

15.4.1　装配式混凝土建筑工程施工应配备的设备

装配式混凝土建筑工程施工与传统工程施工所配备的施工设备有所不同，应配备以下工程施工设备。

1）起重量大、精度高的起重设备。

2）注浆设备，主要包括：

①灌浆料制备设备。

②电动灌浆泵。

③手动灌浆枪。

3）剪刀式升降平台。

4）曲（直）臂车（高处作业车）。

5）场内平板运输车（规划有预制构件堆场时用）。

6）楼层小型起重设备（安装部品和墙板）。

7）专用工具与仪器。

15.4.2 装配式混凝土建筑工程施工对起重机的要求

装配式混凝土建筑工程施工的特点是起重量大、精度高，在选择购买或租赁起重设备时要根据整体工程平面分布、长度、高度、宽度、结构形式、工程量以及施工现场的施工环境条件等确定起重机的选型。

1. 选型原则

1）安全性。

2）适用性。

3）效率高。

4）经济性。

2. 选型要求

1）起重重量 结合起重机的型号与起重荷载进行确定，重点考虑施工项目最重的预制构件对起重机吊运荷载的要求。吊装预制构件起重机的起重重量范围一般为 3~25t。

2）起重幅度 结合预制构件的存放位置、吊运部位、距起重机中心的距离，来确定起重机的起重幅度。起重幅度越大，起重重量越小。最大起重幅度一般为 60~80m。

3）起重高度 起重高度要求吊起的预制构件能平行通过建筑外架最高点或预制构件安装最高点以上 2m 处。

4）提升效率 结合起重机每个台班吊运次数，确定每台起重机的工作区域，确保每个工作区域的预制构件在合理的吊运计划范围内。一般中型起重机理论吊运次数在 80~120 次/台班。

起重机选型详见 16.7.1。

15.4.3 装配式混凝土建筑工程灌浆设备与工具的选配

灌浆作业是装配式混凝土建筑安装最重要的环节，选择好的灌浆设备和工具至关重要。灌浆作业一般分为机械灌浆和手动灌浆两种。

1）灌浆料制备设备：手提式搅拌机、搅拌桶、电子称、刻度量杯、平板手推车等。见表15.4-1。

表 15.4-1 灌浆料制备设备

名 称	冲击转式砂浆搅拌机	电子称、刻度量杯	平板手推车	搅 拌 桶
主要参数	功率：1200~1400W 转速：0~800r/min 可调 电源：单相220V/50Hz 搅拌头：片状或圆形	称量程：30~50kg 称精度：0.01kg 刻度量杯：2L、5L	600mm×800mm	$\Phi300 \times H400mm$， 不锈钢平底桶
用途	浆料搅拌	精确称量干料及水	水平运输	调制浆料
图片				

2）灌浆工具：电动灌浆泵、手动灌浆枪、灌浆料斗等，见表15.4-2。

表15.4-2　灌浆工具

类　　型	电动灌浆泵	手动灌浆枪	灌浆料斗
型　　号	JM-GJB 5D 型	—	自制
电源	3 相，380V/50Hz	无	无
额定流量	≥3L/min（低速） ≥5L/min（高速）	手动	
额定压力	1.2~1.6MPa	—	
料仓容积	料斗 20L	枪腔 0.7L	根据实际情况确定
图片			根据实际情况确定 （图 15.4-1）

15.4.4　装配式混凝土建筑工程施工应配备的专用工具与仪器

装配式混凝土建筑安装都需要专用的工具和仪器，用于校正预制构件垂直、水平、轴线精度的工具与仪器；注浆料测试工具与仪器。

1. 预制构件安装校正工具与仪器

1）校正柱脚轴线位置的专用工具：柱脚调节器，如图 15.4-2 所示。

2）校正柱顶部轴线位置及垂直度的专用仪器：经纬仪、红外线标线仪，如图 15.4-3 所示。

3）校正梁水平及柱梁标高的高精水准仪，如图 15.4-4 所示。

4）校正梁轴线位置及墙垂直度的红外线垂直投点仪，如图 15.4-5 所示。

5）校正楼梯的水平尺。

2. 灌浆料测试工具与仪器

1）灌浆料测试工具：见表15.4-3。

2）灌浆料测试仪器：电子测温仪，如图15.4-6所示。

图 15.4-1　灌浆料斗

图 15.4-2　柱脚调节器

图 15.4-3　红外线标线仪

图 15.4-4　高精度水准仪

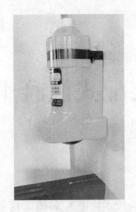

图 15.4-5　红外线垂直投点仪

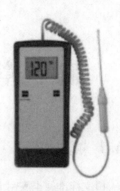

图 15.4-6　电子测温仪

表 15.4-3　灌浆料测试工具

检测项目	工具名称	规格参数	照　片
流动度检测	圆截锥试模	上口×下口×高 Φ70×Φ100×60mm	
	钢化玻璃板	长×宽×厚 500mm×500mm×6mm	—
抗压强度检测	试块试模	高 40mm×宽 40mm×长 160mm 三联	

 思考题

1. 为什么对装配式混凝土建筑施工的起重工比现浇混凝土建筑施工的起重工要求要高？

2. 做好施工人员培训需要具备哪些条件？

3. 简述塔式起重机驾驶员、信号工、起重工和安装工各自的职责和工作流程。

4. 装配式混凝土建筑施工比现浇混凝土建筑施工增加了哪些技术工种？这些工种主要的职能是什么？

第16章 装配式混凝土工程施工准备

16.1 概述

国家标准《装配式混凝土建筑技术标准》对施工前的准备有如下规定："装配式混凝土结构施工应制定专项方案。专项施工方案宜包括工程概况、编制依据、进度计划、施工场地布置、预制构件运输与存放、安装与连接施工、绿色施工、安全管理、质量管理、信息化管理、应急预案等内容。"

本章主要讨论装配式混凝土建筑与现浇混凝土建筑施工前准备的不同之处。包括施工前图样会审与技术交底（16.2），施工组织设计（16.3），场地布置（16.4），技术、质量、安全、成本方案（16.5），施工组织与劳动力配置（16.6），起重设备的选型与架立（16.7），吊索吊具准备与检验（16.8），临时支撑、防护架设计与准备（16.9），施工设备与工具准备（16.10），单元吊装试验（16.11）。

16.2 施工前图样会审与技术交底

16.2.1 施工前的图样会审

装配式混凝土建筑施工前的图样会审尤为重要。由甲方组织设计方、监理方、施工方、预制构件制作方、建筑部品制作方和主要分包方的技术与管理人员参加，详细领会设计意图，审查设计存在的问题。在图样会审中，施工方须重点关注以下与装配式有关的内容。

1）后浇混凝土模板固定预埋件类型、数量、位置能否保证模板固定的可靠性与便利性。

2）未实现管线分离的项目，叠合楼板桁架钢筋露出高度既要保证预埋线管能穿过桁架钢筋，又要保证上层钢筋网片的保护层厚度。

3）用于斜支撑固定和模板固定的内埋式金属螺母的位置应当有一定的距离，避免在作业时互相干涉。

4）夹芯保温外墙板的外叶墙比内叶墙探出尺寸 B 大于200mm时，须考虑后浇混凝土鼓仓力向外推外叶板，为此须与设计方研究拉住外叶板的方案，包括内外叶板的拉结件设置位置靠近边缘、在外叶板上预埋足够的拉杆螺母等，如图16.2-1所示。

5）注意预制墙板两侧外露

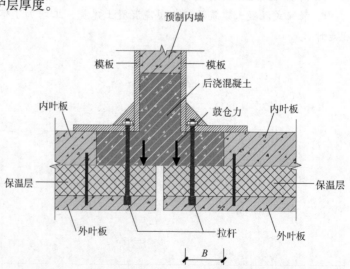

图 16.2-1　后浇混凝土处防止外叶板位移措施示意图

梁筋、暗柱处外漏钢筋、墙水平筋是否与相邻墙板两侧的外露筋互相干涉。

6）施工时是否需要架立外脚手架，如需架立脚手架，外墙构件如何预埋或预留固定脚手架的设施，脚手架对构件（特别是外叶板）的附加荷载，脚手架对装饰一体化的影响和应对措施等。

7）塔式起重机架立支扶点的位置、对结构或构件的附加荷载、预埋件设置要求、对装饰一体化构件的影响和应对措施等。

8）非结构构件安装需要设置防止位移的定位措施。

9）后浇混凝土钢筋连接和支模作业的空间是否够用。

10）按照构件连接顺序，是否有因钢筋干涉而无法安装的构件。

11）构件安装预留的允许误差是否合适，安装后的累积尺寸是否会与设计尺寸偏差过大。

12）需要翻转立起的构件，其吊点设置位置是否符合翻转与吊装要求。

13）用于机电安装的预留孔洞的位置、尺寸是否符合机电安装要求，预埋件设置及预留孔洞是否齐全（如水电井留洞、预埋管线对口、预埋线盒位置、避雷引下线、消防管道支架埋件、电缆桥架固定埋件等）。

14）用于内装的预留孔洞及用于装修的预埋件设置是否齐全。

15）用于预制构件安装所需校正固定、模板固定、外脚手架固定、安全设施固定、构件间连接等的预埋件是否满足安装要求。

16）对现浇预留钢筋位置、长度进行确认，对其与预制构件的连接方式、位置进行复核。

17）根据预制构件图编制详细的预制构件工程专项施工方案，确定是否需要增加预埋件，如有必要增加的，须与设计方和预制构件厂确定预埋方案。

16.2.2　技术交底

技术交底包括两个层面，一是甲方、设计、监理向施工方交代他们的要求和施工质量的重点；二是指施工企业管理与技术主管向施工管理人员、技术人员和作业人员对施工过程关键节点的做法、质量控制要点、安全防护措施、施工注意事项等都进行清晰明确的交代。

国家标准《装配式混凝土建筑技术标准》（GB/T 51231—2016）10.1.2 规定："施工单位应根据装配式混凝土建筑工程特点配置组织的机构和人员。施工作业人员应具备岗位需要的基础知识和技能，施工单位应对管理人员、施工作业人员进行质量技术交底。"

（1）技术交底的主要内容

1）构件装卸车及构件场内运输技术交底。

2）柱吊装、校正、固定、后浇混凝土部位模板支设技术交底。

3）梁吊装校正、固定技术交底。

4）墙吊装、校正、固定、后浇混凝土部位模板支设、坐浆技术交底。

5）灌浆工程技术交底。

6）外挂墙板吊装、校正、固定、打胶技术交底。

7）阳台、挑台吊装、校正、固定技术交底。

8）叠合楼板吊装、校正技术交底。

9）楼梯安装技术交底。

10）后浇混凝土部分的钢筋、模板、混凝土浇筑技术交底。

11）水平构件及竖向构件支撑系统施工技术交底。

12）支撑系统拆除技术交底。

13）安全设施设置技术交底。

（2）技术交底的要求和方式

1）技术交底要以审批确认的专项施工方案为基础。

2）依据专项施工方案工艺流程，对各个作业环节进行详细说明，要明确、具体、定量；对于复杂作业环节，宜辅以三维图样或模型进行交底。

3）技术交底要图文并茂、直观、简练、易懂，宜辅以微信图片、视频等方式。

4）对每个施工作业环节的安全要求、安全措施、安全设施的设置方法与要求进行交底。

5）当改变工艺时必须进行全面的技术交底。

6）对新入场人员或新调岗人员必须进行全面的技术交底。

16.3 施工组织设计

16.3.1 施工组织设计主要内容

施工组织设计主要内容包括：

1）设置工程管理机构，配置管理、技术、质量、安全岗位，建立责任体系。

2）确定施工顺序，编制施工总计划。

3）与工厂协同编制部件部品进场计划。

4）编制材料与配件计划。

5）编制各作业环节施工技术方案。

6）选择分包和外委的专业施工队伍，如专业吊装、灌浆、支撑队伍等。

7）劳动力配置与培训计划。

8）设备、设施与工具计划。

9）起重设备选型与布置。

10）吊索吊具设计、准备。

11）质量管理与检查计划。

12）安全施工与文明施工计划等。

下面择其要点介绍。

16.3.2 施工计划

1. 施工总计划

根据现场条件、塔式起重机工作效率、构件工厂供货能力、气候环境情况和施工企业自身组织人员、设备、材料的条件等编制预制构件安装施工进度总计划，施工计划要落实到每一天、每一个环节和每一个事项。

装配式混凝土建筑施工需要预制构件生产厂、施工企业、其他外委加工企业和监理以及各个专业分包队伍密切配合，有诸多环节制约影响，需要制定周密细致的计划。日本装配式建筑工程的施工组织设计和计划编制得非常细，工程管理团队在编制计划方面下很大的功夫。施工进行过程中也是每天都"打合"计划。图 16.3-1 和图 16.3-2 是日本一项装配式混凝土工程的施工组织设计首页和总进度计划。

装配式混凝土工程施工计划包括预制构件安装计划、机电安装计划、内装计划等，同时将各专业计划形成流水施工，体现了装配式混凝土工程缩短工期的优势。

2. 预制构件安装计划

1）测算各种规格型号的构件，从挂钩、立起、吊运、安装、固定、回落一个流程在各个楼层高度所用的工作时间数据。

2）依据测算取得的时间数据计算一个施工段所有构件安装所需起重机的工作时间。

3）对采用的灌浆料、浆锚料、坐浆料要制作同条件试块，试压取得在 4h（坐浆料）、18h、24h、36h 时的抗压强度，依据设计要求确定后序构件吊装开始时间。

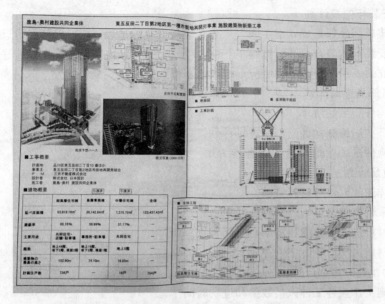

图 16.3-1　日本装配式混凝土工程施工组织设计首页

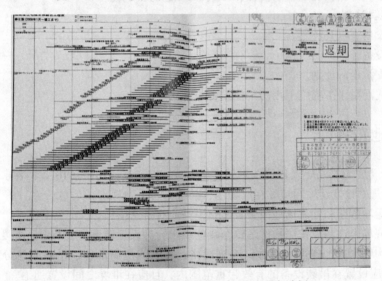

图 16.3-2　日本装配式混凝土工程总进度计划

4）根据以上时间要求及吊装顺序，编制按每小时计的构件要货计划、吊装计划及人员配备计划。

5）根据装配式混凝土工程结构形式的不同，在不影响构件吊装总进度的同时，要及时穿插后浇混凝土所需模板、钢筋等其他辅助材料的吊运，确定好时间节点。

6）在编排计划时，如果吊装用起重机工作时间不够，吊运辅助材料可采取其他垂直运输机械配合。

7）根据构件连接形式，对后浇混凝土部分，确定支模方式、钢筋绑扎及混凝土浇筑方案，确定养护方案及养护所需时间，以保证下一施工段的吊装工作进行。

8）计划内容主要包含测量放线、运输计划时间、各种构件吊装顺序和时间、校正固定、后浇混凝土部位模板支设、缝隙封堵、灌浆顺序及时间、各工种人员配备数量、质量监督检查方法、安全设施配备实施、偏差记录要求、各种检验数据实时采集方法、质量安全应急预案等。

3. 机电安装与内装计划

1）大型集成部品如集成式卫生间等应当在楼板安装前吊装到位或安装点附近位置。

2）机电安装与内装修可在结构施工三四个楼层后进行；内装施工前应安装好门窗玻璃。

3）构件安装、机电安装、内装应形成大流水作业。

4. 构件与部品进场计划

1）列出构件与部品清单。

2）与工厂共同编制构件与部品进场计划。

3）制定构件进场检验方案（见第18章）。

5. 材料进场计划

1）列出详细的部件与材料清单。

2）编制采购与进场计划。

3）列出材料进场检验项目清单与时间节点。

4）制定材料进场检验方案（见第17章）。

6. 劳动力配置与培训计划

1）确定施工作业各工种人员数量和进场时间。

2）制定培训计划，确定培训内容、方式、时间和责任者。

7. 设备机具计划

1）起重设备、机具计划。

2）灌浆设备计划。

3）临时支撑设施计划。

4）装配式混凝土工程施工用的其他设备与工具计划。

16.4 场地布置

国家标准《装配式混凝土建筑技术标准》（GB/T 51231—2016）10.2.3 要求：施工现场应根据施工平面规划设置运输通道和存放场地，并应符合下列规定：

1）现场运输道路和存放场地应坚实平整，并应有排水措施。

2）施工现场内道路应按照构件运输车辆的要求合理设置转弯半径及道路坡度。

3）预制构件运送到施工现场后，应按规格、品种、使用部位、吊装顺序分别设置存放场地。存放场地应设置在吊装设备的有效起重范围内，且应在堆垛之间设置通道。

4）构件的存放架应具有足够的抗倾覆性能。

5）构件运输和存放对已完成结构、基坑有影响时，应经计算复核。

16.4.1 现场道路

装配式工程施工现场道路的要求是：

1）应满足运输构件的大型车辆的宽度、转弯半径要求和荷载要求，路面平整。

2）除对现场道路有要求外，必须对部品运输路线桥涵限高、限行进行实地勘察，以满足要求。如果有超限部品的运输应当提前办理特种车辆运输手续。

3）规划好车辆行驶路线，另外也要考虑现场车辆进出大门的宽度以及高度。常用运输车辆车宽4m、车长16～20m。

4）有条件的施工现场设两个门，一个进，一个出，不影响其他运输构件车辆的进出，有利于直接从车上起吊构件安装。

5）工地也可使用挂车运输构件，将挂车车厢运到现场存放，车头开走再运其他挂车车厢。

16.4.2　现场场地

装配式建筑的安装施工计划应考虑构件直接从车上吊装，不用二次运转，不需要存放场地。但考虑实际情况，施工车辆在一些时间段限行，在一些区域限停，有些工地不得不准备构件临时存放场地。

施工现场预制构件存放场地的要求：

1）尽可能布置在起重机作业半径覆盖范围内，且避免布置在高处作业下方。

2）地面硬化平整、坚实，有良好的排水措施。

3）如果构件存放到地下室顶板或已经完工的楼层上，必须征得设计的同意，楼盖承载力满足堆放要求。

4）场地布置应考虑构件之间的人行通道，方便现场人员作业，道路宽度不宜小于600mm。

5）场地设置要根据构件类型和尺寸划分区域分别存放。

16.5　技术、质量、安全、成本方案

16.5.1　工程施工技术方案

装配式混凝土工程施工需要事先制定详细的施工技术方案，其主要内容包括构件运输吊装流程、构件与部品安装顺序、构件进场验收、起重设备配置与布置、构件场内堆放与运输、现浇混凝土伸出钢筋误差控制、构件安装测量、允许误差控制、构件吊装方案、构件临时支撑方案、灌浆作业方案、外挂墙板安装方案、后浇混凝土施工方案、防雷引下线连接与防锈处理、外墙板接缝处理施工方案等。下面分别进行讨论。

1. 构件运输吊装流程

尽可能实现构件直接从运输车上吊装，减少了卸车、临时堆放、场内运输等环节。为此需了解工厂到工地道路限行规定，工厂制作和运输计划必须与安装计划紧密配合。

如果无法实现或无法全部实现直接吊装，应考虑卸车、临时堆放、场内运输方案，需布置堆场、设计构件堆放方案和隔垫措施。当工地塔式起重机作业负荷饱满或没有覆盖卸车地点时，须考虑汽车式起重机卸车的作业场地。

2. 构件与部品安装顺序

制定构件安装顺序，编制安装计划，要求工厂按照安装计划发货。

3. 起重设备配置与布置（详见16.7.1）

4. 构件场内堆放与运输（详见18.4）

5. 现浇混凝土伸出钢筋误差控制（详见19.2.1）

6. 构件安装测量（详见19.3）

7. 允许误差控制

根据图样要求，列出各种构件安装允许误差及其控制方案，制定水平构件平整度、竖向构件垂直度测量、控制方案。

8. 构件吊装方案

构件吊装方案包括：

1）起重设备的选型与架立（详见16.7）。

2）吊具设计与准备（详见16.8）。

3）翻转作业方案。对水平运输的柱子、竖直运输的楼梯板等构件设计翻转方案。

4）构件标高调整和水平接缝高度定位方案。

5）构件牵引就位和安装精度微调方案。

9. 构件临时支撑方案（详见 16.9）

10. 施工设备与工具（详见 16.10）

11. 灌浆作业方案（详见 19.5）

12. 外挂墙板安装方案（详见 19.4）

13. 后浇混凝土施工方案（详见 19.6）

14. 防雷引下线连接与防锈处理（详见 20.5.2）

15. 外墙板接缝处理施工方案（详见 19.8）

16.5.2　工程质量管理方案

工程质量管理主要包括以下内容：

1）预制构件进场质量检查与验收。

2）部品进场质量检查与验收。

3）材料进场质量检查、检测与验收。

4）各个环节与产品质量标准制定。

5）各个环节质量操作规程的编制、培训与执行。

6）确定旁站监督的作业环节、监督方法。

7）所有隐蔽工程清单与检查验收要求。

8）工程质量检查与验收。

9）成品保护方案。

16.5.3　安全施工计划

1）安全施工计划是依据装配式混凝土工程施工方案所包含的各个工作环节所必须采取的安全措施、应配备的安全设施、施工操作安全要领、危险源控制方法的安排与预案。

2）编制安全施工计划的要点：

①起重机械的主要性能及参数、机械安装、提升、拆除的专项方案制定。

②预制构件安装各施工工序采用的安全设施或作业机具的操作规程要求。

③预制构件安装各分项工作技术交底。

④预制构件吊装用吊具、吊索、卸扣等受力部件的检查计划。

⑤高处作业车、人字梯等登高作业机具的检查计划。

⑥个人劳动防护用品使用检查计划。

⑦安全施工计划要落实到具体事项，责任人和实施完成时间。

3）装配式建筑施工的安全工作重点：

①起重机的安全性。

②吊架、吊具的可靠性，日常检查制度。

③吊装作业的安全防护。

④构件安装后临时支撑的安全可靠。

⑤吊装施工下方的区域隔离、标识并派专人看守。

⑥雨、雪、雾天气和风力大于6级时不进行吊装作业。

⑦夜间不进行吊装作业。

16.5.4　成本管理计划

施工成本管理计划的主要内容包括：

1）制定避免出错和返工的措施。

2）减少装卸环节、直接从运送构件车上吊装的流程安排。

3）劳动力的合理组织，避免窝工。

4）材料消耗的成本控制。

5）施工用水用电的控制等。

16.6　施工组织与劳动力配置

16.6.1　施工组织

装配式混凝土工程的施工组织有以下几种情况：

1. 低装配率

工程以现浇为主，有少量预制构件，如叠合板、楼梯板、阳台板等。此类项目需在现浇混凝土工程项目管理架构中增加一两个有装配式建筑施工经验的管理与技术人员，塔式起重机操作人员和构件安装工人需要有装配式施工作业经验。

2. 正常装配率

装配率在 30% 以上，构件中包括竖向结构构件，有灌浆连接作业等，工程进度、质量、安全与成本受装配式施工的制约很大。此类项目项目经理和技术总监应当由有丰富装配式项目管理经验的人员担任，并应设立装配式施工管理的机构与专业施工班组。

3. 高装配率

此类项目除了基础部分为现浇外，其他部分大都为预制，装配率超过 50%。此类项目的管理机构与岗位配置必须以装配式作业为主要考量，不仅项目经理和技术总监，各个部门的主管都必须有丰富的装配式项目管理经验，管理和技术人员都受过装配式施工技术的专项培训。

16.6.2　劳动力配置

1. 专业技术工人

与现浇混凝土建筑相比，装配式混凝土建筑工程施工现场作业工人有一定程度的减少，根据主体结构的预制率不同，减少的幅度也不同。各个工种具体人员的数量需要根据实际情况而定。各个工种工人情况见 15.3.1 节。

2. 施工人员培训

施工人员培训包括以下内容：

1）工程概况与基本要求。

2）全员岗位标准培训。

3）操作规程培训，包括作业与设备工具使用操作规程。

4）关键作业环节重点培训，如吊装、灌浆作业等。

5）质量培训。

6）安全培训（见第 23 章）。

针对技术工人的培训最好采用模型、图片、视频、动画等直观的方式。

16.7　起重设备的选型与架立

16.7.1　塔式起重机选型

与现浇工程相比，装配式混凝土施工最重要的变化是塔式起重机起重量大幅度增加。根据具体工程构件重量的不同，一般在 5～14t。剪力墙工程比框架或筒体工程的塔式起重机要小些。选择塔式起重机需要根据吊装构件重量确定规格型号，见表 16.7-1。具体应考虑以下因素：

1. 起吊重量

起吊重量 =（起吊构件重量 + 吊索吊具重量 + 吊装架重量）×1.2 系数

表 16.7-1　　起重机吊装能力对构件重量限制表

型　号	可吊构件重量	可吊构件范围	说　明
QTZ80（5613）	1.3~8t（max）	柱、梁、剪力墙内墙（长度3m 以内）、夹芯剪力墙板（长度3m 以内）、外挂墙板、叠合板、楼梯、阳台板、遮阳板	可吊重量与吊臂工作幅度有关，8t 工作幅度是在 3m 处；1.3t 工作幅度是在 56m 处
QTZ315（S315K16）	3.2~16t（max）	跨层柱、夹芯剪力墙板（长度 3~6m）、较大的外挂墙板、特殊的柱、梁、双连藕梁、十字连藕梁	可吊重量与吊臂工作幅度有关，16t 工作幅度是在 3.1m 处；3.2t 工作幅度是在 70m 处
QTZ560（S560K25）	7.25~25t（max）	夹芯剪力墙板（6m 以上）、超大预制板、双 T 板	可吊重量与吊臂工作幅度有关，25t 工作幅度是在 3.9m 处；9.5t 工作幅度是在 60m 处

注：本表数据可作为设计大多数构件时参考，如果有个别构件大于此表重量，工厂可以临时用大吨位汽车式起重机；对于工地，当吊装高度在汽车式起重机高度限值内时，也可以考虑汽车式起重机。塔式起重机以本系列中最大臂长型号作为参考，制作该表，以塔式起重机实际布置为准。本表剪力墙板是以住宅为例。

2. 起重机臂长（末端起吊能力）

起重机中心位置距离最远一块构件的距离，该位置处的起吊重量。

3. 起升速度

起升速度决定了吊装效率，按照每天计划的吊装数量和吊装时间，结合吊装高度算出最小起升速度，起升速度要满足吊装需求。

4. 计算高度

计算起吊高度需将吊索吊具及吊装架的高度计算进去。

塔式起重机的选型应当在项目设计阶段与施工方确定下来，确保拆分设计的构件能在塔式起重机的起重范围内。

塔式平臂起重机如图 16.7-1 所示。

16.7.2　塔式起重机布置

塔式起重机布置原则：

1）覆盖所有吊装作业面；塔式起重机幅度范围内所有构件的重量符合起重机起重量。

2）宜设置在建筑旁侧，条件不许可时，也可选择核心筒结构位置（图16.7-2）。

3）塔式起重机不能覆盖裙房时，可选用汽车式起重机吊装裙房预制构件（图 16.7-3）。

4）尽可能覆盖临时堆放场地。

5）方便支设和拆除，满足安全要求。

6）可以附着主体结构。

7）尽量减少塔式起重机交叉作业的机会；保证塔式起重机起重臂与其他

图 16.7-1　塔式平臂起重机

塔式起重机的安全距离，以及周边建筑物的安全距离。

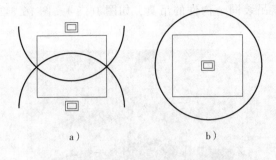

图 16.7-2　塔式起重机位置选择

a) 边侧布置两部塔式起重机　b) 中心布置一部塔式起重机

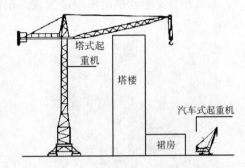

图 16.7-3　裙房选用汽车式起重机方案

16.7.3　塔式起重机架立、提升与固定

1) 按照塔式起重机制造商提供的荷载参数设计建造混凝土基础。

2) 对混凝土基础的抗倾翻稳定性计算及地面压力的计算应符合《塔式起重机设计规范》（GB/T 13752—2017）中 4.6.3 的规定及《塔式起重机技术条件》（GB/T 9642—1999）中的相关规定。

3) 若采用制造商推荐的固定支腿、预埋件、地脚螺栓，应按制造商要求的方法使用。

4) 塔式起重机安装及塔身加节时应按使用说明书中的有关规定进行。

5) 塔式起重机安装及塔式起重机提升时，塔式起重机的最大安装高度处的风速不应大于 13m/s，当有特殊要求时，按用户与制造商的协议执行。

6) 有架空线路的场合，塔式起重机任何部位与输电线路的安全距离应符合规定，见表 16.7-2。

7) 装配式混凝土工程吊装不同于传统施工，在确定提升和附墙设计时，应严格考虑附墙位置结构达到强度时间是否与吊装产生矛盾，在安全系数不足的情况下，采用提前支设附墙、增加附墙数量的方法解决。

表 16.7-2　塔式起重机与高压输电线路的安全距离

安全距离/m	电压/kV				
	< 1	1 ~ 15	20 ~ 40	60 ~ 110	220
沿垂直方向	1.5	3.0	4.0	5.0	6.0
沿水平方向	1.0	1.5	2.0	4.0	6.0

8) 如果塔式起重机需要附着在预制构件上，设计时要计算塔式起重机附着荷载，设计预埋件，在工厂制作构件时一并完成（图 16.7-4）。不得用事后锚固的方式附着塔式起重机。

16.8　吊索吊具准备与检验

16.8.1　吊具类型

吊具包括点式、一字形、平面式和特殊式。

图 16.7-4　塔式起重机附着

1. 点式吊具

点式吊具实际就是用单根吊索或几根吊索吊装同一构件的吊具，如图 16.8-1、图 16.8-2 所示。

图 16.8-1　点式吊具一　　　　　　　　图 16.8-2　点式吊具二

2. 一字形吊具（梁式）

采用型钢制作并带有多个吊点的吊具，通常用于吊装线形构件（如梁、墙板等），如图 16.8-3 所示。或用于柱安装，如图 16.8-4 所示。

图 16.8-3　梁式吊具一　　　　　　　　图 16.8-4　梁式吊具二

3. 平面式吊具（架式吊具）

对于平面面积较大、厚度较薄的构件，以及形状特殊无法用点式或梁式吊具吊装的构件（如叠合板、异形构件等），通常采用架式吊具，如图 16.8-5 所示。

4. 特殊吊具

为特殊构件而量身定做的吊具，如图 16.8-6 和图 16.8-7 所示。

图 16.8-5　架式吊具　　　　图 16.8-6　特殊吊具一　　　　图 16.8-7　特殊吊具二

16.8.2　吊索、吊钩、吊带

1. 吊索

吊索为钢丝绳。钢丝绳吊索宜采用压扣形式制作，如图 16.8-8 所示。

2. 吊钩

吊钩是吊索与构件连接的部件，为金属制品，如图 16.8-9 所示。

图 16.8-8　压扣型钢丝绳吊索

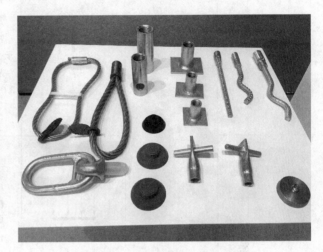

图 16.8-9　吊钩与吊点预埋件

3. 吊带

中小型构件软吊带捆绑吊装，如图 16.8-10 所示。

图 16.8-10　吊带用于吊装

16.8.3　吊索吊具设计

吊索吊具结构计算见表 16.8-1。

表 16.8-1　吊索吊具结构计算

序号	名称	计算项目	荷载取值	计算简图	计算公式	吊装示意图	说明
1	吊索	抗拉			$F_s \leqslant F/S$ F_s—绳索拉力 F—材料拉断时所承受的最大拉力 S—安全系数，取3.0		强度控制
2	一字形吊具	抗弯	运输和吊运过程的荷载为构件重量乘 1.5 系数，翻转和安装就位的荷载取重量乘 1.2 系数		$P = W/2nx$ P—吊架集中荷载 W—吊装荷载 nx—吊架下部绳索根数		刚度控制
3	平面吊具	抗弯			$F_S \leqslant W/n\cos\alpha$ n—绳索根数 α—绳索与水平线夹角		刚度控制
4	吊环	抗剪			$W \leqslant 65A$ A—吊环截面面积		强度控制

16.8.4 吊索吊具的验收与检验

1）采购吊索吊具必须有合格证和检测报告，并存档备查。

2）吊索吊具使用前应进行检验，在使用中也必须进行定期或不定期检查，以确保其始终处于安全状态。

3）吊索吊具检验必须制定方案，明确检验方法、周期、频次、责任人，并做好检验记录。

4）吊索吊具须重点检查以下情况：

①钢丝绳是否有破股断股的情况。

②吊钩的卡索板是否完好有效。

③吊具是否存在裂纹，焊口是否完好。

④钢制吊具必须经专业检测单位进行探伤检测，合格后方可使用。

16.9 临时支撑、防护架设计与准备

16.9.1 临时支撑类型

常用临时支撑见表16.9-1。

19.9.2 竖向构件安装后的斜支撑方案设计

竖向预制构件在安装后需对其垂直度进行调整，柱子在柱脚位置调整完成后，要对柱的 X 和 Y 两个方向进行垂直调整；墙体要对墙面的垂直度进行调整；调整竖向构件垂直度的方法通常采用可调斜支撑的方式，支撑设计要满足以下要求：

1）支撑上支点一般设在构件高度的2/3处。

2）支撑在地面上的支点，根据工程现场实际情况，使斜支撑与地面的水平夹角保持在45°~60°。

3）斜支撑应设计成长度可调节方式。

4）每个柱子斜支撑不少于两个，且须在相邻两个面上支设，如图16.9-1所示。

5）每块墙体的斜支撑应设两个并上下两道，如图16.9-2所示。

6）预制构件上的支撑点，应在确定方案后提供给构件生产厂家，预埋入构件中。

7）地面或楼面上的支撑点，应提前预埋，且应与地面钢筋或桁架筋连接在一起。如图16.9-3、图16.9-4所示。

8）加工制作斜支撑的钢管宜采用无缝钢管，要有足够的刚性强度。

9）制作斜支撑的钢管的直径、丝杆的直径在选择时须取得当地最大的风速强度，结合支撑构件的断面面积来计算构件在最大风压下的侧向力，以2倍系数值选择钢管和丝杆。

16.9.3 水平构件安装的竖向支撑方案设计

在装配式建筑中水平构件用量较大，其中包括楼板（叠合楼板、双T板、SP板等）、楼梯、阳台板、空调板、遮阳板、挑檐板等。很多地方在装配式发展的初期阶段，大多建筑从使用水平构件开始入手。水平构件在施工过程中会承受较大的临时荷载，因此，此类构件的临时支撑就显得非常重要。水平构件在安装前应对构件的支撑进行设计，并对荷载进行计算。

1）水平构件主要包括框架梁、剪力墙结构的连梁、叠合楼板、阳台、挑檐板、空调台、楼梯、休息平台等构件。

2）竖向支撑在设计时要考虑构件自身的重量，还要考虑后浇混凝土的重量、施工活动荷载，如图16.9-5、图16.9-6所示。

3）高大框架梁的竖向支撑设计时还要考虑风荷载，并要增加斜支撑，如图16.9-7所示。

4）竖向支撑的设计，必须考虑支撑的刚性强度，要有专业厂家或设计人员进行强度计算；还要考虑整体稳定性。

表 16.9-1　装配式建筑构件预制构件安装常用临时支撑

构件类别	构件名称	支撑方式	示意图	计算荷载	支撑点位置	支撑预埋件			
						构件		现浇	
						位置	构造	位置	构造
竖向构件	柱子	斜支撑、双向		风荷载	上部支撑点位置：大于 1/2，小于 2/3 构件高度	柱两个支撑面（侧面）	预埋式螺母	现浇混凝土楼面	
	剪力墙板	斜支撑、单向		风荷载	上部支撑点位置：大于 1/2，小于 2/3 构件高度 下部支撑点位置：1/4 构件高度附近	墙板内侧面	预埋式螺母	现浇混凝土楼面	
水平构件	楼板	竖向支撑		自重荷载+施工荷载	两端距离支座 500mm 处各设一道支撑+跨内支撑（轴跨 L<4.8m 时一道，轴跨 4.8m≤L<6m 时两道）	不用	不用	不用	不用

（续）

构件类别	构件名称	支撑方式	示意图	计算荷载	支撑点位置	支撑预埋件 构件 位置	构件 构造	现浇 位置	现浇 构造
水平构件	梁	竖向支撑或斜支撑		自重荷载+风荷载+施工荷载	两端各1/4构件长度处；构件长度大于8m时，跨内根据情况增设一道或两道支撑	梁侧支撑面		不用	不用
	悬挑式构件	竖向支撑		自重荷载+施工荷载	距离悬挑端及支座处300~500mm距离各设置一道；垂直悬挑方向支撑间距宜为1m~1.5m，板式悬挑构件下支撑数最少不得少于4个。特殊情况应另行计算复核后进行设置支撑	不用	不用	不用	不用
异形构件	—	根据构件形状、重心进行设计	—	风荷载、自重荷载	根据实际情况计算	不用	不用	不用	不用

5）竖向支撑应由设计方给出支撑点位置，如设计图上无支撑点要求时，承包方应编制支撑方案报设计批准后方可实施。

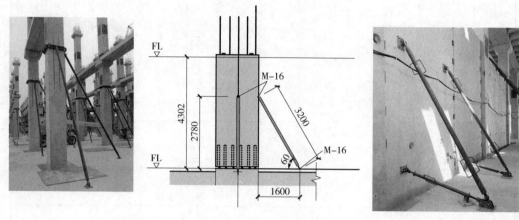

图 16.9-1　柱斜支撑　　　　　　　　　　　　　　　图 16.9-2　墙斜支撑

图 16.9-3　叠合层预埋支撑点　　　　　　　　　图 16.9-4　叠合层上的预埋件

图 16.9-5　叠合楼板支撑体系　　图 16.9-6　阳台板支撑体系　　图 16.9-7　框架梁支撑体系

16.9.4　外防护架的方案设计

装配式建筑中常用的外墙脚手架有两种，一种是整体爬升脚手架（图 16.9-8），一种是附墙式悬挑脚手架（图 16.9-9）。当然，在有些特殊情况下也可以使用传统脚手架。

装配式混凝土建筑工程施工脚手架的特点是可以架设在预制构件上。这类脚手架制作简单、方便施工、节省成本。这就要求工厂在生产构件时把架设脚手架的预埋件提前埋设进去，隐蔽节点检查时要检查脚手架的预埋件是否符合设计要求。无论采用哪种脚手架，事先都要经过设计及安全验算，制定脚手架专项方案。

整体式爬升脚手架由专业生产厂或专业租赁站提供；附墙式脚手架可提前设计图样，委托工厂生产。

图 16.9-8　整体爬升脚手架

图 16.9-9　附墙式悬挑脚手架

16.10　施工设备与工具准备

16.10.1　机具设备计划编制

编制施工设备与机具计划时需要注意以下几点：

1）要编制详细的需求计划，确保不遗漏。

2）计划中要明确设备、设施、机具的规格、数量、来源、到场日期等。

3）编制完成后经施工负责人审批后执行，确保按时到场。

4）对于需要制作的机具、设施要有经过审核的设计图。

5）须了解设备机具的采购周期或制作周期，以保证采购时间充足。

6）对于重要的作业环节，为了避免设备、工具损坏影响作业进度和连续性，设备和工具准备应当包括备用数量，如吊索、灯具、灌浆设备与工具、支撑设施等。

16.10.2　工具化、标准化工装系统

国家标准《装配式混凝土建筑技术标准》要求装配式混凝土建筑施工宜采用工具化、标准化的工装系统。

图 16.10-1 ~ 图 16.10-6 给出了部分标准化设施与工具的图例。

图 16.10-1　标准化插放架

图 16.10-2　隔墙条板安装机器人

图 16.10-3　打胶时专用的工具

图 16.10-4　可调节斜支撑系统细部及安装现场图

图 16.10-5　剪刀式升降平台

图 16.10-6　玻璃钢人字梯

16.11　单元吊装试验

装配式结构施工前应当选择典型单元进行安装试验。根据安装试验验证施工组织设计的可行性，如有必要进行修改。单元式安装是检验施工方案的合理性、可行性的必要步骤。并通过试验可优化施工方案。试安装的主要内容如下：

1）确定试安装的代表性单元部位和范围。

2）依据施工计划内容，列出所有构件及部品部件并确认到场。

3）准备好试安装部位所需设备、工具、设施、材料、配件等。

4）组织好相关工种人员。

5）进行试安装前技术交底。

6）试安装过程的技术数据记录。

7）测定每个构件、部件的单个安装时间和所需人员数量。

8）判定吊具的合理性，支撑系统在施工中的可操作性。

9）检验所有构件之间连接的可靠性，确定各个工序间的衔接性。

10）检验施工方案的合理性、可行性，并通过安装优化施工方案。

思考题

1. 图样会审过程中，有关后浇混凝土部分需要注意哪些问题？

2. 装配式建筑施工组织设计包含哪些内容？

3. 施工现场的塔式起重机布置原则是什么？

4. 施工计划包括哪些重点内容？

5. 工程质量管理的主要内容有哪些？

第17章 工程施工材料采购、检验与保管

17.1 概述

装配式建筑施工除了现浇混凝土工程所需要的材料外，还有一些专用施工材料。

国家标准《装配式混凝土建筑技术标准》（GB/T 51231—2016）有如下规定："预制构件、安装用材料及配件等应符合国家现行有关标准及产品应用技术手册的规定，并应按照国家现行相关的规定进行进场验收。"

本章主要介绍施工材料计划（17.2），材料采购依据与流程（17.3），材料验收（17.4），材料保管（17.5）。

17.2 施工材料计划

1）根据装配式建筑工程施工图样的要求，预算确定配套材料与配件的型号、数量，常规使用用的主要有以下几种：

①材料：灌浆料、坐浆料、钢筋连接套筒、密封胶条、耐候建筑密封胶、发泡聚氨酯保温材料、防火封堵材料、修补料等。

②配件：橡胶塞、海绵条、双面胶带、各种规格的螺栓、安装节点金属连接件、垫片（包括塑料垫片、钢垫片、混凝土垫片）、模板加固夹具等。

2）材料与配件计划：

①根据材料与配件型号及数量，依据施工计划时间以及各施工段的用量制定采购计划。

②根据当地市场情况，确定外地定点采购与当地采购的计划。

③外地定点采购的材料与配件要列出清单，确定生产周期、运输周期，并留出时间余量。

④对于有保质期的材料，要按施工进度计划确定每批采购量。

⑤对于有检测复试要求的材料，必须考虑复试时间与使用时间的相互关系。

⑥计划一定要细，细到每一个螺栓，每一个垫片；进场时间计划到日。

17.3 材料采购依据与流程

17.3.1 材料采购依据

1）材料与配件计划。

2）设计图样要求。

3）工程合同约定和甲方要求。

17.3.2 材料采购流程

工程施工材料采购流程如图17.3-1所示。

17.3.3　其他要求

1）灌浆料必须采购与所用套筒相匹配的类型。

2）预制构件支撑系统可从专业厂家租用，或委托专业厂家负责支撑施工。应提前签订租用或外委施工合同。

3）安装节点连接件的机械加工和镀锌，外委托合同应详细给出质量标准，锌层应给出厚度要求等。

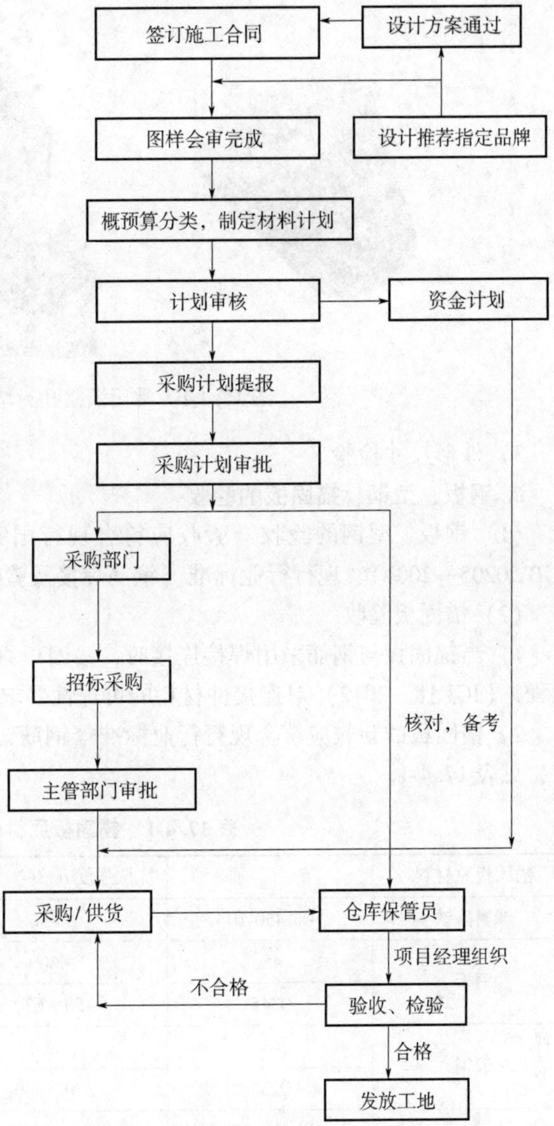

17.4　材料验收

部件与材料进场必须进行进场检验，包括数量、规格、型号检验，合格证、化验单和外观检验。

对于预制构件的验收在第 18 章进行介绍。

1. 套筒连接灌浆料的验收

套筒连接灌浆料是以水泥为基本材料，配以细骨料、混凝土外加剂和其他材料组成的干混料，加水搅拌后具有规定的流动性、早强、高强、微膨胀等性能指标。验收时需注意以下各点：

1）符合设计要求。

2）灌浆料最好由与灌浆套筒相匹配的生产厂提供。

3）性能应符合现行行业标准《钢筋套筒灌浆连接应用技术规程》（JGJ 355—2015）和《钢筋连接用套筒灌浆料》（JG/T 408—2013）的规定，见第 2 章表 2.6-2。

图 17.3-1　工程施工材料采购流程

2. 浆锚搭接灌浆料的验收

浆锚搭接灌浆料也是水泥基灌浆料，但抗压强度低于套筒灌浆料。因为浆锚孔壁的抗压强度低于套筒，灌浆料像套筒灌浆料那么高的强度没有必要。《装配式混凝土结构技术规程》第 4.2.3 条给出了钢筋浆锚搭接连接接头用灌浆料的性能要求，见第 2 章表 2.2-7。

3. 坐浆料的验收

目前关于坐浆料国家标准和行业标准没有规定。因此，选用时应进行试验验证，包括抗压强度和工艺性能试验，试验结果如符合设计要求作为验收依据。

4. 胶塞验收

胶塞（如图 17.4-1）属于辅助材料，具体验收标准可参照生产厂家的企业标准。

5. 钢筋连接机械套筒验收

1）对照检查材质单。

2）检验合格证。

图 17. 4-1　常用灌浆孔封堵胶塞及灌浆孔封堵

3）外形尺寸检验。

6. 钢板、型钢、锚固板的验收

（1）钢板、型钢的验收　验收应符合现行国家标准《钢结构工程施工质量及验收规范》（GB 50205—2001）、现行行业标准《钢筋焊接及验收规程》（JGJ 18—2012）的有关规定。

（2）锚固板验收

1）当锚固板与钢筋采用焊接连接时，锚固板原材料应符合现行行业标准《钢筋焊接及验收规程》（JGJ 18—2012）对连接件材料的可焊性要求。

2）锚固板的验收应符合现行行业标准《钢筋锚固板应用技术规程》（JGJ 256—2011）的规定，见表 17. 4-1。

表 17. 4-1　锚固板原材料力学性能要求

锚固板原材料	牌　　号	抗拉强度 σ_s/（N/mm²）	屈服强度 σ_b/（N/mm²）	伸长率 δ（%）
球墨铸铁	QT 450-10	≥450	≥310	≥10
钢板	45	≥600	≥355	≥16
	Q345	450～630	≥325	≥19
锻钢	45	≥600	≥355	≥16
	Q235	370～500	≥225	≥22
铸钢	ZG 230-450	≥450	≥230	≥22
	ZG 270-500	≥500	≥270	≥18

7. 支撑设施验收

1）材质符合设计要求。

2）规格型号符合要求。

3）表面没有锈蚀。

8. 安装用螺栓、金属连接件验收

1）要符合图样设计要求。

2）要符合现行国家或者行业标准要求。

3）规格、型号、材质要符合设计要求。

9. 预制构件修补料的验收

1）修补材料种类较多，首先要验收材料是否符合技术部门提出的要求。

2）对其强度进行检验，制作试块，养护至龄期后检测抗压指标。

3）修补料颜色是否与被修补构件颜色一致，或者经过调整可以达到一致。

10. 预制构件接缝或边缘处的保温封堵材料验收

在预制构件接缝处或边缘部位填塞的常用保温材料有硬泡聚氨酯（PUR）或憎水的岩棉等轻质高效保温材料，为了施工过程中操作方便常用硬泡聚氨酯（PUR）。

检验内容主要包括密度、热导率、抗压强度、拉伸强度、断裂伸长率、吸水率、粘结强度等。

11. 防火封堵材料验收

预制混凝土外挂墙板露明的金属支撑构件及墙板内侧与梁、柱及楼板间的调整间隙，应采用 A 级防火材料进行封堵。

1）要符合设计要求。如果设计没有给出具体要求，要补充设计要求或施工方会同监理提出方案，报设计批准。

2）如果采用岩棉，岩棉材料物理性能应符合《建筑用岩棉绝热制品》（GB/T 19686—2015）中的规定，见表 17.4-2。

表 17.4-2　岩棉材料物理性能

纤维平均直径/μm	渣球含量（粒径大于 0.25mm）	酸度系数	热导率（平均温度 25℃）/[W/（m·K）]		燃烧性能	质量吸湿率	憎水率	放射性核素
≤6.0	≤7.0	≥1.6	≤0.040	≤0.048	A 级	≤	≥	≤1.0

12. 密封胶条、建筑密封胶等接缝用材料的验收

1）橡胶密封条用于板缝节点，与建筑密封胶共同构成多重防水体系。密封橡胶条是环形空心橡胶条，应具有较好的弹性、可压缩性、耐候性和耐久性，一般在构件出厂的时候粘贴在构件上。其验收需要符合下列要求：

①要求表面光洁美观。

②具有良好的弹性和抗压缩变形。

2）建筑密封胶验收。建筑密封胶要求见 2.4.7。

13. 装配式混凝土建筑工程用钢筋的验收

装配式混凝土建筑中应用的钢筋与现浇混凝土施工中对钢筋的要求、验收、保管是一样的。

1）钢筋的力学性能指标应符合现行国家标准《混凝土结构设计规范》（GB 50010—2015）的规定。

2）钢筋焊接网应符合现行行业标准《钢筋焊接网混凝土结构技术规程》（JGJ 114—2014）的规定。

17.5　材料保管

装配式混凝土建筑需要的材料较多，应该分类按各种材料的保管标准和条件进行认真保管。保管不当会造成材料失效、丢失、发生危险事故等后果，因此要引起足够重视。

通常情况下，材料储存保管都需要注意以下几点：

1）装配式混凝土建筑施工用部件、材料宜单独保管。

2）装配式混凝土建筑施工用部件、材料应在室内库房存放，灌浆料等材料要避免受潮。

3）装配式混凝土建筑施工用部件、材料应按照有关材料标准的规定保管。

对于预制构件的存放和保管在第 18 章介绍，下面分别介绍一下各种部件与材料在保管过程中需要注意的事项：

　　装配式混凝土施工过程中还需要以下材料：坐浆料、灌浆料、灌浆胶塞、灌浆堵缝材料、机械套筒、调整标高螺栓或垫片、临时支撑部件、固定螺栓、安装节点金属连接件、密封胶条、耐候建筑密封胶、发泡聚氨酯保温材料、修补料、防火塞缝材料、清水保护剂等。这些材料的保管方法见表17.5-1。特别强调，当同一工程使用套筒灌浆料和浆锚搭接灌浆料时一定要分开存放。

表 17.5-1　装配式混凝土建筑施工材料保管方法及注意事项

序号	材料名称	保管方法及注意事项
1	灌浆料	（1）当工地既有套筒连接灌浆料也有浆锚搭接灌浆料的时候，两种材料要分开存放，并且要把灌浆料与相应的套筒或金属波纹管放在一起，同时要有醒目的标识 （2）灌浆料的保管应注意防水、防潮、防晒等要求，存放在通风的地方 （3）底部使用托盘或木方隔垫。有条件的库房可撒生石灰防潮 （4）气温高于25℃时，灌浆料应储存于通风、干燥、阴凉处，运输过程中应注意避免阳光长时间照射 （5）灌浆料有效保质期为90天。超出保质期后应进行复验，复检合格仍可使用。因此灌浆料宜多次少量采购
2	灌浆胶塞、堵缝材料	材料保管参照施工现场原材料保存方法和制度，最好单独、分类存放，方便领用
3	机械套筒	机械套筒的保管执行现场仓库管理规定，注意防潮、防水，避免锈蚀
4	调整标高螺栓或垫片	（1）执行现场仓库管理规定 （2）螺栓和金属垫片注意防水、防潮 （3）塑料或混凝土垫块注意避免挤压
5	临时支撑部件	（1）分清型号存放 （2）注意防水、防潮 （3）避免其上堆积重物导致支撑变形 （4）与支撑部件配套使用的零配件做好标识单独存放
6	固定螺栓	（1）按照包装箱上注明的批号、规格分类保管 （2）室内存放，要有防止生锈、潮湿及沾染脏物等措施 （3）保管不能超过6个月，超过6个月后使用的要重新进行扭矩系数或紧固轴力试验，试验合格方可使用（参照《钢结构工程施工验收规范》GB 50205—2001）
7	密封胶条	注意防火
8	建筑密封胶	（1）防止日晒、雨淋、撞击、挤压 （2）水乳型产品应采取防冻措施 （3）产品储存区域应在干燥、通风、阴凉的场所，温度大于5℃小于27℃
9	聚氨酯保温材料	（1）保温材料的保存注意防水、防潮、防晒等 （2）产品应在保质期内使用 （3）避免挤压 （4）注意防火
10	修补料	（1）保管过程中要注意防水、防晒、防冻 （2）保管应注意防潮要求，存放在通风的地方
11	防火塞缝材料	（1）应选用干燥通风的库房存储 （2）按品种规格分别堆放 （3）避免重压

（续）

序号	材料名称	保管方法及注意事项
12	清水保护剂	（1）表面保护剂的保管应按照化工原料产品或易燃易爆产品保管 （2）注意防火、防潮、防晒、防冻，应单独隔离存放
13	防锈漆	（1）保管时要注意防锈漆的生产日期，防止产品过期 （2）防锈漆应按照易燃易爆化学制品的要求保存，注意防火、防潮、防晒等 （3）防锈漆桶一旦被破坏，污染较大，应设置单独的存放区域，避免造成防锈漆桶的损坏
14	钢板、型钢、锚固板	（1）钢材的保管应注意防潮、防水 （2）注意按规格型号存放
15	坐浆料	（1）坐浆材料保管应注意防水、防潮、防晒等要求 （2）存放在通风的地方 （3）底部使用托盘或木方隔垫 （4）坐浆料有效保质期为 90 天。超出保质期后应进行复验，复检合格仍可使用
16	钢筋	（1）分类存放 （2）存放时下面垫好木方防止潮湿，防止雨淋等导致锈蚀的情况 （3）防止油污

 思考题

1. 装配式混凝土建筑需要哪些与现浇混凝土建筑不同的材料？
2. 套筒灌浆料与浆锚灌浆料有什么不同，为什么要单独存放？
3. 灌浆料及建筑密封胶的存放需要注意哪些问题？

第 18 章　预制构件进场

18.1　概述

虽然预制构件在制作过程中有监理人员驻厂检查，每个构件出厂前也进行出厂检验，但预制构件入场时必须进行质量检查验收，一是对出厂检查的复核；二是检查在运输过程中构件有没有损坏，以避免将有问题的构件安装到建筑上。由于预制构件进场后，施工现场没有太多时间及方便条件详细对构件进行检查，特别是从车上直接吊装作业时，更没有时间详细检查，所以需要制定详细的预制构件进场检验程序及检验方法来提高检验效率。

预制构件到达施工现场后，现场监理人员和施工单位质检人员应对进入施工现场的预制构件以及构件配件进行检查验收，包括数量核实、规格型号核实、检查质量证明文件或质量验收记录和外观质量检验等。

一般情况下，预制构件直接从车上吊装，所以数量、规格、型号的核实和质量检验在车上进行，检验合格可以直接吊装。

即使不直接吊装，将构件卸到工地堆场，也应当在车上进行检验，一旦发现不合格，直接运回工厂处理。

本章主要介绍预制构件进场检验（18.2），预制构件直接吊装（18.3），预制构件工地临时存放（18.4），预制构件工地水平运输（18.5）。

18.2　预制构件进场检验

1. 构件进场检验内容及验收标准（表 18.2-1）

表 18.2-1　构件进场重点检查项目

序　号	检查项目		检查标准
1	资料交付	出厂合格证	齐全
		混凝土强度检验报告	
		钢筋套筒检验报告	
		合同要求的其他证明文件	
2	装卸、运输过程中对构件的损坏	磕碰掉角	不应出现
		造成裂缝	
		装饰层损坏	
		外露钢筋被折弯	
3	影响直接安装环节	套筒、预埋件规格、位置、数量	参照 GB/T 51231—2016
		套筒或浆锚孔内是否干净	
		外露连接钢筋规格、位置、数量	
		配件是否齐全	
		构件几何尺寸	
4	表面观感	外观缺陷检查	不应有缺陷

1）合格证以及交付的质量证明文件检查。

2）检查构件在装卸及运输过程中造成的损坏。

3）检查影响直接安装的环节，灌浆套筒或浆锚孔内是否干净，预埋件位置是否正确等。

4）检查其他配件是否齐全。

5）外形几何尺寸的检查。

6）表面观感的检查应符合《装配式混凝土建筑技术标准》9.7.1 条款的规定，见表11.5-1。

7）有装饰层的产品要检查装饰层是否有损坏。

2. 验收方法

（1）数量核实与规格型号核实

1）核对进场构件的规格型号和数量，将清点核实结果与发货单对照（拍照记录）。如果有误及时与构件制造工厂联系。

2）构件到达施工现场应当在构件计划总表或安装图样上用醒目的颜色标记。并据此统计出工厂尚未发货的构件数量，避免出错。

3）如有随构件配置的安装附件，须对照发货清单一并验收。

（2）质量证明文件检查　质量证明文件检查属于主控项目，须进行全数检查。

预制构件质量证明文件见11.6 节。

预制构件的钢筋、混凝土原材料、预应力材料、套管、预埋件等检验报告和构件制作过程的隐蔽工程记录，在构件进场时可不提供，应在预制构件制作企业存档。

对于总承包企业自行制作预制构件的情况，没有进场的验收环节，质量证明文件检查为检查构件制作过程中的质量验收记录。

（3）质量检验

1）预制构件的质量检验是在预制工厂检查合格的基础上进行进场验收，外观质量应全数检查，尺寸偏差为按批抽样检查。检查要求见第11 章。

2）梁板类简支受弯构件结构性能检验。梁板类简支受弯预制构件或设计有要求的预制构件进场时须进行结构性能检验。结构性能检验是针对构件的承载力、挠度、裂缝控制性能等各项指标所进行的检验。属于主控项目。

工地往往不具备结构性能检验的条件，可在预制构件工厂进行，监理、建设和施工方代表应当在场。

国家标准《混凝土结构工程施工质量验收规范》（GB 50204—2015）附录 B 受弯预制构件结构性能检验中给出了结构性能检验要求与方法。

①钢筋混凝土构件和允许出现裂缝的预应力混凝土构件应进行承载力、挠度和裂缝宽度检验；不允许出现裂缝的预应力混凝土构件应进行承载力、挠度和抗裂检验。

②对大型构件及有可靠应用经验的构件，可只进行裂缝宽度、抗裂和挠度检验。

③对使用数量较少的构件，当能提供可靠依据时，可不进行结构性能检验。

3）尺寸偏差检查。需要检查尺寸误差、角度误差和表面平整度误差。各类预制构件尺寸允许偏差及检验方法见表11.5-2～表11.5-5。检查项目同时应当拍照记录与《质量验收记录》（表18.2-2）一并存档。

表18.2-2　预制构件进场检验批质量验收记录

单位（子单位）工程名称			
分部（子分部）工程名称		验收部位	
施工单位		项目经理	

（续）

构件制作单位						
施工执行标准名称及编号						

		施工质量验收规程规定			施工单位检查评定记录	监理（建设）单位验收记录
主控项目	1	预制构件合格证及质量证明文件		符合标准		
	2	预制构件标识		符合标准		
	3	预制构件外观严重缺陷		符合标准		
	4	预制构件预留吊环、焊接埋件		符合标准		
	5	预留预埋件规格、位置、数量		符合标准		
	6	预留连接钢筋	中心位置/mm	3		
			外露长度/mm	0, 5		
	7	预埋灌浆套筒	中心位置/mm	2		
			套筒内部	未堵塞		
	8	预埋件（安装用孔洞或螺母）	中心位置/mm	3		
			螺母内壁	未堵塞		
	9	与后浇部位模板接茬范围平整度/mm		2		
一般项目	1	预制构件外观一般缺陷		符合标准		
	2	长度/mm		±3		
	3	宽度、高（厚）度		±3		
	4	预埋件	中心线位置/mm	5		
			安装平整度/mm	3		
	5	预留孔、槽	中心位置/mm	5		
			尺寸/mm	0, 5		
	6	预留吊环	中心位置/mm	5		
			外露钢筋/mm	0, 10		
	7	钢筋保护层厚度/mm		+5, -3		
	8	表面平整度/mm		3		
	9	预留钢筋	中心线位置/mm	3		
			外露长度/mm	0, 5		

施工单位检查评定结果	专业工长（施工员）		施工班组长	
	项目专业质量检查员：			年　月　日
监理（建设）单位验收结论	专业监理工程师（建设单位项目专业技术负责人）：			年　月　日

18.3　预制构件直接吊装

装配式建筑的安装施工计划应考虑构件直接从车上吊装（图18.3-1），而不是先从运输车卸到地面，然后再从地面上吊装。如此不用二次运转，不需要存放场地，减少了塔式起重机工作量和构件损坏的概率。

预制构件与建筑部品直接吊装需要做好以下工作：

1）编制详细的构件与部品安装计划，提前发给工厂。工厂按安装计划编制生产计划。安装计划包括构件品种、数量、安装顺序等。工厂应提前备货。

2）安装前一天给工厂发出需要安装构件具体到货时间的指令，要预留出构件进场检验时间大约 40min，同时要充分考虑运输途中

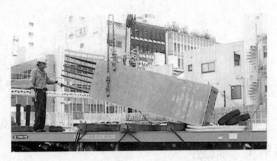

图 18.3-1　柱在车上直接翻转起吊

堵车、限流以及大车管制等突发事件。

3）现场道路要顺畅，前一辆车安装完顺利驶出，后一辆车能及时驶入；沿街停放货车时不要影响交通。

4）要考虑万一有不能吊装的构件，工厂要有应急预案（可以考虑上一层相同构件运来安装），总之不能影响吊装进度。

5）工地的安装流水作业要求更加紧凑，构件吊装就位后及时安装临时支撑，然后才能松吊钩，吊装下一个构件。

6）工厂调度、运输构件的驾驶员、工地现场调度要建立顺畅的联系网络，信息及时传达。

18.4　预制构件工地临时存放

一般情况下，工地存放构件的场地较小，构件存放期间易被磕碰或污染。所以应合理安排构件进场节奏，尽可能减少现场存放量和存放时间。

构件存放场地宜邻近各个作业面。

预制构件存放场地的要求见 16.4.2。场地存放还应注意以下几点：

1）构件存放区域要设置隔离围挡或车挡，避免构件被工地车辆碰坏。

2）构件在工地存放、支垫、靠架等与工厂堆放的要求一致；堆放位置应考虑吊装顺序。

如果设计对构件存放有明确要求，应该按照要求存放，如果设计没有要求，构件存放参照10.3 节。

18.5　预制构件工地水平运输

预制构件工地水平运输分两种情况：

1）从预制构件生产厂运输至施工现场的车辆，在施工现场内运输预制构件。

2）施工现场内存放的备用预制构件不在起重机覆盖范围内时的二次水平运输。

由于预制构件的运输车辆负载较重、车身较长、运输频率高，所以不论以上哪种情况对工地道路都有一定的要求，见 16.4.1。

 思考题

1. 预制构件进场需要验收哪些内容？
2. 预制构件在现场从车上直接吊装有什么特点？
3. 预制构件如何进行直接吊装？

第19章 装配式混凝土建筑施工

19.1 概述

装配式混凝土建筑工程施工与现浇混凝土建筑工程施工有较大不同，增加了一部分新的施工工艺、新的工种、新的机具等。

1）新增的施工工艺有预制构件安装、套筒灌浆（或浆锚灌浆）、内架独立支撑体系、外墙打胶、缝隙封堵等。

2）新增的工种有吊装工、灌浆工、起重工、打胶工等。

3）新增的机具有墙板斜支撑、叠合板水平支撑（独立支撑）、灌浆机、墙板存储架等。

4）新增了一部分装配式建筑施工用的专用材料，在第17章中有详细叙述。

本章主要针对装配式混凝土施工中的关键工序及关键工艺进行介绍。包括与预制构件连接处现浇混凝土施工（19.2），安装放线（19.3），预制构件吊装及临时支撑架立（19.4），灌浆作业（19.5），后浇混凝土施工（19.6），临时支撑拆除（19.7），构件安装缝施工（19.8），现场修补（19.9），特殊构件安装（19.10），表面处理（19.11）。

19.2 与预制构件连接处现浇混凝土施工

与预制构件连接处现浇混凝土通常是指与装配层衔接的转换层，该层的现浇混凝土质量控制是否合格及预留插筋等预埋件定位是否准确将直接影响装配层能否顺利施工。

19.2.1 伸出钢筋定位方法

保证现浇混凝土伸出钢筋准确性的通常做法是使用钢筋定位模板（图19.2-1）的方式。

首先，根据不同部位的钢筋直径、间距及位置编制设计钢筋定位模板方案，方案中要根据工程特点和现场实际情况，充分考虑钢筋定位模板的安装、校正和固定方式是否有效，是否牢固可靠，是否能够确保定位钢筋的精度要求。方案经审核无误后，需交专业厂家根据方案要求的材质、规格尺寸及数量进行钢筋定位模板加工制作，加工过程中要确保加工制作精度。

图 19.2-1 钢筋定位模板

钢筋定位模板在安装使用过程中，要根据楼层施工控制线进行安装、校正和固定，其标高、位置必须保证准确，固定要牢固，才能够保证现浇混凝土伸出的钢筋位置定位准确，长度误差在允许范围内（外露长度允许偏差±5mm），有效保证预制构件的顺利安装。

19.2.2　浇筑混凝土注意事项

在混凝土浇筑前，应提前做好隐蔽工程检查。浇筑施工时应注意以下几方面：

1）浇筑混凝土前应将混凝土浇筑部位内的垃圾，钢筋上的油污等杂物清除干净，并浇水湿润。

2）对于安装构件所用的斜支撑预埋锚固件（或锚固环），在浇筑混凝土前必须按照设计位置进行准确定位，并与楼板内的钢筋连接在一起（因为斜支撑预埋锚固件或锚固环在使用时，混凝土可能尚未达到所需强度，仅仅依靠混凝土对预埋锚固件或锚固环进行拉接，容易将混凝土拉裂，所以必须与楼板内的钢筋连接在一起）。

3）浇筑混凝土时应分段分层连续进行，每层浇筑高度应根据结构特点、钢筋疏密程度决定，一般分层高度为振捣器作用部分长度的1.25倍，最大不超过50cm。

4）使用插入式振捣器应快插慢拔，插点要均匀排列、逐点移动、顺序进行，不得遗漏，不得过分振捣，做到均匀振实。移动间距不大于振捣棒作用半径的1.5倍（一般为30~40cm）。振捣上一层时应插入下层5cm，以消除两层间的接隙。

5）浇筑混凝土时应经常观察预制构件、现浇部位模板、预留钢筋、预留孔洞、预埋件、预埋水电管线、插筋及钢筋定位模板等有无移动、变形或堵塞情况发生，如发现问题应立即停止浇筑，并应在已浇筑的混凝土初凝前处理完毕，方可继续施工。

6）混凝土浇筑过程中，要注意控制好混凝土的浇筑标高及表面平整度，以防止下一楼层预制构件及临时固定支撑等无法安装。混凝土的浇筑标高及表面平整度可采用水平仪随浇随控制。

19.2.3　现浇混凝土的养护

现浇混凝土浇筑完毕后，应重点加强混凝土的湿度和温度控制，尽量减少表面混凝土的暴露时间，及时对混凝土暴露面进行紧密覆盖，防止表面水分蒸发。其重点要求如下：

1）根据气候条件，淋水次数应能使混凝土处于湿润状态。养护用水应与拌制用水相同。

2）应全面将混凝土盖严，可采用塑料薄膜覆盖养护，养护中要保持塑料薄膜内有凝结水。

3）当在日平均气温低于5℃时，不应淋水养护。

4）对施工现场不方便淋水和覆盖养护的，宜在混凝土表面涂刷保护液（如薄膜养生液等）养护，以减少混凝土内部的水分蒸发。

5）在装配式结构中，现浇混凝土养护方式的选择，一般情况下构件连接部位，为了不影响构件安装施工，宜采用涂刷保护液（如薄膜养生液等）的方式。对于叠合板上的现浇混凝土，宜选择淋水方式进行养护。对于柱或梁部位的现浇混凝土，宜选择覆膜或喷洒养护剂的方式进行混凝土养护。

6）混凝土的具体养护时间，还应根据所用水泥品种和外加剂情况确定：

①采用硅酸盐水泥、普通硅酸盐水泥拌制的混凝土，养护时间不应少于7d。

②对掺用缓凝型外加剂或有抗渗性能要求的混凝土，养护时间不应少于14d。

7）现浇板混凝土养护期间，当混凝土的强度小于1.2MPa时，不应进行后续施工。当混凝土强度小于10MPa时，不应在现浇板上吊运、堆放重物，如需吊运、堆放重物时应采取措施，减轻对现浇部位的冲击力影响。

19.2.4　预制构件安装对现浇混凝土的要求

在装配式结构施工中，预制构件连接部位的现浇混凝土达到什么强度方可进行构件安装，目前规范尚无明确规定。现场施工必须保证在构件安装时，不能因构件重力和施工荷载等原因造成下部现浇混凝土损坏，从而直接影响到工程结构质量。

对于因天气等原因引起混凝土强度上升较慢时，可采取添加混凝土早强剂或延长工期的方式避免构件安装时对连接部位混凝土造成破坏。在现场具体施工中，构件安装时的下部混凝土的强度值可依据现场实际情况和实践经验进行判断，其强度值可采用回弹仪进行回弹检测判定。

19.2.5　预制构件连接部位现浇混凝土质量检查

在混凝土浇筑完成，模板拆除完成后，应对预制构件连接部位的现浇混凝土质量进行检查，具体检查内容如下：

1）采用目测观察混凝土表面是否存在漏振、蜂窝、麻面、夹渣、露筋等现象，现浇部位是否存在裂缝。如果存在上述质量缺陷问题，应交由专业修补工人及时采用同等强度等级混凝土进行修补或采取高强度灌浆料进行修补。对于一般质量缺陷应在24h内修补处理完成，对于较大质量缺陷须在混凝土终凝前处理完成，避免混凝土终凝后增加处理难度影响处理质量。混凝土质量缺陷修补处理完成后，须采取覆膜或涂刷养护剂等方法进行养护。

2）采用卷尺和靠尺检查现浇部位位置及截面尺寸是否正确，一旦存在胀模现象，需进行剔凿处理。

①如出现大面积混凝土胀模无法修复时，应及时剔除原有混凝土并重新支设模板后浇筑混凝土。

②如钢筋也外胀，且外胀较少，可以采用适当减小保护层的方式进行修补。

③如钢筋外胀较大，剔凿后钢筋保护层不够时，应报设计、监理做技术方案，按方案进行处理，严禁采用截断钢筋的方式修补。

3）采用检测尺对现浇部位垂直度、平整度进行检查。

4）待混凝土达到一定龄期后，用回弹仪对混凝土强度值进行检查。

19.2.6　预制构件所要连接的现浇混凝土伸出钢筋检查

在现浇混凝土浇筑前和浇筑完成后，应对预制构件所要连接的现浇混凝土伸出钢筋，做如下几方面检查：

1）根据设计图样要求，检查伸出钢筋的型号、规格、直径、数量及尺寸是否正确，保护层是否满足设计要求。

2）查看钢筋是否存在锈蚀、油污和混凝土残渣等影响钢筋与混凝土握裹力因素，如有问题需及时更换或处理。

3）根据楼层标高控制线，采用水准仪复核外露钢筋预留搭接长度是否符合图样设计尺寸要求。

4）根据施工楼层轴线控制线，检查控制伸出钢筋的间距和位置及钢筋定位模板位置是否准确，固定是否牢固，如有问题需及时调整校正，以确保伸出钢筋的间距、位置准确。

5）在混凝土浇筑完成后，需再次对伸出钢筋进行复核检查，其长度误差不得大于5mm，其位置偏差不得大于2mm。

19.3　安装放线

放线是装配式建筑施工的关键工序。放线人员必须是经过培训的专业技术人员。放线完毕后，需要项目的质检或技术人员进行认真复核确认，确认后才能进行下一步施工。放线的工序如下：

1）采用红外铅垂仪将建筑首层轴线控制点投射至施工层。

2）根据施工图样弹出轴线控制线。

3）根据施工楼层基准线和施工图样进行构件位置边线（构件的底部水平投影框线）的

确定。

　　4）构件位置边线放线完成后，要用醒目颜色的油漆或记号笔做出定位标识，定位标识要根据方案设计明确设置，对于轴线控制线、构件边线、构件中心线及标高控制线等定位标识应明显区分。

　　5）预制构件安装原则上以中心线控制位置，误差由两边分摊。可将构件中心线用墨斗分别弹在结构和构件上，方便安装就位时定位测量。

　　6）建筑外墙构件，包括剪力墙外墙板、外挂墙板、悬挑楼板和位于建筑表面的柱、梁的"左右"方向与其他构件一样以轴线作为控制线。"前后"方向以外墙面作为控制边界，外墙面控制可以采用从主体结构探出定位杆进行拉线测量的办法进行控制。墙板放线定位原则如图19.3-1所示。

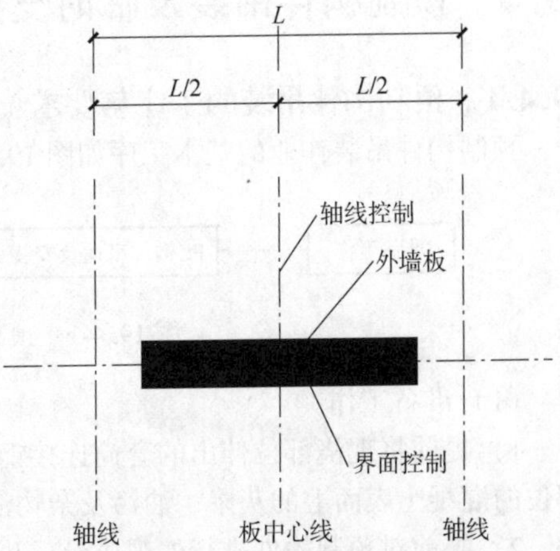

　　建筑内墙构件，包括剪力墙内墙板、内隔墙板、内梁等，应采用中心线定位法进行定位控制。

　　下面以外挂墙板为例介绍一下放线的具体过程：

图 19.3-1　墙板放线定位原则

　　在已完成拆模的楼面设置构件的进出和左右控制线、标高控制线作为平面位置调节的依据。

　　1）设置楼面轴线垂直控制点，楼层上的控制轴线用垂线仪及经纬仪由底层原始点直接向上引测。

　　2）每个楼层设置标高控制点，在该楼层柱上放出500mm标高线，利用标高线在楼面进行第一次墙板标高抄平及控制（利用垫块调整标高），如图19.3-3所示，在预制外挂墙板上放出距离结构标高500mm的水平墨线，进行第二次墙板标高抄平及控制。

　　3）外挂墙板控制线，墙面方向按界面控制，左右方向按轴线控制，如图19.3-1所示。

　　4）外挂墙板安装前，在墙板内侧弹出竖向与水平线（左右线和进出线），安装时与楼层上该墙板控制线相对应，如图19.3-2所示。

图 19.3-2　画外挂墙板水平及竖向线

图 19.3-3　测定标高

5）外挂墙板垂直度测量，4个角留设的测点为预制外墙板转换控制点，用靠尺（托线板）以此4点在内侧及外侧进行垂直度校核和测量（因墙板外侧为模板保证的平整度，内侧为人工抹平，所以墙板垂直度以外侧为准）。

19.4　预制构件吊装及临时支撑架立

19.4.1　预制构件吊装的工序与要求

预制构件吊装作业的基本工序如图19.4-1所示。

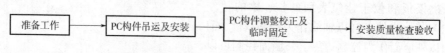

图19.4-1　预制构件吊装作业的基本工序

（1）准备工作

1）提前将现浇部位伸出的套筒连接钢筋位置及垂直度调整到位，并将钢筋表面及构件安装部位的混凝土表面上的灰浆、油污及杂物清理干净。

2）提前对预制构件进行外观质量、几何尺寸、表面平整度、预留钢筋、预埋件、预留洞等进行检查，并检查钢筋连接套筒（或浆锚孔）是否垂直及内部是否堵塞，如有问题需及时更换或处理。

3）提前准备好构件吊运安装所需的吊具、索具等吊运安装工具，并进行检查和维护。

4）提前在构件上安装好随构件一同吊运安装的防护栏、防护架或防护绳等安全防护设备。

5）在构件就位之前，应设置好构件底部标高控制螺栓或垫片，并抄测好设计标高。

（2）预制构件吊运及安装

1）在被吊装构件上系好牵引绳，保证安全牢固。

2）将吊具索具安装吊挂到起重设备的吊钩上，并与构件上的吊挂点进行安装连接，检查是否牢固。

3）构件缓慢起吊，提升到约600mm高度，观察没有异常现象，吊索平衡，再继续吊起。

4）柱子吊装是从平躺着状态变成竖直状态，在翻转时，柱子底部须隔垫硬质聚苯乙烯或橡胶轮胎等软垫。

5）将构件吊至比安装作业面高出3m以上且高出作业面最高设施1m以上高度时，再平移构件至安装部位上方，然后缓慢下降高度。

6）构件接近安装部位时稍做停顿，安装人员利用牵引绳控制构件的下落位置和方向。

（3）预制构件调整校正及临时固定

1）构件高度接近安装部位约600mm处，安装人员手扶构件引导就位。

2）构件就位过程中须慢慢下落平稳就位，柱子、剪力墙板及莲藕梁的套筒（或浆锚孔）对准下部构件伸出钢筋。叠合板、梁等构件对准放线弹出的位置或其他定位标识。楼梯板安装孔对准预埋件等。构件吊装如图19.4-2～图19.4-7所示。

3）如果构件安装位置和标高大于允许误差，需进行微调。

4）水平构件安装后，检查支撑体系的支撑受力状态，对于未受力或受力不平衡的情况进行微调。

5）柱子、剪力墙板等竖直构件和没有横向支承的梁须架立斜支撑，并通过调节斜支撑长度调节构件的垂直度。

（4）安装质量检查验收　对安装就位的构件进行位置、标高、垂直度及临时固定支撑进行检查验收，如安装误差超出允许范围，需再次进行调整和校正。

　　为避免在模板加固过程中造成已经调整完毕的预制构件出现偏差，在模板加固完成后，还要进行再次校正，以保证在混凝土浇筑前预制构件的位置固定精准。

图 19.4-2　柱吊装

图 19.4-3　梁吊装

图 19.4-4　莲藕梁吊装

图 19.4-5　剪力墙吊装

图 19.4-6　叠合楼板吊装

图 19.4-7　楼梯吊装

　　（5）构件翻转、起吊注意事项　预制构件翻转、起吊作业应注意对构件的成品保护工作，防止在翻转和起吊过程中造成构件的损坏和污染。

夜间不宜进行吊装作业。

19.4.2　预制柱的安装

本小节以预制柱为例详细讲述预制构件的安装过程。

1）施工面清理：柱吊装就位之前要将混凝土表面和钢筋表面清理干净，不得有混凝土残渣、油污、灰尘等，以防止构件灌浆后产生隔离层影响结构性能。

2）按19.3节方法放线。

3）柱标高控制：首层柱标高可采用垫片控制，标高控制垫片设置在柱下面，铁垫片应有不同厚度，最薄厚度为1mm，总高度为20mm，每根柱在下面设置三点或四点，位置均在距离柱外边缘100mm处，垫片要提前用水平仪抄测好标高，标高以柱顶面设计结构标高±20mm为准，如果过高或过低可增减铁垫片的数量进行调节，直至达到要求标高。

上部楼层柱标高可采用螺栓控制（图19.4-8），利用水准仪将螺栓标高测量准确。标高以柱顶面设计标高±20mm为准，可采用松紧螺栓的方式来控制柱子的高度及垂直度。

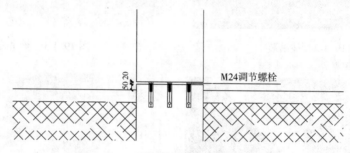

图19.4-8　预制柱标高控制螺栓示意图

应特别注意控制精度，以防止构件吊装就位后垂直度发生偏差。

4）柱起吊：起吊柱采用专用吊具，用卸扣、螺旋吊点将吊具、钢丝绳、相应重量的手拉葫芦与柱上端的预埋吊点连接紧固。起吊过程中，柱不得与其他构件发生碰撞。预制柱翻转起吊如图19.4-9所示。

5）预制柱的起立：预制柱起立之前在预制柱起立着地点下垫两层橡胶地垫，用来防止构件起立时造成破损。

6）缓缓将柱吊起，待柱的底边升至距地面300mm时略做停顿，利用手拉葫芦将构件调平，再次检查吊挂是否牢固，若有问题必须立即处理。确认无误后，继续提升使之慢慢靠近安装作业面。

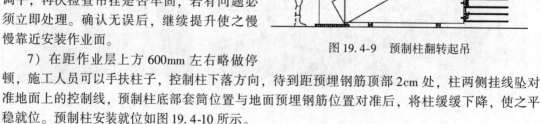

图19.4-9　预制柱翻转起吊

7）在距作业层上方600mm左右略做停顿，施工人员可以手扶柱子，控制柱下落方向，待到距预埋钢筋顶部2cm处，柱两侧挂线坠对准地面上的控制线，预制柱底部套筒位置与地面预埋钢筋位置对准后，将柱缓缓下降，使之平稳就位。预制柱安装就位如图19.4-10所示。

8）调节就位：

①安装时由专人负责柱下口定位、对线，并用水平尺调整垂直度。安装第一层柱时，应特

别注意质量，使之成为以上各层的基准。

②柱临时固定：采用可调节斜支撑将柱进行固定，每个预制柱在两个方向设置临时支撑，其支撑点距离柱底的距离不宜大于柱高的 2/3，且不应小于柱高的 1/2。预制柱安装临时固定如图 19.4-11 所示。

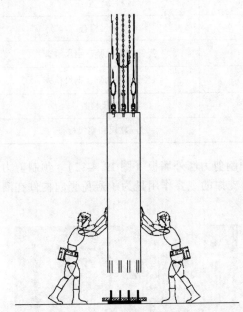

图 19.4-10　预制柱安装就位

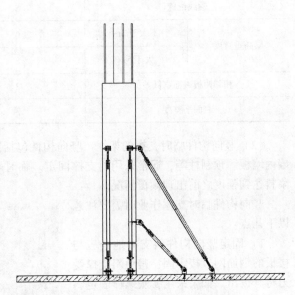

图 19.4-11　预制柱安装临时固定

③柱安装精调采用支撑上的可调螺杆进行调节。垂直方向、水平方向、标高均校正达到规范规定及设计要求。

④安装柱的临时支撑应在与之相连接的现浇混凝土达到设计强度要求后方可拆除。

19.4.3　临时支撑的架立

（1）水平构件临时支撑的架立　水平构件包括楼板（叠合楼板、双 T 板、SP 板等）、梁、楼梯、阳台板、空调板、遮阳板、挑檐板等。

水平构件中，楼面板占比最大，目前，对楼面板的水平临时支撑有两种方式，一种是采用传统满堂脚手架，这里不做详述；另一种是单顶支撑，目前，在装配式建筑中使用单顶支撑的较多，因其方便拆装，作业层整洁，调整标高快捷等优势受到很多施工单位的青睐。

单顶支撑搭设过程中需要注意的事项：

1）搭设水平构件临时支撑时，要严格按照设计图样给出的支撑位置进行支撑的搭设。如果设计未明确相关要求，需施工单位会同设计单位、构件生产厂共同做好施工方案，报监理批准方可实施，并对相关人员做好安全技术交底。

2）要保证整个体系的稳定性。如果采用独立支撑，下面的三脚架必须搭设稳定。

3）单顶支撑的间距要严格控制，避免随意加大支撑间距。

4）要控制好独立支撑离墙体的距离。

5）单顶支撑的标高和轴线定位要控制好，按要求调整到位，防止叠合板搭设出现高低不平。

6）顶部木方或铝梁不可用变形、腐蚀、不平直的材料。

7）支撑的立柱套管旋转螺母不允许使用开裂、变形的材料。

8）支撑的立柱套管不允许使用弯曲、变形和锈蚀的材料。

9）单顶支撑在搭设时的尺寸偏差要符合表 19.4-1 规定。

表 19.4-1　单顶支撑尺寸偏差

项　目		允许偏差/mm	检 验 方 法
轴线位置		5	钢尺检查
层高垂直度	不大于 5m	6	经纬仪或线坠、钢尺检查
	大于 5m	8	经纬仪或线坠、钢尺检查
相邻两板表面高低差		2	钢尺检查
表面平整度		3	2m 靠尺和塞尺检查

（2）竖向构件临时支撑的架立　竖向构件包括预制剪力墙外墙板（图 19.4-12）、预制剪力墙内墙板、预制柱等，通常采用斜支撑固定。临时斜支撑的主要作用是为了避免竖向构件在灌浆料达到强度之前出现倾覆情况。

竖向构件临时支撑作业时需要注意以下几点：

1）固定竖向构件斜支撑地锚应与楼板的钢筋网焊接牢固，避免斜支撑受力将其拔出。如果采用膨胀螺栓固定斜支撑地锚，需要楼面混凝土强度达到20MPa 以上，这样会影响工期。

2）特殊位置的斜支撑（支撑长度调整后与其他多数长度不一致）宜做好标记，转至上一层使用时可直接就位，节约调整时间。

图 19.4-12　预制外墙板斜支撑

3）在竖向构件就位前宜先将斜支撑的一端先行固定在楼板上，待竖向构件就位后可马上抬起另一端，与构件连接固定。这样安排工序可提高工效。

4）预制柱应在相邻两个面上进行支撑。

5）竖向构件水平及垂直尺寸调整好后，将斜支撑调节螺栓锁紧，避免受到外力作用后松动，导致调好的尺寸发生改变。

6）在校正构件垂直度时，应同时调节两侧斜支撑，避免构件扭转，产生位移。

7）吊装前应检查斜支撑的拉伸及可调性，避免在施工作业中进行更换，不得使用脱扣或杆件锈损的斜支撑。

8）斜支撑与构件的夹角应在 30°~45°。

9）楼面预埋地锚的位置应准确，浇筑混凝土时尽量避免位移，万一发生移动，要及时调整。

10）在斜支撑两端未连接牢固前，不能使构件脱钩，以免构件倾倒。

11）对预制柱、墙板的上部斜支撑，其支撑点距离底部的距离不宜小于高度的 2/3，且不应小于高度的 1/2。

12）构件安装就位后，可通过临时支撑对构件的位置和垂直度进行微调。

19.5 灌浆作业

19.5.1 灌浆作业的重要性

装配整体式混凝土建筑竖向结构构件的钢筋连接主要有两种方式：套筒灌浆连接方式和浆锚搭接连接方式（见第1章1.4节）。这两种方式都是靠灌浆实现受力钢筋的有效连接的。灌浆作业涉及结构安全，是装配整体式混凝土建筑最最重要的施工环节，是装配式混凝土建筑的"命根子"，必须穷尽一切办法确保施工质量。

灌浆作业是装配式混凝土建筑施工第一重要的事情，以下要求必须做到：

1）项目经理、技术总监和质量总监必须对灌浆作业的规范要求、质量标准、工艺流程、操作规程、常见质量问题及其预防办法非常熟悉。

2）灌浆作业必须制定详细的操作规程。

3）灌浆作业人员须经过培训和考核，持证上岗。

4）灌浆作业必须进行旁站监理，最好设置实时视频监控。

19.5.2 灌浆作业的依据

1. 与灌浆作业有关的国家和行业标准

1）《装配式混凝土建筑技术标准》（GB 51231—2016）

2）《装配式混凝土结构技术规程》（JGJ 1—2014）

3）《钢筋套筒灌浆连接应用技术》（JGJ 355—2015）

4）《钢筋机械连接技术规程》（JGJ 107—2010）

5）《钢筋连接用灌浆套筒》（JG/T 398—2012）

6）《钢筋连接用套筒灌浆料》（JG/T 408—2013）

2. 国家标准《装配式混凝土建筑技术标准》的具体规定

1）构件安装前应检查预制构件上的套筒、预留孔的规格、位置、数量和深度；当套筒、预留孔内有杂物时，应清理干净。（10.4.2-2）

2）应检查被连接钢筋的规格、数量、位置和长度，当连接钢筋倾斜时，应进行校直；连接钢筋偏离套筒或孔洞中心不宜超过3mm。连接钢筋中心位置存在严重偏差影响预制构件安装时，应会同设计单位制定专项处理方案，严禁随意切割、强行调整定位钢筋。（10.4.2-3）

3）钢筋套筒灌浆连接接头应按检验批划分及时灌浆。（10.4.3）

4）在10.4.3条文说明中强调：

灌浆作业是装配整体式结构工程施工质量控制的关键环节之一。对作业人员应进行培训考核，并持证上岗，同时要求有专职检验人员在灌浆操作全过程监督。套筒灌浆连接接头的质量保证措施：

①采用经过验证的钢筋套筒和灌浆料配套产品。

②施工人员是经培训合格的专业人员，严格按技术操作要求执行。

③操作施工时，应做好灌浆作业的视频资料，质量检验人员进行全程施工质量检查，能提供可追溯的全过程灌浆质量检测记录。

④检验批验收时，如对套筒灌浆连接接头质量有疑问，可委托第三方独立检测机构进行非破损检测。

当施工环境温度低于5℃时，可采取加热保温措施，使结构构件灌浆套筒内的温度达到产品使用说明书要求；有可靠经验时，也可采用低温灌浆料。

19.5.3　灌浆作业工艺流程及制作

1. 灌浆作业工艺流程

灌浆作业工艺流程如图 19.5-1 所示。

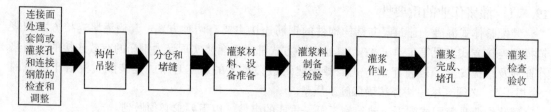

图 19.5-1　灌浆作业工艺流程

2. 构件安装基础面处理，连接钢筋的检查与调整

1）安装基础面处理。每个构件的安装面范围内标高差不宜大于 5mm；粗糙表面人工凿毛应均匀；表面无污物、砂石或混凝土碎块；构件吊装前宜用干净的水冲洗表面，高温季节尤其要保持润湿。

2）连接钢筋检查与调整。连接钢筋长度符合设计要求（垫片以上为锚固长度）；用模板检测钢筋位置偏差，必要时进行调整；钢筋表面干净，无严重锈蚀和粘附物；对每块构件连接钢筋的长度、位置检查结果填写记录表。

3）构件支撑垫片摆放和防水保温密封条固定。垫片不宜靠近钢筋，距离构件边缘不小于 10mm；对接密封条接缝应粘接牢固。

3. 构件吊装就位、调整、固定

1）构件吊装到安装位置时，应从下方注意观察灌浆套筒内腔是否有异物。

2）安装时，下方构件伸出的连接钢筋均应插入上方预制构件的连接套筒内（底部套筒孔可用镜子观察或手机在自拍杆上拍照），然后放下构件。如有不能插入的钢筋，应该重新起吊构件，调整钢筋后再放下构件（监理应旁站，严禁切筋），如图 19.5-2、图 19.5-3 所示。

图 19.5-2　墙体安装

图 19.5-3　镜子辅助插筋对位

3）校准构件水平位置和垂直度后，调整支撑杆将构件固定。

4. 灌浆时间

对于灌浆时间，相关国家标准和行业标准并未给出明确规定。在实际施工中，灌浆作业目前有两种情况，随层灌浆和隔层灌浆。随层灌浆是竖向构件安装完毕后，在构件除自身重量不受其他任何外力的情况下完成灌浆。隔层灌浆是竖向构件安装完毕后，上一层甚至两层的构件安装结束后再进行灌浆。由于竖向构件安装后只靠垫片在底部对其进行点支撑，靠斜支撑阻止其倾覆，灌浆前整个结构尚未形成整体，如果未灌浆就进行本层混凝土浇筑或上几层结构的施工，施工荷载会对本层构件产生较大扰动导致尺寸偏差，甚至有失稳的风险。因此，应当随层灌浆。随层灌浆可能对施工进度有较大影响，但为了保证施工安全，应采用优化工序、流水作业的方式保证进度，而不应当冒险延迟灌浆。

5. 分仓

分仓是剪力墙结构连接才有的作业。由于剪力墙比较长，而灌浆泵的压力无法将浆料输送太远，只好采取分段灌浆的方式。所谓分仓就是用浆料做成隔墙，把剪力墙底面分段，然后分别灌浆，如图 19.5-4 所示。

（1）分仓尺寸

1）采用电动灌浆泵灌浆时，单仓长度一般不超过 1m。在经过实体灌浆试验确定可行后可适当延长，但距离不宜超过 1.5m。

2）采用手动灌浆枪灌浆时，单仓长度不宜超过 0.3m。

3）分仓隔墙宽度以 30~50mm 为宜，为防止遮挡套筒孔口，距离连接钢筋的距离应不小于 40mm。

（2）分仓材料　分仓材料应保证密封性，且宜采用干硬性坐浆料。

（3）分仓作业　构件固定后进行分仓作业，用干硬性坐浆料时，隔墙两侧须衬模板（通常为便于抽出的外径 20mm 的 PVC 管或者 1.5~2mm 的钢板，钢板的长度为 300mm，宽度 20mm），将拌好的封堵用坐浆料填塞充满模板，保证与上下构件表面结合密实，然后抽出衬板。分仓后在构件相对应位置做出分仓标记。

分仓隔墙较宽的也可在构件吊装前铺设，但要确保封堵坐浆料受压后不遮挡灌浆套筒。

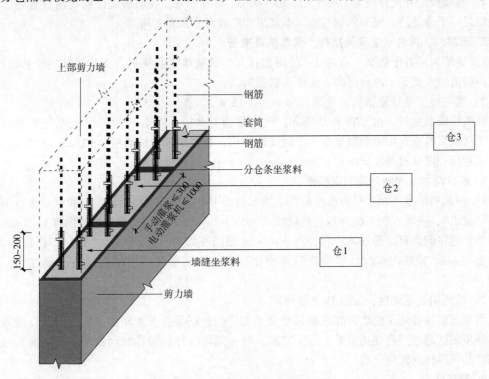

图 19.5-4　剪力墙分仓灌浆示意图

6. 堵缝

堵缝是指堵住竖向构件接缝四周，以避免灌浆作业漏浆。

1）堵缝材料。堵缝材料有四种：坐浆料、弹性胶条、带胶垫的木板条和充气胶管等。

2）使用专用坐浆料堵缝时，应按说明书要求加水搅拌均匀。封堵时，必须有内衬支撑（支撑材料可是软管、PVC 管或钢板），填抹 15～20mm 深，确保浆料不堵套筒孔，要保证填抹封堵密实，如图 19.5-5 及图 19.5-6 所示。封堵完毕确认干硬，材料强度达到要求（约 30MPa）后再灌浆。

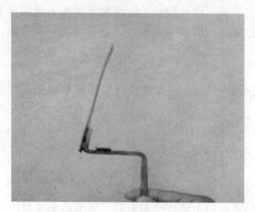

图 19.5-5　自制封堵用工具

图 19.5-6　人工封堵

3）使用弹性橡胶或 PE 密封条封堵时，必须确保结构上下间隙均匀，弹性材料被压紧，必要时在密封条外部设角钢或木板支撑保护。

4）外墙板的外侧宜用宽 20mm、高 30～40mm 的海绵条，在墙板就位前提前放置好。为保证外墙封堵干净整洁，便于后期打胶，不宜用砂浆或者坐浆料封堵。

7. 灌浆料、拌合水量具及搅拌、灌浆机具准备

1）灌浆料应置于防潮、防晒处；使用前打开包装袋检查灌浆料有无受潮结块或其他异常；制浆用的清洁水置于干净容器内，保证水温适当。

2）准备施工及检验器具，见图 15.4-6，表 15.4-2，表 15.4-3。

测温仪或温度计，电子秤和刻度杯，钢制浆桶、水桶；功率 1200W 以上可变速电动搅拌机，手动灌浆枪或专用电动灌浆泵。流动度检测用：截锥试模、玻璃板（500mm×500mm）、钢板尺或卷尺；灌浆料强度试块用 40mm×40mm×160mm 三联模多组。

8. 灌浆料加水拌制和流动度检测

1）灌浆料加水拌制。严格按产品要求的水料比用电子秤分别称量灌浆料和水（也可用刻度量杯计量水），先将水倒入搅拌桶，然后加入 70%～80% 干料，用专用搅拌机搅拌 1～2min 大致均匀后，再将剩余料全部加入，再搅拌 3～4min 至彻底均匀，如图 19.5-7 所示。搅拌均匀后，静置 2～3min，使浆内气泡自然排出后再使用。灌浆拌制量应结合结构所需适量拌和，避免浪费。

2）检测初始流动度，如图 19.5-8 所示。

每班灌浆连接施工前进行灌浆料初始流动度检验，记录有关流动度参数，确认合格方可使用。环境温度超过产品使用温度上限（35℃）时，须做实际可操作时间检验，保证灌浆施工时间在产品可操作时间内完成。

9. 灌浆作业

如图 19.5-9 所示将搅拌好的灌浆料倒入灌浆机。

1）灌浆孔出浆孔检查。在正式灌浆前，逐个检查各接头的灌浆孔和出浆孔内有无影响浆料流动的杂物，确保孔路畅通。

2）压力灌浆，如图 19.5-10 所示。

图 19.5-7　灌浆料搅拌

图 19.5-8　流动度检测

图 19.5-9　灌浆料搅拌完成

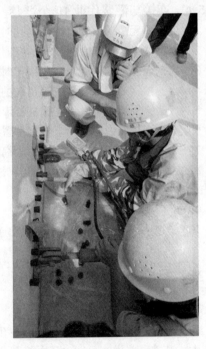

图 19.5-10　压力灌浆

①用灌浆泵（枪）从接头下方的灌浆孔处向套筒内压力灌浆。

②灌浆浆料要在自加水搅拌开始 20～30min 内灌完，全过程不宜压力过大（0.8MPa 为宜）。

③同一仓只能在一个灌浆孔灌浆，不能同时从两个以上孔灌浆。

④同一仓应连续灌浆，不宜中途停顿。如中途停顿，再次灌浆时，应保证已灌入的浆料有足够的流动性后，还需要将已经封堵的出浆孔打开，待灌浆料再次流出后逐个封堵出浆孔。

10. 灌浆作业要点

1）灌浆料进场验收应符合《钢筋套筒灌浆连接应用技术规程》（JGJ 355—2015）的规定。

2）灌浆前应检查套筒、预留孔的规格、位置、数量和深度。

3）应按产品说明书要求计量灌浆料和水的用量，经搅拌均匀并测定其流动度满足要求后方可灌注。

4）灌浆前应对接缝周围采用专用封堵料进行封堵，柱子可采用木板条封堵，日本用得比较多的方式是用充气管封堵。

5）灌浆操作全过程有专职检验员与监理旁站，并及时形成质量检查记录影像存档。

6）灌浆料拌合物应在灌浆料生产厂给出的时间内用完，且最长不宜超过30min。已经开始初凝的灌浆料不能使用。

7）灌浆作业应采取压浆法从下口灌注，当灌浆料从上口流出时应及时封堵出浆口。保持压力30s后再封堵灌浆口。

8）冬期施工时环境温度应在5℃以上，并应对连接处采取加热保温措施，保证浆料在48h凝结硬化过程中连接部位温度不低于10℃。

9）灌浆后12h内不得使构件和灌浆层受到振动、碰撞。

10）灌浆作业应及时做好施工质量检查记录，并按要求每工作班制作一组试件。

11）现场应有备用的灌浆设备、工具和小型发电机，避免因设备故障、停电等中断灌浆作业。

19.5.4　连接与灌浆作业 10 个严禁

1）当钢筋无法插入套筒或浆锚孔时，严禁切割钢筋。

2）当钢筋无法插入套筒或浆锚孔时，严禁将钢筋烧红煨弯。

3）当钢筋无法插入套筒或浆锚孔时，严禁强行煨弯。

4）当连接钢筋深入套筒或浆锚孔的长度比允许误差还短了时，严禁进行灌浆作业。

5）严禁错用灌浆料，将浆锚搭接灌浆料用于套筒灌浆。

6）严禁不按照说明书要求随意配置灌浆料。

7）严禁分仓或封堵坐浆料堵塞套筒或浆锚孔。

8）当灌浆封堵漏气导致无法灌满套筒时，严禁从外面用浆料抹出浆孔应付，必须用高压水冲洗干净浆料，重新封堵灌浆。

9）严禁灌浆料开始初凝后加水搅拌浆料继续使用。

10）严禁灌浆作业后在12h内扰动连接构件。

19.6　后浇混凝土施工

19.6.1　后浇混凝土介绍

后浇混凝土是指预制构件安装后在预制构件连接区或叠合层现场浇筑的混凝土。在装配式建筑中，基础、首层、裙楼、顶层等部位的现浇混凝土称为现浇混凝土；连接和叠合部位的现浇混凝土称为"后浇混凝土"。

装配式结构一般分为装配式框架结构和装配式剪力墙结构两种形式，其后浇混凝土部位如下：

1）在装配式框架结构中，一般梁柱核心区、预制梁连接处、预制叠合板现浇层、预制梁现浇层、楼板现浇连接带等部位有后浇混凝土。

2）在装配式剪力墙结构中，一般预制外墙板与预制外墙板连接处、预制外墙板与预制内墙板连接处、预制内外墙板与预制连梁连接处、预制墙或梁与板连接核心区、预制墙板顶部圈梁、预制叠合梁现浇层、预制叠合板现浇层、预制阳台板现浇层和锚固区、楼板现浇连接带以及叠合剪力墙板、预制圆孔剪力墙板、型钢混凝土剪力墙等部位有后浇混凝土。

在装配整体式混凝土结构中，后浇混凝土部位详见表 19.6-1。

表 19.6-1　装配整体式混凝土结构后浇混凝土部位

序号	连接部位	示　意　图	用于结构体系	钢筋连接方式	说明
1	柱子连接	预制柱　后浇筑混凝土　预制柱　叠合梁	框架结构	机械套筒、注胶套筒	
2	柱、梁连接	次梁底纵筋　主梁梁腹构造钢筋　b_h　预制次梁　钢筋弯折　预制主梁　预制次梁　≥6l_1　1—1	框架结构、筒体结构	机械套筒、注胶套筒、绑扎、焊接、锚板	
3	梁连接		框架结构、筒体结构	机械套筒、注胶套筒	
4	叠合梁现浇部分	≥l_{p}　箍筋帽　两肢箍　开口箍筋	框架结构、筒体结构	机械套筒、注胶套筒、绑扎、焊接	
5	叠合板现浇部分	后浇筑部分　≥80　桁架钢筋预制板　≥l_1　≥l_1　桁架钢筋预制板	框架结构、筒体结构	绑扎、焊接	

（续）

序号	连接部位	示意图	用于结构体系	钢筋连接方式	说明
6	叠合梁连接	箍筋加密，间距≤5d且≤100　≤50 ≤50　≤50 ≤50　≥10　≥l_l　≥10　l_h	框架结构、筒体结构	机械套筒、注胶套筒、绑扎、焊接	
7	叠合梁、叠合板连接	叠合悬挑板　≥15d，且至少到梁（墙）中线　梁（墙）中线　叠合梁或现浇梁　预制墙或现浇墙	框架结构、筒体结构	绑扎、焊接、锚板	
8	上下剪力墙板之间的现浇带	灌浆套筒　$\overline{B}$　$\overline{B}$　楼层标高　20　灌浆料填实　水平后浇带或后浇圈梁　竖向分布钢筋逐根连接	剪力墙结构	绑扎、焊接	
9	纵横剪力墙板T形连接处	b_w　预留长U形钢筋　边缘构件竖向钢筋　附加连接钢筋A_{sd}　≥200　竖向分布钢筋A_s　≥b_w，≥b_t且≥400　b_t　≥10　≥$0.6l_{aE}$（≥$0.6l_a$）　≥$0.6l_{aE}$（≥$0.6l_a$）　≥10	剪力墙结构	绑扎、焊接	

（续）

序号	连接部位	示 意 图	用于结构体系	钢筋连接方式	说明
10	纵横剪力墙板转角型连接处	 边缘构件箍筋 边缘构件竖向钢筋 b_w b_f ≥200 ≥200 ≥400 ≥400 ≥200	剪力墙结构	绑扎、焊接	
11	剪力墙板水平连接	（立面图） $L_g \geqslant b_w$且≥200 ≥20 ≥10 ≥0.8l_{aE} ≥0.8l_{aE} ≥10 （≥0.8l_a）（≥0.8l_a） b_w 附加连接钢筋A_{sd} 竖向分布钢筋A_s	剪力墙结构	绑扎、焊接	
12	叠合板与剪力墙水平现浇带连接	170 50 2Φ6 Φ8@200 120 80 60 Φ8@200 桁架钢筋预制板 120 20 340 480 Ⓐ BF103	剪力墙结构	绑扎、焊接	

（续）

序号	连接部位	示意图	用于结构体系	钢筋连接方式	说明
12	叠合板与剪力墙水平现浇带连接	$\Phi 8@100$　50　$4\Phi 6$　50　$\Phi 8@200$　80　60　桁架钢筋预制板　10　10　$\Phi 8@200$　桁架钢筋预制板　450　450　900　B　BF104	剪力墙结构	绑扎、焊接	
13	连梁与剪力墙板连接	楼层标高　水平后浇带或后浇圈梁　h_0　C　C　D　D　预制连梁　$\geqslant 1.2 l_{aE}$（$\geqslant 1.2 l_a$）　$\geqslant l_{aE}$（$\geqslant l_a$）　$\leqslant 50$　且$\geqslant 600$	剪力墙结构	绑扎、焊接	
14	叠合连梁与叠合板连接	附加通长构造钢筋 直径$\geqslant \phi 4$，间距$\leqslant 300$　板底连接纵筋A_{sd}　$\geqslant 80$　$\geqslant l_1$　$\geqslant l_1$　桁架钢筋预制板　桁架钢筋预制板　叠合梁或现浇梁	剪力墙结构	绑扎、焊接	
15	楼梯板刚性制作	聚苯板填充　表面由建筑设计处理　$\geqslant 30$ $\geqslant 5d$　梯板预留孔2个，孔径$\geqslant 50$　孔边加强筋A_{s1}，由设计确定　预制梯板　$\geqslant 12d$　20　$\geqslant 9d$　h　叠合或现浇梯梁　叠合或现浇平台板　水泥砂浆　$\geqslant 200$　挑耳预留C级螺栓A_{sd}由设计确定　螺栓下端设钢筋锚固板	框架结构、筒体结构、剪力墙结构	绑扎、焊接、锚固板	

（续）

序号	连接部位	示 意 图	用于结构体系	钢筋连接方式	说明
16	叠合悬挑构件现浇部分及其与支座的连接（叠合阳台板、叠合挑檐板等）	≥l_a 预制悬挑板 ≥$15d$，且至少到梁（墙）中线 梁（墙）中线 叠合梁或现浇梁 预制墙或现浇墙	框架结构、筒体结构、剪力墙结构	绑扎、焊接	
17	整体飘窗与剪力墙之间的连接		剪力墙结构	绑扎、焊接	
18	双面叠合剪力墙板后浇混凝土	钢筋 叠合剪力墙板 后浇筑混凝土	剪力墙结构	绑扎	
19	圆孔剪力墙板后浇混凝土		剪力墙结构	绑扎	
20	型钢剪力墙板后浇混凝土		剪力墙结构	绑扎、焊接	

（续）

序号	连接部位	示　意　图	用于结构体系	钢筋连接方式	说明
21	梁板一体化墙板水平连接		框架结构	环形筋和环形钢索插入竖向钢筋	

19.6.2　后浇区钢筋连接与锚固

装配式混凝土结构后浇区钢筋绑扎与受力钢筋锚固应符合下列要求：

（1）钢筋绑扎要求

1）绑扎钢筋的品种、规格、型号、数量、间距、形状及尺寸等必须符合设计、图集及规范要求。

2）钢筋的交叉点应用钢丝扎牢。

3）对板和墙的钢筋网，除靠近外围两行钢筋的相交处全部扎牢外，中间部分交叉点可相隔交错扎牢，但必须保证钢筋不产生位置偏移。双向受力钢筋须全部扎牢。

4）梁和柱的箍筋，除设计有特殊要求外，应与受力筋垂直设置。箍筋弯钩叠合处，应沿受力钢筋方向错开设置。

5）柱中的竖向钢筋搭接时，角部钢筋的弯钩应与模板成45°（多边形柱为模板内角平分线，圆形柱与模板切线垂直），中间钢筋的弯钩应与模板成90°。

6）在绑扎钢筋接头时，一定要把接头先行绑好，然后和其他钢筋绑扎。

7）绑扎和安装钢筋时，一定要保证主筋的混凝土保护层厚度。

8）绑扎的钢筋网和钢筋骨架，不得有变形和松脱现象。

（2）受力钢筋的锚固要求　钢筋的锚固形式（一般有弯锚、贴焊锚筋、穿孔塞焊锚板、螺栓锚头）、锚固位置、锚固长度以及钢筋的接头形式、接头位置、接头长度等必须符合设计、图集及规范要求。钢筋锚板锚固方式如图17.4-4，图19.6-1所示。

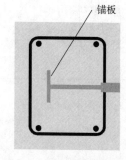

图 19.6-1　钢筋锚板锚固方式（欧洲做法）

19.6.3　后浇混凝土施工注意事项

后浇混凝土的核心是钢筋连接，是实现构件钢筋伸入支座的构造措施。在装配式结构后浇混凝土中的钢筋连接，有机械套筒连接、注胶套筒连接、焊接连接、绑扎搭接、支座锚板连接等方式，目前国内多采用机械套筒连接，国外多采用注胶套筒连接。

在预制装配式结构后浇混凝土施工中，应注意以下几方面：

1）后浇混凝土施工前，应提前做好各项隐蔽工程验收。内容如下：

①混凝土粗糙面的质量，键槽的尺寸、数量、位置。如果预制构件与后浇区的接触面没做键槽或粗糙面时，应采取如下方式进行处理：

A. 对于没有留设键槽的构件，可以采用角磨机在遗漏键槽的部位进行切割，然后再将键槽剔凿出来。

B. 对于没有做粗糙面的构件，可以采用剔凿式或酸洗式两种方法进行处理：

采用剔凿式的方法进行粗糙面处理时，必须保证整面剔凿到位。

采用酸洗式处理时，要使用经过稀释的盐酸溶液进行冲洗，酸洗时要保证酸洗到位，并做好安全防护措施，避免发生烧伤事故。

②钢筋的牌号、规格、数量、位置、间距，箍筋弯钩的弯折角度及平直长度。

③钢筋的连接方式、接头位置、接头数量、接头面积百分率、搭接长度、锚固方式及锚固长度。

④预埋件、预留管线的规格、数量、位置。

⑤预制混凝土构件接缝处防水、防火等构造做法。

⑥保温及其节点施工。

2）后浇混凝土浇筑注意事项见 19.2.2。还应注意以下各点：

①预制构件结合面疏松部分的混凝土，应在构件安装之前或支设模板之前将其剔除并清理干净。

②使用振捣棒进行振捣时，要提前将振捣棒插入柱内底部，分层浇筑分层振捣，振捣时要注意振捣时间，不得过振，以防止预制构件或模板因侧压力过大造成开裂，振捣时且尽量使混凝土中的气泡逸出，以保证振捣密实。

③后浇混凝土部位为钢筋的主要连接区域，故此部位钢筋较密，浇筑空间狭小，对此应在结构设计之初对混凝土的浇筑施工予以考虑。在后浇混凝土施工过程中，要特别注意混凝土的振捣，保证混凝土的密实性。

④预制梁、柱混凝土强度等级不同时，预制梁柱节点区混凝土强度等级应符合设计要求。

⑤楼板混凝土浇筑时要分段进行，每一段混凝土要从同一端起，分一或两个作业组平行浇筑，连续施工。混凝土表面用刮杠按板厚控制顶面刮平，随即用木抹子搓平。

⑥现浇楼板混凝土浇筑完成后，应随即采取保水养护措施，以防止楼板发生干缩裂缝。

⑦混凝土浇筑完毕待终凝完成后，应及时进行浇水养护或喷洒养护剂养护，使混凝土保持湿润持续 7 天以上。

19.6.4　后浇混凝土施工模板支设与拆除

1）在装配式结构中，后浇混凝土部位模板可根据工程现场实际情况而定，一般采用木模板、钢模板或铝模板等。考虑到装配式结构多为后期免抹灰施工，所以要求模板必须表面光滑平整，并且在施工中要接缝严密，加固方式牢固可靠。

2）后浇混凝土部位的模板要根据现场实际情况及尺寸进行加工制作，模板的加固方式一般情况下需要在预制构件加工生产时，提前在预制构件上预埋固定模板用的预埋螺母，在施工现场支设安装模板时，采用螺栓与预制构件上预埋螺母进行连接对模板加固。剪力墙结构后浇混凝土部位模板安装如图 19.6-2 所示。

3）后浇混凝土浇筑完成后，在竖向受力构件混凝土达到设计强度要求时，方可拆除模板，对于悬挑构件混凝土必须达到设计强度 100%时，方可拆除模板。

4）在模板拆除过程中，需注意对后浇部位混凝土及预制构件进行成品保护，避免造成损坏。

5）如果在预制构件加工制作过程中遗漏模板安装预埋螺母，可采取后期安装膨胀螺栓的方

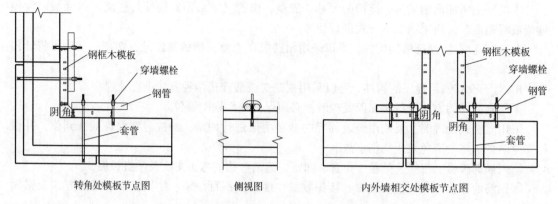

转角处模板节点图　　　　　　侧视图　　　　　　　内外墙相交处模板节点图

图 19.6-2　剪力墙结构后浇混凝土部位模板安装

式进行模板安装。在安装膨胀螺栓时，应首先经过监理工程师的同意，提前使用钢筋保护层探测仪在构件表面对内部钢筋位置进行探测，以便打孔施工时避开构件内部钢筋位置。

19.6.5　后浇混凝土质量检查

在混凝土浇筑完成，模板拆除完成后，应对预制构件连接部位的现浇混凝土质量进行检查，具体检查内容见 19.2.5。

19.6.6　后浇混凝土强度对安装下一层构件的影响

在装配式结构施工中，预制构件连接部位的现浇混凝土达到什么强度方可进行构件安装，目前规范尚无明确规定。通常情况下现场施工必须保证在构件安装时，不能因构件重力原因造成下部现浇混凝土损坏或破坏，从而直接影响到工程结构质量。

在实际施工中，对于预制柱或预制墙板安装，通常在浇筑完混凝土 24h 后即可进行上部构件安装，但在安装过程中需采取构件下垫方木等方式对现浇混凝土及构件进行保护，在构件下落或调整位置时需放缓速度，并且加强施工人员对混凝土及构件等成品保护意识。对于预制梁或预制叠合板安装，只要保证下层梁板底部有效支撑未拆除，即可进行上层预制梁板安装施工。

对于因天气等原因引起混凝土强度上升较慢时，可采取增加混凝土早强剂或延长工期的方式避免构件安装时对连接部位混凝土造成破坏。在现场具体施工中，构件安装时的下部混凝土的强度值可依据现场实际情况和实践经验进行判断，其强度值可采用回弹仪进行回弹检测判定。

19.7　临时支撑拆除

19.7.1　临时支撑拆除时间的确定

安装临时支撑是预制构件安装所需校正和临时加固的措施，支撑拆除时间可按如下要求确定。

1）各种构件拆除临时支撑的条件应当在构件施工图中给出。如果构件施工图没有要求，施工企业应请设计人员给出要求。

2）行业标准《装配式混凝土结构技术规程》中的要求：

①构件连接部位后浇混凝土及灌浆料的强度达到设计要求后，方可拆除临时固定措施。

②叠合构件在后浇混凝土强度达到设计要求后，方可拆除临时支撑。

3）笔者的建议：

①国家标准和行业标准对临时支撑的拆除时间没有明确规定，在设计没有要求的情况下，笔者建议可参照《混凝土结构工程施工规范》（GB 50666—2011）中"底模拆除时的混凝土强

度要求" 的标准确定，见表 19.7-1。

②预制柱、预制墙等竖向构件的临时支撑拆除时间，可参照灌浆料制造商的要求来确定拆除时间；如北京建茂公司生产的 CGMJM-VI 型高强灌浆料，要求灌浆后灌浆料同条件试块强度达到 35MPa 后方可进入后续施工（扰动），通常环境温度在 15℃ 以上时，24h 内构件不得受扰动；环境温度在 5～15℃ 时，48h 内构件不得受扰动，拆除支撑要根据设计荷载情况确定。

表 19.7-1　现浇混凝土底模拆除时的混凝土强度要求

构 件 类 型	构件跨度/m	达到设计混凝土强度等级值的百分率（%）
板	≤2	≥50
	>2，≤8	≥75
	>8	≥100
梁、拱、壳	≤8	≥75
	>8	≥100
悬臂结构		≥100

19.7.2　拆除临时支撑的注意事项

1）需灌浆料和混凝土达到规定强度后方可拆除临时支撑，判断混凝土是否达到强度不能只根据时间判断，应该根据同条件养护的试块强度或使用回弹仪检测混凝土强度，因为温度、湿度等外界条件对混凝土强度的影响很大。

2）拆除临时支撑前要对所支撑的构件进行观察，看是否有异常情况，确认彻底安全后方可拆除。

3）临时支撑拆除后，要码放整齐，以方便向上一层转运，同时保证安全文明施工。

4）同一部位的支撑最好放在同一位置，转运至上一层后放在相应位置，这样可以减少支撑的调整时间，加快进度。

19.8　构件安装缝施工

19.8.1　装配式混凝土建筑构造接缝施工

装配式混凝土建筑构造接缝有如下几种：

1）夹芯保温剪力墙板外墙的构造接缝。

2）无保温外墙构造接缝。

3）无外挂墙板框架结构梁柱间的构造接缝，如图 19.8-1 所示。

4）建筑的变形缝。

5）框架结构和筒体结构外挂墙板间的构造接缝。

装配式混凝土结构建筑构造接缝在施工过程中要保证接缝处的保温、防火、防水、美观的效果达到设计要求。需要注意下列问题：

1）接缝处理必须严格按照设计要求和规范要求施工。

图 19.8-1　无外挂墙板框架结构
（目前世界最高的装配式建筑）

2）缝隙需要填充防火及保温材料时，应该根据设计要求选择合适的填充材料，填塞密实，保证保温效果，防止冷桥产生。

3）有防火要求的接缝，墙板保温材料边缘应当用 A 级防火保温材料，按设计要求填塞密实。

4）防水构造处理复杂一些，需要注意以下几点：

①选择建筑防水密封胶时应考虑到与混凝土有良好的黏性，而且要具有耐候性、可涂装性、环保性，国内较多地采用 MS 胶。

②密封胶应填充饱满、平整、均匀、顺直、表面平滑，厚度符合设计要求，宜使用专用工具进行打胶，保证胶缝美观。为使胶缝美观要使用一些专用工具。

③防水密封胶除了密封性能好耐久性好外，还应当有较好的弹性，压缩率高。

④止水橡胶条必须是空心的，除了密封性能好耐久性好外，还应当有较好的弹性，压缩率高。

⑤预制构件外墙外侧接缝处理前应先修整接缝，清除浮灰，做好底涂，然后打胶。

⑥施工前打胶缝两侧须粘贴胶带或美纹纸，防止污染墙面。

19.8.2　外挂墙板接缝施工

在混凝土柱、梁结构及钢结构中，外挂墙板作为外围护结构的应用很多。外挂墙板的接缝形式有以下三种情况：

1）无保温外挂墙板接缝构造，如图 19.8-2 所示。

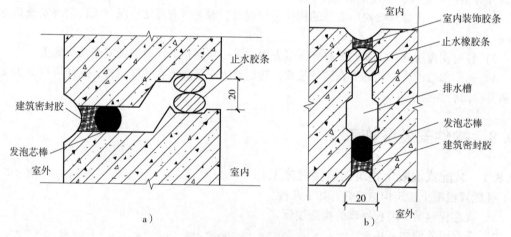

图 19.8-2　无保温外挂墙板接缝构造
a）水平缝　b）竖向缝

2）夹芯保温板接缝构造有两种，如图 19.8-3 所示。

3）夹芯保温板外叶板端部封头构造，如图 19.8-4 所示。

外挂墙板安装就位后，板缝室内外是相通的，对于板缝处的保温、防水性能要求很高，在施工过程中要引起足够的重视。并且，外挂墙板之间禁止传力，因此，板缝控制及密封胶的选择非常关键。

在施工过程中需要注意如下问题：

1）严格按照设计图样要求进行板缝的施工，制定专项方案，报监理审批后认真执行。

2）外挂墙板构件接缝通常设置三道防水处理，第一道密封胶，第二道构造防水，第三道气密防水（止水胶条）。施工过程中应严格按照规范及设计要求进行封堵作业。

3）在外挂墙板安装过程中要做到精细，防止构造防水部位磕碰，一旦产生磕碰要按照预定

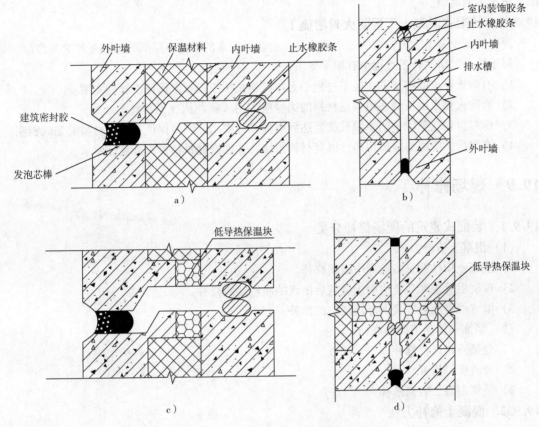

图 19.8-3　夹芯保温板接缝构造

a）水平缝　b）竖直缝　c）水平缝　d）竖直缝

方案进行修补，止水胶条要粘贴牢固。

4）外挂墙板是自承重构件，不能通过板缝进行传力，所以在施工时要保证外挂墙板四周空腔内不得混入硬质杂物。

5）外挂墙板构件接缝有气密条（止水胶条）时，最好在构件安装前粘接到构件上。

6）有保温及防火要求的部位，要按照设计要求进行选材和填充。

7）外墙胶施工时需要注意以下问题：

①打胶衬条的材质应与密封胶的材质相容。

②预制外墙板外侧水平、竖直接缝的密封防水胶封堵前，侧壁应清理干净，无浮灰，保持干燥，打胶衬条应完整顺直。

③密封防水胶的注胶宽度、厚度应符合设计要求，注胶应均匀、顺直、饱和、密实，表面应光滑，不得有裂缝现象。

④预制外墙板连接缝施工完成后应在外墙面做淋水、喷水试验，并在外墙内侧观察墙体有无渗漏。

⑤施工前打胶缝两侧须粘贴胶带或美纹

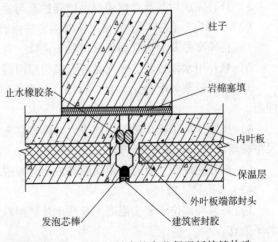

图 19.8-4　外叶板封头的夹芯保温板接缝构造

纸，防止污染墙面。

19.8.3　装配式混凝土工程防火封堵施工

预制混凝土幕墙防火构造的三个部位是：有防火要求的板缝、层间缝隙和板柱之间缝隙。对于防火封堵在施工过程中有如下要求：

1）有防火要求的构造缝在施工过程中必须严格按照图样要求保证板缝的宽度。

2）有防火要求的板缝塞填保温材料的边缘应该用 A 级防火保温材料。

3）保温材料在缝隙中的塞填长度要达到图样设计要求，同时保证塞填的材料要饱满密实。

4）塞填后，缝隙边缘要用弹性嵌缝材料封堵，弹性嵌缝材料要符合设计要求。

19.9　现场修补

19.9.1　装配式建筑的现场修补分类

（1）混凝土修补

1）混凝土构件的安装过程中破损修补。

2）现浇混凝土和后浇混凝土浇筑后出现的质量缺陷修补。

3）清水混凝土装饰表面外观缺陷的修补。

（2）装饰一体化墙面的修补

1）包括石材反打修补。

2）瓷砖反打修补。

3）装饰混凝土表面修补。

19.9.2　混凝土修补方法

（1）"麻面"修补　麻面是指混凝土表面的麻点，对结构无大影响，对外观没有过多要求时通常不做处理。如需处理，方法如下：

1）稀草酸溶液将该处脱模剂油点或污点用毛刷洗净，于修补前用水湿透。

2）修补用水泥砂浆，水泥品种必须与原混凝土一致，砂为细砂，最大粒径≤1mm。

3）水泥砂浆的配合比一般为1:2~1:2.5，由于数量不多，可用人工在小桶中拌匀，随拌随用。必要时可通过试验掺拌白水泥调色。

4）按刮腻子的方法，将砂浆用刮板大力压入麻点处，随即刮平直至满足外观要求。

5）修补完成后，及时覆盖湿毛巾养护至与原混凝土一致。

（2）"蜂窝"修补　小蜂窝可按麻面方法修补，大蜂窝可采用如下方法修补：

1）将蜂窝处及周边软弱部分混凝土凿除，并用高压水及钢丝刷等将结合面洗净。

2）修补用水泥砂浆，水泥品种必须与原混凝土一致，砂子宜采用中粗砂。

3）水泥砂浆的配合比为1:2~1:3，并搅拌均匀，但掺量应通过试验确定以有效调整混凝土颜色。

4）按照抹灰工操作法，用抹子大力将砂浆密实压入蜂窝内，并认真刮平。在棱角部位用靠尺将棱角取直，确保外观一致。

5）修补完成后，及时覆盖保湿养护至与原混凝土一致。

（3）"孔洞"修补

1）将修补部位不密实混凝土及凸出骨料颗粒认真凿除干净，洞口上部向外上斜，下部方正水平为宜。

2）用高压水及钢丝刷将基层处理洁净。修补前用湿棉纱等材料填满，使孔洞周边混凝土充分湿润。

3）修补用比原混凝土强度高一级的细石混凝土或补偿收缩混凝土填补，水泥品种应与原混凝土一致。为减少或杜绝新旧混凝土间空隙，水灰比宜控制在 0.5 以内，并掺水泥用量 1‰ 以内膨胀剂。

4）孔洞周围先涂以水泥净浆，然后用比原混凝土强度高一级的细石混凝土或补偿收缩混凝土填补并分层仔细捣实，以免新旧混凝土接触面上出现裂缝。同时，将新混凝土表面抹平抹光至满足外观要求。

（4）"漏振"修补　"漏振"处漏浆较少时按麻面进行修复，漏浆严重时按蜂窝处理办法进行修复。

（5）色泽不一修补　对油脂引起的假分层现象，用砂纸打磨后即可现出混凝土本色，对其他原因造成的混凝土分层，当不影响结构使用时，一般不做处理，需处理时，用黑白水泥调制的接近混凝土颜色的浆体粉刷即可。当有软弱夹层影响混凝土结构的整体性时，按施工缝进行处理：

1）如夹层较小，缝隙不大，可先将杂物浮渣清除，夹层面凿成"八"字形后，用水清洗干净，在潮湿无积水状态下，用 1:2 ~ 1:3 的水泥砂浆强力填塞密实。

2）如夹层较大时，将该部位混凝土及夹层凿除，视其性质按蜂窝或孔洞进行处理。

（6）"错台"修补

1）将错台高出部分、跑模部分凿除并清理洁净，露出石子，新茬表面比构件表面略低，并稍微凹陷成弧形。

2）用水将新茬面冲洗干净并充分湿润。在基层处理完后，先涂以水泥净浆，再用 1:2 干硬性水泥砂浆，自下而上按照抹灰工操作法大力将砂浆压入结合面，反复搓动，抹平。修补用水泥应与原混凝土品质一致，砂用中粗砂，必要时掺拌白水泥，以保证混凝土色泽一致。为使砂浆与混凝土表面结合良好，抹光后的砂浆表面应覆盖塑料薄膜养护，并用支撑模板顶紧压实。

（7）收缩裂缝修补　对于细微的裂缝可向裂缝灌入水泥净浆，嵌实后覆盖养护。或将裂缝加以清洗，干燥后涂刷两遍环氧树脂进行表面封闭。对于较深的或贯穿的裂缝，应用环氧树脂灌浆后表面再加刷建筑胶粘剂进行封闭。

（8）"黑白斑"修补　黑斑用细砂纸精心打磨后，即可现出混凝土本身颜色。白斑一般情况下不做处理，当白斑处混凝土松散时可按麻面修补方法进行整修。

（9）"空鼓"修补

1）在墙板板外挖小坑槽，将混凝土压入，直至饱满、无空鼓为止。

2）如墙板空鼓严重，可在墙板上钻孔，按二次灌浆法将混凝土压入。

（10）清水混凝土构件和装饰混凝土构件的表面修补　修补用砂浆应与构件颜色一致，修补砂浆终凝后，应当采用砂纸或抛光机进行打磨，保证修补痕迹在 2m 处无法分辨。

（11）预制构件的修补　常见的做法如下：

1）边角处不平整的混凝土用磨平机磨平，凹陷处用修补料补平。大的掉角要分两到三次修补，不要一次完成，修补时要用靠模，确保修补处与整体平面保持一致。

2）蜂窝、麻面（预制件上不密实混凝土的范围或深度超过 4mm）。将预制件上蜂窝处的不密实混凝土凿去，并形成凹凸相差 5mm 以上的粗糙面。用钢丝刷将露筋表面的水泥浆磨去。用水将蜂窝冲洗干净，不可存有杂物。用专用的无收缩修补料抹平压光，表面干燥后用细砂纸打磨。

3）气泡（预制件上不密实混凝土或孔洞的范围不超过 4mm）。将气泡表面的水泥浆凿去，露出整个气泡，并用水冲洗干净。然后用修补料将气泡塞满抹平即可。

4）缺角（预制件的边角混凝土崩裂，脱落）。将崩角处已松动的混凝土凿去，并用水将崩角冲洗干净，然后用修补料将崩角处填补好。如崩角的厚度超过 40mm 时，要加种钢筋，分两次修补至混凝土面满足要求，并做好养护工作。

（12）有饰面产品的修补　有饰面产品的表面如果出现破损，修补很困难，而且不容易达到原来效果，因此，应该加强成品保护。万一出现破损，可以按下列方法修补：

1）石材修补方法，根据表 19.9-1 进行石材的修补。

表 19.9-1　石材的修补方法

石材的掉角	石材的掉角发生时，需与业主或相关人员协商之后再决定处置
	修补方法应遵照下列要点：［胶粘剂（环氧树脂系）＋硬化剂］：色粉 = 100:1（按修补部位的颜色）；搅拌以上填充材后涂入石块的损伤部位，硬化后用刀片切修
石材的开裂	石材的开裂原则上要换贴，但实施前应与业主或相关人员协商并得到认可

2）瓷砖修补标准和调换方法。根据表 19.9-2 进行瓷砖的调换。

表 19.9-2　需要调换的瓷砖的标准

弯曲	2mm 以上
下沉	1mm 以上
缺角	5mm × 5mm 以上
裂纹	出现裂纹的瓷砖要和业主或相关人员协商后再施工

①调换方法（瓷砖换贴处应在记录图样进行标记）。将更换瓷砖周围切开，并清洁破断面，在破断面上使用速效胶粘剂粘贴瓷砖。后贴瓷砖也应使用速效胶粘剂粘贴。更换瓷砖及后贴瓷砖都要在瓷砖背面及断面两方进行填充，施工时要防止出现空隙。胶粘剂硬化后，缝格部位用砂浆勾缝。缝的颜色及深度要和原缝隙部位吻合。

②瓷砖调换要领及顺序。用钢丝刷刷掉碎屑，用刷子等仔细清洗。用刀把瓷砖缝中的多余部分除去，尽量不要出现凹凸不平的情况。涂层厚为 5mm 以下。

③掉角瓷砖。不到 5mm × 5mm 的瓷砖掉角，用环氧树脂修补剂及指定涂料进行修补。

19.10　特殊构件安装

在预制构件中有较多的特殊构件，比如柱梁一体构件、转角墙板、T 形墙板。二维构件，比如飘窗、柱头带一字梁的构件，如图 19.10-2 所示。三维构件，比如柱头带十字梁的构件，如图 19.10-3 所示。造型复杂的构件，如曲面板，如图 19.10-4 所示；超长超大构件，如跨层柱（图 19.10-1），跨层墙板构件（图 19.10-5）。

图 19.10-1　跨层柱

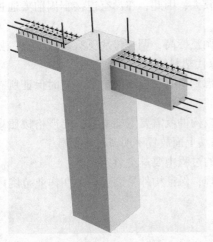

图 19.10-2 二维构件

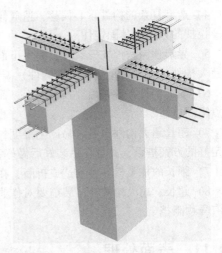

图 19.10-3 三维构件

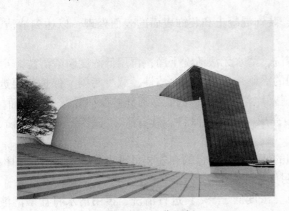

图 19.10-4 曲面板

图 19.10-5 跨层板

19.10.1 特殊构件安装技术方案的设计

其安装技术方案需包括以下内容：

1）设计专用的存放架或构件本身的固定支架。

2）设计制作专用的吊具，要根据构件的重心点来专业设计，并要增加调平装置。

3）设计制作专用的构件支撑、定位的工装来加固构件，并便于拆卸。

4）采用轴线定位和界面定位结合来确保构件安装就位正确。

5）安装时要设置符合安全要求的安全设施。

19.10.2 二维构件、三维构件、造型复杂的异形构件、超长构件、超大构件的安装

对于该类构件吊装的工艺及工序可参照水平构件及竖向构件的相关要求，同时需要注意以下几点：

1）构件的吊点位置，支撑方案，支撑点以及防止运输过程中损坏的拉接方案等均应由设计单位给出，如果设计未明确，施工企业应会同构件制作企业一起做出方案，报监理审核批准后方可制定方案施工。

2）根据具体情况制定专项吊装方案，并且要经过反复论证确保吊装安全、吊装精度及吊装质量。

3）二、三维构件及造型复杂的构件在确定吊点的时候要经过严格的计算来保证起吊的时候保持构件平衡。如果吊点位置受限，需要设计专用吊具。

4）造型复杂的构件重心偏移，造成倾覆的可能性较大，因此，在没有连接牢固前要通过支撑及拉拽的方式将其固定住。

5）异形预制构件在安装时，如果下面需要用垫片调整标高，调整垫片不宜超过 3 点。如果是超大构件（尤其是重量较大的构件）要使用钢垫片取代塑料垫片。

6）该类构件在就位后要及时固定，而且要充分考虑到所有自由度的约束，同时保证所有加固点牢固可靠。

7）超长超大构件本身容易产生挠度，如果是梁、板构件就需要下端支撑，要严格按照事先制定好的方案搭设，并且在吊装好后做好警示，严禁在其上面放置不明或过重荷载。

7）细长的柱类构件容易造成折断，在翻转、吊立的过程中要避免急速。

8）超长、超大构件在吊装前要对作业区域进行清理，保证构件吊装过程中在作业范围内不会有异物阻挡。

19.11　表面处理

装配式建筑的表面处理是指清水混凝土、装饰混凝土和装饰表面的表面处理，以达到清洁、耐久、美观。方法如下：

1）表面清洁。表面清洁通常使用清水清洗，清水无法清洗干净，再用低浓度磷酸清洗。

2）清水混凝土表面涂刷保护剂。保护剂的涂刷是为了增加自洁性，减少污染。保护剂要选择效果好的产品，保修期要尽量长一些。涂刷要均匀，使保护剂能渗透到被保护混凝土的表面。

3）大多数预制构件的表面处理在工厂内完成，如喷刷涂料、真石漆、乳胶漆等，在运输、工地存放和安装过程中须注意成品保护。

4）预制构件在安装后需要进行表面处理的情况，如在运输和安装过程中被污染的外围护构件表面的清洗、清水混凝土构件表面涂刷透明保护涂料等。

5）装饰混凝土表面可用稀释的盐酸溶液（浓度低于 5%）进行清洗，再用清水将盐酸溶液冲洗干净。

6）清水混凝土表面可采用清水或 5% 的磷酸溶液进行清洗，之后涂刷清水混凝土保护剂。

7）构件安装好后，表面处理可在"吊篮"上作业，应自上而下进行。

 思考题

1. 装配式建筑施工相比传统建筑施工新增了哪些内容？

2. 预制构件安装对现浇混凝土有哪些要求？

3. 外墙打胶施工的注意事项有哪些？

4. 什么情况下可以拆除临时支撑？

5. 后浇混凝土强度对下一层构件安装有哪些影响？

第 20 章　设备与管线系统施工

20.1　概述

设备与管线系统是指由给水排水、供暖通风空调、电气和智能化、燃气等设备与管线组合而成，满足建筑使用功能的整体。

装配式混凝土建筑设备与管线系统施工与现浇混凝土建筑相比有较大不同：一是由于装配式建筑强调集成，有集成部品的安装连接；二是装配式建筑主要构件在工厂预制，电气管线箱盒不能像现浇建筑那样在现场埋设或敷设；三是装配式建筑轻易不采用后锚固方式（即打膨胀螺栓和植筋方式），埋设安装设备管线的预埋件必须在施工图设计阶段就提交给设计；四是装配式建筑提倡管线分离和同层排水，由此会改变一些传统施工方法。

本章介绍装配式混凝土建筑设备与管线系统施工要求（20.2），集成式厨房安装连接（20.3），集成式卫生间安装连接（20.4），其他设备管线安装连接（20.5）。

20.2　设备与管线系统施工要求

20.2.1　基本要求

1. 早期协同

施工企业设备与管线系统各专业技术人员在装配式建筑施工图设计阶段就应当与设计者协同：

1) 将设备与管线系统施工阶段需要的预埋件、预留孔等要求提交给设计者，以便设计到预制构件制作图中。

2) 当预制构件中预埋管线、防雷引下线时，须向设计提出连接作业需要的作业空间。

3) 当设计采用集成部品时，须向设计提出集成部品与现场管线系统连接施工需要的作业空间。

2. 图样会审复核

在施工图会审时，对早期协同提出的要求进行复核，或者早期根本就没有与设计方协同，审核图样时要重点审核设计对前述 1) 中的要求是否已经考虑。

3. 预埋遗漏处置

当施工图设计遗漏了埋设管线或预埋件，预制构件到现场后才发现无法进行管线施工，在此情况下严禁采用如图 20.2-1 所示在预制构件中凿沟槽的做法，而应当报告监理和设计方，由他们制定补救方案。装配式建筑一般情况下也不得打孔埋设膨胀螺栓或化学螺栓。

4. 集成部品连接

装配式建筑国家标准将集成化设定为装配式建筑的重要特征，设备与管线系统施工须进行集成部品的安装连接，包括集成式厨房、集成式卫生间等，为此，设备管线系统各专业施工技术人员需要与设计方和集成部品制作方协同，提出安装作业便利性的要求。设备管线系统施工人员须按照要求进行集成部品的安装与连接。

5. 管线分离与同层排水

国家标准提出装配式建筑宜实行管线分离和同层排水（图20.2-2），由此，设备管线系统，特别是强电弱电系统和给水排水系统的敷设架立方式发生了变化，传统的施工作业方式也随之发生了很大的变化，施工作业人员应当与时俱进，适应新的工艺与作业方式。

图20.2-1　现场凿沟槽将钢筋凿断

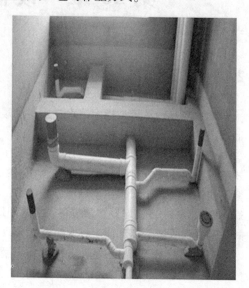

图20.2-2　同层排水

6. 全装修协同

国家标准提出装配式建筑应实行全装修，管线分离和同层排水的要求用了"宜"字，是提倡；全装修用了"应"字，则是要求。全装修对设备管线系统施工提出了严格的要求，需要协同互动，需要精致。图20.2-3是安装在架空墙体上的精致的对讲开关。图20.2-4是全装修工程管线分离，设备和管线敷设在顶棚吊顶内。

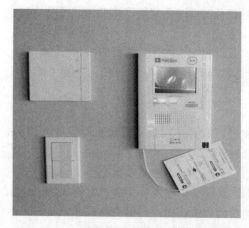

图20.2-3　安装在精装修墙上的对讲门开关

图20.2-4　全装修工程设备管线敷设在顶棚吊顶内

20.2.2　管线穿过预制构件的要求

管线穿过预制构件分为竖向管线穿过楼板（图20.2-5）和横向管线穿过结构梁、墙（图20.2-6），穿过构造如图20.2-7所示。

管线穿过预制构件在施工过程中需注意以下问题：

1）施工前，技术人员应在各个预留孔位置做好标记，以免孔洞多的情况下将管线错穿。

2）在管线安装前，要做好各种管线安装方案，充分考虑各专业管线在安装过程中的干涉。

3）不准各专业不分先后随意安装本专业管线，导致后面管线安装困难。

4）管线穿过预制构件一般有防水、防火、隔声的设计要求，施工中要按图施工。

图 20.2-5　预制楼板预留竖向管线孔洞

图 20.2-6　预制结构梁预留横向干线孔洞

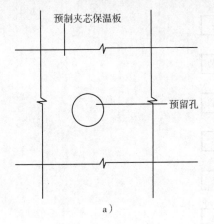
a）

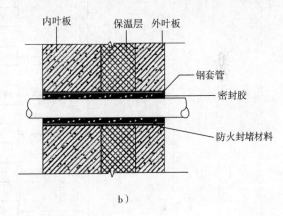
b）

图 20.2-7　管线穿过预制构件构造
a）立面　b）剖面

20.2.3　设备安装要点

1）如果需要在预制梁、柱、墙上固定设备，应在预制构件预制时埋入内埋式螺母或预埋件，不能在梁、柱、墙上打膨胀螺栓。

2）安装设备要考虑到方便日后的维护及检修，预留出足够的检修空间。

3）设备安装固定尽可能使用机械连接，避免焊接固定，以方便设备更换。

20.3　集成式厨房安装连接

20.3.1　集成式厨房安装连接内容

集成式厨房设备管线系统安装连接作业内容包括：

1）照明电源线连接。

2）设备（吸油烟机、空调、洗碗机、微波炉、烤箱等）电源连接。

3）燃气连接。

4）冷水给水连接。

5）热水给水连接。

6）排水连接。

7）吸油烟机风道连接。

8）散热器连接等。

20.3.2 集成式厨房安装工艺流程

集成式厨房安装工艺流程如图 20.3-1 所示。

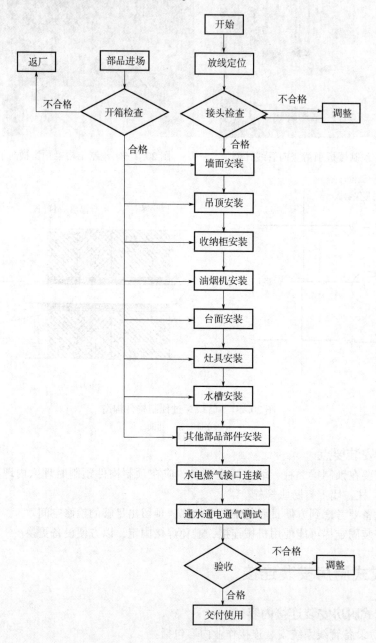

图 20.3-1 集成式厨房安装工艺流程

20.3.3 集成式厨房安装连接要点

1）应编制专项施工方案，进行技术交底。

2）就位前应测量室内空间和管线接头位置，确认无误后再安装就位。

3）安装过程中应保护好部品，不得有刮碰。

4）吸油烟机安装应调至水平。

5）吸油烟机、吊柜在墙体或连接板上固定牢固，预制构件处的安装预埋件为事先预埋，不得采用后锚固方式。

6）给水排水接头、燃气具接头、散热器接头和吸油烟机等安装连接的密封性须符合设计和规范要求。

7）管线设备连接处应设置检修口。

20.3.4　集成式厨房验收

集成式厨房验收时应注意以下要点：

1）检查验收集成式厨房的各种规格、型号、外观及尺寸，并做验收记录。

2）集成式厨房的材质与颜色要跟样品或样块对照验收。

3）集成式厨房系统材料应有质量证明文件，并纳入工程技术档案。

4）橱柜安装应牢固、水平、垂直。

5）橱柜安装允许的误差应小于 2mm。

6）所有抽屉和拉篮应抽拉自如，无阻滞，并有限位保护装置。

7）采用油烟同层直排设备时，风帽应安装牢固，与结构墙体之间的缝隙应密封。

8）上下水应固定牢固，防止漏水。抽油烟机与排烟管道应连接牢固。

9）对自来水、电、暖、煤气、热水、排水、通风等专业接口进行检验。

10）集成式厨房系统检验时以每个独立集成式厨房系统为一个检验单元，安装允许偏差和检验方法应符合表 20.3-1 的规定。

表 20.3-1　集成式厨房系统安装允许偏差和检验方法

类别	序号	项　　目		质量要求及允许偏差/mm	检验方法	检验数量
主控项目	1	橱柜和台面等外表面		表面应光洁平整，无裂纹、气泡，颜色均匀，外表没有缺陷	观察	全数检查
	2	洗涤池、灶具、操作台、排油烟机等设备接口		尺寸误差满足设备安装要求	钢尺测量	
	3	橱柜与顶棚、墙体等处的交接、嵌合，台面与柜体结合		接缝严密，交接线应顺直、清晰、美观	观察	
一般项目	4	柜体	外形尺寸	3	钢尺测量	全数检查
	5		两端高低差	2	钢尺测量	
	6		立面垂直度	2	激光仪测量	
	7		上、下口平直度	2		
	8		柜门并缝或与上部及两边间隙	1.5	钢尺测量	
	9		柜门与下部间隙	1.5	钢尺测量	

20.4　集成式卫生间安装连接

20.4.1　集成式卫生间安装连接内容

集成式卫生间设备管线系统安装连接作业内容包括：

1）照明电源线连接。

2）设备（排气扇、干燥机、洗衣机、热水器、取暖器、坐便）电源连接。

3）冷水给水连接。

4）热水给水连接。

5）中水连接。

6）排水连接。

7）排气管道连接。

8）散热器连接等。

20.4.2　集成式卫生间安装工艺流程

集成式卫生间安装工艺流程如图 20.4-1 所示。

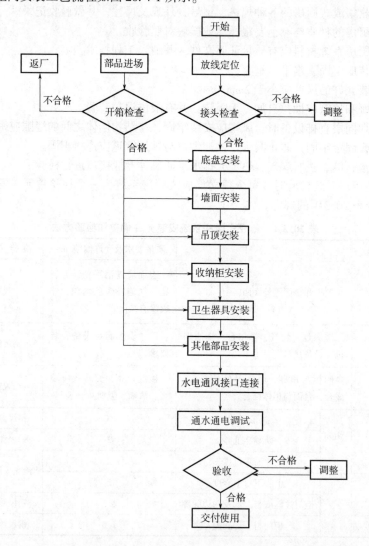

图 20.4-1　集成式卫生间安装工艺流程

20.4.3　集成式卫生间安装要求

1）应编制专项施工方案，并进行技术交底。

2）所有构件、配件进场时应对品种、规格、外观和尺寸进行验收。构件、配件包装应完好，应有产品的装配图、合格证书、使用安装说明书及相关性能的检测报告。

3）安装施工中各专业工种应加强配合，做好衔接，合理安排工序，保护好半成品或成品。

4）壁板与防水盘的连接、壁板之间的连接，应加防水密封垫。顶板与壁板的连接要可靠。

5）底盘边缘与对应卫生间墙体平行，用专用扳手调节地脚螺栓，调整底盘的高度及水平，保证底盘完全落实，无异响现象。

6）按安装壁板背后编号依次用连接件和镀锌螺栓进行连接固定，注意保护墙板表面。

7）壁板拼接面应平整，缝隙为自然缝，壁板与底盘结合处缝隙均匀，误差不大于 2mm。

8）各给水管接头位置按工厂设置好的安装孔进行安装。

9）电器安装将预留的每组电源进线分别通过开关控制，接入接线端子对应位置。

10）对于工厂组装集成式卫生间安装注意要点：

①将在工厂组装完成的集成式卫生间，经检验合格后，做好包装保护。

②利用垂直运输工具将集成式卫生间放置在楼层的临时指定位置。

③当满足集成式卫生间安装条件后，用专用工具将集成式卫生间移动到安装位置就位。

④完成集成式卫生间与给水、排水、电气预留点位接驳和检验工作，并记录存档。

11）集成式卫生间给水排水、电气接口为标准配置，工厂电气一般将预留插座、照明电源设在吊顶顶棚上，现场也预留在顶棚内便于与工厂甩的线头相连，工厂给水排水设在卫生间底盘下至外侧面便于与现场也预留在架空地板或管井内甩头相连。集成式卫生间给水排水接口实例如图 20.4-2 所示；集成式卫生间在顶部排风、电气接口实例如图 20.4-3 所示；集成式卫生间在侧向预留冷水、热水接口实例如图 20.4-4 所示。

图 20.4-2　集成式卫生间给水排水接口连接做法

图 20.4-3　集成式卫生间顶部排风、电气接口连接做法

12）集成式卫生间通风，多层建筑直接排到室外，各层在外墙上留置套管，外接风帽罩。高层建筑设计专用卫生间排风井，各层都留有接口。集成式卫生间通风接口一般在工厂提前设置好，接口的大小应与部品接口相匹配。

13）集成式卫生间用的燃气热水器不得安装在集成式卫生间内，须安装在自然通风条件好的部位。

14）在寒冷地区，集成式卫生间工厂设置的散热器片接口与现场留在顶棚接口进行对接。

图 20.4-4　集成式卫生间在侧向预留冷水、热水接口（吉博力）

20.4.4　集成式卫生间验收

1）检查验收卫生间的各种规格、型号、外观及尺寸，并做验收记录。

2）防水盘、顶板、壁板表面应光洁平整、颜色均匀，不得有气泡、裂纹等缺陷；切割面应无分层、毛刺现象。

3）集成式卫生间安装允许尺寸偏差及检验方法参考表 20.4-1 的规定。

表 20.4-1　集成式卫生间安装允许尺寸偏差及检验方法

项　目		允许偏差/mm	检验方法
长度、宽度	顶板	±1	尺量检查
	壁板	±1	
	防水盘	±1	
对角线差	顶板、壁板、防水盘	1	尺量检查
表面平整度	顶板	3	2m 靠尺和塞尺检查
	壁板	2	
	瓷砖饰面防水盘	2	
接缝高低差	瓷砖饰面壁板	0.5	钢尺和塞尺检查
	瓷砖饰面防水盘	0.5	钢尺和塞尺检查
预留孔	中心线位置	3	尺量检查
	孔尺寸	±2	尺量检查

4）材料应有质量证明文件，并纳入工程技术档案。

5）所采用的各类阀门安装位置应正确平整，卫生器具的安装应采用专用螺栓安装固定。

6）安装衔接是否完好，有无晃动。

7）地漏、坐便器与地面安装是否密封。

8）内部五金洁具安装是否松动，有无漏水。

9）安装完成的产品有无损坏。

10）对冷水、电、暖、热水、排水、换气等专业接口要进行现场验收。

20.5　其他设备管线安装连接

20.5.1　分体式空调设备安装连接

分体空调内机原则上不要挂在剪力墙外墙板内侧，宜挂在后浇混凝土区域，或挂在预制剪力墙内墙板上，但内墙板需在制作时埋设预埋件。如果必须挂在预制剪力墙外墙板内侧，该墙板内侧应设置架空层，在架空层龙骨上设置挂内机的支架。

20.5.2　防雷引下线及连接

1. 防雷引下线连接

装配式混凝土建筑受力钢筋的连接，无论是套筒连接还是浆锚连接，都不能确保连接的连续性，因此，不能用钢筋作为防雷引下线，应埋设镀锌扁钢带做防雷引下线。镀锌扁钢带的尺寸不小于 25mm×4mm（图 20.5-1）。引下线在现场焊接连成一体，焊接点要进行防锈蚀处理，防锈蚀做法须由设计给出。

2. 阳台及窗户防雷

（1）阳台金属护栏防雷　阳台金属护栏

图 20.5-1　沈阳安保大厦防雷引下线连接

应当与防雷引下线连接，如此预制阳台应当预埋 25mm×4mm 镀锌钢带，一端与金属栏杆焊接，另一端与其他预制构件的引下线系统连接，如图 20.5-2 所示。

（2）铝合金窗和金属百叶窗防雷　距离地面高度 4.5m 以上的外墙铝合金窗、金属百叶窗，特别是飘窗铝合金窗的金属窗框和百叶应当与防雷引下线连接，如此预制墙板或飘窗应当预埋 25mm×4mm 镀锌钢带，一端与铝合金窗、金属百叶窗焊接，另一端与其他预制构件的引下线系统连接，如图 20.5-3 所示。

（3）阳台自设窗户或窗户外金属防盗网　有的业主把阳台用铝合金窗封闭，或安装金属防盗网，这是防雷的空白地带。应该明确禁止，或预埋避雷引下线。

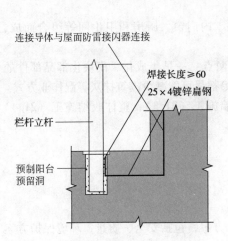

图 20.5-2　阳台防雷构造图
（选自标准图集 15G368-1）

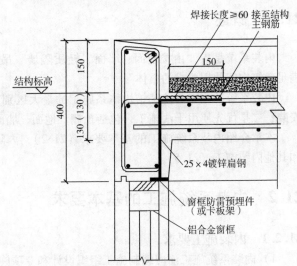

图 20.5-3　铝合金窗防雷构造
（选自标准图集 15G368-1）

20.5.3　其他部件管线接口连接

《装配式混凝土建筑技术标准》（GB/T 51231—2016）中，对水、电、暖接口连接有如下规定：

1）装配式混凝土建筑的部品与配管连接、配管与主管道连接及部品间连接应采用标准化接口，且应方便安装使用维护。

2）给水系统配水管道与部品的接口形式及位置应便于检修更换，并应采取措施避免结构或温度变形对给水管道接口产生影响。为便于日后管道维修拆卸，给水系统的给水立管与部品配水管的管口宜设置内螺纹活结连接。

3）给水分水器与用水器具的管道接口应一对一连接，在架空层或吊顶内敷设时，中间不得有连接配件，分水器设置位置应便于检修，并宜有排水措施。

4）当预制墙板或预制楼板上安装供暖设备与空调时，其连接处应采取加强措施。

5）设置在预制构件上的接线盒、连接管等应做预留，出线口和接线盒应准确定位。

思考题

1. 装配式混凝土建筑的设备与管线系统施工涉及哪些专业？
2. 装配式混凝土建筑设备与管线系统安装前需要做哪些工作？
3. 集成式厨房安装工艺流程有哪些？

第 21 章　内装系统施工

21.1　概述

内装系统是指"由楼地面、墙面、轻质隔墙、吊顶、内门窗、厨房和卫生间等组合而成，满足建筑空间使用要求的整体"。

内装系统的施工与传统结构体系施工的最大区别有两点：一是集成化、模块化部品部件的安装；二是优先使用干法施工，包括顶棚、地面、墙面等都尽可能减少砌筑抹灰等湿作业方式。

本章介绍内装系统施工的基本要求（21.2），内隔墙施工（21.3），整体收纳施工（21.4）和其他内装施工（21.5）。

21.2　内装系统施工的基本要求

21.2.1　内装施工要求

1）内装系统施工前应编制施工组织设计和专项施工方案，包括安全、质量、环境保护方案和施工进度计划。

2）内装系统施工应与主体结构施工形成流水作业，如此才能体现装配式建筑缩短工期的优势；内装系统施工可尾随主体结构施工进行，相隔 3 层即可展开。

3）建筑部品安装可以与结构工程同时进行，大型部品应在楼板没有安装时吊装到安装位置附近，在该处结构工程验收后，再安装就位。

4）内装施工开始时，现场应具备施工条件，应对现场清理干净。

5）应对施工人员进行技术交底与培训。

6）装配式混凝土建筑内装系统施工需要的预埋件、埋设物和预留孔洞都必须在预制构件上埋设好，不得在现场砸墙凿洞打孔。

7）应对现场进行测量、放线、复核等工作。

8）对所有进场的内装部品、零配件及辅助材料按设计规定的品种、规格、尺寸和外观要求进行检查。

9）内装部品吊装应采用专用吊具吊装，安装就位应平稳，避免磕碰。

10）与主体结构施工需要交叉作业的，应提前计划并与各工种协调好。集成部品与结构安装共用塔式起重机时，应详细制定塔式起重机使用计划。

11）严禁擅自拆改燃气、暖通、电器等配套设施。

12）要做好成品保护，避免湿作业对部品的污染以及其他施工作业对部品的磕碰。

13）内装作业的隐蔽节点要拍照存档。

14）内装完成后要绘制出水、电、燃气、通信等线路图交给业主，同时要留存档案。

21.2.2　内装施工的材料

内装材料选用应符合国家标准《建筑内部装修设计防火规范》（GB 50222—2001）、《民用建筑工程室内环境污染控制规范》（GB 50325—2010）、《民用建筑隔声设计规范》（GB 50118—2010）和《住宅室内装饰装修设计规范》（JGJ 367—2015）的要求。并应注意以下各点：

1）内装材料优先选用以轻钢、木质和其他金属材料为龙骨的架空隔墙板，宜选用不燃型岩棉、矿棉或玻璃丝棉等作为隔声和保温填充材料。

2）隔墙宜选用石膏板、木质人造板、纤维增强硅酸钙板、纤维增强水泥板等；不可以选用含有石棉纤维、未经防腐和防蛀处理的植物纤维装饰材料。

3）墙面板的表面平整光滑，不会产生粉尘。宜选用可直接粘贴瓷砖、墙纸、木饰板的材料。

4）厨房、卫生间等潮湿区域的墙面板，应选用具有良好防水、防潮性能的防水板。

5）地面架空楼层宜选用工业化生产的架空地板和支架。

21.3　内隔墙施工

21.3.1　内隔墙的分类

1）轻钢龙骨石膏板墙，如图 21.3-1 所示。

2）木龙骨石膏板墙，如图 21.3-2 所示。

3）轻质混凝土空心墙板，如图 21.3-3 所示。

4）蒸压加气混凝土墙板（ALC），如图 21.3-4 所示。

图 21.3-1　轻钢龙骨石膏板墙

图 21.3-2　木龙骨石膏板墙

图 21.3-3　轻质混凝土空心墙板

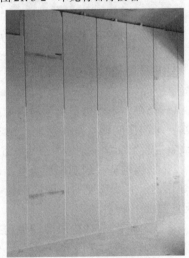

图 21.3-4　ALC 板内隔墙

21.3.2　内隔墙施工要点

1. 轻质隔墙板的安装要点

1）安装施工前，编制施工方案及具体排板图、安装节点图等技术资料。

2）先做样板墙，待验收合格后，再大面积展开安装施工。

3）条板安装应在做地面找平之前。

4）安装应从主体墙柱一段按照顺序施工，有洞口位置宜从洞口向两边安装。

5）接缝处应填满灌实粘结材料，板缝间揉挤严密，多余的粘结材料应刮平。

6）安装卡件等安装辅助材料进场应提供产品合格证。

7）搬运条板应侧立的方式，重量较大的条板应用轻型机具（图21.3-5）辅助施工安装。

8）当合同约定或者设计要求对接板隔墙进行见证检测时，应对隔墙的性能做检测。

9）在吊挂设备或其他物品的部位，应设置加强板或其他可靠加固措施。

10）板墙内管线敷设应按设计的节点详图要求进行施工。

11）安装墙板前应清理干净作业现场的杂物。

2. 轻质隔墙板的安装质量标准

1）隔墙板的品种、规格、性能、外观应符合设计要求，板材应有性能等级的检测报告。

2）隔墙板安装所需预埋件、连接件的位置、规格、数量和连接方法应符合设计要求。

3）墙板之间、墙板与建筑结构之间结合应牢固、稳定，连接方法应符合设计要求。

4）墙板安装所用接缝材料的品种及接缝方法应符合设计要求。

5）隔墙安装应垂直、平整、位置正确，转角应规正，板材不得有缺边、掉角、开裂等缺陷，如图21.3-6所示。

图21.3-5　墙板安装辅助机器人

图21.3-6　安装完成的轻质隔墙板

3. 轻质隔墙轻体内隔墙的连接和接缝构造做法

1）防潮、防水构造：预制内墙板位于有防水要求的房间时（如卫生间、洗衣间等），应设置混凝土反坎，整体卫浴不设置反坎。

2）防震构造：预制内墙板起步端、顶端用 U 形钢板卡及预埋的内膨胀螺栓与结构梁（板）固定。

3）轻质隔墙轻体内隔墙的竖向接缝与底部固定，如图21.3-7所示。

4）抗裂构造：墙板板边榫头、榫槽构

图21.3-7　轻体隔墙 ALC 板连接与接缝构造做法

造。使用与墙板材料配套的粘结砂浆、嵌缝砂浆、塞缝砂浆、嵌缝带等。在"L 形"、"T 形"等应力集中部位，应采用定制转角板解决。图 21.3-8 为轻体隔墙连接示意图。

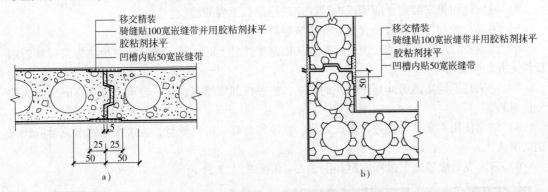

图 21.3-8　轻体隔墙连接示意图

a）一字形　b）L 形

5）按设计的排板平面图及立面图进行施工。图中标明有墙板的编号、类别、规格尺寸，预埋管线、插座及开关底盒的位置和尺寸等内容。如图 21.3-9 为轻体隔墙排板及安装顺序示意图。

6）轻质隔墙板施工在转角位置使用异形板（T 形、L 形），烟道等小尺寸位置可不采用异形板。

7）轻质隔墙板施工应配合设备与管线专业，共同确定线盒和甩管的位置尺寸。

8）开关插座开孔严禁开在条板接缝处，当设计位置位于接缝处时，应与设计方协商调整开关、插座位置；使用两联或三联开关时，预埋电盒的宽度不应超过板宽的 1/2。

9）条板底部与结构留缝不大于 30mm，也不宜过小。

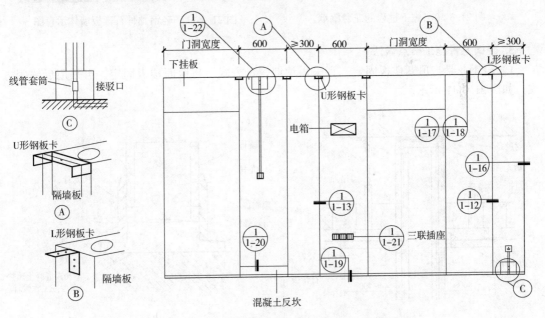

图 21.3-9　轻体隔墙排板及安装顺序示意图

4. 龙骨隔墙安装要点

1）龙骨骨架应与主体结构连接牢固，并应垂直、平整、位置准确。

2）门、窗洞口应采用双排竖向龙骨。

3）壁挂设备、装饰物等的安装位置应设置加固措施。

4）隔墙饰面板安装前，隔墙板内管线应进行隐蔽工程的验收。

5）隔墙与地面连接处宜设置橡胶垫等减振措施。

6）饰面板宜沿竖向安装，当采用粘接法固定于龙骨上时，板间缝隙应使用防霉型硅酮玻璃胶填充并勾缝光滑。

7）应满足不同功能房间对于隔声的要求，空腔内部宜填充岩棉、玻璃棉等具有隔声防火功能的材料。

8）如果使用木龙骨必须进行防火处理，并应符合有关防火规范，直接接触的木龙骨应预先刷防腐漆。

9）日本龙骨隔墙施工过程实例如图21.3-10和图21.3-11所示。

图21.3-10　施工过程的龙骨隔墙

图21.3-11　轻钢龙骨石膏板墙体示意图

5. 轻钢龙骨施工节点做法

1）轻钢龙骨与顶棚楼板固定，宜采用预埋螺母方式。与地面楼板固定，可采用后锚固方式，如图21.3-12所示。

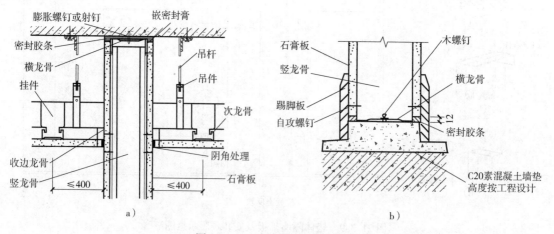

a）　　　　　　　　　　　　　　　b）

图21.3-12　轻钢龙骨固定方式
a）轻钢龙骨与顶棚楼板固定方式　b）轻钢龙骨与地面楼板固定方式

2）轻体墙板悬挂重物的构造，参照《轻钢龙骨石膏板隔墙、吊顶》（07CJ03-1）中介绍的轻体墙板悬挂重物的构造做法进行。

6. 轻钢龙骨隔墙安装质量标准

1）龙骨、饰面板安装必须牢固、垂直、平整、位置正确。

2）饰面板拼缝应错缝设置，采用双层面板安装时，上下层的接缝应错开。

3）龙骨间距应符合设计要求，竖向龙骨间距不大于400mm。

4）隔墙板超过3m高时应加装横向卡挡龙骨，3~5m隔墙安装两道。

5）门窗或特殊节点处安装附加龙骨并符合设计要求。

6）轻钢龙骨应用自攻螺钉固定，沿板周边间距不大于200mm，板中钉间距不大于300mm。

21.3.3　内隔墙施工检查与验收

1）内隔墙板安装必须牢固、垂直、平整、位置正确，不得有弯形、裂痕、污物。

2）内隔墙墙面无缝隙，接缝自然，无破损、无脱层、翘曲、开裂及破损现象。

3）内隔墙表面平整，边缘应整齐。

4）材料、部品等应有出厂合格证、检验报告。

5）安装过程的施工记录、影像资料、检验资料完整齐全。

6）隔墙板条安装允许误差应符合国家现行行业标准《建筑轻质条板隔墙技术规程》（JGJ/T 157—2014）的有关规定，见表21.3-1。

7）龙骨架隔墙板安装的允许偏差和检验方法应符合应符合表21.3-2的规定。

表 21. 3-1　条板隔墙安装的允许偏差和检验方法

序　号	项　　目	允许偏差/mm	检验方法
1	墙体轴线位移	5	用经纬仪或拉线和尺检查
2	表面平整度	3	用2m靠尺和楔形塞尺检查
3	立面垂直度	3	用2m垂直检测尺检查
4	接缝高低	2	用直尺和楔形塞尺检查
5	阴阳角方正	3	用方尺及楔形塞尺检查

表 21. 3-2　龙骨架隔墙板安装允许偏差和检验方法

	序号	项　　目	质量要求及允许偏差/mm		检验方法	检验数量
主控项目	1	龙骨间距及构造连接、填充材料设置	隔墙中龙骨间距的构造连接方法应符合设计要求。骨架内设备管线的安装、门窗洞口等部位加强龙骨应安装牢固、位置正确，填充材料的设置应符合设计要求		检查隐蔽工程验收记录	全数检查
	2	整体感观	骨架隔墙表面应平整光滑、色泽一致、洁净、无裂缝，接缝　应均匀、顺直		观察；手摸检查	全数检查
	3	墙面板安装	墙面板应安装牢固，无脱层、翘曲、折裂及缺损		观察；手扳检查	全数检查
一般项目	4	立面垂直度	纸面石膏板	人造木板、纤维增强硅酸钙板、纤维增强水泥板	用2m垂直检测尺检查	每面进行测量，且不少于1点
			3	4		

（续）

	序号	项　目	质量要求及允许偏差/mm		检验方法	检验数量
一般项目	5	表面平整度	3	3	用2m靠尺和塞尺检查	横竖方向进行测量，且不少于1点
	6	阴阳角方正	3	3	用直角检查尺检查	
	7	接缝高低差	1	1	用钢直尺和塞尺检查	
	8	接缝直线度	—	3	拉5m线，不足5m通线用钢直尺检查	
	9	压条直线度	—	3	拉5m线，不足5m拉通线用钢直尺检查	

21.4　整体收纳施工

21.4.1　整体收纳安装施工要点

1）整体收纳的造型、结构、尺寸及安装位置要符合设计要求。

2）所用材料的材质、颜色和规格型号应符合设计要求，同时要与样品或样块一致。

3）整体收纳安装顺序由房间内向外逐步安装。

4）安装使用的配件及螺栓要齐全，螺栓要扭到位。

5）表面采用贴面材料时，应粘贴平整牢固，不脱胶，边角不起翘。

6）安装完成的柜门或抽屉开关应灵活。

7）整体收纳应安装牢固，防止坠落。

8）安装完成后表面应光滑平整，无毛刺、划痕和锤痕。

9）安装完成后应将垃圾清理干净。

10）进出精装修完成的房间要更换拖鞋。

11）安装完成的整体收纳如图21.4-1和图21.4-2所示。

图 21.4-1　安装完成的整体衣柜　　　　　图 21.4-2　安装完成的整体收纳

21.4.2　整体收纳施工检查验收

1）验收收纳的规格、型号、包装、外观及尺寸、开箱清单、组装示意图，并做验收记录。

2）所用材料的材质、颜色应符合设计要求，同时要与样品或样块一致。

3）材料应有质量证明文件，并纳入工程技术档案。

4）要严格按照图样要求，不得随意变更位置。

5）收纳与墙面应接合牢固；其次，拼接式结构的安装部件之间的连接应牢靠不松动。

6）所有抽屉和拉篮应抽拉自如，无阻滞，并有限位保护装置。

7）甲醛含量是否超标。

8）整体收纳系统安装允许偏差和检验方法应符合表 21.4-1 的规定。

表 21.4-1　整体收纳系统安装允许偏差和检验方法

类别	序号	项　目	质量要求及允许偏差/mm		检 验 方 法	检验数量
主控项目	1	外形尺寸	一般要求	±5	钢尺测量	全数检查
			严格要求	±1		
	2	面层质量	表面洁净、色泽一致、无划痕损坏		观察	
	3	抽屉、柜门开关	开启灵活，关闭严密		观察	
一般项目	4	翘曲度	$L_1 > 1400$	3	四角固定细线，钢尺测量	检查主面板
			$700 < L_1 \leqslant 1400$	2		
			$L_1 \leqslant 700$	1		
	5	板件平整度	1		靠尺和塞尺检查	
	6	临边垂直度	$L > 1000$	3	钢尺测量两根对角线尺寸，取差值	
			$600 < L \leqslant 1000$	2		
			$L \leqslant 600$	1.5		

21.5　其他内装施工

21.5.1　吊顶系统安装

吊顶系统种类繁多，而且淘汰很快。前些年曾经流行过铝合金龙骨塑料扣板、铝合金扣板，时兴没有几年就淘汰了。

国外住宅建筑普遍吊顶，用得最多的是轻钢龙骨石膏板（图 21.5-1）和木龙骨石膏板（用于木结构建筑），而且长年不衰。

我国大规模推动装配式建筑，主要是住宅的装配式，最适宜的吊顶类型应当是轻钢龙骨石膏板。

1. 吊顶施工技术要点

1）吊顶和设备管线固定用的预埋件应当预埋在预制楼板上，不得采用后锚固螺栓的方式（图 21.5-2）。

2）按照设计要求弹线，确定吊杆位置，间距不应大于 1.2m。吊顶的吊杆不应与安装设备的吊杆混用。

3）吊杆、龙骨安装必须牢固，稳定。

4）龙骨接缝应均匀，角缝吻合，表面平整，无翘曲。

5）木龙骨应刷防火涂料，龙骨无劈裂、变形。

图 21.5-1　轻钢龙骨平吊顶施工实例　　　　图 21.5-2　吊顶上部铺设的机电管线

2. 吊顶面板安装要点

1）饰面板安装前应按规格、颜色等进行分类存放。

2）纸面石膏板采用螺钉安装时，螺钉头宜略埋入板面，并不得使纸面破损，钉帽应做防锈处理并用专用腻子抹平。

3）安装双层石膏面板时，上下层板的接缝应错开，不得在同一根龙骨上接缝。

4）金属饰面板采用吊挂连接件、插接件固定时应按产品说明书的规定放置。

5）安装饰面板前应完成吊顶内管道、电线电缆试验和隐蔽验收。

6）吊顶内设备管线关键部位应设置检修口（图 21.5-3）。

7）饰面板上的灯具、风口算子等设备的位置应合理、美观，与饰面板交接处应严密。

8）与墙面涂装应无漏缝。吊顶压条在安装的时候一定要平直，根据实际情况及时调整。施工完成的集成吊顶如图 21.5-4 所示。

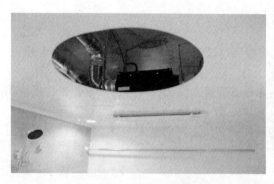

图 21.5-3　吊顶关键部位设置的检修口　　　　图 21.5-4　施工完成的集成吊顶

（照片由浙江奇力集成吊顶公司提供）

3. 吊顶安装的检验

吊顶系统安装允许偏差和检验方法应符合表 21.5-1 的规定。

表 21.5-1　吊顶系统安装允许偏差和检验方法

类别	序号	项 目		质量要求及允许偏差/mm			检验方法	检验数量
主控项目	1	标高、尺寸、起拱、造型		吊顶标高、尺寸、起拱和造型应符合设计要求			观察；尺量检查	全数检查
	2	吊杆、龙骨、饰面材料安装		暗龙骨吊顶工程的吊杆、龙骨和饰面材料的安装必须牢固			观察；手扳检查	全数检查
	3	石膏板接缝		安装双层石膏板时，面层板与基层板的接缝应错开并不得在同一根龙骨上接缝			观察	全数检查
	4	材料表面质量		饰面材料表面应洁净色泽一致，不得有翘曲裂缝及缺损，压条应平直宽窄一致			观察	全数检查
	5	灯具等设备		饰面板上的灯具、烟感器、喷淋头、风口箅子等设备的位置应合理、美观，与饰面板的交接应吻合严密			观察	全数检查
一般项目				纸面石膏板	金属板	木板、人造木板		
	6	暗龙骨吊顶	表面平整度	3	2	2	用 2m 靠尺或塞尺检查	横竖方向进行测量，且不少于 1 点
	7		接缝直线度	3	1.5	3	拉 5m 线，不足 5m 拉通线用钢直尺检查	
	8		接缝高低差	1	1	1	用 2m 钢尺和塞尺检查	
	9	明龙骨吊顶	表面平整度	3	2	2	用 2m 靠尺和塞尺检查	横竖方向进行测量，且不少于 1 点
	10		接缝直线度	3	2	3	拉 5m 线，不足 5m 拉通线用钢直尺检查	
	11		接缝高低差	1	1	1	用 2m 钢尺和塞尺检查	

21.5.2　架空地板、门窗、门套安装

1. 架空地板安装要点与质量检验

1）架空地板安装前，应完成架空层内管线敷设，且经隐蔽验收合格。

2）地板辐射供暖系统应对地暖加热管线进行水压试验并隐蔽验收合格后铺设面层。

3）架空支架的高度应符合设计要求，并要考虑架空空间中铺设的管线尺寸。

4）支架应平稳放置于地面上，支架与横梁需要用螺栓扭紧。

5）搬运地板注意安全，防止地板被刮毛或压变形，防止碰坏墙柱、门框及栏杆。

6）架空地板系统施工安装允许偏差和检验方法应符合表 21.5-2 的规定。

表 21.5-2　架空地板的允许偏差和检验方法

类别	序号	项 目		质量要求及允许偏差/mm	检验方法	检验数量
主控项目	1	面层质量		表面洁净、色泽一致、无划痕损坏	观察	全数
	2	整体感观	整体振动	感觉不到	感观	
			局部下沉	无柔软感觉	脚踏	
			噪声	无声音	行走	
一般项目	3	表面平整度、接缝	表面平整度	3	水平仪测量	每个房间不少于5点
			衬板间隙	10～15	钢尺测量	
			衬板与周边墙体间隙	5～15	钢尺测量	
			缝格平直	3	拉5m线和用钢尺检查	
			接缝高低差	0.5	用钢尺检查和楔形塞尺检查	

2. 外门窗安装要点与质量检验

1）门窗安装应符合现行行业标准《铝合金门窗工程技术规程》（JGJ 214—2010）或《塑料门窗工程技术规范》（JGJ 103—2008）中的安装施工规定。

2）外门窗在预制构件上的可直接安装。

3）门窗安装施工宜在室内侧进行。

4）金属附框的内、外两侧宜采用固定片与墙体连接，固定片采用 Q235 钢材，厚度不应小于 1.5mm，宽度不应小于 20mm，表面应做防腐处理。

5）门窗拼接口保证平整，横平竖直。

6）安装完成的门窗应开启灵活，无卡滞。

7）门窗安装后，边框与墙体之间应做好密封防水处理。

8）安装过程门窗应做好成品保护，防止划伤破坏外表面；安装后应将保护纸撤掉。

3. 门套安装

1）门套造型、尺寸及固定方式符合设计要求。

2）门套安装靠墙面侧需做防潮、防腐处理。

3）门套板、门套线接口紧密、牢固、平顺。

4）门扇开关灵活。

 思考题

1. 装配式混凝土建筑内装系统包含哪些内容？与传统内装最大区别是什么？

2. 装配式混凝土建筑内隔墙轻质隔墙板的安装要点有哪些？

3. 整体收纳的作用是什么？有哪些类型？

第 22 章　装配式混凝土工程质量控制与验收

22.1　概述

预制构件制作与施工安装所用材料的检验和预制构件的质量检验，在第 11 章、第 17 章和第 18 章做了一些介绍。本章介绍装配式混凝土工程质量控制与验收。

工程验收是指工程施工阶段的验收。

有些非结构项目与预制构件及其安装有关，在装配式混凝土工程验收时应一并考虑。这些项目包括预制外挂墙板的安装、预制构件接缝密封防水、与预制构件一体化的外饰面、预制隔墙、与预制构件一体化的门窗、与预制构件一体化的外墙保温、设置在预制构件中的避雷带、设置在预制构件中的电线通信线导管、与预制构件有关的给水排水暖通空调和装修的预埋件或预留设置等。

本章具体内容包括工程常见质量问题和关键问题（22.2），验收依据与划分（22.3），主控项目与一般项目（22.4），结构实体检验（22.5），分项工程质量检验（22.6），工程验收资料与交付（22.7）。

22.2　工程常见质量问题和关键问题

22.2.1　施工阶段常见质量问题

装配式建筑施工环节容易出现的质量问题、危害、原因和预防措施见表 22.2-1。

表 22.2-1　装配式建筑施工环节容易出现的质量问题、危害、原因和预防措施

序号	问　题	危　害	原　因	检查	预防与处理措施
1	与预制构件连接的钢筋误差过大，加热烤弯钢筋	钢筋热处理后影响强度及结构安全	现浇钢筋或外露钢筋定位不准确	质检员监理	（1）现浇混凝土时专用模板定位 （2）浇筑混凝土前严格检查
2	套筒或浆锚预留孔堵塞	灌浆料灌不进去或者灌不满影响结构安全	残留混凝土浆料或异物进入	质检员	（1）固定套管的胀拉螺栓锁紧 （2）脱模后出厂前严格检查
3	灌浆不饱满	影响结构安全的重大隐患	工人责任心不强，或作业时灌浆泵发生故障	质检员监理	（1）配有备用灌浆设备 （2）质检员和监理全程旁站监督
4	安装误差大	影响美观和耐久性	构件几何尺寸偏差大或者安装偏差大	质检员监理	（1）及时检查模具 （2）调整安装偏差
5	临时支撑点数量不够或位置不对	构件安装过程支撑受力不够影响结构安全和作业安全	制作环节遗漏或设计环节不对	质检员	（1）及时检查 （2）设计与安装生产环节要沟通

（续）

序号	问 题	危 害	原 因	检查	预防与处理措施
6	后浇筑混凝土钢筋连接不符合要求	影响结构安全的隐患	作业空间窄小或工人责任心不强	质检员监理	（1）后浇区设计要考虑作业空间 （2）做好隐蔽工程检查
7	后浇混凝土蜂窝、麻面、胀模	影响结构耐久性	混凝土质量、振捣、模板固定不牢	监理	（1）严格要求混凝土质量 （2）按要求进行加固现浇模板 （3）振捣及时方法得当
8	构件破损严重	很难复原，影响耐久性或结构防水	安装工人不够熟练	质检员监理	加强人员培训，规范作业
9	防水密封胶施工质量差	影响耐久性及防水性	密封胶质量问题或打胶施工人员不专业	质检员监理	（1）选择优质的密封胶 （2）对打胶人员进行规范培训
10	楼层标高出现偏差	影响结构验收	施工放线人员标高出现问题或者预制构件安装出现偏差	监理质检员	（1）认真核对放线是否有问题 （2）质检员在墙板安装就位后认真检查标高，并做好记录
11	个别木工加固后墙板移位	影响结构成型质量	木工加固不注意使墙板移位	质检员监理	（1）木工加固后浇混凝土模板时要小心，尽量不要扰动 PC 墙板 （2）木工加固后对墙板进行二次调整

22.2.2　施工阶段关键质量控制点

装配式建筑工程有八个涉及结构安全和重要使用功能的质量问题和关键问题：

1）现场伸出钢筋质量保证。

2）及时灌浆作业。

3）灌浆作业质量。

4）后浇混凝土质量。

5）临时支撑架设与拆除。

6）防雷引下线连接。

7）柔性支座的实现。

8）接缝密封胶施工。

这些关键质量控制点是装配式混凝土建筑质量管理的核心，必须格外重视，否则可能引起重大安全事故或者对使用功能产生重大影响，甚至影响到整个装配式建筑行业的健康发展，下面将逐一进行论述（现浇混凝土建筑也存在的问题不在这里赘述）。

1. 现场伸出钢筋质量保证

现场伸出钢筋质量保证主要是指伸出钢筋的误差控制，主要有两类，一类是横向钢筋长度的误差控制，如预制梁上的伸出钢筋，是通过机械套筒与后浇混凝土进行连接的，如果短了，往往现场工人不做任何处理就直接接上了，这样会有很大的结构安全隐患。另外一类是竖向钢筋的长度误差和位置的误差控制，如剪力墙或者预制柱的灌浆套筒或者浆锚搭接方式的伸出钢筋，如果短了也是极大的结构安全隐患。同样的，如果埋设位置不对，钢筋根本就插不到套筒或者浆锚孔里去，现场工人往往会采取用锤子砸、用火烤的方式来弯曲钢筋，这些野蛮操作也会导致连接性能失效，造成重大的结构安全隐患。

可以用"模尺"和"模板"来协助控制伸出钢筋的误差：

（1）用"模尺"来控制伸出钢筋的长度误差　长度误差的控制一般都通过尺子来进行，但这样每次读数比较麻烦，还容易出错，在实际应用中可通过"模尺"来代替，即根据伸出钢筋的标准长度制作一个专用检测工具（图22.2-1）能够快速、准确地检查并控制伸出钢筋的长度误差。

（2）用"模板"来控制伸出钢筋的位置误差　伸出钢筋的位置误差一般通过位置模板来控制。即按照规定的钢筋断面的位置制作出专用的留有伸出钢筋位置孔的模板（图22.2-2），通过这个模板来约束钢筋在制作过程中不会偏离位置。

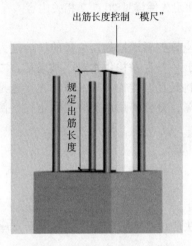

图 22.2-1　出筋长度控制"模尺"

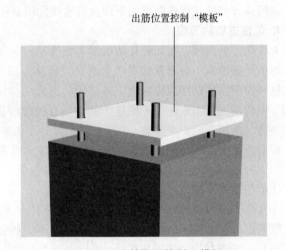

图 22.2-2　出筋位置控制"模板"

2. 及时灌浆作业

由于竖向构件安装后，只靠垫片在底部对其进行点支撑，靠斜支撑阻止其倾覆，灌浆前整个结构尚未形成整体，如果未灌浆就进行本层混凝土的浇筑或上一层结构的施工，施工荷载会对本层构件产生较大扰动导致尺寸偏差，甚至产生失稳的风险。因此，应随层灌浆。详见19.5节中的施工过程中的灌浆时机。

3. 灌浆作业质量

灌浆作业是灌浆套筒连接方式的核心作业（图1.4-3），如果灌浆料的选用不符合要求、灌浆料的搅拌不符合要求、灌浆作业未灌满等都是结构安全的重大隐患。如何控制灌浆作业质量详见19.5节中的灌浆作业工艺流程。

4. 后浇混凝土质量

后浇混凝土的核心是钢筋连接，是实现构件钢筋伸入支座的构造措施。

由于在工厂预制时，预制构件是"躺着"浇筑的，工人操作方便，振捣充分，再加上是蒸汽养护，使得预制构件的质量通常比现场后浇混凝土的质量要好些。而现场后浇混凝土的浇筑量少、作业空间受限振捣不充分，自然养护等因素都会导致现场后浇混凝土的强度比预制混凝土低，成为结构体系中的弱点，一旦出现问题，就可能造成安全隐患。

后浇混凝土施工的注意事项及控制要点详见19.6相关内容。

5. 临时支撑拆除时间

按照现行规范要求，临时支撑拆除时间应该由设计方确定。但实际的情况是，设计方往往不会去确定这个时间（他们认为这是个施工的问题，应由施工方自己解决）。这样就形成了空挡，导致了现场临时支撑拆除的随意性。可能就会出现为了赶工期、省成本而提早拆除的现象，导致结构裂缝或者其他不安全的隐患。

控制临时支撑拆除时间应按照 19.7 相关内容执行。

6. 防雷引下线连接

现浇工程的受力钢筋从上到下都是通着的，所以可以用受力钢筋直接作为防雷引下线。而装配式建筑受力钢筋的连接，无论是套筒连接还是浆锚连接，都不能确保连接的连续性，因此，不能用受力钢筋作为防雷引下线。现行规范要求埋设镀锌扁钢带做防雷引下线，但这种防雷引下线也是分段的，每一段之间一般通过焊接来连接，这样就会破坏镀锌层，如果对这个焊接点的防锈蚀不好，其耐久性就会有问题，成为影响安全的隐患。

如何保证装配式建筑防雷引下线及其连接的可靠性和耐久性详见 20.5.2 相关内容。

7. 柔性支座的实现

有些构件的连接，比如外挂墙板的柔性支座，是不应该拧紧螺栓的，这样的设计是为了地震的时候外挂墙板不会随着地震产生的层间位移而扭动，一是保护构件本身不被破坏，二是避免把这种层间位移的作用传递给主体结构，造成主体结构破坏。楼梯一端的滑动连接也是这个道理。但现场施工工人往往不懂这个原理，会把螺栓锁紧，把楼梯用水泥浆料固定住，使这种设计失效，从而造成安全隐患。

要避免把柔性支座变成刚性支座，特别应注意以下几点：

1) 设计必须给出具体的明确的要求，内容包括：

①哪些螺栓不应该拧紧。

②这些不应该被拧紧的螺栓应该具体被拧到什么程度。

③根据以往的施工经验，列出哪些常见的不正确做法应该被明令禁止。比如滑动支座（移动支座）一端严禁用砂浆做垫层等。

2) 在施工过程中，应该把柔性支座的施工列为旁站作业或者是示范作业以重点管控。

8. 接缝密封胶施工

选用外挂墙板的建筑密封胶时，应要求该密封胶具有一定的弹性，有足够的压缩空间，以避免地震时墙板互相挤撞，造成损坏。密封胶质量不好或者施工工艺不对也会导致漏水，保温层受潮失效，而保温层失效后很难维修，使得建筑的保温功能受到严重削弱。

因此，外挂墙板密封胶选用与施工时应注意：

1) 设计应给出密封胶的具体参数要求。比如要求密封胶的压缩量比例是多少？是 30% 还是 40%？

2) 在施工阶段，施工方应严格按照设计方给出的标准选用密封胶。

3) 密封胶到货后，在正式使用之前，应做试验验证，以确保该密封胶的参数能够达到设计方给出的要求。

4) 为确保密封胶的防水性能，选择建筑防水密封胶时应考虑到与混凝土有良好的黏性，而且要具有耐候性、可涂装性、环保性，可以采用 MS 胶（日本技术）。

5) 密封胶施工时，应填充饱满、平整、均匀、顺直、表面平滑，厚度符合设计要求。

22.3　验收依据与划分

22.3.1　验收依据

装配式混凝土工程即装配整体式混凝土结构工程验收主要依据包括：

（1）装配式混凝土建筑结构

1）国家标准《装配式混凝土建筑技术标准》（GB/T 51231—2016）。

2）国家标准《混凝土结构工程施工质量验收规范》（GB 50204—2015）。

3）行业标准《装配式混凝土结构技术规程》（JGJ 1—2014）。

4）国家标准《建筑工程施工质量验收统一标准》（GB 50300—2013）。

5）行业标准《钢筋套筒灌浆连接应用技术规程》（JGJ 355—2015）。

（2）预制隔墙、预制装饰一体化、预制构件一体化门窗

1）国家标准《建筑装饰装修工程质量验收规范》（GB 50210—2001）。

2）行业标准《外墙饰面砖工程及验收规程》（JGJ 126—2015）。

（3）与预制构件一体化的保温节能　行业标准《外墙外保温工程技术规程》（JGJ 144—2004）。

（4）设置在预制构件中的避雷带和电线、通信线穿线导管

1）国家标准《建筑防雷工程施工与质量验收规范》（GB 50601—2010）。

2）国家标准《建筑电气工程施工质量验收规范》（GB50210—2011）。

（5）工程档案　国家标准《建设工程文件归档规范》（GB/T 50328—2014）。

（6）工程所在地关于装配式建筑的地方标准　如辽宁省地方标准《装配式混凝土结构构件制作、施工与验收规程》（DB21/T 2568—2016）等。

22.3.2　验收划分

国家标准《建筑工程施工质量验收统一标准》（GB 50300—2013）将建筑工程质量验收划分为单位工程、分部工程、分项工程和检验批。其中分部工程较大或较复杂时，可划分为若干子分部工程。

质量验收划分不同，验收抽样、要求、程序和组织都不同。例如，就验收组织而言，对于分项工程，由专业监理工程师组织施工单位项目专业技术负责人等进行验收；对于分部工程，则由总监理工程师组织施工单位负责人和项目技术负责人等进行验收。设计单位项目负责人和施工单位技术、质量部门负责人应参加主体结构、节能分部工程的验收。

2014 年版的行业标准《装配式混凝土结构技术规程》（JGJ 1—2014）中规定："装配式结构应按混凝土结构子分部进行验收；当结构中部分采用现浇混凝土结构时，装配式结构部分可作为混凝土结构子分部工程的分项工程进行验收。"但 2015 年版的国家标准《混凝土结构工程施工质量验收规范》（GB 50210—2015）将装配式建筑划为分项工程。如此，装配式结构应按分项工程进行验收。

装配式建筑中与预制构件有关的项目验收划分见表 22.3-1。

表 22.3-1　装配式建筑中与预制有关的项目验收划分

序号	项　目	分部工程	子分部工程	分项工程	备　注
1	装配式结构	主体结构	混凝土结构	装配式结构	
2	预应力板			预应力工程	
3	预制构件螺栓		钢结构	紧固件连接	
4	预制外墙板	建筑装饰装修	幕墙	PC 幕墙	参照《点挂外墙板装饰工程技术规程》（JGJ 321—2014）
5	预制外墙板接缝密封胶		幕墙	PC 幕墙	

（续）

序号	项 目	分部工程	子分部工程	分项工程	备 注
6	预制隔墙		轻质隔墙	板材隔墙	参照《建筑用轻质隔墙条板》（GB/T 23451—2009）
7	预制一体化门窗		门窗	金属门窗、塑料门窗	
8	预制构件石材反打	建筑装饰装修	饰面板	石板安装	参照《金属与石材幕墙工程技术规范》（JGJ 133—2013）
9	预制构件饰面砖反打		饰面砖	外墙饰面砖粘贴	参照《外墙饰面砖工程施工及验收规程》（JGJ 126—2015）
10	预制构件的装饰安装预埋件		细部	窗帘盒、厨柜、护栏等	参照《钢筋混凝土结构预埋件》10ZG302
11	保温一体化预制构件	建筑节能	围护系统节能	墙体节能、幕墙节能	参照《建筑节能工程施工质量验收规范》（GB 50411—2014）
12	预制构件电气管线			导管敷设	
13	预制构件电气槽盒	建筑电气	电气照明	槽盒安装	参照《建筑电气工程施工质量验收规范》（GB 50303—2015）
14	预制构件灯具安装预埋件			灯具安装	
15			室内给水	管道及配件安装	
16			室内排水	管道及配件安装	
17	预制构件设置的给水排水采暖管线	建筑给水排水及采暖	室内热水	管道及配件安装	参照《建筑给水排水及采暖工程施工质量验收规范》（GB 50242—2016）
18			室内采暖系统	管道、配件及散热器安装	
19	预制构件整体浴室安装预埋件		卫生器具	卫生器具安装	
20	预制构件卫生器具安装预埋件			卫生器具安装	
21	预制构件空调安装预埋件	通风与空调			参照《通风与空调工程施工质量验收规范》（GB 50243—2016）
22	预制构件中的避雷带及其连接	智能建筑	防雷与接地	接地线、接地装置	参照《智能建筑工程质量验收规范》（GB 50339—2013）
23	预制构件中的通信导管		综合布线系统		

22.4 主控项目与一般项目

工程检验项目分为主控项目和一般项目。

建筑工程中对安全、节能、环境保护和主要使用功能起决定性作用的检验项目为主控项目。除主控项目以外的检验项目为一般项目。主控项目和一般项目的划分应当符合各专业有关规范的规定。

22.4.1 装配式混凝土工程验收的主控项目

1) 后浇混凝土强度应符合设计要求。

检查数量：按批检验，检验批应符合《装配式混凝土结构技术规程》（JGJ 1—2014）第12.3.7条的有关要求。

检验方法：按现行国家标准《混凝土强度检验评定标准》（GB/T 50107—2010）的要求进行。

2) 钢筋套筒灌浆连接及浆锚搭接连接的灌浆应密实饱满，所有出浆口均应出浆。

检查数量：全数检查。

检验方法：检查灌浆施工质量检查记录。

3) 钢筋套筒灌浆连接及浆锚搭接连接用的灌浆料应满足设计要求。

检查数量：按批检验，以每层为一检验批；每工作班应制作一组且每层不应少于3组40mm×40mm×160mm的长方体试件，标准养护28d后进行抗压强度试验。

检验方法：检查灌浆料强度试验报告及评定记录。

4) 剪力墙底部接缝坐浆强度应满足设计要求。

检查数量：按批检验，以每层为一检验批；每工作班应制作一组且每层不应少于3组边长为70.7mm的立方体试件，标准养护28d后进行抗压强度试验。

检验方法：检查坐浆材料强度试验报告及评定记录。

5) 钢筋采用焊接连接时，其焊接质量应符合现行行业标准《钢筋焊接及验收规程》（JGJ 18—2012）的有关规定。

检查数量：按现行行业标准《钢筋焊接及验收规程》（JGJ 18—2012）的规定确定。

检验方法：检查钢筋焊接施工记录及平行加工试件的强度试验报告。

6) 钢筋采用机械连接时，其接头质量应符合现行行业标准《钢筋机械连接技术规程》（JGJ 107—2016）的有关规定。

检查数量：按现行行业标准《钢筋机械连接技术规程》（JGJ 107—2016）的规定确定。

检验方法：检查钢筋机械连接施工记录及平行加工试件的强度试验报告。

7) 预制构件采用焊接连接时，钢材焊接的焊缝尺寸应满足设计要求，焊缝质量应符合现行国家标准《钢结构焊接规范》（GB 50661—2011）和《钢结构工程施工质量验收规范》（GB 50205—2001）的有关规定。

检查数量：全数检查。

检验方法：按现行国家标准《钢结构工程施工质量验收规范》（GB 50205—2001）的要求进行。

8) 预制构件采用螺栓连接时，螺栓的材质、规格、拧紧力矩应符合设计要求及现行国家标准《钢结构设计规范》（GB 50017—2003）和《钢结构工程施工质量验收规范》（GB 50205—2001）的有关规定。

检查数量：全数检查。

检验方法：按照现行国家标准《钢结构工程施工质量验收规范》（GB 50205—2001）的要求进行。

22.4.2　装配式混凝土工程验收的一般项目

1）装配式结构的尺寸允许偏差应符合设计要求，并应符合表 22.4-1 的规定。

检查数量：按楼层、结构缝或施工段划分检验批。在同一检验批内，对梁、柱，应抽查构件数量的 10%，且不少于 3 件；对墙和板，应按有代表性的自然间抽查 10%，且不少于 3 间。对于大空间结构，墙可按相邻轴线间高度 5m 左右划分检查面，板可按纵、横轴线划分检查面，抽查 10%，且均不少于 3 面。

表 22.4-1　装配式结构尺寸允许偏差及检验方法

项　　目			允许偏差/mm	检验方法
构件中心线对轴线位置	基础		15	尺量检查
	竖向构件（柱、墙、桁架）		10	
	水平构件（梁、板）		5	
构件标高	梁、柱、墙、板底面或顶面		±5	水准仪或尺量检查
构件垂直度	柱、墙	<5m	5	经纬仪或全站仪量测
		≥5m 且 <10m	10	
		≥10m	20	
构件倾斜度	梁、桁架		5	垂线、钢尺量测
相邻构件平整度	板端面		5	钢尺、塞尺量测
	梁、板底面	抹灰	5	
		不抹灰	3	
	柱、墙侧面	外露	5	
		不外露	10	
构件搁置长度	梁、板		±10	尺量检查
支座、支垫中心位置	板、梁、柱、墙、桁架		10	尺量检查
墙板接缝	宽度		±5	尺量检查
	中心线位置			

2）外墙板接缝的防水性能应符合设计要求。

检查数量：按批检验。每 1000m² 外墙面积应划分为一个检验批，不足 1000m² 时也应划分为一个检验批；每个检验批每 100m² 应至少抽查一处，每处不得少于 10m²。

检验方法：检查现场淋水试验报告。

3）其他相关项目的验收

①预制构件上的门窗应满足《建筑装饰装修工程质量验收规范》（GB 50210—2011）中第 5 章的相关要求。

②预制轻质隔墙应满足《建筑装饰装修工程质量验收规范》（GB 50210—2011）中第 7 章的相关要求。

③设置在预制构件的避雷带应满足《建筑物防雷工程施工与质量验收规范》（GB 50601—2010）中的相关要求。

④设置在预制构件的电气通信穿线导管应满足《建筑电气工程施工质量验收规范》（GB 50303—2015）中的相关要求。

⑤预制装饰一体化的装饰装修应满足《建筑装饰装修工程质量验收规范》（GB 50210—2011）及《建筑节能工程施工质量验收规范》（GB 50411—2014）中的相关要求。

⑥预制构件接缝的密封胶防水工程应参照《点挂外墙板装饰工程技术规程》（JGJ 321—2014）中的相关要求。

22.5 结构实体检验

1）装配式混凝土结构子分部工程分段验收前，应进行结构实体检验。结构实体检验应由监理单位组织施工单位实施，并见证实施过程。参照国家标准《混凝土结构工程施工质量验收规范》（GB 50204—2015）第 8 章现浇结构分项工程。

2）结构实体检验应包括混凝土强度、钢筋保护层厚度、结构位置与尺寸偏差以及合同约定的项目，必要时可检验其他项目，除结构位置与尺寸偏差外的结构实体检验项目，应由具有相应资质的检测机构完成。预制构件实体性能检验报告应由构件生产单位提交施工总承包单位，并由专业监理工程师审查备案。

3）钢筋保护层厚度、结构位置与尺寸偏差按照《混凝土结构工程施工质量验收规范》（GB 50204—2015）执行。

4）预制构件现浇接合部位实体检验应进行以下项目检测：

①接合部位的钢筋直径、间距和混凝土保护层厚度。

②接合部位的后浇混凝土强度。

5）对预制构件混凝土、叠合梁、叠合板后浇混凝土和灌浆体的强度检验，应以在浇筑地点制备并与结构实体同条件养护的试件强度为依据。混凝土强度检验用同条件养护试件的留置、养护和强度代表值应按《混凝土结构工程施工质量验收规范》（GB 50204—2015）附录 D 的规定进行，也可按国家现行标准规定采用非破损或局部破损的检测方法检测。

6）当未能取得同条件养护试件强度或同条件养护试件强度被判为不合格，应委托具有相应资质等级的检测机构按国家有关标准的规定进行检测。

22.6 分项工程质量检验

1）装配式混凝土结构分项工程施工质量验收合格，应符合下列规定：

①所含分项工程验收质量应合格。

②有完整的全过程质量控制资料。

③结构观感质量验收应合格。

④结构实体检验应符合第 22.5 节的要求。

2）当装配式混凝土结构分项工程施工质量不符合要求时，应按下列要求进行处理：

①经返工、返修或更换构件、部件的检验批，应重新进行检验。

②经有资质的检测单位检测鉴定达到设计要求的检验批，应予以验收。

③经有资质的检测单位检测鉴定达不到设计要求，但经原设计单位核算并确认仍可满足结构安全和使用功能的检验批，可予以验收。

④经返修或加固处理能够满足结构安全使用要求的分项工程，可根据技术处理方案和协商文件进行验收。

3）装配式建筑的饰面质量主要是指饰面与混凝土基层的连接质量，对面砖主要检测其拉拔强度，对石材主要检测其连接件受拉和受剪承载力。其他方面涉及外观和尺寸偏差等应按照现行国家标准《建筑装饰装修工程质量验收规范》（GB 50210—2001）的有关规定验收。

22.7　工程验收资料与交付

工程验收需要提供文件与记录，以保证工程质量实现可追溯性的基本要求。行业标准《装配式混凝土结构技术规程》（JGJ 1—2014）中关于装配式混凝土结构工程验收需要提供的文件与记录规定：要按照国家标准《混凝土结构工程施工质量验收规范》（GB 50204—2015）的规定提供文件与记录；并列出了10项文件与记录。

22.7.1　《混凝土结构工程施工质量验收规范》规定的文件与记录

国家标准《混凝土结构工程施工质量验收规范》（GB 50204—2015）规定验收需要提供的文件与记录：

1）设计变更文件。
2）原材料质量证明文件和抽样复检报告。
3）预拌混凝土的质量证明文件和抽样复检报告。
4）钢筋接头的试验报告。
5）混凝土工程施工记录。
6）混凝土试件的试验报告。
7）预制构件的质量证明文件和安装验收记录。
8）预应力筋用锚具、连接器的质量证明文件和抽样复检报告。
9）预应力筋安装、张拉及灌浆记录。
10）隐蔽工程验收记录。
11）分项工程验收记录。
12）结构实体检验记录。
13）工程的重大质量问题的处理方案和验收记录。
14）其他必要的文件和记录。

22.7.2　《装配式混凝土结构技术规程》（JGJ 1—2014）列出的文件与记录

1）工程设计文件、预制构件制作和安装的深化设计图。
2）预制构件、主要材料及配件的质量证明文件、现场验收记录、抽样复检报告。
3）预制构件安装施工记录。
4）钢筋套筒灌浆、浆锚搭接连接的施工检验记录。
5）后浇混凝土部位的隐蔽工程检查验收文件。
6）后浇混凝土、灌浆料、坐浆材料强度检测报告。
7）外墙防水施工质量检验记录。
8）装配式结构分项工程质量验收文件。
9）装配式工程的重大质量问题的处理方案和验收记录。
10）装配式工程的其他文件和记录。

22.7.3　其他工程验收文件与记录

在装配式混凝土结构工程中，灌浆最为重要，辽宁省地方标准《装配式混凝土结构构件制作、施工与验收规程》（DB 21/T 2568—2016）特别规定：钢筋连接套筒、水平拼缝部位灌浆施工全过程记录文件（含影像资料）。

22.7.4　预制构件制作企业需提供的文件与记录

预制构件制作环节的文件与记录是工程验收文件与记录的一部分，辽宁省地方标准《装配式混凝土结构构件制作、施工与验收规程》（DB21/T 2568—2016）列出了 10 项文件与记录，可供参考：

1) 经原设计单位确认的预制构件深化设计图、变更记录。

2) 钢筋套筒灌浆连接、浆锚搭接连接的型式检验合格报告。

3) 预制构件混凝土用原材料、钢筋、灌浆套筒、连接件、吊装件、预埋件、保温板等产品合格证和复检试验报告。

4) 灌浆套筒连接接头抗拉强度检验报告。

5) 混凝土强度检验报告。

6) 预制构件出厂检验表。

7) 预制构件修补记录和重新检验记录。

8) 预制构件出厂质量证明文件。

9) 预制构件运输、存放、吊装全过程技术要求。

10) 预制构件生产过程台账文件。

 思考题

1. 什么是主控项目？什么是一般项目？

2. 施工阶段的 8 个关键质量控制点都是什么？

3. 辽宁省地方标准《装配式混凝土结构构件制作、施工与验收规程》（DB21/T 2568—2016）对灌浆作业的验收文件与记录有哪些特别规定？

第23章　装配式建筑安全与文明施工

本章介绍装配式混凝土建筑安全施工要点（23.1）和文明施工要点（23.2）。

23.1　安全施工要点

23.1.1　安全施工标准

关于装配式混凝土建筑工程安全施工，《装配式混凝土建筑技术标准》（GB/T 51231—2016）中在10.8条款中给出如下主要规定：

1）装配式混凝土建筑施工应执行国家、地方、行业和企业标准的安全生产法规和规章制度，落实安全生产责任制。

2）施工单位应对重大危险源有预见性，建立健全安全管理保障体系，制定安全专项方案，对危险性较大分部分项工程应经专家论证通过后进行施工。

3）施工单位应对从事预制构件吊装作业及相关人员进行安全培训与交底，识别预制构件进场、卸车、存放、吊装、就位各环节的作业风险，并制定防控措施。

4）安装作业开始前，应对安装作业区进行围护并做出明显的标识，拉警戒线，根据危险源级别安排进行旁站，严禁与安装作业无关的人员进入。

5）施工作业使用的专用吊具、吊索、定型工具式支撑、支架等，应进行安全验算，使用中进行定期、不定期检查，确保其安全状态。

23.1.2　安全施工重点

1. 施工安全防护的特点

与现浇混凝土工程施工相比，装配式混凝土建筑工程施工安全防护的特点是：

1）起重作业频繁。

2）起重量大幅度增加。

3）大量地支模作业变为了临时支撑。

4）在外脚手架上的作业减少。

2. 施工安全防护的重点

（1）分析重大危险源　并予以公示列出清单，同时要求对吊装人员进行安全培训与交底。

（2）装配式混凝土建筑工程施工风险源清单

1）起重机的架设。

2）吊装吊具的制作。

3）构件在车上翻转。

4）构件卸车。

5）构件临时存放场地的倾覆。

6）水平运输工程中的倾覆。

7）构件起吊的过程。

8）吊装就位作业。

9）临时支撑的安装。

10）后浇混凝土支模。

11）后浇混凝土拆模。

12）及时灌浆作业。

13）临时支撑的拆除。

（3）重点防范清单

1）起重机的安全。

2）吊装架及吊装绳索的安全。

3）吊装作业过程的安全。

4）外脚手架上作业时的安全。

5）边缘构件安装作业时的安全。

6）交叉作业时的安全。

23.1.3 环境条件限制

装配式混凝土建筑工程施工作业在遇到以下气候环境时，应停止作业：

1）遇到雨、雪、雾天气不能施工。

2）风力大于 5 级时，不得进行吊装作业。

3）吊装作业与灌浆作业涉及安全，不应安排在夜间施工。

4）施工环境温度低于 5℃时要采取加热保温措施，使结构构件灌浆套筒内的温度达到产品说明书要求。

23.1.4 吊装作业安全防范

1. 高处作业安全防范要点

1）装配式混凝土建筑施工应执行国家、地方、行业和企业的安全生产法规和规章制度，落实各级各类人员的安全生产责任制。

2）安装作业使用专用吊具、吊索等，施工使用的定型工具式支撑、支架等，应进行安全验算，使用中进行定期、不定期检查，确保其安全状态。（《装配式混凝土建筑技术标准》GB/T 51231—2016 中 10.8.5 条款）

3）根据《建筑施工高处作业安全技术规范》（JGJ 80—2016）的规定，预制构件吊装人员应穿安全鞋、佩戴安全帽和安全带。在构件吊装过程中有安全隐患或者安全检查事项不合格时应停止高处作业。

4）吊装过程中摘钩以及其他攀高作业应使用梯子，且梯子的制作质量与材质应符合规范或设计要求，确保安全。

5）吊装过程中的悬空作业处，要设置防护栏杆或者其他临时可靠的防护措施。

6）使用的工器具和配件等，要采取防滑落措施，严禁上下抛掷。构件起吊后，构件和起重机下严禁站人。

7）夹芯保温外墙板后浇混凝土连接节点区域的钢筋连接施工时，不得采用焊接连接。（《装配式混凝土建筑技术标准》GB/T 51231—2016 中 10.8.7 条款）

2. 吊装作业安全防范要点

《装配式混凝土建筑技术标准》（GB/T 51231—2016）中 10.8.6 条款中给出如下规定：

1）预制构件起吊后，应先将预制构件提升 300mm 左右后，停稳构件，检查钢丝绳、吊具和状态，确认吊具安全且构件平稳后，方可缓慢提升构件。

2）吊机吊装区域内，非作业人员严禁进入；吊运预制构件时，构件下方严禁站人，应待预制构件降落至距地面1m以内方准作业人员靠近，就位固定后方可脱钩。

3）起重机操作应严格按照操作规程操作，操作人员需持证上岗。

4）遇到雨、雪、雾天气，或者风力大于5级时，不得进行吊装作业。

5）高处应通过揽风绳改变预制构件方向，严禁高处直接用手扶预制构件。

6）夜间施工光线灰暗不能吊装。

7）吊装就位的构件，斜支撑没有固定好不能撤掉塔式起重机。

除以上《装配式混凝土建筑技术标准》（GB/T 51231—2016）规定以外，还应当对构件进行试吊，异形构件吊装过程要检查构件是不是平衡，如果不平衡需要技术人员现场调整，避免因构件不平衡出现事故。

3. 吊装区域设立标识、警戒线并进行旁站管理

安装作业开始前，一般应对安装作业区进行围护并做出明显的警戒标识。不具备条件的，视具体情况也可选择用警戒线或者雪糕筒作为警戒标识。特殊情况下，还可根据危险源级别来安排是否进行旁站管理。无论选择哪种方式，其目的都是严禁与安装作业无关的人员进入，如图23.1-1 ~ 图23.1-3所示。

图23.1-1　叠合楼板吊装时用来挂安全带的救生绳

图23.1-2　吊装区域雪糕筒警戒

23.1.5　起重设备设施检查

安装作业中使用起重机、吊具、吊索时，应首先进行安全验算，安全验算通过后才能开始使用。同时，也要在使用中定期或不定期地进行检查，以确保其始终处于安全状态。

在实际操作中，应至少包含以下检查项目：

1. 使用前的检查

1）对起重机本身影响安全的部位进行检查。

2）支撑架设检查。

3）当支撑架设在预制构件上时，要确保构件已经灌浆，且强度达到要求后才可以架设起重机。

图23.1-3　工地上安全警示标识

4）吊索吊具使用前应检查其完整性，检查吊具表面是否有裂纹，吊索或吊链是否有断裂现象，吊装带是否有破损断丝等现象。

2. 运行中的检查

1）起重机运行中应做好日常运行记录以及日常维护保养记录。

2）各连接件无松动。

3）钢丝绳及连接部位符合规定。

4）润滑油、液压油及冷却液符合规定，及时补充。

5）经常检查起重机的制动器。

6）吊装过程中发现起重机有异常现象要及时停车。

23.1.6　支撑系统

1. 支撑系统在使用中需要检查的项目

在施工中使用的定型工具式支撑、支架等系统时，应首先进行安全验算，安全验算通过后才能开始使用。同时，也要在使用中定期或不定期地进行检查，以确保其始终处于安全状态。

在实际操作中，应至少包含以下检查项目：

1）斜支撑的地锚浇筑在叠合层上的时候，钢筋环一定要确保与桁架筋连接在一起。

2）斜支撑架设前，要对地锚周边的混凝土用回弹仪测试，如果强度过低应当由工地技术员与监理共同制定解决办法与应措施。

3）检查支撑杆规格、位置与设计要求是否一致，特别是水平构件。

4）检查支撑杆上下两个螺栓是否扭紧。

5）检查支撑杆中间调节区定位销是否固定好。

6）检查支撑体系角度是否正确。

7）检查斜支撑是否与其他相邻支撑冲突，应及时调整。

8）关于装配式建筑预制构件安装临时支撑体系见本书第 16 章。

2. 构件安装后支撑系统的检查与拆除

构件安装后的临时支撑是装配式建筑安装过程承受施工荷载，保证构件定位的有效措施之一。因此构件安装后应对支撑系统进行检查，应确保其符合以下规定：

1）支撑点的位置、数量、角度要按照设计要求设置，且每个预制构件的临时支撑不宜少于 2 道。

2）对预制柱、墙板的上部斜支撑，其支撑点距离底部的距离不宜小于高度的 2/3，且不应小于高度的 1/2。

3）构件安装就位后，可通过临时支撑对构件的位置和垂直度进行微调。

4）预制柱、预制墙等竖向构件的临时支撑拆除时间，可参照灌浆料制造商的要求来确定拆除时间；如北京建茂公司生产的 CGMJM-Ⅵ 型高强灌浆料，要求灌浆后灌浆料同条件试块强度达到 35MPa 后方可进入后续施工（扰动），通常环境温度在 15℃ 以上时，24h 内构件不得受扰动；环境温度在 5～15℃ 时，48h 内构件不得受扰动，拆除支撑要根据设计荷载情况确定。

23.1.7　脚手架架设

装配式建筑中常用的外墙脚手架有两种，一种是整体爬升脚手架（图 23.1-4），一种是附墙式脚手架（图 16.9-9）。

脚手架的特点是架设在预制构件上，这就要求工厂在生产构件时把架设脚手架的预埋件提前埋设进去，隐蔽节点检查时要检查脚手架的预埋件是否符合设计要求。无论采用哪种脚手架，事先都要经过设计及安全验算。

23.1.8　安全操作规程

装配式混凝土建筑工程施工各个环节安全操作规程，

图 23.1-4　整体爬升脚手架

应根据这些环节作业的特点和国家有关标准规定制定。其主要的安全操作规程如下：

　　1）部品部件卸车和运输操作规程。

　　2）预制构件翻转操作规程。

　　3）预制构件吊装操作规程。

　　4）部品吊装操作规程。

　　5）临时支撑架设操作规程。

　　6）灌浆制浆操作规程。

　　7）浆锚搭接操作规程。

　　8）后浇混凝土模板支护操作规程。

　　9）钢筋连接操作规程。

　　10）现场焊接操作规程。

23.1.9　安全培训

　　装配式混凝土建筑工程施工安全管理规定是施工现场安全管理制度的基础，目的是规范施工现场的安全防护，使其标准化、定型化。每个装配式混凝土建筑工程项目在开工以前以及每天班前会上都要进行安全交底，也就是要进行装配式混凝土建筑工程施工的安全培训，其主要内容如下：

　　1）施工现场一般安全规定。

　　2）构件堆放场地安全管理。

　　3）与受训者有关的作业环节的操作规程。

　　4）岗位标准。

　　5）设备的使用规定。

　　6）机具的使用规定。

　　7）劳保护具的使用规定。

　　培训方式最好采用视频加现场操作的形式，或者请专业的培训机构。

23.1.10　主要施工环节的安全措施

　　为预防安全事故的发生，装配式混凝土建筑工程施工主要环节须提前采取以下安全措施：

　　1）构件卸车时按照装车顺序进行，避免车辆失去平衡导致车辆倾斜。

　　2）构件储存场存放地应设置临时固定措施或者采用专用插放支架存放。

　　3）斜支撑的地锚在隐蔽工程检查的时候要检查地锚钢筋是否与桁架筋连接在一起。

　　4）吊装作业开工前将作业区进行维护并做出标识，拉警戒线，并派专人看管，严禁安装无关人员进入。（《装配式混凝土建筑技术标准》GB/T 51231—2016 中 10.8.4 条款）

　　5）吊运构件时，构件下方严禁站人，应待构件降至 1m 以内方准作业人员靠近。

　　6）吊装边缘构件时作业人员要佩戴救生索。

　　7）楼梯安装后若使用应安装临时防护栏杆。

　　8）高处作业应佩戴安全带，且安全钩应固定在指定的安全区域。

　　9）临边作业时应做好临时防护，如图 23.1-5 所示。

图 23.1-5　高处作业安全防护栏杆

　　10）加强对吊装工具、锁具、机械的检查。

23.2　文明施工要点

23.2.1　文明施工要求

　　装配式混凝土建筑工程文明施工应符合以下要求：

　　1）装配式混凝土建筑施工要有整套的施工组织设计或施工方案，施工总平面布置紧凑、施工场地规划合理，符合环保、市容、卫生要求。

　　2）有健全的施工组织管理机构和指挥系统，岗位分工明确，工序交叉合理，交接责任明确。

　　3）构件堆放场地有严格的成品保护措施和制度，大小临时设施和各种材料、构件、半成品按平面布置堆放整齐。

　　4）施工场地平整，道路畅通，排水设施得当，水电线路整齐，机具设备状况良好，使用合理。施工作业符合消防和安全要求。

　　5）搞好环境卫生管理，包括施工区、生活区环境卫生和食堂卫生管理。

　　6）文明施工应贯穿施工结束后的清场。

　　7）降低声、光污染，减少夜间施工对居民的干扰。（《装配式混凝土建筑技术标准》GB/T 51231—2016 中 10.8.10 条款）

　　8）高处使用的工具应防止坠落。

　　9）避开经常性吊装作业区的专用通道。

　　10）临时支撑杆的堆放要有指定的地点。

　　11）结构吊装时，部品要有序存放，不要影响结构吊装。

　　12）部品部件的包装物要及时清理，指定地方堆放。

　　13）现场设立回收建筑垃圾点，如图 23.2-1 所示。

图 23.2-1　建筑垃圾分类存放

23.2.2　施工环境保护要求

　　装配式混凝土建筑工程施工的环境保护重点在于施工现场道路、构件堆放场地等的现场清洁，施工过程中各种连接材料、构件安装临时支撑材料的使用和拆除回收等环节中。在每一个环节，都应严格按照安全文明工地要求去执行，并做到以下规定：

　　1）装配式混凝土建筑项目开工前应制定施工环境保护计划，落实责任人员，并应组织实施。

2）预制构件运输和驳运过程中，应保持车辆的整洁，防止对道路的污染，减少道路扬尘，施工现场出口应设置洗车池。

3）在施工现场应加强对废水、污水的管理，现场应设置污水池和排水沟。废水、废弃涂料、胶料应统一处理，严禁未经过处理而直接排入下水管道。

4）装配整体式混凝土结构施工中产生的胶粘剂、稀释剂等易燃、易爆化学制品的废弃物应及时收集送至指定存储器内，按规定回收，严禁未经处理随意丢弃和堆放。（《装配式混凝土建筑技术标准》GB/T 51231—2016 中 10.8.9 条款）

5）装配式结构施工应选用绿色、环保材料。

6）预制混凝土叠合夹芯保温墙板和预制混凝土夹芯保温外墙板内保温系统的材料，采用粘贴板块或喷涂工艺的保温材料，其组成材料应彼此相容，并应对人体和环境无害。

7）应选用低噪声设备和性能完好的构件装配起吊机械进行施工，机械、设备应定期维护保养。

8）构件吊装时，施工楼层与地面联系不得选用扩音设备，应使用对讲机等低噪声器具或设备。

9）在预制结构施工期间，应严格控制噪声和遵守现行国家标准《建筑施工场界噪声限值》（GB 12523—2011）的规定。（《装配式混凝土建筑技术标准》GB/T 51231—2016 中 10.8.8 条款）

10）预制构件夜间运输时要告知运输驾驶员禁止鸣笛。

11）检查不合格的构件不能在工地处理，要运回工厂处置。

 思考题

1. 以装配式混凝土建筑施工项目负责人的身份设计一个安全管理组织架构图。
2. 针对装配式混凝土建筑工程编制一个安全专项管理方案要点。
3. 针对装配式混凝土建筑工程编制一个文明施工方案要点。

第 24 章　装配式混凝土建筑工程预算与成本控制

24.1　概述

装配式混凝土建筑工程与现浇混凝土建筑工程的成本和预算有所不同，在施工成本控制上也有区别。本章对这些不同加以介绍，以便准确地计算装配式混凝土建筑工程的成本及报价。同时讨论一下有效地降低装配式混凝土建筑施工成本的方法。

本章具体内容包括施工成本与造价构成（24.2），施工成本与造价计算（24.3），工程预算（24.4），如何降低施工成本（24.5）。

24.2　施工成本与造价构成

装配式混凝土建筑工程都由现浇部分与装配式部分构成。即使是地上部分全部为装配式的高装配率结构，其基础也是现浇的。根据装配率的大小，讨论以下三种情况的装配式建筑施工成本与造价的构成：

（1）低装配率结构　以现浇为主，少量地运用了预制构件，如只用了一部分叠合板、楼梯板等水平预制构件。在此情况下，装配式混凝土建筑与纯现浇混凝土建筑的预算成本差别不大。工程的施工成本与造价构成就是在现浇混凝土结构的基础上增加了小部分预制构件的采购成本，成本增量较小。

（2）中等装配率结构　现浇和装配式各占一定比例的情况。如剪力墙结构的基础、首层、转换层、顶层板是现浇结构，装配层的叠合板、叠合梁的叠合层和墙板之间的连接部位等的后浇混凝土是现浇结构，其他部分是预制结构。此种情况下，基础、首层、顶层楼板部分的预算按照传统现浇结构进行；装配式部分，包括预制构件拼装部分、后浇混凝土部分，均按装配式工程预算，目前阶段，该部分的成本会比传统部分高一些。

（3）高装配率结构　如除了基础现浇，地上部分全部为装配式，这种情况下，整个工程的预算以装配式为主，现浇部分的工程预算按照相应的增减量进行计算。

装配式混凝土建筑工程施工总造价中包含预制构件造价、运输造价和安装造价这三部分，安装取费和税金以总造价为基数计算。由于预制构件造价和运输造价通常是构件厂承担，所以大多数从业者考虑装配式混凝土建筑工程施工成本与造价时，仅考虑安装成本与造价这一部分。安装造价主要包括：

1）安装部件、附件和材料费。

2）安装人工费与劳动保护用具费。

3）水平、垂直运输、吊装设备、设施费。

4）脚手架、安全网等安全设施费。

5）设备、仪器、工具的摊销；现场临时设施和暂设费。

6）外墙打胶人工费及主材、辅材的材料。

7）墙板竖向及水平构件支撑费。

8）灌浆、坐浆人工费及材料费。

9）后浇混凝土部分的费用。

10）工程管理费、利润、税金等。

装配式建筑安装部分造价构成如图24.2-1所示。

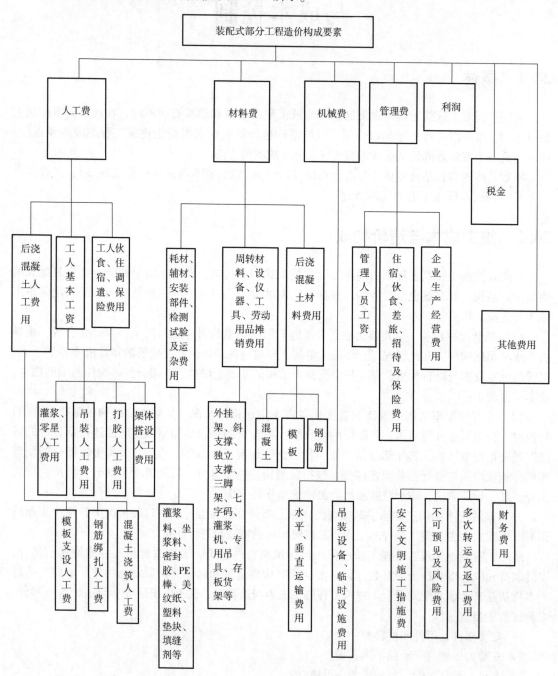

图 24.2-1　装配式建筑安装部分造价构成

24.3　施工成本与造价计算

装配式建筑工程施工成本计算方法基本上与传统现浇建筑相同，只是增加一部分相关装配式部分的人工及材料。施工企业一般以单位工程作为成本计算对象。由于其施工规模较大，周期比较长，所以施工企业成本均按月计算，并且在全部工程完工前的各个月份，有必要将已完成预算定额规定的工程部分作为完工工程，视同产成品进行成本计算，而对于已投料施工，但尚未达到预算定额规定的工程部分作为未完工程，视同在产品成本进行计算。施工企业的施工费用应该按月进行归集与分配，并将成本按一定标准在完工产品与在产品之间进行分配。如果当月工程全部竣工，则除了计算当月完工工程成本以外，还要计算全部工程的决算成本，即全部工程的实际总成本。

1. 人工费

人工费 = ∑(工日消耗量 × 日工资单价)

日工资单价 = 生产工人基本工资 + 工资性津贴 + 流动施工津贴 + 房屋补贴 + 职工福利费 + 劳动保护费 + 劳动保险

2. 材料费

材料费 = ∑(材料消耗量 × 材料基价) + 检测试验费

材料基价 = ∑[(供应价格 + 运杂费) × (1 + 运输损耗率) × (1 + 采购保管费率)]

检测试验费 = ∑(单位材料检验试验费 × 材料消耗量)

3. 机械费

施工机械使用费 = ∑(施工机械台班消耗量 × 机械台班单价)

机械台班单价 = 台班折旧费 + 台班大修费 + 台班日常修理费 + 台班安拆费及场外运输 + 台班人工费 + 台班燃油动力费 + 台班养路费及车船使用税

4. 企业管理费

企业管理费 = ∑(人工费 + 材料费 + 机械费) × 企业管理费费率

5. 其他费用

根据项目特征情况进行其他费用测算，测算内容包含多次转运及返工费用、安全文明施工措施费用、夜间施工、赶工及冬雨期施工费用、不可预见及风险费用等。

6. 利润

在投标报价时企业可以根据工程的难易程度、市场竞争情况、自身经营、管理水平等综合方面自行确定合理的利润率。

利润 = ∑(人工费 + 材料费 + 机械费 + 企业管理费 + 其他费用) × 利润率

7. 税金

税金是指国家税法规定的应计入建筑工程安装工程造价的营业税、城市维护建设税及教育费附加等。

税金 = ∑(人工费 + 材料费 + 机械费 + 企业管理费 + 其他费用 + 利润) × 税率

8. 综合单价法计价程序

装配式建筑工程计价方式采用综合单价法，全费用单价经综合计算后生成，包括人工费、材料费、机械费、企业管理费、其他费用、利润及税金。各分项工程量乘以综合单价的合价汇总后，生成工程成承包价及发包价，计价程序见表 24.3-1。

表 24.3-1　综合单价法计价程序

序　号	费用类别	计　算　方　法
1	人工费	安装工人工资 + 工人住宿、伙食、调遣及保险费用
2	材料费	周转材料、辅材、耗材 + 工具及设备的摊销费用 + 材料的运杂费及实验检测费用
3	机械费	水平、垂直运输费用 + 吊装设备及临时设施费用
4	企业管理费	（1 + 2 + 3）× 企业相应费率
5	其他费用	（1 + 2 + 3 + 4）× 其他相应费率
6	利润	（1 + 2 + 3 + 4 + 5）× 相应利润率
7	合计	1 + 2 + 3 + 4 + 5 + 6
8	含税造价	7 ×（1 + 相应税率）

24.4　工程预算

　　工程预算是对工程项目在未来一定时期内的收入和支出情况所做的计划。它可以通过货币形式来对工程项目的投入进行评价并反映工程的经济效果。它是加强企业管理、实行经济核算、考核工程成本、编制施工计划的依据；也是工程招标投标报价和确定工程造价的主要依据。

　　对于施工企业，根据设计要求与实际情况，做好工程预算有如下几个作用：

　　1）前期招标投标工作中必不可少的组成部分，在投标报价时企业可根据工程预算均衡考虑项目的经济性。

　　2）在施工中对施工成本的掌控及跟踪，也有利于项目的良性进展。

　　3）工程竣工后便于测算工程的盈亏情况，制定公司长期的发展方向。

　　由于装配式建筑发展较晚，相关装配式建筑的施工部分，目前还没有预算定额，因此装配式建筑工程预算需要参照传统现浇结构及实际施工经验进行。装配式建筑工程预算主要由装配式部分工程预算与现浇部分工程预算组成（表 24.4-1）。

表 24.4-1　装配式部分工程造价清单（参考）

序号	费用类别	费用名称	单位	数量	单价	合　价	内　容
1	人工费	工人工资	人	A	B	A × B × 工期	预制构件安装：①竖向预制构件安装：按规定地点堆放、支垫稳固、预制构件保护；预制构件翻身、铺设坐浆料、就位、加固、安装、校正、墙内预埋件安装、垫实节点、斜支撑安拆；焊接或紧固螺栓 ②水平预制构件安装：按规定地点堆放、支垫稳固、预制构件保护、顶撑调平、校正、加固 ③其他预制构件安装：按规定地点堆放、支垫稳固、预制构件保护；预制构件翻身、就位、加固、安装、校正、垫实节点

（续）

序号	费用类别	费用名称	单位	数量	单价	合　价	内　容
2	人工费	工人工资	人	A	B	A×B×工期	灌浆、坐浆、搅拌砂浆、分仓封仓、缝隙封堵、清理及成品保护
3	人工费	工人工资	建筑面积	A	B	A×B	水平预制构件架体搭拆、外挂架搭拆组装及倒运整理
4	人工费	工人工资	建筑面积	A	B	A×B	后浇混凝土部分的钢筋绑扎、模板支设、混凝土浇筑
5	人工费	工人工资	m	A	B	A×B	墙体伸缩缝清理、洒水、放置PE棒及保护材料、缝隙打胶
6	人工费	工人住宿、伙食、调遣及保险	人	A	B	A×B×工期	根据当地环境及食宿标准制定合理的费用标准
7	小计					1+2+3+4+5+6	人工总费用
8	材料费	斜支撑	个	A	B	A×B×摊销率	周转材料（根据现场施工情况制定合理的摊销率）
9	材料费	独立支撑	个	A	B	A×B×摊销率	周转材料（根据现场施工情况制定合理的摊销率）
10	材料费	三脚架	个	A	B	A×B×摊销率	周转材料（根据现场施工情况制定合理的摊销率）
11	材料费	主龙骨	根	A	B	A×B×摊销率	周转材料（根据现场施工情况制定合理的摊销率）
12	材料费	外挂架	t	A	B	A×B×摊销率	周转材料（根据现场施工情况制定合理的摊销率）
13	材料费	七字马	个	A	B	A×B×摊销率	周转材料（根据现场施工情况制定合理的摊销率）
14	材料费	灌浆料	t	A	B	A×B×损耗率	耗材（根据施工工艺及要求制定合理的损耗率）
15	材料费	坐浆料	t	A	B	A×B×损耗率	耗材（根据施工工艺及要求制定合理的损耗率）
16	材料费	水泥砂浆	t	A	B	A×B×损耗率	耗材（根据施工工艺及要求制定合理的损耗率）
17	材料费	外墙密封胶	m	A	B	A×B×损耗率	耗材（根据施工工艺及要求制定合理的损耗率）
18	材料费	墙体内预埋件	个	A	B	A×B×损耗率	耗材（根据施工工艺及要求制定合理的损耗率）
19	材料费	小型耗材、辅材	项	1	B	1×B×损耗率	根据材料明细确定小型耗材、辅材的总造价B（根据施工工艺及要求制定合理的损耗率）

（续）

序号	费用类别	费用名称	单位	数量	单价	合　价	内　容
20	材料费	工具及小型设备	项	1	B	$1 \times B \times$摊销率	根据材料明细确定工具及小型设备的总造价 B（根据现场施工情况制定合理的摊销率）
21	材料费	钢筋	t	A	B	$A \times B$	后浇混凝土部分用的钢筋
22	材料费	混凝土	m³	A	B	$A \times B$	后浇混凝土部分用的混凝土
23	材料费	模板	m²	A	B	$A \times B$	后浇混凝土部分的周转材料模板
24	材料费	保管及运杂费	项	1	$8+\cdots23$	$(8+\cdots23) \times$相应费率	根据项目与材料供货地点的运距及保管费用制定费率
25	材料费	材料检测试验费	项	1	$8+\cdots13$	$(8+\cdots23) \times$相应费率	根据项目指定的检测要求及材料制定费率
26	小计					$8+\cdots25$	材料总费用
27	机械费	起重机	台班	A	B	$A \times B$	根据现场的实际情况测算出机械台班单价
28	机械费	汽车式起重机	台班	A	B	$A \times B$	根据现场的实际情况测算出起重机使用台班数量
29	小计					$27+28$	机械总费用
30	企业管理费					$(7+26+29) \times$相应费率	根据项目特点及企业的自身情况计取相应的管理费率
31	其他费用					$(7+26+29+30) \times$相应费率	根据项目特点及企业的自身情况考虑其他因素对造价、成本的影响计取相应的其他费率
32	利润					$(7+26+29+30+31) \times$相应利润率	根据企业的需求及市场的竞争情况制定相应的利润率
33	合计					$7+26+29+30+31+32$	
34	税金					$33 \times$相应税率	按照地方要求的税率进行取费
35	税后总计					$33+34$	

24.5　如何降低施工成本

24.5.1　装配式混凝土建筑与现浇混凝土建筑的施工成本对比

装配式混凝土建筑施工与现浇混凝土建筑的施工成本，从构成上大致相同，都是包含了人工费、材料费、机械费、组织措施费、规费、企业管理费、利润、税金等。但由于结构形式、施工工艺的不同，在各个环节上的施工成本也不尽相同，具体分析如下：

1. 人工费

1）现场施工人员变化，主体施工阶段增加吊装、灌浆人员，减少钢筋工、木工、混凝土工、架子工、力工、水电工及砌筑人员。粗装修阶段增加打胶人员，减少保温施工及抹灰人员。

2）现场用工大量转移到工厂。如果工厂自动化程度高，总的人工减少，且幅度较大；如果工厂自动化程度低，人工相差不大。

　　由于现场施工人员的减少，人工费用相应降低，随着我国人口老龄化的出现，人口红利的消失、人工成本越来越高，智能成本越来越低，当人工成本逐渐高于材料、智能成本时，更能彰显出装配式混凝土建筑的优势。

2. 材料费

　　1）结构连接处增加了套管和灌浆料，或浆锚孔的约束钢筋、波纹管等。

　　2）增加部分钢筋的搭接、套筒或浆锚连接区域箍筋加密；深入支座的锚固钢筋增加或增加了锚固板。

　　3）增加结构内连接件及预埋件。

　　4）叠合楼板增厚 20mm。

　　5）夹芯保温墙板增加外叶墙和连接件（提高了防火性能）。

　　6）钢结构建筑使用的预制楼梯增加连接套管。

　　7）由于混凝土浇筑难易程度的改变，降低混凝土的损耗，降低运输费用。

　　8）减少现场周转材料的使用量，减少租赁费用。

　　9）减少养护用水。

　　10）减少建筑垃圾的产生。

　　11）减少粗装修阶段保温材料、胶泥等辅材机具。

　　12）减少砌筑、抹灰用砌块、水泥砂浆等辅材机具。

　　13）增加外墙防水密封胶及辅材。

　　14）增加构件存放货架及吊装、灌浆专用机具。

3. 机械费

　　1）起重机起重量大，租赁费用增高。

　　2）使用效率高，进出场及安装费用摊销降低。

4. 组织措施费

　　1）减少现场工棚、堆放场地、堆放的材料等临时设施，降低安全隐患。

　　2）冬雨期施工成本大幅度减少。

　　3）减少建筑垃圾、工程所需材料的转运，减少噪声，降低文明施工的措施费用。

　　4）由于减少现场湿作业，降低环境污染、环境保护的措施费用。

　　5）由于预制构件在工厂生产，减少现场施工强度，缩短工期，且能保证混凝土强度达标，降低安全质量事故的发生。

　　6）吊装工程属于高处作业，需要增加防护措施。

　　7）增加成品保护措施费用。

5. 税费

　　管理费和利润由企业自己调整计取，规费和税金是非竞争性取费，费率由当地政府主管部门确定，总体来看变化不大，可排除对造价的影响。

　　通过分析不难看出，装配式混凝土建筑工程施工总体成本中人工费、措施费是减少的；材料费和机械费是增加的；管理费、规费、利润、税金等对其成本影响不大。

24.5.2　如何降低装配式混凝土建筑施工成本

　　降低装配式混凝土建筑施工成本，主要在以下几个方面：

　　1）缩短工期。缩短工期可以降低设备租用成本和项目管理成本。

　　①做好施工部署管理，制定详细的施工计划表。

　　②合理的安排施工进度计划、严格流水作业。

③避免预制构件生产、运输与安装的脱节现象，提高预制构件的安装效率。

2）降低材料成本

①保证装配式质量精度，减少后期维修、抹灰所用材料。

②降低水电线管及预埋件的偏差，避免修改、重复浪费材料。

3）人工成本的降低

①选择专业的吊装施工队伍，从而高效、保质保量地完成施工内容，能够大幅度地降低人工成本。

②做好各个工序的穿插衔接，避免造成施工人员的窝工现象。

③定期对吊装人员进行技术培训交底，提高施工人员的专业技能。

4）施工前，与设计部门做好图样会审工作。

①图样会审过程中，施工企业要提出方便施工、提高施工功效的合理建议。

②对拆分构件的大小及重量提出合理建议，以使施工过程中吊装设备的使用效率最高、租赁费用最低。

 思考题

1. 简要分析不同装配率装配式混凝土建筑的成本情况。

2. 简述降低装配式混凝土建筑施工成本的方法。

3. 以表的形式列出装配式混凝土工程和现浇混凝土工程的材料增减项目。

第 25 章　BIM 在制作、施工环节的应用

25.1　什么是 BIM

B（Building）代表建筑相关行业及领域。

I（information）代表信息，建筑行业所包含的信息，项目信息、功能、空间、材料、成本、质量、进度等。

M（Model/Modeling）代表模型/模拟，代表用以承载信息的模型实体（BIM 实体构件所组成的模型）以及模拟手段（利用 BIM 模型及其承载的信息进行设计、招标、采购、计划等模拟的方法）。

BIM 的核心含义并非仅指三维模型，而是以 BIM 模型为载体（集成建筑行业全周期、全产业链的相关信息），并且以计算机模拟化的手段进行工程模拟建设的全新管理模式。

通过 BIM 技术完成各种建筑工程勘察、设计、招采、施工、运维、更新、拆除等阶段的各项数据信息的整合，可进行项目建设过程中涉及的各种数据的模拟分析，从而完成整个建筑工程项目信息的全生命周期的管理和应用。

装配式建筑工程的构件大部分由工厂预制加工再到现场进行连接和拼装，不仅产业链较普通建筑加长，而且由于装配式构件无法拆改的特性使得装配式建筑工程各环节的精细度及管理信息的复杂度和精准度均有较高的要求。通过 BIM 技术对装配式建筑工程数据的集成化管理以及信息化传递，并结合可视性、协调性、模拟性、可优化性以及可出图性这五大特点，使装配式建筑工程实现协同化管理、可视化设计、数字化生产以及精细化施工，进而解决装配式建筑整个开发建设过程中的管理问题。

25.2　BIM 在制作、施工环节能做什么

装配式构件的生产制作相当于把工程施工的一部分拿到工厂环境下进行施工，因此与传统的施工组织形式会有不同，但构件加工的工艺工法和工序与传统施工方法有很多相通之处，在 BIM 管理手段上相通点较多。以下仅对制作、施工环节的 BIM 应用体系以及两者的不同点进行详细阐述。

25.2.1　前置指导设计阶段落实构件制作、施工的预埋需求

构件制作加工厂和施工单位应提前准备好构件制作、施工所需的预埋件、吊点等的 BIM 构件，并以构件库的形式进行分类管理，在设计阶段即把相应的 BIM 构件以及设计要求提供给建筑设计方，融入到设计模型中，使建筑设计更加精准且可实施性更强。

25.2.2　创建构件加工模型及施工模型

创建精细的构件生产加工和施工深化 BIM 模型，以作为制作和施工环节的所有 BIM 应用的数据基础。

25.2.3　进行碰撞检查

（1）构件内部　利用 BIM 软件在构件设计阶段对构件内部的钢筋、套筒或金属波纹管、预留水电点位等组件进行碰撞检查，以保证设计的合理性。

（2）构件间交接　根据装配式建筑的拆分及组合方式对构件间的形状、尺寸、出筋位置与长度、套筒或金属波纹管位置等交接因素进行碰撞检查分析，以确保生产加工方案及施工方案的可行性。

（3）构件与模板　对构件加工 BIM 模型和模板 BIM 模型进行碰撞检查，以减少生产加工中模板与构件间的形状、尺寸、出筋位置与长度、套筒或金属波纹管位置的冲突。

25.2.4　输出构件加工图及施工深化图

通过构件加工 BIM 模型生成传统的二维平、立、剖面和大样节点等图样，以及大量的三维可视化图样，以指导工人进行构件生产加工。

25.2.5　进行成本统计

（1）算量　通过 BIM 模型以及 BIM 软件自动进行工程量统计，以便于提高招标投标环节的工作效率及透明度。

（2）计价　通过 BIM 管理软件及平台系统对企业及项目的人、材、机、措施、税费等数据进行信息化管理及自动流转，以便于高效完成成本计价。

25.2.6　进行原材料采购管理

（1）采购数量　在全信息 BIM 模型中提取材料设备信息以及使用量，例如钢筋、混凝土以及套管或金属波纹管等附件的用量。列出整体的采购清单，以指导原材料的采购。

（2）采购计划　通过 BIM 技术的信息化手段，利用计算机根据采购数量、工序以及生产计划等因素，安排整个生产过程中的采购计划。

25.2.7　进行生产、施工模拟

（1）生产、施工场地模拟　通过建立生产场地（包括构件的制作和运输路径以及堆放场地等）、施工场地（包括围墙、出入口、生活区、材料堆放及加工区、塔式起重机及其服务半径、垂直提升设备、环保设备以及车辆行驶路径等）的 BIM 模型，利用 BIM 软件的模拟分析功能检验生产和施工场地的布置设计的合理性和可行性。

（2）生产、施工工艺模拟　利用 BIM 技术的可视性和模拟性等优点推敲和模拟装配式构件生产及施工的工艺工法，以便于找到更合理的工艺工法。

（3）生产、施工计划模拟　利用 BIM 模型和 BIM 系统中的设计、成本、采购、时间等信息编制和模拟生产、施工的全过程计划。对生产加工全过程进行指导，并与工程项目的整体施工计划进行对接。

根据使用 BIM 技术编制的生产、施工计划，加入模型中所包含的成本信息，生成项目完整的五维（三维＋时间＋金钱）模拟计划。

25.2.8　进行生产、施工现场管理

（1）对现场工人的生产指导　利用 BIM 技术的可视性和模拟性，直观地展示构件生产、施工的所有设计要求以及工艺和工序要求，减少培训交底时间，并极大地降低因理解不同产生的错误及返工。

（2）对现场进度计划的检查　利用 BIM 信息管理平台的进度管理直观地查看每一个时间点的进度要求，指导生产、施工管理人员通过人工现场查看或网络远程监控进行现场进度检查。

（3）对现场制作质量的验收　利用 BIM 信息管理平台可快速查看最新的工程资料、质量验收标准、预设好的检查点、材料设备的规格和性能要求，对生产、施工现场进行质量验收以及整改管理。

25.3　制作、施工环节如何运用 BIM

25.3.1　如何前置指导设计阶段落实构件生产及施工的预埋需求

（1）建立制作、施工 BIM 构件库　构件加工厂与施工单位应提前准备好构件制作、施工所

需的预埋件、吊点等的 BIM 构件库，并把设置逻辑固化成书面说明。

（2）前置配合设计方完成拆分设计　在建筑设计阶段即把项目所涉及的预埋件、吊点等以及设置逻辑提供给设计方，并配合设计方共同完成装配式建筑的拆分设计，以确保建筑设计的可实施性以及向后续环节传递。

25.3.2　如何创建构件加工模型及施工模型

（1）设计 BIM 模型深化成制作、施工模型　如果设计阶段有 BIM 设计模型，且已融入了构件加工和施工的相关要求，则构件加工方可直接在设计模型的基础上进行生产加工细节深化（例如节点形状尺寸、钢筋、套管或金属波纹管）。并把生产和施工的特有信息录入至 BIM 模型。

（2）单独建立制作、施工模型　如果设计阶段没有 BIM 模型或者没有合格的 BIM 模型，则构件加工方和施工方应创建相应的模型，以实现制作、施工环节的 BIM 管理数据基础。

但需注意的是，虽然建模的工作量尚可以接受，但因设计没有采用成熟的 BIM 技术因此会有较多的设计疏漏，制作和施工方需消耗大量的精力校验设计成果。虽然如此，但如时间精力允许的情况下依然推荐制作和施工方建立 BIM 模型进行管理，会极大地减少构件加工和施工过程中的错误及返工。

25.3.3　如何进行碰撞检查

目前有众多软件（例如 Revit、Navisworks 以及大部分平台类软件等）可进行模拟施工以及碰撞检查，可根据项目特点进行选择。如果该项目已使用 BIM 管理平台类软件，可直接利用平台类软件进行施工模拟和碰撞检查，以便于提高沟通效率；如果没有使用平台类软件，可直接利用 Navisworks 等单机版软件进行碰撞检查和施工模拟。根据碰撞检查结果来优化构件加工设计。碰撞检查的主要项目如下：

（1）构件内部　对构件内部的细部节点、钢筋、套筒等连接件、洞口预埋件、制作和施工需要的预埋件以及混凝土中的骨料级配等元素进行碰撞检查，以确保构件能够按照设计要求顺利完成加工制作。

（2）构件间交接　对构件间以及构件与现浇连接部分的连接方式、连接尺寸及连接定位等因素进行碰撞检查，以确保构件能够准确顺利地完成施工安装。

（3）构件与模板　对构件加工模型与加工模板模型进行碰撞检查，优化模板尺寸以及孔洞预留等设计，以确保构件能够按照设计要求顺利完成加工制作。

25.3.4　如何输出构件加工图及施工深化图

不同于常规的二维构件加工图样设计，BIM 技术可以利用三维模型进行预制构件的设计，可以完全避免构件间的错漏碰缺，并且达到各专业间以及与工厂加工工艺人员的同步协调。构件设计完成后再根据 BIM 模型直接导出相应的二维图样，二维图样结合 BIM 模型不仅能清楚地传达传统图样的平、立、剖尺寸，而且对于复杂的空间组合关系也可以清楚表达，更好地保证构件加工信息的完善设计以及完整传递。而且可以利用手机及平板计算机等移动设备进行模型的轻量化展示，并且可以随即进行适时测量。

25.3.5　如何进行成本统计

BIM 模型为全信息集成模型，所有部品辅料等信息均可集成到构件信息里面，只要整体的施工计划和生产计划编制完成，则所有的材料计划就可以实时导出，而且可以根据材料的采购、库存等计划实时反向优化整体的生产、施工计划。具体操作方法如下：

（1）基础数据准备　需明确选用的成本及材料数据库，可使用项目独立、企业标准或者行业公认的成本数据库。

（2）模型信息录入　根据设计、制作及施工需求把相应的成本数据库数据和材料库数据录入到 BIM 模型中。

（3）算量　通过 BIM 软件从模型中直接或者经过一定的扣减计算统计出成本清单工程量以及材料使用量。

（4）计价　根据成本信息库里的组价逻辑（包括人工、材料、机械使用、措施费、税费等）以及工程量来计算工程清单价格及总价。

25.3.6　如何进行原材料采购管理

如果已经通过成本软件或管理平台计算出整个工程的材料设备明细，并且已完成生产、施工计划编制并置入 BIM 模型，则可推送相应数据至采购软件或管理平台进行采购计划编制。

（1）采购数量　采购数量根据已集成了材料属性信息的 BIM 模型通过软件直接提取材料用量。

（2）采购计划　可通过 BIM 软件或管理平台把材料信息和生产、施工计划都置入或者挂接到 BIM 模型构件上，以实现材料采购计划的自动编制和网络传递给供应商。

25.3.7　如何进行生产、施工模拟

（1）生产、施工场地模拟　利用 BIM 建模软件创建生产场地模型（包括构件的制作和运输路径以及堆放场地等）、施工场地模型（包括围墙、出入口、生活区、材料堆放及加工区、塔式起重机及其服务半径、垂直提升设备、环保设备以及车辆行驶路径等），再利用 BIM 软件或者平台进行施工过程模拟以检验场地布置的合理性。

（2）生产、施工工艺模拟　利用 BIM 建模软件（如 Revit、Tekla、Allplan 等）的可视化特点进行生产、施工加工细部节点的推敲、记录、评审、交底等工作；可利用 Navisworks 以及大部分平台类软件进行模拟来验证生产及施工现场组织安排的合理性。利用 BIM 技术的模拟性进行生产模拟，前置解决生产、施工过程中可能遇到的问题；利用 BIM 技术的可优化性进行生产和施工组织工艺、工序及计划优化，提高设备、人工及原材料的利用率并提高生产效率。

（3）生产、施工计划模拟

1）生产计划模拟。制作厂家利用 BIM 技术进行生产计划安排，加工厂根据最新的构件进场计划安排自身的生产计划（模板流转计划、原材料采购计划、构件出厂计划等），并做到适时互通关联计划，提前推送驻厂监理、进场验收、合同付款等相关信息至各责任方，以实现整体计划的无缝连接，减少由于计划不协调产生的工期拖延以及原材料和成品构件的积压存储带来的损耗。

2）生产、施工计划与堆放场地联动模拟。当生产任务较多时，可能会由于模板复用、原材料供应、人工安排等多种因素的影响，导致构件无法在第一时间出厂运往工地现场安装而产生构件临时存放的需求，并且往往多项目不同种类构件以及同种类构件会共同存放在有限场地内。另一种情况是构件运至施工现场后由于某些因素导致无法在第一时间进行吊装，也会产生施工现场临时存放的需求。因此利用 BIM 软件对每个构件进行唯一编号，通过把生产完成时间、预计出厂时间、预计安装时间以及预计临时堆放位置等详细信息录入到 BIM 模型构件中并利用 BIM 模拟软件进行整个生产计划以及生产场地的联动模拟，以避免出现构件出厂前无处存放或存放混乱的情况。

3）施工计划模拟。利用 BIM 技术进行 5D 精细化生产计划设计，可以把模板复用、改造、构件存储、原材料采购、合同付款、财务现金流等因素均考虑进来，形成全信息（采购、加工、商务、财务、时间等）的生产计划；并且每个项目的外部条件均有不同，可以根据项目具体情况编制数个精细计划，进行计划比选，得出一个最适合该项目情况的生产计划。

以起重机使用计划模拟为例。首先，创建起重机模型并标识清楚服务半径；然后，把起重机的使用效率信息录入到起重机模型，并按照时间把工地现场每处需要的材料用量以及由哪台

起重机服务的信息录入施工模型；最后，利用 BIM 软件进行模拟分析，校验起重机的服务范围以及型号是否能够满足施工要求，并利用分析结果来指导现场材料供应计划方案。

4）施工计划与构件安装工艺工法联动模拟。整体施工计划里预制构件和部品的安装工艺及支撑体系以及现浇部分的施工工艺和顺序等所有施工作业内容交织在一起非常复杂，只有合理精细的安排才能避免相互之间冲突。可以利用 BIM 技术的可视化、模拟化和信息全面的特点进行施工模拟，以实现精细化施工。

以整体卫浴以及预制墙板和楼板的安装为例。安装楼板之前墙板会有很多斜支撑来固定，此时整体卫浴吊装则需要考虑安装空间以及作业空间是否与构件的支撑体系冲突。利用 BIM 技术创建完整详细的构件及相关支撑体系的模型，再根据施工安装计划在构件中录入安装和拆除时间，进行整体模拟以避免构件、部品及施工安装工艺之间的冲突。

25.3.8 如何进行生产、施工现场管理

（1）对现场工人的生产指导 BIM 建模是对建筑的真实反映，在生产和施工过程中，BIM 信息化技术可以直观地表达出构件、配筋、预埋件、预埋物、预留孔洞内模等所有物品间的空间关系和各种参数情况，能自动生成构件下料单、派工单、模具规格参数等表单，并且能通过可视化的直观表达帮助工人更好地理解设计意图，可以形成 BIM 生产、施工模拟动画、流程图、说明图等辅助培训的材料，有助于提高工人生产的准确性和质量效率。

（2）对现场进度计划的检查 把经过上述步骤完成的 BIM 施工进度计划上传至 BIM 管理平台，再利用 BIM 管理平台的可视化功能（包括计算机端以及移动设备的查看）对项目的各个形象节点的完成情况进行检查，以确保项目按照计划进行。如有偏差可对计划进行实时修正。

（3）对现场生产、施工质量的验收 首先，把生产和施工的质量验收要求植入到 BIM 模型中；然后，现场检查工程师可使用相应的 BIM 管理软件或平台调取构件相关的质量验收标准进行现场检查验收；最后，对验收的结果以及整改的情况进行记录管理和信息沟通管理，以保证所有隐蔽工程和面层工程都能够保质保量交付。

思考题

1. BIM 技术能给装配式建筑工程管理带来什么？
2. BIM 技术能给装配式建筑工程在制作、施工环节哪几个阶段带来优化？
3. BIM 技术能在生产、施工计划模拟中完成哪些工作？